Sistemas de injeção de materiais pulverizados em altos-fornos e aciarias

Coleção de Livros
Metalurgia, Materiais e Mineração

Ricardo Sebastião Nadur Motta

Sistemas de injeção de materiais pulverizados em altos-fornos e aciarias

Blucher

Sistemas de injeção de materiais pulverizados em altos-fornos e aciarias

Editora Edgard Blücher Ltda.

Revisor técnico: Rodolfo Baldini Figueira

Blucher

Rua Pedroso Alvarenga, 1245, 4º andar
04531-934 – São Paulo – SP – Brasil
Tel.: 55 11 3078-5366
contato@blucher.com.br
www.blucher.com.br

Segundo o Novo Acordo Ortográfico, conforme 5. ed. do *Vocabulário Ortográfico da Língua Portuguesa*, Academia Brasileira de Letras, março de 2009.

FICHA CATALOGRÁFICA

Motta, Ricardo Sebastião Nadur
Sistemas de injeção de materiais pulverizados em altos-fornos e aciarias / Ricardo Sebastião Nadur Motta. – São Paulo: Blucher, 2015.

Bibliografia
ISBN 978-85-212-0983-6

1. Siderurgia 2. Altos-fornos 3. Carvão 4. Ferro 5. Metalurgia I. Título

15-1219 CDD 669.1

Índices para catálogo sistemático:
1. Siderurgia

Dedico este trabalho às equipes de profissionais da CSN e da ABM.

Apresentação

Esta obra é resultado do desenvolvimento da instrumentação, automação e controle do sistema de injeção de carvão pulverizado (PCI) da Companhia Siderúrgica Nacional (CSN) em Volta Redonda, no estado do Rio de Janeiro, Brasil. O objetivo desse sistema é minimizar todos os tipos de variação da vazão de carvão pulverizado para produzir ferro-gusa com baixo desvio padrão de silício e enxofre, otimizar o processo e reduzir o consumo específico de energia elétrica e nitrogênio. Este livro é um guia para os profissionais da operação e manutenção desses processos que visam ao aumento da eficiência energética com a melhoria dos intertravamentos de segurança, a mitigação dos entupimentos das lanças de injeção e o aumento da vida útil dos equipamentos. A chave desse sucesso está na diminuição da variabilidade da vazão de carvão pulverizado para o alto-forno para produzir ferro-gusa com melhor qualidade e menor custo.

Foram empregados novos instrumentos e técnicas para a medição e a correção da vazão de carvão pulverizado, utilizando-se um sistema digital de controle distribuído para a elaboração de modelos e estratégias de controle para se conseguir o menor desvio padrão para todas as variabilidades das vazões de carvão pulverizado. Os modelos das velocidades das partículas de carvão e o diagrama das pressões ao longo das tubulações norteiam o ajuste do transporte pneumático, o que evita entupimentos no transporte e nas lanças de injeção de carvão, seja no modo lança simples ou dupla.

As ações e estratégias de controle adotadas proporcionaram maior constância na cinética das reações de combustão, permitindo o acerto do balanço de energia, maior estabilidade e controle térmico do alto-forno. Os resultados obtidos explicam vários fenômenos que ocorrem na injeção de carvão pulverizado e comprovam a eficácia das ações descritas, as quais proporcionaram maior estabilidade ao processo e melhor qualidade do ferro-gusa produzido pelo alto-forno.

Conteúdo

Lista de figuras

Lista de tabelas

Lista de gráficos

Lista de abreviaturas e siglas

AF	Alto-forno
AF2	Alto-Forno 2 da CSN
AF3	Alto-Forno 3 da CSN
CNTP	Condições normais de temperatura e pressão
CP	Capacidade nominal de injeção de carvão em t/h
CPmáx	Capacidade máxima da vazão de carvão em t/h
CSN	Companhia Siderúrgica Nacional
CST	Companhia Siderúrgica de Tubarão
CTE	Central Termoelétrica
C_V	Coeficiente de vazão da válvula
D	Distribuidor estático
DB	Banda morta do controlador
DT = dt	Densidade do fluxo bifásico de carvão mais nitrogênio
DV	Desvio atual do controlador
DV = SV-PV	Desvio atual da vazão de carvão pulverizado
EDG	Estação de dessulfuração de gusa em carro torpedo
F	Vazão pela válvula
FCV	Válvula de controle de vazão
FILO	Memória do tipo *first in, last out*
FOX	Fábrica de oxigênio
FR	*Fuel rate* ou taxa de combustível para se fabricar uma tonelada de ferro-gusa
FV	Válvula de fechamento de fluxo ou vazão

g	Aceleração da gravidade (9,81 m/s^2)
G	Quantidade de nitrogênio em kg
GGQ	Gerador de gás quente
IE	Integral do erro
IEEE	Instituto de Engenheiros Eletricistas e Eletrônicos
IOP-	Entrada analógica em aberto
IOP+	Entrada analógica em curto
MIMO	*Multi-input-multi-output* ou sistema de múltiplas entradas e múltiplas saídas
MP	Manutenção preventiva
MV	Variável manipulada
Pa	Pressão atual do vaso de injeção
Patual	Peso atual do vaso de injeção em t
PCI	*Pulverized coal injection* ou sistema de injeção de carvão pulverizado
PCR	*Pulverized coal injection rate* ou parcela de carvão da FR
PCV	Válvula de controle de pressão
PI	Controlador proporcional integral sem derivativo
PID	Controlador proporcional integral derivativo
PI Hold	Controlador proporcional integral com saída retentiva
PLC	Controlador lógico programável
P_S	Pressão do ar quente soprado
PT	Controle de pressão
PV	Valor atual da vazão de carvão medido pelo decréscimo do peso do vaso
q	Quantidade de carvão mais quantidade de nitrogênio em t
Q	Vazão de nitrogênio
R	Resistência
S	Quantidade de carvão em kg
SDCD	Sistema Digital de Controle Distribuído
SISO	*Single Input Single Output*
ST	Velocidade das partículas de carvão
SV	Valor definido de vazão de carvão para o processo
SWR	SWR Engineering – empresa alemã fabricante do Densflow
T	Período de aquisição ou intervalo de tempo entre as amostras
TG	Produção corrente de ferro-gusa do alto-forno em fluxo (t/h ou t/dia)
T_S	Temperatura do ar quente soprado
TP	Transporte pneumático
UNIFEI	Universidade Federal de Itajubá
VEL-	Variação de descida da entrada analógica alta
VEL+	Variação de subida da entrada analógica alta
VELLIM	Bloco limitador de variação de *set point*
WT	Sistema de pesagem
WY	Média móvel
ZI	Transdutor de posição da válvula dosadora

Lista de símbolos

ρ	Densidade do fluido bifásico escoado em kg/m^3
μ	Relação adimensional de sólidos/gás ou kgCarvão/kgNitrogênio
ρ_C	Densidade do carvão em kg/m^3
ρ_F	Densidade da mistura bifásica na linha principal de transporte pneumático
ρ_o	Pressão na CNTP
δ	Desvio padrão da vazão de carvão
$\mu_{máx}$	Máxima relação adimensional de kgCarvão/kgNitrogênio
ρ_{ar}	Densidade do ar quente soprado
ρ_{N2}	Densidade do nitrogênio na CNTP em kg/m^3
ρ_{NT}	Densidade do nitrogênio na linha de transporte principal em kg/m^3
ρ_{NV}	Densidade do nitrogênio dentro do vaso em kg/m^3
ΔP	Queda de pressão sobre a válvula de controle
$\Delta PFCV2$	Perda de carga através da FCV2
ΔP_L	Queda de pressão na linha principal calculada em bar
ΔP_M	Queda de pressão na linha principal medida em bar
Δt	Intervalo de amostragem do sinal do sistema de pesagem
a	Área da restrição do Venturi ou da válvula dosadora em m^2
A	Área da seção reta transversal da tubulação de transporte pneumático em m^2
a_1	Área atual da dosadora do vaso 1 em mm^2
A_1	Área da seção reta transversal da lança Schedule 160 (d = 15,7 mm)
A_2	Área da seção reta transversal da lança Schedule XXS (d = 11,7 mm)

$b_{45°}$	Comprimento equivalente das curvas de 45° no TP
$b_{90°}$	Comprimento equivalente das curvas de 90° no TP
c	Velocidade da energia eletromagnética no meio de propagação
C	Velocidade das partículas de carvão ou Velocidade do fluxo bifásico em m/s
C_a	Capacitância do vaso
C_d	Coeficiente de distúrbio
C_C	Calor específico do carvão
C_{MAX}	Vazão máxima de injeção de carvão em t/h
C_{MIN}	Vazão mínima de injeção de carvão em t/h
C_N	Calor específico do nitrogênio
C_{REQU}	Vazão de injeção de carvão solicitada pelo alto-forno em t/h
d	Diâmetro interno da tubulação principal de TP (83 mm)
D e d	Diâmetros internos do tubo reto nos pontos 1 e 2, respectivamente
D_F	Densidade de fluxo bifásico na linha de TP
$D_F(t)$	Densidade de fluxo na linha principal calculada pelo modelo
D_L	Densidade específica de linha
$D_L(t)$	Densidade específica de linha do TP
d_p	Diferencial da queda de pressão ao longo do Venturi em MPa
Ds(t)	Densidade de fluxo na linha principal medida pelo Densflow
DV%	Variação percentual do desvio da vazão de carvão
e^{-T}	Atraso
e_{SS}	Erro de regime permanente
f	Coeficiente de fricção das tubulações principais e ramais (f = 0,005)
F'	Vazão de nitrogênio através da PCV
$F_{C,L}$	Vazão volumétrica de carvão na linha principal
F_{CN}	Vazão volumétrica de carvão mais vazão de nitrogênio em m^3/s
F(t)	Vazão de carvão instantânea pelo decréscimo do peso do vaso
$f_{(x)}$	Curva característica da válvula de controle
$F_{N,C}$	Vazão de nitrogênio através da FCV principal ou válvula dosadora
$F_{N,F}$	Vazão de nitrogênio através da FCV1 ou válvula de fluidização
$F_{N,L}$	Vazão de nitrogênio através da linha de TP
$F_{N,P}$	Vazão de nitrogênio através da PCV ou válvula de controle de pressão
$F_{N,T}$	Vazão de nitrogênio através da FCV2 ou válvula de transporte
fr	Frequência recebida pelo sensor
ft	Frequência transmitida pelo sensor
g(u(t))	Curva característica da válvula
G	Quantidade de nitrogênio em kg
G'	Vazão mássica de nitrogênio
h	Comprimento total da tubulação de transporte pneumático na horizontal
k	Fator de multiplicação e correção da vazão de carvão
k_1	Constante de Bernoulli para o vaso 1

L	Comprimento da linha principal de 4”
L_E	Comprimento total equivalente da linha de TP principal de $3^{1/2}$”
M	Número de válvulas de carvão abertas
$m(t)$	Massa dinâmica de carvão e nitrogênio no vaso
m_N	Massa de nitrogênio dentro do vaso de injeção
$m_C(t)$	Peso real de carvão dentro do vaso de injeção
$m_F(t)$	Vazão mássica de nitrogênio pela FCV
$m_N(t)$	Peso atual de nitrogênio do vaso de injeção
$m_P(t)$	Vazão mássica de nitrogênio pela PCV
$Ms(t)$	Vazão de carvão com faixa de medição
N	Número de vasos interconectados
$n(t)$	Vazão dinâmica de nitrogênio na linha principal em m^3/h na CNTP
N_{45}	Número de curvas de 45° do TP
N_{90}	Número de curvas de 90° do TP
$p(t)$	Pressão dinâmica do vaso em bar
p_1	Pressão na entrada da restrição ou pressão a montante
$P_1, P_2, ...P_N$	Pressão do vaso N conectado à rede de nitrogênio de baixa pressão
p_2	Pressão na saída da restrição ou pressão a jusante
P_{AF}	Pressão de sopro da base do alto-forno em bar
P_D	Pressão do nitrogênio de transporte antes do distribuidor obtida por medição de instrumento em bar
P_F	Pressão final do vaso de injeção em bar
P_{FOX}	Pressão da rede de nitrogênio de baixa direta da FOX
P_I	Pressão inicial do vaso de injeção em bar
Pmáx	Peso máximo do vaso de injeção
Pmín	Peso mínimo do vaso de injeção
P_{MAX}	Pressão máxima do vaso em bar
P_{MIN}	Pressão mínima do vaso em bar
$P_{média}$	Pressão média dos vasos interconectados à rede de nitrogênio de baixa pressão
$perdas_{1-2}$	Perdas de pressão por atrito através do tubo de Venturi
P_N	Pressão dos tanques de armazenagem de alimentação em bar
P_T	Pressão do nitrogênio de transporte no injetor obtido por medição de instrumento em bar
Ptanque	Pressão dos tanques de nitrogênio em bar
P_V	Pressão de injeção do vaso em função de C_{REQU}
q	Quantidade de carvão mais quantidade de nitrogênio em t
$q(t)$	Vazão dinâmica de carvão na linha principal em t/h
Q	Vazão no tubo reto
Q_1	Integração da vazão de carvão obtida pelo sistema de pesagem (células de carga)
$Q1_{C,L}$	Vazão de carvão após o distribuidor para lança simples em t/h
$Q1_{N,L}$	Vazão mássica de nitrogênio após o distribuidor para lança simples em t/h

Q_2	Vazão de carvão obtida pelo algoritmo de pesagem e vazão por bateladas de carregamento do vaso
$Q2_{C,L}$	Vazão de carvão após a bifurcação em Y para lança dupla em t/h
$Q2_{N,L}$	Vazão de nitrogênio após a bifurcação em Y para lança dupla em t/h
$q_{C,F}$	Vazão mássica de carvão pela FCV em t/h
$q_{C,L}$	Vazão mássica de carvão na linha principal em t/h
$q_{N,C}$	Fluxo de gás nitrogênio que passa através da válvula dosadora
$q_{N,F}$	Vazão mássica de nitrogênio através da FCV1 em kg/h
$q_{N,L}$	Vazão mássica de nitrogênio pela linha principal em kg/h
$q_{N,P}$	Vazão mássica de nitrogênio através da PCV em kg/h
$q_{N,T}$	Vazão mássica de nitrogênio através da FCV2 em kg/h
Q_{real}	Vazão do ar quente
S'	Vazão mássica de carvão
sp.gr.	Gravidade específica
S	Quantidade de carvão em kg
T_A	Intervalo de tempo de alívio do vaso de injeção em s
T_C	Intervalo de tempo de carregamento em s
T_e	Tempo expandido para possibilitar o carregamento em mais 10s
T_E	Intervalo de tempo de espera do vaso oposto
T_F	Temperatura final da mistura em °C
T_{FIM}	Tempo previsto para o término da injeção em s
T_I	Intervalo de tempo de injeção em s
$T_{Imín}$	Tempo de injeção mínimo durante o tempo de espera do vaso
T_M	Temperatura média do carvão produzido no filtro de mangas em °C
T_N	Temperatura do nitrogênio do tanque de alimentação em °C
T_o	Temperatura na CNTP em K (273 K)
T_{op}	Tempo de operação das válvulas
T_P	Intervalo de tempo de pressurização ou transporte pneumático
T_{prato}	Tempo para fechar a válvula prato após desligar a peneira
T_v	Tempo para esvaziar a peneira
Tx	Vazão de carvão pulverizado em t/h
U_C	Sinal de controle ou variável manipulada para FCV
U_F	Sinal de controle ou variável manipulada para FCV1
$U_F(t)$	Variável manipulada do controlador de vazão de fluidização cujo elemento final de controle é a válvula FCV1
U_P	Sinal de controle ou variável manipulada para PCV
U_T	Sinal de controle ou variável manipulada para FCV2
$U_T(t)$	Variável manipulada do controlador de vazão de transporte cujo elemento final de controle é a válvula FCV2
v	Comprimento total da tubulação de transporte pneumático na vertical
V	Volume interno do vaso de injeção (25 m^2)

V_1, V_2	Velocidade média do fluido em m/s
V_C	Volume de carvão dentro do vaso em m^3
Vcf	Volume final de carvão
Vci	Volume inicial de carvão com o vaso aliviado
V_{MAX}	Vazão máxima de transporte do vaso em m^3/h na CNTP
V_{MIN}	Vazão mínima de transporte do vaso
V_N	Volume atual de nitrogênio dentro do vaso
Vnf	Volume final de nitrogênio
Vni	Volume inicial de nitrogênio
V_s	Velocidade dos sólidos
Vs(t)	Velocidade da partícula com faixa de medição
Vs(t)	Velocidade da partícula medida pelo Densflow
V_T	Volume de carvão mais volume de nitrogênio em m^3
$V_Z(t)$	Vazão de carvão pulverizado na linha principal
W	Medição de peso em tempo real do vaso de injeção
W(t)	Peso atual do vaso de injeção fornecido pelo sistema de pesagem
W(t-6)	Peso do vaso de injeção 6 s atrás
Wa	Peso atual do vaso de injeção
W_C	Valor real do peso de carvão dentro do vaso
Wcf	Peso final de carvão não injetado ou remanescente
Wcf_0	Peso final de carvão no vaso de injeção aliviado na pressão de 0 bar
Wci	Peso inicial do vaso de injeção (carvão + nitrogênio)
Wci_0	Peso inicial do carvão no vaso de injeção aliviado na pressão de 0 bar
W_{CO}	Peso de carvão acrescido devido ao carregamento do vaso oposto
Wmáx	Peso máximo de carregamento do vaso
Wmín	Peso mínimo para troca do vaso
W_N	Valor do peso de nitrogênio inserido na fase de injeção
W_s	Trabalho mecânico realizado pelo fluido no sistema
x	Variável manipulada do controlador normalizada por unidade
y	Distância de penetração dos círculos da seção reta da dosadora
z_1, z_2	Altura H nos pontos 1 e 2, respectivamente, em m
Z	Fator de compressibilidade do nitrogênio (Z = 0,9998)
ZI	Transdutor de posição da válvula dosadora
Z^{-1}	Operador da transformada Z
δ	Desvio padrão da vazão de carvão obtida com as estratégias e malhas de controle fechadas em operação
$\varepsilon_1(t)$	Matriz 1 de erros dos modelos do transporte pneumático
$\varepsilon_2(t)$	Matriz 2 de erros dos modelos dinâmicos da estação de injeção

CAPÍTULO 1

Introdução

1.1 OS ALTOS-FORNOS E A INJEÇÃO DE CARVÃO PULVERIZADO

O alto-forno é um processo contínuo de produção de ferro-gusa, com temperatura em torno de 1500 °C a partir do minério de ferro, e outros insumos com o carvão, conforme descrevem Castro e Tavares (1998). Isso é possível ao se fazer uma corrente de gás quente passar contra a carga que é constituída por camadas de minério de ferro, coque e calcário. O carbono presente no coque tem dois objetivos: combinar-se com o oxigênio do minério, de forma a liberar o ferro metálico; e gerar calor para as reações químicas em alta temperatura, o que possibilita a redução do minério de ferro em ferro-gusa.

A utilização de coque em altos-fornos é necessária, apesar das restrições ambientais e dos custos envolvidos. Para diminuir a quantidade de coque utilizado no processo, são adotadas medidas como a injeção de hidrocarbonetos, dentre os quais o processo de injeção de carvão pulverizado (*pulverized coal injection* – PCI) ou gás natural, substituindo parcialmente o coque carregado pelo topo do alto-forno e aliviando os equipamentos do carregamento. O carvão pulverizado propicia um maior retorno econômico, quando utilizado no processo de fabricação do ferro-gusa, pois permite a maior capacidade de taxa de injeção ao se comparar com o emprego de óleos, gases e outros hidrocarbonetos. Isso aumenta a produção e melhora as condições ambientais e econômicas do processo siderúrgico do setor de produção do coque (coqueria) e dos altos-fornos como um todo, de acordo com Assis (1993) e Ishii (2000).

Na década de 1980, as indústrias siderúrgicas foram forçadas a instalar diversos PCI como forma de redução de custos e sobrevivência no mercado.

Para que o PCI seja tecnicamente possível, é necessário que a vazão instantânea do carvão pulverizado seja controlada para que a sua combustão tenha um melhor desempenho e eficiência; em caso contrário, poderão ocorrer engaiolamentos no alto-forno e aumentos súbitos da pressão de base. Este livro trata do estudo e da implantação de técnicas e ações para tornar o processo de injeção de carvão pulverizado em altos-fornos mais eficiente, seguro, estável, confiável e preciso.

O sistema de injeção de carvão pulverizado (PCI) da Companhia Siderúrgica Nacional (CSN) foi fornecido e comissionado pela empresa Babcock Materials Handling (BMH), a atual Claudius Peters, em 1997, que forneceu toda a engenharia básica para o controle de todos os processos, conforme descrição funcional de Weber e Shumpe (1995). O PCI da CSN possui três estações de injeção com capacidade nominal de 50 t/h cada, sendo uma para o Alto-Forno 2 (AF2) e duas para o Alto-Forno 3 (AF3). Cada estação possui dois vasos que trabalham em ciclos e fases alternados de modo a garantir a continuidade da vazão de carvão na linha principal de transporte pneumático.

Esse sistema de dois vasos paralelos também é conhecido como vasos gêmeos simétricos (MILLS, 2005). Enquanto um dos vasos injeta carvão no alto-forno com o auxílio do transporte pneumático, o outro vaso se prepara para a injeção nas fases de alívio, carregamento de carvão, espera despressurizada, pré-pressurização com nitrogênio de pressão baixa e finalmente a fase de pressurização rápida com nitrogênio de pressão alta até atingir a pressão de injeção.

A Figura 1.1 ilustra um sistema típico de injeção de carvão pulverizado com uma planta de moagem e uma estação de injeção, com dois vasos trabalhando em ciclos alternados.

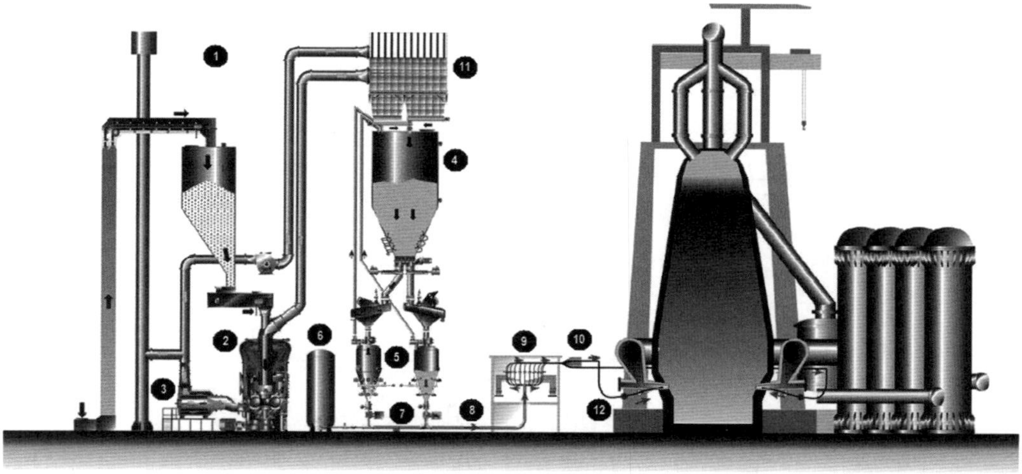

Figura 1.1 Sistema de injeção de carvão pulverizado.

Fonte: WEBER; SHUMPE, 1995.

Na Figura 1.1, tem-se:

1. Moagem de carvão pulverizado.
2. Moinho de carvão mineral bruto (grosso).
3. Gerador de gás quente.
4. Silo de armazenagem de carvão pulverizado (fino).
5. Vaso de injeção.
6. Tanque de nitrogênio de arraste.
7. Válvula dosadora de carvão pulverizado.
8. Linha principal de transporte pneumático.
9. Distribuidor de carvão.
10. Bifurcação.
11. Filtro de mangas.
12. Lança de injeção.

A Figura 1.2 ilustra em maiores detalhes o projeto original da injeção de carvão pulverizado da CSN em 1997, cuja melhoria é objeto deste livro.

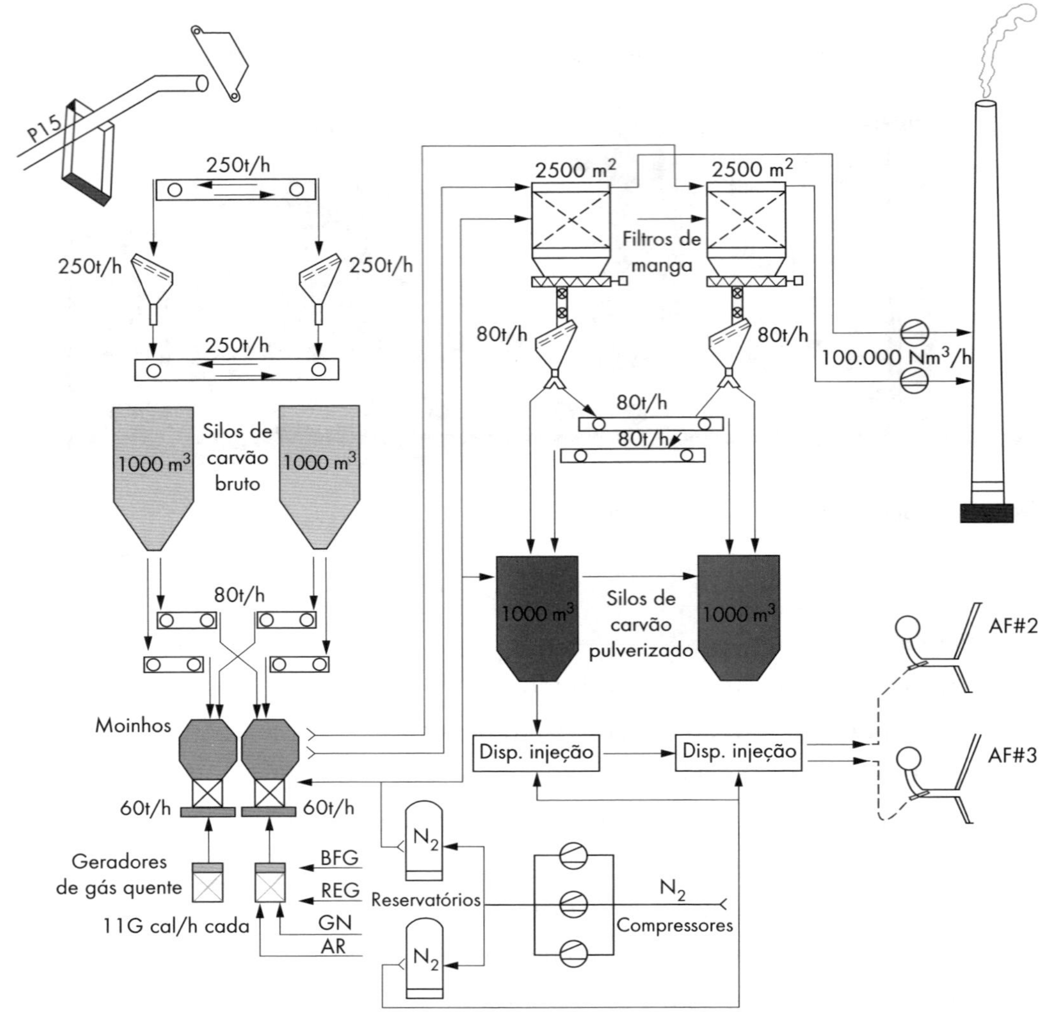

Figura 1.2 Diagrama simplificado do sistema de carvão pulverizado contendo as estações de injeção, funcionando atualmente na CSN.

Fonte: MOTTA, 2011.

A Figura 1.3 ilustra a planta do sistema de injeção de carvão pulverizado, sendo o prédio azul em formato de cubo logo à direita, e o Alto-Forno 3 da CSN, à esquerda, na cidade de Volta Redonda. Sendo este o cenário onde as técnicas, equipamentos, fluxogramas e algoritmos, enfim, os trabalhos descritos neste livro foram desenvolvidos e implantados em escala industrial.

Figura 1.3 Alto-Forno 3 e PCI da CSN.

Fonte: MOTTA, 2011.

1.2 REVISÃO DA LITERATURA E TECNOLOGIA ATUAL

Atualmente, a tecnologia de medição de vazão de carvão disponibiliza diversos instrumentos de medição direta e indireta que utilizam modelos matemáticos específicos. Como a densidade do carvão pulverizado varia de acordo com a sua origem, os instrumentos atuais de mercado não garantem a confiabilidade da medição. Assim, conforme Yan (1996), Liptak (1995), e Johansson e Medvedev (2000), todos os medidores de vazão de sólidos disponíveis para esta aplicação apresentam uma dificuldade básica, ou seja, não garantem a medição da vazão com precisão aceitável de pelo menos ± 1% com erros de 10 a 20%.

Não se tem conhecimento de planta de PCI ou literatura que utiliza essa instrumentação especial relacionada com os resultados dos modelos dinâmicos do transporte pneumático e da estação de injeção de carvão.

Os trabalhos desenvolvidos por Wolfgang Birk (BIRK, 1999; BIRK, MEDVEDEV, 1997; BIRK et al., 2000; BIRK et al., 1999) tratam de um controle automático dos processos de pressão e vazão de carvão, baseado na modelagem do processo e em um controlador do tipo *multi-input-multi-output* (MIMO). Porém, os trabalhos não utilizam as ferramentas matemáticas para a comprovação do controle, baseada na média, desvio padrão, gráficos de tendência, histogramas probabilísticos etc. Também não foi realizada uma medida direta do fluxo de material na tubulação de transporte, pois a tecnologia de sensor ainda não existia. Além disso, não se correlacionaram os parâmetros do transporte pneumático com a modelagem dinâmica da estação de injeção, o que é crucial para um modelo realista do processo de transporte pneumático para a vazão de carvão e nitrogênio para injeção conjunta e simultânea em um recipiente pressurizado como um alto-forno.

De todos os trabalhos pesquisados, verificou-se que o de maior desempenho até 2007, já implementado, era o da estação de injeção do PCI da SSAB em Luleå, na Suécia (BIRK et al., 2000). Com base nesse trabalho e principalmente na experiência em campo, houve alguns desenvolvimentos que foram introduzidos pela empresa Claudius Peters ao longo da implantação de vários PCI no mundo, notadamente na CSN e Gerdau Açominas (Brasil), Ilva (Itália), Arcelor (França e Espanha), NKK (Japão), Bethlehem Steel (Estados Unidos), entre outras. Desde então, nenhuma pesquisa foi refeita visando à elaboração de um novo modelo mais atual e preciso.

A vazão de carvão injetada para a queima nas ventaneiras tem que ser a mais constante possível para assegurar a estabilidade das reações dos combustíveis e preservar o equilíbrio estequiométrico da combustão no interior do alto-forno (Raceway).

A Figura 1.4 alerta para as consequências da instabilidade da vazão de carvão pulverizado na ponta da lança de injeção na combustão no Raceway (ASSIS, 1993). Observa-se que em alguns momentos haverá a falta de carvão, com baixa eficiência energética do processo, e em outros momentos ocorrerá a sobra de carvão, provocando uma diminuição na permeabilidade do alto-forno e queima incompleta do carvão. Isso é visível no comportamento do alto-forno pela pressão de ar quente soprado na base.

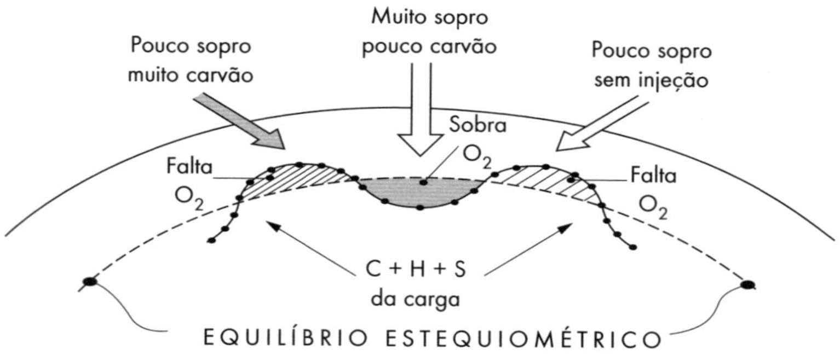

Figura 1.4 Influência da variabilidade da vazão de carvão em sua queima no alto-forno.

Fonte: ASSIS, 1993.

A malha de controle de vazão de carvão em altos-fornos também é afetada pelas variações dos valores de referência (*set points*) que, por sua vez, são colocados em cascatas com a vazão e o ar quente soprado. Portanto, a variação instantânea de vazão de carvão pulverizado é amplificada pela variação trazida pelo sinal de *set point* da malha mestra. Vários pesquisadores da metalurgia dos altos-fornos, em especial Birk e colaboradores (1999) e Motta (2011), afirmam que a variação instantânea de carvão é o principal item a ser atendido para uma qualidade boa do ferro-gusa produzido, ou seja, com baixo desvio padrão no teor de silício e enxofre, o que viabiliza a produção de aços especiais com maior valor agregado para os mesmos custos de produção ou menor custo de refino.

1.3 OBJETIVOS DO CONTROLE PARA SISTEMAS DE INJEÇÃO

O principal objetivo do controle de processos em sistemas de injeção em altos-fornos é minimizar todos os tipos possíveis de variações instantâneas de vazão de injeção de carvão, distribuição homogênea ao longo das lanças ao redor do alto-forno e acerto da quantidade de carvão injetada em longo prazo. As variações menores da vazão de carvão visam melhorar sua combustão e acertar o balanço de energia do alto-forno, o que leva a uma estabilidade térmica necessária para produzir ferro-gusa com qualidade desejada pela aciaria.

Para isso acontecer, é preciso identificar e modelar o processo sobre vários aspectos de medição e controle para minimizar todos os tipos de variações da vazão de carvão, como relata Guimarães e colaboradores (2010). A validação dos resultados será feita pela combinação de ferramentas estatísticas e medições diretas de vazão, velocidade e densidade de fluxo que serão implementadas no Sistema Digital de Controle Distribuído (SDCD) do PCI de fabricação da Yokogawa (YOKOGAWA, 1995).

A Figura 1.5 ilustra os diversos fatores do processo para melhorar a combustão do carvão. O aumento da temperatura do carvão e do ar quente soprado, bem como a mistura de carvões altos e baixos voláteis, aceleram a combustão. A redução da velocidade da partícula permite um maior tempo de queima da partícula e, finalmente, a lança dupla que tem por finalidade melhorar o contato entre as moléculas de oxigênio e carvão e a mistura de carvões no Raceway. Estas ações foram os principais alvos das pesquisas de Motta (2011), como ilustra a Figura 1.5.

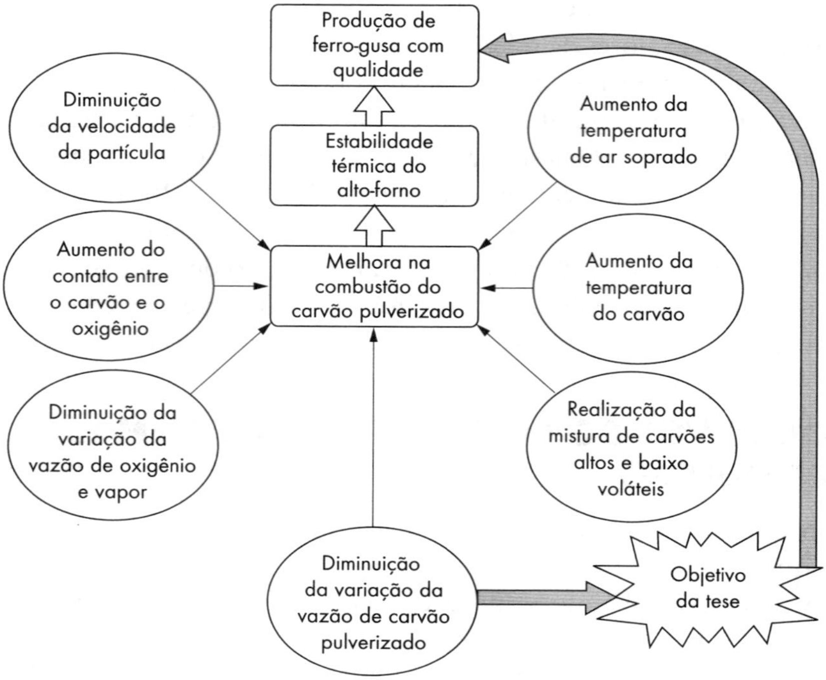

Figura 1.5 Influência da variação da injeção na produção do alto-forno.

Fonte: MOTTA, 2011.

As medições diretas são realizadas através de um instrumento industrial que fornecerá novos parâmetros do transporte pneumático do sistema de injeção. Isso tem duas funções: o maior controle na estabilidade da vazão de carvão e obter os menores valores limites de vazão para o transporte pneumático. Isso pode aumentar a eficiência energética da planta como um todo, por meio do aumento da relação sólido/gás (kgCarvão/kgN_2), economizando nitrogênio para a mesma taxa de injeção e mantendo a estabilidade da vazão, como relata Assis (1993). Porém, deve-se atentar ao aumento do risco de entupimento da linha. As técnicas descritas nesta obra mostram como evitar os entupimentos de lanças ou pelo menos diminuí-los.

Esse instrumento permitirá aprimorar o atual sistema de vazão por células de carga, pois possui uma nova função de autocalibração especificada para garantir a real medição de vazão de forma a atingir os objetivos deste livro.

Os modelos matemáticos e simulações das malhas de controle dos sistemas de injeção serão usados para testar os diversos algoritmos de controladores elaborados em Yokogawa (1995) e novas estratégias de controle serão desenvolvidas, como em Blevins e colaboradores (2002) e Delmeé (1997).

A partir da filosofia de controle proposta pela engenharia básica de Weber e Shumpe (1995), dos intertravamentos de segurança adicionais e das melhorias efetuadas no processo de injeção descritas em Motta e colaboradores (2000; 2003), irá se elaborar um trabalho voltado para a minimização da variação instantânea da vazão de carvão pulverizado injetado em altos-fornos. Com este estudo, as causas da variação de injeção poderão ser descriminadas, distinguindo-se os diversos fatores de influência de sua variabilidade.

Em Motta e Souza (2010a), descreve-se uma nova sequência das fases dos vasos de injeção e intertravamentos de segurança, o que definitivamente exige uma nova abordagem na modelagem e no controle a serem descritos neste livro para um processo PCI mais avançado do que os relatados em Birk e colaboradores (1999, 2000).

Um ponto em comum entre este livro e os trabalhos de Birk (1999) é que a variável de processo importante é a vazão de carvão pulverizado na linha principal. Do ponto de vista do alto-forno, a princípio, essa é a única variável de interesse. Existem outras secundárias, como a velocidade das partículas e a vazão de nitrogênio, que é um gás inerte e entra na geração de gás do alto-forno, o que pode atrapalhar sua permeabilidade.

Altas velocidades da partícula de carvão ou do fluxo bifásico (carvão-nitrogênio), por sua vez, não geram entupimentos, mas possuem menor tempo de queima no Raceway, o que pode formar "ninho de pássaro" (CASTRO e TAVARES, 1998). Além disso, provocam desgaste excessivo da tubulação e consumo elevado de gás de transporte. Baixas velocidades propiciam um maior tempo de queima e menor consumo de nitrogênio, mas aumentam o risco de entupimento na linha e na lança de injeção.

No desenvolvimento do modelo físico elaborado por Birk e colaboradores (1999), supôs-se que o carvão pulverizado e o nitrogênio são separados de maneira ideal. Isso significa que o nitrogênio é colocado no topo do vaso, ao passo que o carvão pulverizado é colocado no fundo. Essa suposição é irreal, pois todo o carvão é misturado homogeneamente com o nitrogênio. Portanto, existe vazão de nitrogênio pela válvula dosadora, como foi constatado na prática e é considerado neste modelo dinâmico completo e avançado a ser descrito neste livro.

Nos resultados obtidos e apresentados em congressos e seminários especializados, há os modelos dinâmicos e os parâmetros do transporte pneumático validados pela medição da vazão de carvão obtida pelo sistema de medição de peso dos vasos e pelo novo medidor Densflow (SWR, 2010) instalado na linha principal de injeção. A vazão do material através do tubo de transporte não foi a principal preocupação de Birk (1999), porque a medição da vazão mássica do carvão através do tubo não estava disponível. Além disso, o comportamento da vazão em fase densa no tubo é muito complexo.

Neste livro, temos a medição da vazão de carvão obtida pelo sistema de medição de peso dos vasos e pelo medidor Densflow instalado na linha principal de transporte pneumático da vazão de carvão.

Os objetivos complementares desta obra podem ser resumidos pelo diagrama da Figura 1.6 e estão associados ao objetivo principal de diminuir a variabilidade da vazão de carvão pulverizado para o alto-forno, segundo a tese de Motta (2011).

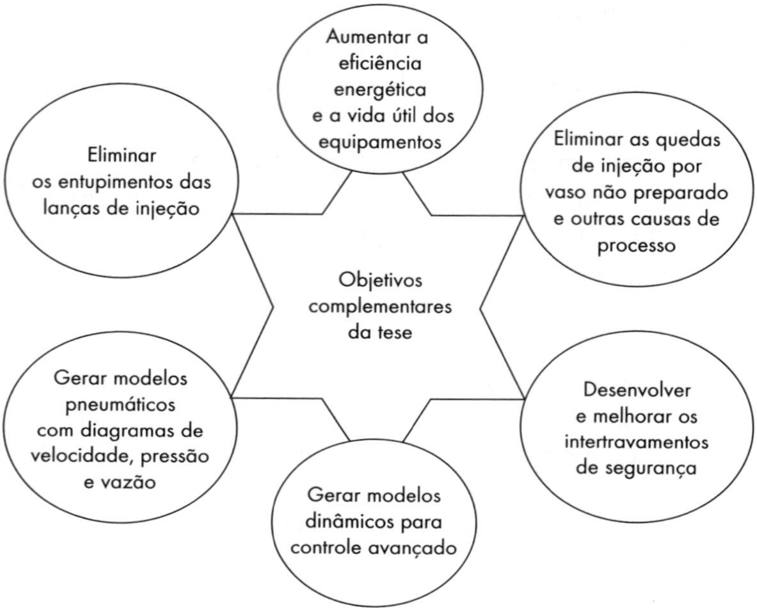

Figura 1.6 Objetivos complementares para o controle de processos de injeção.

Fonte: MOTTA, 2011.

Nota-se que, para se atingir o objetivo principal, são necessárias ações complementares para eliminar ou pelo menos mitigar as quedas de injeção e entupimentos de lanças. Além destas, deve-se aumentar a vida útil das válvulas especiais (prato e alívio) para que o vaso de injeção não vaze e perca pressão, o que provoca uma enorme e incontrolável variação na vazão de carvão.

Outro ponto importante é desenvolver novos intertravamentos de segurança para eliminar as variações na distribuição ao longo do alto-forno e tornar o processo operacionalmente mais seguro.

Os modelos dinâmicos serão usados para ajuste dos parâmetros do transporte pneumático visando eliminar os entupimentos de lanças e proporcionar novas estratégias de controle para a vazão de carvão pulverizado na linha principal.

A Figura 1.7 (ASSIS, 1993) alerta para as consequências da variabilidade da vazão de carvão pulverizado no Raceway do alto-forno.

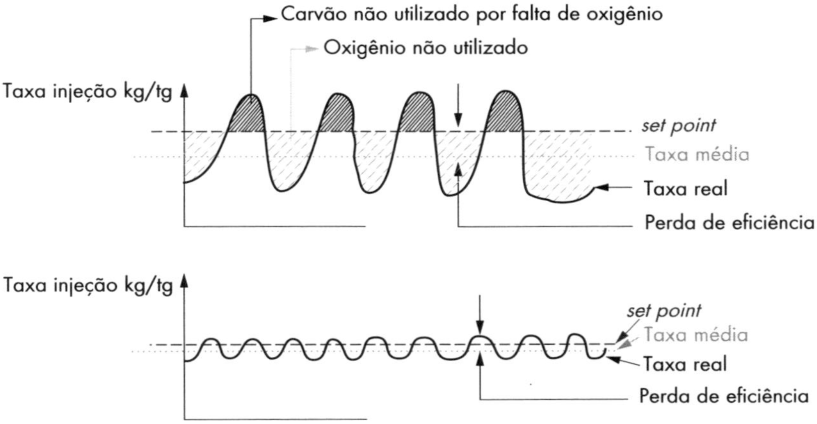

Figura 1.7 Consequências da variabilidade da vazão de carvão pulverizado.

Fonte: ASSIS, 1993.

De acordo com a Figura 1.7, quando o desvio é positivo, ocorre a sobra de carvão, sendo conduzido para o coletor (balão) de pó e lavador de gases, sem queima efetiva de acordo com situações de processo com problema (MOTTA, 2011). Quando o desvio é negativo, ocorre a falta de carvão e o oxigênio que sobra é desviado para o gás de alto-forno, o que reduz o seu rendimento energético, conhecido como rendimento de CO.

Na obra de Birk e Medvedev (1997) são tratados o controle e a estabilidade da vazão de carvão, o controle da pressão de injeção e a avaliação dos vazamentos. Conforme relatado, o comportamento dos vazamentos não é uma ciência exata, sendo um fenômeno aleatório e caótico, e, portanto de modelagem impraticável, pois não segue uma lei clara de funcionamento, como descreve Johansson (1999). Portanto, para que as ações recomendadas nesta obra sejam efetivas, é necessário que não haja qualquer tipo de vazamento das válvulas de carregamento e alívio do vaso de injeção.

1.4 DESENVOLVIMENTO DA AUTOMAÇÃO E CONTROLE DA INJEÇÃO

A estrutura deste livro foi montada de acordo com os desenvolvimentos realizados na sequência lógica – intertravamentos de segurança, instrumentação, modelagem e controle avançado englobando toda a automação das estações de injeção do PCI da CSN ao longo de vinte anos, conforme ilustra a Figura 1.8.

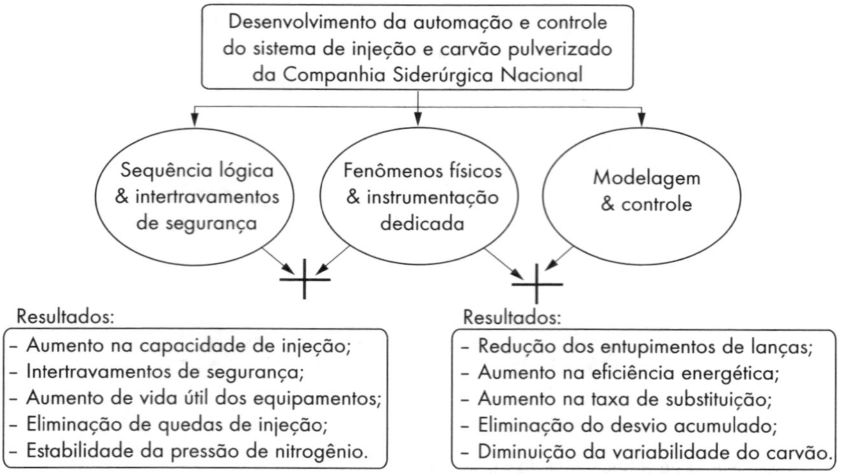

Figura 1.8 Organização do livro.

1.5 DESCRIÇÃO DOS CAPÍTULOS

O Capítulo 1 efetua a introdução do processo, detalha os problemas típicos da injeção de carvão com ampla revisão bibliográfica e solidifica os objetivos e metas do livro.

O Capítulo 2 descreve a estação de injeção de carvão pulverizado e seus principais equipamentos. Tem como objetivo descrever as principais fases do processo das estações de injeção, com as suas válvulas especiais e algumas de suas principais malhas de controle, bem como o funcionamento de cada válvula que compõe o vaso de injeção de carvão pulverizado.

O Capítulo 3 ilustra os critérios e valores típicos para avaliação das variações que são usados como índices de desempenho do controlador da vazão de carvão. Foram desenvolvidas ferramentas computacionais em tempo real no SDCD para calcular a quantidade injetada, o desvio acumulado, a média, o desvio padrão e histogramas probabilísticos de dispersão gaussiana para medir as variabilidades. Os resultados desse analisador são usados nos julgamentos das implementações das estratégias de controle da vazão de carvão em curto e em longo prazo.

O Capítulo 4 descreve as melhorias, correções de projeto e novos equipamentos implantados no PCI visando eliminar a variação da vazão de carvão geral mais crítica do processo: a interrupção ou queda da vazão de carvão pulverizado para o alto-forno. Esse capítulo modela a automação da sequência das fases dos vasos de injeção e introduz as primeiras modelagens e temporizações das fases dos ciclos das injeções em que são obtidos a capacidade máxima de injeção em tempo real e os tempos previstos para pressurização dos vasos e término da fase de injeção.

A nova sequência desenvolvida dos vasos de injeção descreve algumas das inovações deste livro em PCI que são: a espera despressurizada dos vasos de injeção e a pré-pressurização com nitrogênio de pressão baixa vindo direto da Fábrica de Oxigênio (FOX) visando à diminuição da variação da vazão de carvão e à economia de energia elétrica.

O Capítulo 5 descreve a importância da fluidização no cone base de um vaso de injeção visando eliminar a variação da vazão de carvão geral. Foi efetuado um sistema exclusivo para pressurizar o anel de fluidização durante a fase de pressurização, evitando seu entupimento e consequente variação de injeção. Efetuaram-se correções de projeto na lógica de funcionamento e novos equipamentos foram implantados no vaso.

O Capítulo 6 descreve os principais intertravamentos para possibilitar a injeção segura em altos-fornos e as recomendações de segurança. São descritos os algoritmos para prolongar o tempo de carregamento e sincronizar os vasos de injeção para que não carregassem ao mesmo tempo, bem como alarmes antecipatórios e a nova sequência logica de descrição de funcionamento da estação de injeção de carvão pulverizado da CSN. A fase de pré-pressurização é introduzida para preservar a estanqueidade do vaso e sua consequente precisão de injeção.

O Capítulo 7 apresenta os novos desenvolvimentos realizados para eliminar a variação da vazão de carvão individual das lanças após o distribuidor. São expostos os progressos na medição de vazão do ar soprado pelo tubo reto e a lógica e funcionamento dos detectores de fluxo de carvão visando acabar com as oscilações das válvulas de carvão e consequente variação na lança de injeção.

O Capítulo 8 apresenta um amplo relatório de uma pesquisa prática realizada com detectores de carvão pulverizado, suas qualidades e necessidades para a implantação. São retratados os princípios básicos de cada tipo de detector de fluxo de carvão, com suas vantagens e desvantagens.

O Capítulo 9 mostra como determinar a pressão diferencial de um medidor de vazão de sopro para tubo reto de alto-forno. A medição de vazão de tubo reto de alto-forno é a forma mais segura para injeção de carvão pulverizado. Equipamentos baseados em monitoração da luz pelo visor óptico do algaraviz não atendem ao quesito de vazão mínima necessária para combustão do carvão, e pode-se ter luz sem vazão para verificar sua medição ao longo do tempo.

O Capítulo 10 descreve e comprova o fenômeno físico do erro inerente na vazão de carvão pulverizado causado pelo transporte pneumático obrigatório com um vaso pressurizado com nitrogênio. Mostra como é realizada a medição, seus erros inerentes e como corrigi-la além da comprovação do fenômeno e do resultado da correção.

O Capítulo 11 ilustra o instrumento de medição de vazão, velocidade e densidade de carvão pulverizado desenvolvido especialmente para este livro, com a função de calibração externa automática efetuada pelo SDCD e com o auxílio do sistema de pesagem baseada em célula de carga.

O Capítulo 12 efetua a modelagem do transporte pneumático e seus principais parâmetros que são usados na determinação da eficiência energética e no limite de entupimento. São detalhados os diagramas de velocidade, vazão e pressão na estação de injeção e ao longo das tubulações de transporte pneumático que acabam por influenciar diretamente o comportamento dinâmico do sistema.

O Capítulo 13 modela dinamicamente o comportamento das malhas de controle, gerando um modelo base para o estudo da dinâmica do processo e para aplicações em técnicas de controle modernas. As vazões e pressões de ajuste do transporte pneumático, o balanço de massa, as densidades do nitrogênio e carvão, e a temperatura final da mistura são incorporados no modelo dinâmico. Os modelos da estação de carvão e do transporte pneumático interagem entre si de modo a se obter um modelo o mais completo possível. Propõe-se o modelo base MIMO completo para controle avançado.

O Capítulo 14 aborda as estratégias e técnicas de controle de processo empregadas neste livro para mitigar a variabilidade da vazão de carvão pulverizado. Nesse capítulo é apresentado o método utilizado para acabar com a variação de injeção provocada por variação brusca do *set point* (operador), resultado do controle automático do pedido de injeção de carvão pelo ritmo de carga do alto-forno. Outros resultados são: a abertura inicial da válvula dosadora durante a troca dos vasos de injeção; a correção da integral do erro acumulado; a faixa morta e o filtro de corte da malha de controle de vazão de carvão que são ajustados automaticamente pelo SDCD, conforme modelos matemáticos dos Capítulos 12 e 13.

O Capítulo 15 reúne os resultados e conclusões das estratégias de controle, a nova sequência dos vasos, dentre outros, e tem por objetivo efetuar uma análise global das estratégias e ações desenvolvidas para minimizar a variação da vazão de carvão, bem como a monitoração, registro e análise de seus resultados no dia a dia do processo.

O Capítulo 16 descreve as especificações e etapas de implantação, bem como equipamentos típicos de um sistema de injeção de materiais sólidos pulverizados ou granulados. Um sistema de descarga, transporte e injeção contínua de pó de coletor é apresentado juntamente de seus equipamentos modernos e especiais para as linhas de transporte pneumático e injeção em altos-fornos, como nas curvas, válvulas, bifurcações, injetores com revestimentos internos em cerâmica e, especialmente, mangueiras flexíveis, apesar da cerâmica.

O Capítulo 17 é a parte do livro dedicada a aciaria ou pré-refino do ferro--gusa em cano torpedo ou panela de aço. O capítulo descreve o desenvolvimento das estações de dessulfuração de ferro-gusa em cano-torpedo e sua evolução ao longo do tempo.

O Capítulo 18 mostra o desenvolvimento e a implantação de um sistema de injeção de cal incorporado ao processo de dessulfuração existente. São descritas a duplicação da capacidade de dessulfurização e a multinjeção de diversos agentes dessulfurantes.

As referências bibliográficas contêm uma ampla bibliografia com artigos relacionados a sistemas de injeção e todos os trabalhos relacionados neste livro que foram publicados em periódicos e apresentados em congressos e seminários, no Brasil e no exterior.

2 CAPÍTULO

Injeção de carvão pulverizado em altos-fornos

2.1 INTRODUÇÃO

Este capítulo descreve de forma sucinta a injeção de carvão pulverizado em altos-fornos. Foram estudados diversos outros sistemas de injeção de carvão pulverizado. Os vasos paralelos gêmeos com controle de vazão de carvão global (MILLS, 2005) do fabricante Claudius Peters (WEBER; SHUMPE, 1995) descritos em especial neste livro serão conhecidos e indicados como PCI.

As empresas siderúrgicas em busca da redução dos custos da produção do aço substituíram o combustível de carga dos altos-fornos (coque) por carvão fino, que é injetado de forma pulverizada nas ventaneiras do alto-forno. Porém, essa substituição apresenta como principal desvantagem a instabilidade dos altos-fornos quando ocorre variação no fluxo de injeção de carvão pulverizado. Este, em sua forma pura, é inflamável mesmo em condições ambientais normais. Isso dificulta a operação e torna complexa a segurança de um sistema de injeção de carvão pulverizado.

Assim, é extremamente importante que o controle de injeção de carvão seja confiável e preciso, necessitando de medição da vazão do carvão fino, de forma indireta ou direta, e novas estratégias de controle da malha de vazão.

2.2 PCI – SISTEMA DE INJEÇÃO DE CARVÃO PULVERIZADO

O processo consiste basicamente em moer o carvão, transferi-lo para um vaso de injeção e, deste, transportá-lo pneumaticamente até o alto-forno. A injeção propriamente dita acontece através de uma lança introduzida pelo algaraviz, conforme ilustra a Figura 2.1.

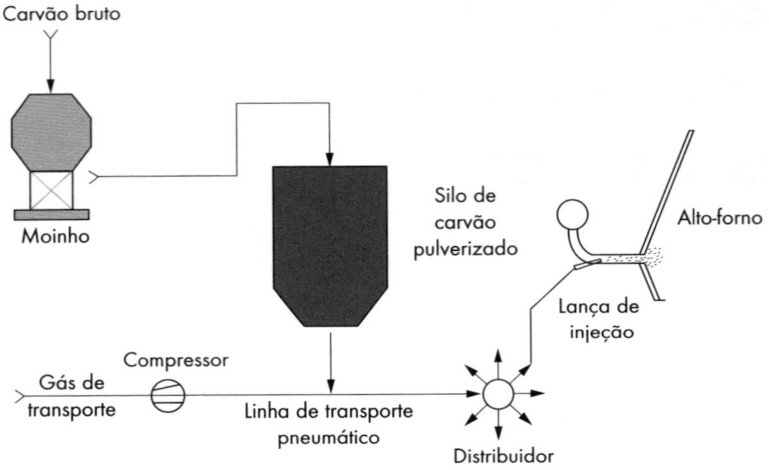

Figura 2.1 Injeção de carvão pulverizado para altos-fornos.

Fonte: MOTTA, 2011.

A Figura 2.2 ilustra um diagrama de fluxo resumido típico de um PCI com os principais equipamentos da moagem (moinho, GGQ e filtro de mangas) e os principais equipamentos da injeção (silo, peneiras, válvulas, vasos de injeção e distribuidor), assim como sua interligação de processo com o alto-forno.

A Figura 2.3 ilustra a visão geral da planta do PCI da CSN. Ela possui dois sistemas de moagem e três estações de injeção de carvão pulverizado exatamente idênticos. As moagens de carvão mineral bruto com moinho, gerador de gás quente e filtro de mangas possuem a capacidade nominal projetada de 60 t/h cada. O sistema de injeção do Alto-Forno 2 (AF2) possui uma estação de injeção com a capacidade nominal de injeção projetada em 40 t/h. O sistema de injeção do Alto-Forno 3 (AF3) possui duas estações de injeção, sendo uma para a rota ímpar relativa às ventaneiras ímpares e outra para a rota par relativa às ventaneiras pares. Ambas possuem capacidade máxima de projeto de 40 t/h cada. Os dois sistemas foram projetados para injetar também um mínimo de 20 t/h cada.

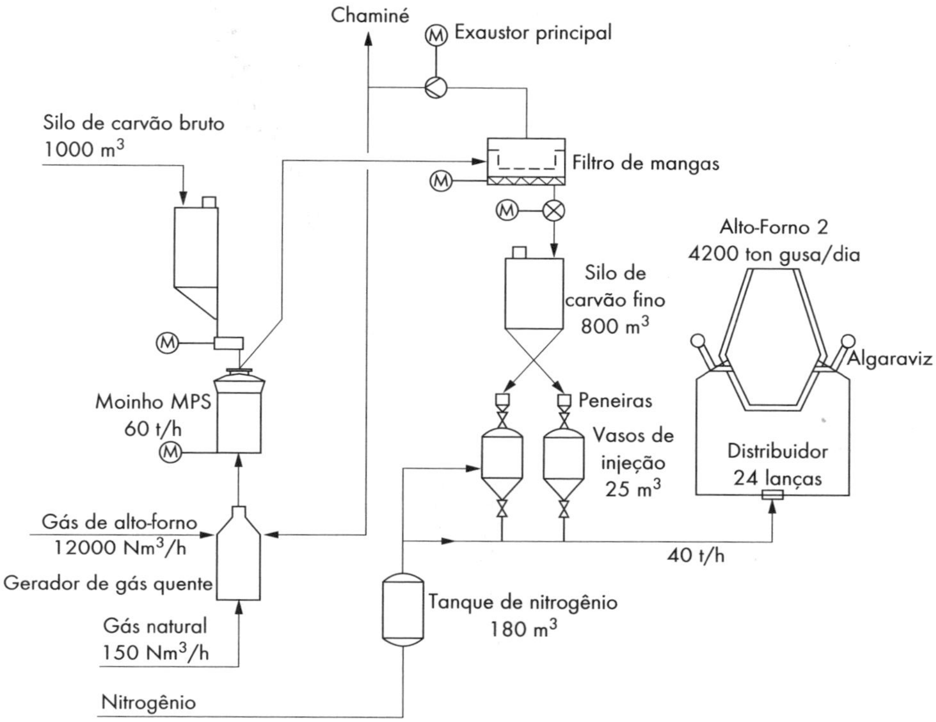

Figura 2.2 Sistema de injeção de carvão pulverizado.

Fonte: MOTTA, 2011.

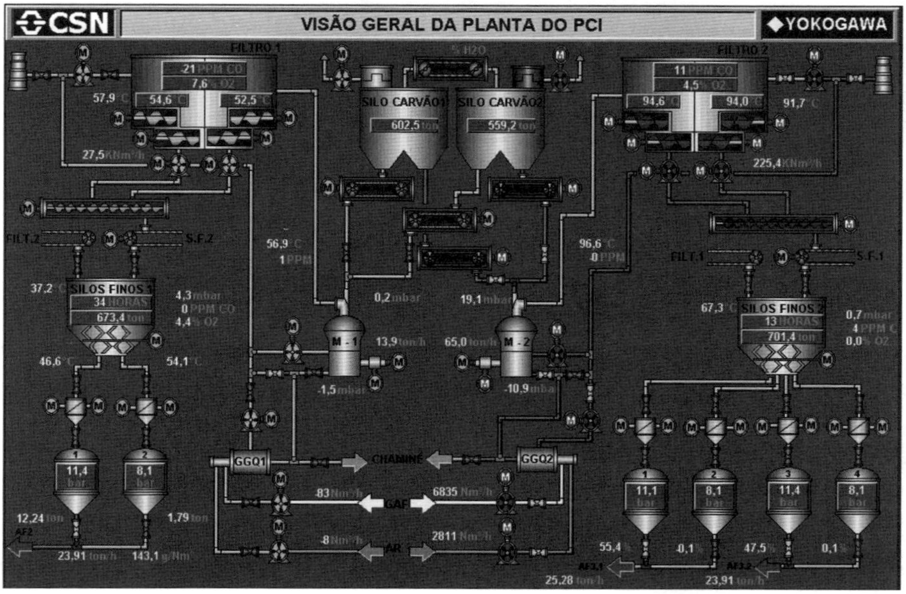

Figura 2.3 Visão geral do PCI da CSN para os Altos-Fornos 2 e 3.

Fonte: MOTTA, 2011.

O PCI recebe e armazena dois tipos de carvão mineral, sendo geralmente um alto e outro baixo volátil com granulometria de até 75 mm nos silos de carvão bruto nº 1 e nº 2. Nas saídas desses silos, existem 4 transportadores de corrente de arraste que executam o transporte do carvão bruto de modo cruzado até os moinhos 1 ou 2 onde são misturados. Os moinhos efetuam a moagem e a secagem da mistura de carvões para a granulometria máxima de até 100% menor que 0,9 mm e com umidade residual máxima de 2%. Os gases quentes para a secagem são fornecidos pelo gerador de gás quente (GGQ), que queima o gás de alto-forno e o gás natural, conforme ilustra a Figura 2.4.

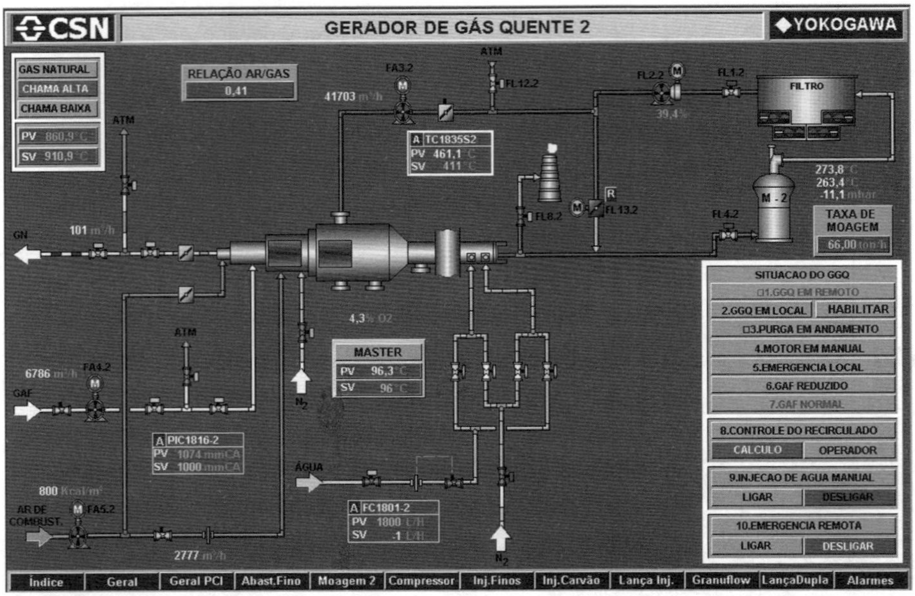

Figura 2.4 Gerador de gás quente para a secagem do carvão.

Fonte: MOTTA, 2011.

O ventilador principal localizado após o filtro de mangas suga os gases de moagem que fazem o meio de transporte dos finos de carvão através de uma tubulação do moinho até o filtro de mangas. Onde ocorre a perda de velocidade do fluxo de finos de carvão, filtragem e a precipitação das partículas de carvão moído nas tremonhas, onde é arrastado pelos transportadores helicoidais e válvulas rotativas para os silos de armazenagem de carvão fino. A Figura 2.5 ilustra a planta de moagem 2 de carvão pulverizado em funcionamento na CSN, existe, ainda, na saída dos filtros um transportador de corrente de arraste que permite o abastecimento cruzado dos silos de finos para uma ou duas moagens simultâneas.

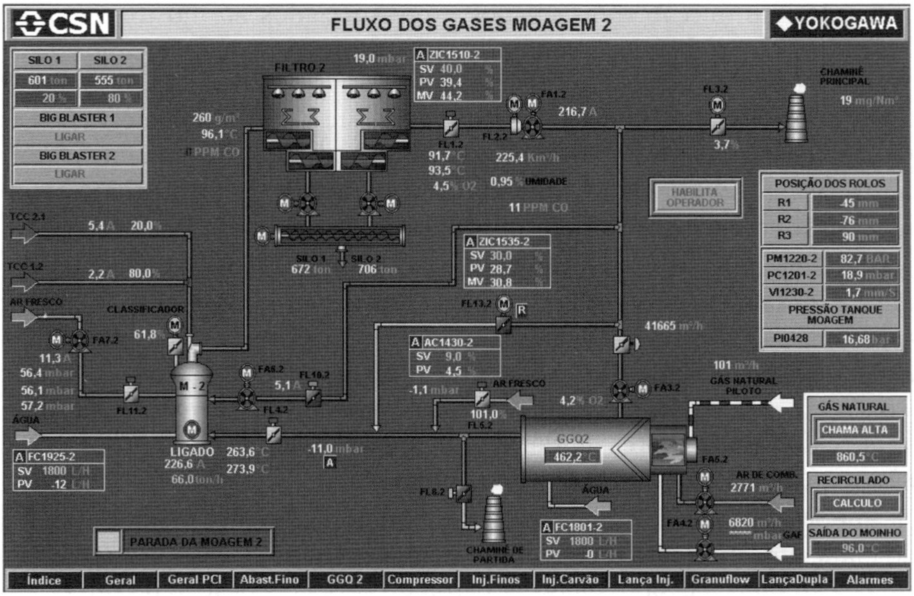

Figura 2.5 Moagem de carvão pulverizado.

Fonte: MOTTA, 2011.

Os silos de finos possuem válvulas automáticas de saída que efetuam o carregamento para cada vaso de injeção com o peso máximo de aproximadamente 12 t através de um sistema de válvulas borboletas automáticas, peneiras e tubulação.

O carvão fino flui por gravidade no silo e é separado por uma peneira vibratória antes de abastecer o vaso. Essa peneira tem a função exclusiva de reter corpos estranhos ao processo que possam causar distúrbios de injeção, como: luvas, eletrodos de solda, parafusos, entre outros.

Após a pressurização rápida, o 1º vaso recarregado com carvão está pronto para reiniciar o ciclo de injeção. Quando o 1º vaso de injeção recebe o sinal de peso mínimo, a troca dos vasos se inicia sem interrupção ou grande alteração na taxa de injeção. O 2º vaso inicia a injeção enquanto o 1º vaso vazio acaba de injetar e atingir o peso mínimo típico de 2 t, os ciclos se alternam sucessivamente.

A soma dos tempos de alívio, carregamento e pressurização deve ser um pouco menor do que o tempo para a injeção, como será visto no Capítulo 4. Assim, o próximo vaso a injetar fica preparado esperando o vaso que está injetando atingir seu peso mínimo de 2 t. Após a troca de vasos, o vaso descarregado muda de fase onde, segundo a tecnologia do fornecedor (WEBER; SHUMPE, 1995), toda a pressão do vaso é aliviada para o silo de carvão fino e, então, para a atmosfera, após passar pelo filtro do despoeiramento do silo de finos, para uma nova fase de carregamento e injeção.

Os vasos de injeção são fechados e pressurizados até no máximo 13 bar, dependendo da taxa de injeção requerida. Após pressurizados, os finos de carvão dentro dos vasos de injeção são levados por transporte pneumático em uma tubulação até o distribuidor. O distribuidor divide este fluxo único em vários outros fluxos de acordo com o número de lanças individuais de cada uma das ventaneiras dos altos-fornos, sendo, então, injetado para o interior do forno como combustível para gerar energia e promover a redução da carga metálica.

O distribuidor possui uma entrada principal de 4" que corresponde à linha de transporte pneumático vinda dos vasos de injeção e diversas saídas de ½" de forma circular igualmente e geometricamente distribuídas. Cada saída do distribuidor corresponde a uma lança e a uma ventaneira ou algaraviz do alto-forno, onde o carvão será injetado. As saídas do distribuidor possuem válvulas de fechamento de carvão, detectores de fluxo individuais e válvulas de nitrogênio de alta pressão para purga em caso de entupimento.

É importante informar que o comprimento total de cada tubulação individual de cada lança, partindo do distribuidor até a ventaneira, deve ser igual para todas as linhas, evitando, dessa maneira, a perda de carga e variação de fluxo.

A Figura 2.6 apresenta a visão em topo e em corte do distribuidor e seus equipamentos principais.

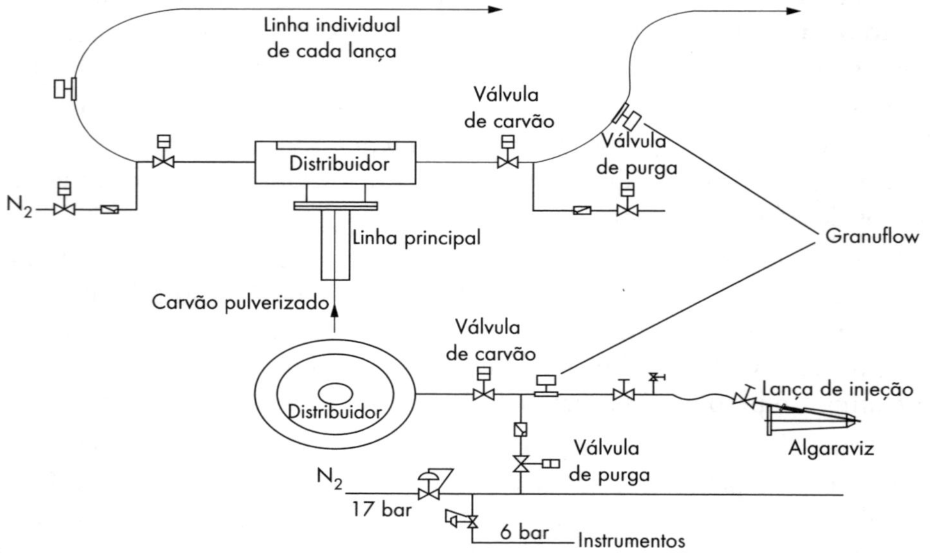

Figura 2.6 Distribuidor estático de carvão pulverizado para altos-fornos.

Fonte: MOTTA, 2011.

A Figura 2.7 ilustra a tela gráfica de operação do distribuidor estático de carvão usado no PCI do AF2 da CSN.

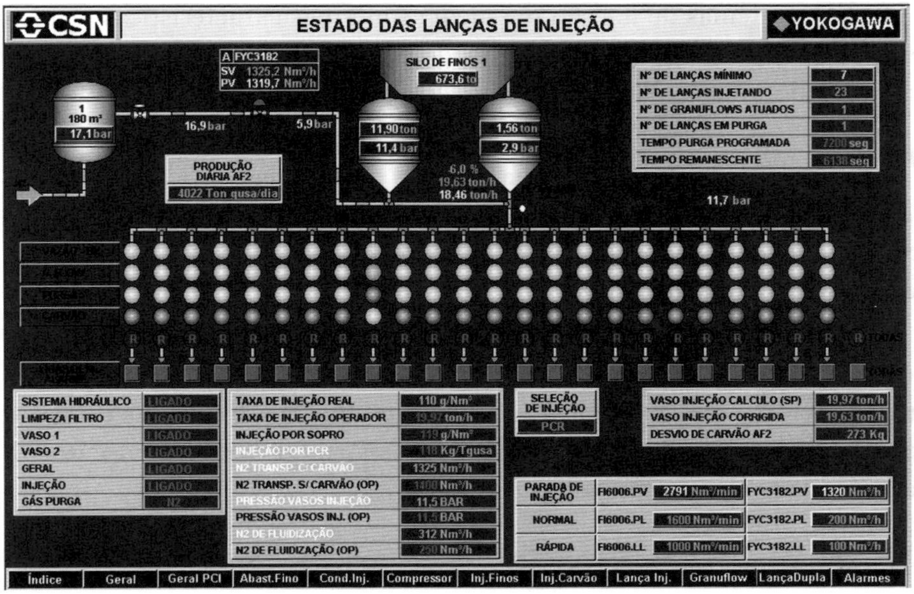

Figura 2.7 Tela de operação do distribuidor estático de carvão.

Fonte: MOTTA, 2011.

2.3 TECNOLOGIAS PARA TRANSPORTE PNEUMÁTICO DE SÓLIDOS

O transporte pneumático de sólidos granulados é de extrema importância para o setor industrial, pois apresenta o controle e a estabilidade para uma melhor eficiência. Os sólidos granulados, que podem ser transportados pneumaticamente, variam de: farinha, grãos de trigo, plástico, pó de coletor, carvão granulado, $CaCO_2$, cal etc.

O transporte pneumático consiste no fluxo de sólidos e gás, e vem sendo utilizado na indústria desde meados do século XIX. Preocupações com os custos, poluição ambiental e praticidade são fatores que fazem com que esse tipo de transporte seja muito utilizado em indústrias químicas e alimentícias, na mineração, em combustíveis sólidos, nas agroindústrias e no controle de emissão de poluentes. Existem dois tipos principais de transporte pneumático que diferem entre si por seus parâmetros e tecnologia empregada. Os sistemas de transporte pneumático que operam com pressão baixa (< 3 bar) são conhecidos como transporte em fase diluída. A fase diluída utiliza velocidades relativamente altas e pressões positivas ou negativas para empurrar ou puxar, respectivamente, o material através das tubulações, efetuando um elevado desgaste. Os sistemas de transporte pneumático em fase densa transportam o material sólido em baixas velocidades e utilizam pressão positiva (> 5 bar), o que proporciona menor desgaste por abrasão.

Diversos sistemas de injeção possuem as mesmas características técnicas em todos os transportes de sólidos granulados em geral. Dentre eles destacam-se: Weiser e colaboradores (2006); Oliveira e colaboradores (2008); Ogata (2003); Silva e colaboradores (2005); Torres e colaboradores (2005).

O carvão pulverizado, usado na geração de energia elétrica em termoelétricas, e produção de ferro-gusa em siderúrgicas, é um exemplo fundamental para a importância do conhecimento e domínio da medição e controle da vazão de sólidos em tubulações pneumáticas.

A Figura 2.8 mostra um diagrama em blocos de um transporte pneumático típico utilizado em fornos aquecidos a carvão mineral pulverizado. O abastecimento do carvão é realizado da seguinte maneira: o carvão bruto é enviado para o moinho, onde é secado, pulverizado e transportado para o forno através das ventaneiras dos queimadores separadamente.

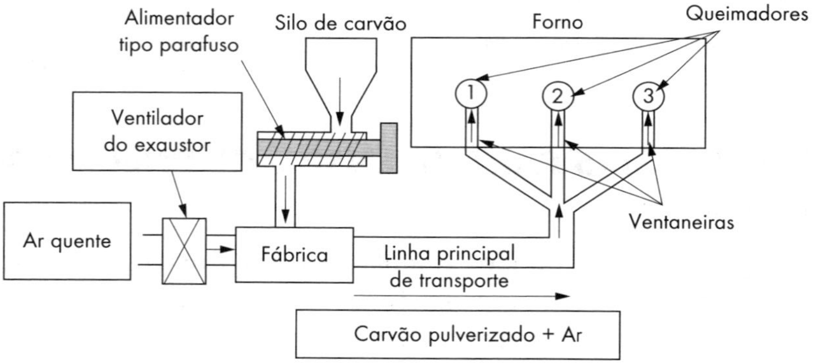

Figura 2.8 Típico transporte pneumático de carvão.

Fonte: MOTTA, 2011.

O transporte pneumático e a fluidização de sólidos em tubulações necessitam de injeção de gás de transporte ou arraste, tornando a mistura bifásica – gases-sólidos, conforme ilustra a Figura 2.9. Para um operador de sistema de transporte pneumático, o mais importante é a vazão dos sólidos transportados.

A Tabela 2.1 efetua a comparação entre os métodos de transporte pneumático em fase densa e em diluída disponíveis na tecnologia mundial para o transporte e injeção de carvão pulverizado.

Notam-se as vantagens do transporte pneumático em fase densa que tem sido adotado desde a década de 1980 em substituição ao transporte pneumático em fase diluída, especialmente em PCI.

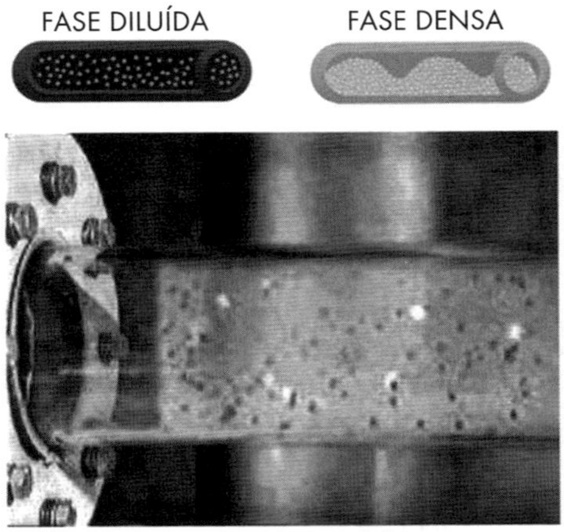

Figura 2.9 Transporte pneumático em fase diluída.

Fonte: MOTTA, 2011.

Tabela 2.1 Comparação entre o transporte pneumático em fase densa e em fase diluída.

Fase diluída	Fase densa
a) Alta velocidade das partículas sólidas, necessitando de tubulações e curvas com proteções contra abrasão e desgaste, como revestimentos em basalto e cerâmica: 30 > C > 10 m/s.	a) Menor velocidade das partículas sólidas transportadas, o que diminui a abrasão e o desgaste da tubulação de transporte pneumático: 10 > C > 1 m/s.
b) Relação baixa entre os sólidos e os gases transportadores, necessitando de um maior fluxo de gases e eficiência energética baixa: < 5.	b) Maior relação entre o peso dos sólidos e o peso do gás de transporte, o que significa uma maior vazão de carvão para a mesma quantidade de nitrogênio, oferecendo maior eficiência energética: $50 > \mu > 5$ (CASTRO; TAVARES, 1998).
c) Maior gasto de energia pneumática (compressores) por tonelada de carvão injetada.	c) Menor gasto de energia pneumática por tonelada de carvão injetada.
d) Menor queda de pressão na linha de transporte principal.	d) Maior queda de pressão na linha de transporte pneumático.
e) Menor nível de pressão de injeção no vaso, necessitando de menos gás para pressurização inicial e manutenção da pressão de injeção durante a fase de injeção.	e) Maior nível de pressão de injeção, necessitando de mais nitrogênio de pressurização e manutenção durante a fase de injeção: 20 bar > P > 3 bar.

Fonte: MOTTA, 2011.

2.3.1 Fase densa

A transportabilidade dos sólidos é baseada na ação turbulenta do gás na partícula de carvão. Isso significa que na fase diluída as propriedades físico-químicas do carvão têm menor influência no transporte pneumático. Portanto, nessa fase, o transporte pneumático é mais robusto com relação a umidade, granulometria, densidade, dentre outras características físico-químicas do material sólido transportado, ou seja, ele é menos sensível e menos condicionado a esses fatores.

O critério de projeto requer que a velocidade de transporte das partículas seja maior que a mínima velocidade do transporte; em caso contrário, ocorrerá entupimentos da tubulação de transporte pneumático.

A transportabilidade das partículas sólidas é baseada na fluidização, ou seja, nas propriedades do material sólido, como fluidizabilidade (capacidade de fluidizar o material ou criar um leito fluidizado para escoamento), fluxabilidade (capacidade do sólido de fluir), e capacidade de reter gás, densidade e granulometria. Portanto, o transporte pneumático em fase densa é mais suscetível às características do material a ser transportado.

Os critérios de projeto e equipamentos de transporte pneumático em fase densa são mais complexos e rigorosos em relação aos projetos em fase diluída.

2.4 TECNOLOGIAS DE SISTEMAS PARA PCI

O transporte pneumático de sólidos é o processo de movimentação de matéria seca através de um tubo fechado, conforme Assis (1993). A primeira questão que surge é: como a matéria seca, nesse caso, o pó de carvão, comporta-se em contato com um gás – o nitrogênio? Como o carvão pulverizado é fluidizado no vaso de injeção de carvão, a primeira impressão é a de que o nitrogênio e o carvão pulverizado podem ser tratados como um fluido. Infelizmente, talvez essa seja uma das expressões mais mal interpretadas pelos usuários de PCI.

As primeiras experiências com relativo sucesso foram feitas transportando o carvão pulverizado na fase diluída e com dosagem feita basicamente através de válvulas rotativas ou de estrangulamento.

As primeiras instalações possuíam as características e problemas típicos:

- Fluxo irregular de sólidos, medição e controle automático precários.
- Consumo elevado de gás de transporte devido à elevada vazão de transporte.
- Desgaste elevado nas tubulações e válvulas, devido às altas velocidades de transporte (10 m/s a 30 m/s).

Para atender às exigências econômicas e operacionais dos altos-fornos com a diminuição dos custos da produção de gusa através de uma injeção confiável de carvão e que também permitisse altas taxas de injeção, era necessário desenvolver uma nova tecnologia, seguindo os seguintes parâmetros:

- Baixo consumo de gás de transporte para diminuir os investimentos, custos com energia elétrica e consumo adicional de coque para aquecer o gás frio que entra no forno juntamente com o carvão pulverizado.

- Baixas velocidades nas tubulações de transporte para diminuir o desgaste e os custos de manutenção.
- Possibilidade de regulagem individual da quantidade de injeção em cada lança sem partes mecânicas móveis de dosagem, para permitir altas taxas de injeção sem desequilibrar o perfil térmico circular uniforme do alto-forno.
- Possibilidade de uma regulagem em ampla gama da taxa total de injeção sem troca de equipamentos mecânicos essenciais, como as lanças de injeção.

Isso foi obtido através da aplicação do leito fluidizado no transporte pneumático, o chamado transporte pneumático em "fase densa".

O termo "fluidização" descreve o ângulo de repouso da matéria sobre a matéria em que ela irá vazar livremente por gravidade. No caso do vaso de injeção, isso significa que o carvão pulverizado não se torna uma massa compacta no vaso e não adere às paredes deste durante a injeção de carvão.

Para constatar a fluidização no vaso de injeção de carvão, deve-se garantir uma vazão de nitrogênio de fluidização constante. A fluidização também depende solidamente da fabricação interna (geometria) do vaso de injeção de carvão. Como esses fatores não são mensuráveis nem analisáveis, assume-se que o pó de carvão é otimamente fluidizado.

As principais diferenças entre a velocidade (V) em m/s, a pressão (P) em bar e a relação sólido/gás (D) adimensional são mostradas nas Figuras 2.10 e 2.11.

A Figura 2.10 ilustra a fase diluída com válvula rotativa no controle de vazão.

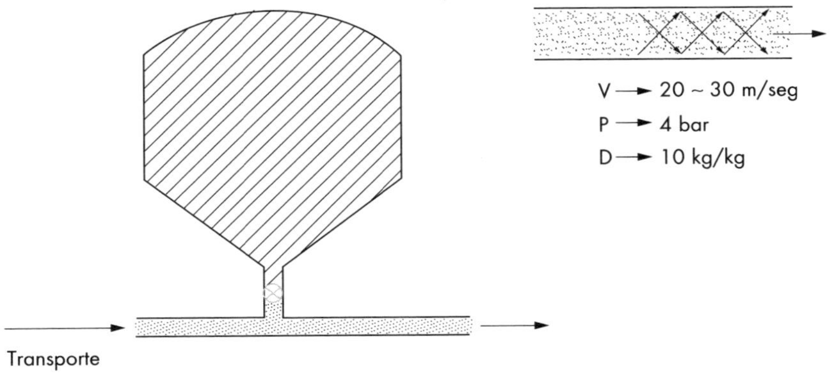

Figura 2.10 Transporte pneumático em fase diluída.

Fonte: ASSIS, 1993.

A Figura 2.11 apresenta o sistema de injeção típico do fabricante (PAUL WURTH, 2010) com controle de vazão de carvão por válvula gaveta e câmara de fluidização na base do vaso de injeção para o fluxo bifásico (N_2 fase gasosa e carvão fase sólida).

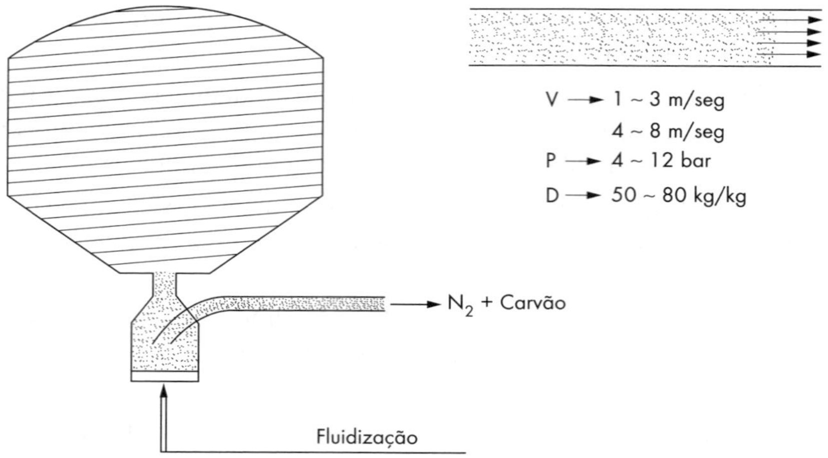

Figura 2.11 Transporte pneumático em fase densa com fluidização.

Fonte: ASSIS, 1993.

A Figura 2.12 ilustra o diagrama de estado do transporte pneumático evoluindo de fase diluída para fase densa à medida que a velocidade diminui. Notam-se, primeiramente, as faixas de velocidade e, em seguida, a relação sólido/gás e, por último, a queda de pressão em bar para os transportes em fase diluída (A), meadas (B), dunas (C) e rolhas (D), nas quais a criticidade e a probabilidade de entupimento evoluem na mesma proporção.

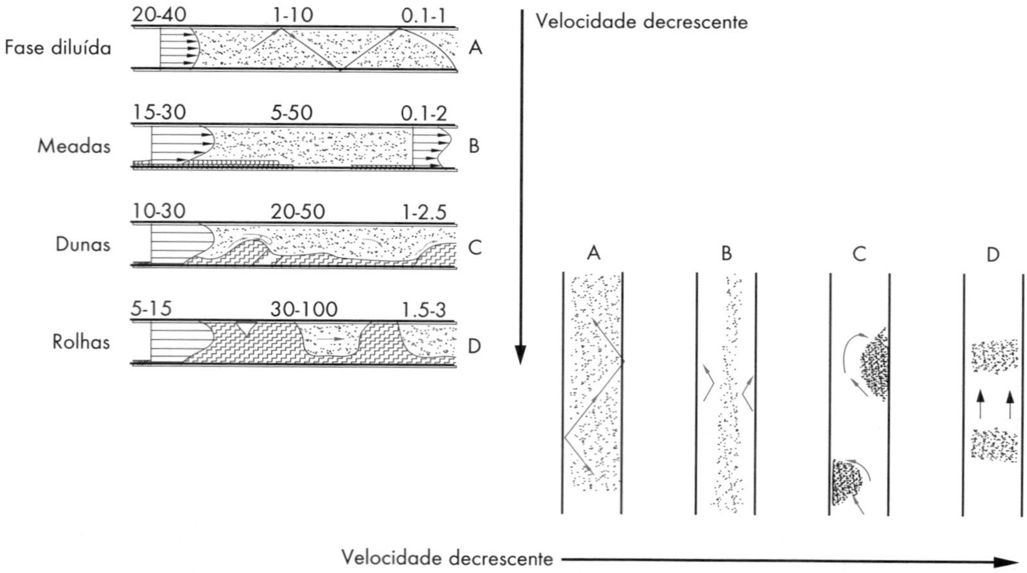

Figura 2.12 Diagrama de estado para o transporte pneumático.

Fonte: ASSIS, 1993.

2.4.1 Tecnologias de controle dos vasos de injeção

O sistema de injeção de finos de carvão inclui equipamentos para preparação de carvão, transporte pneumático em fase densa e o sistema de injeção propriamente dito. Estão disponíveis no mercado mundial basicamente quatro tipos de controle de vazão de carvão da linha principal com dois tipos distintos de distribuidores.

a) Sistema de controle global (distribuidor estático)

Através de uma tubulação única na saída do vaso de injeção, após a válvula dosadora, o material é transportado para uma estação de distribuição próxima do alto-forno, como ilustra a Figura 2.13. O fluxo de carvão global é controlado por uma única malha de controle fechada, composta de uma válvula dosadora e um medidor de vazão da massa de carvão. Posteriormente, este fluxo, ao chocar-se com o distribuidor, divide-se em igual número de saídas e transporta-se do distribuidor para as ventaneiras do alto-forno.

Figura 2.13 Distribuidor estático de finos de carvão.

Fonte: PAUL WURTH, 2010.

A Figura 2.14 ilustra o controle de vazão de carvão global com medição baseada em células de carga, sendo este o sistema da CSN (WEBER e SHUMPE, 1995) e o objeto de estudo e desenvolvimento deste livro.

O vaso de injeção possui basicamente um controle de pressão (PT) e um sistema de pesagem (WT) que fornece um sinal cuja derivada discreta no tempo é usada no cálculo da vazão de carvão como um filtro de média móvel (WY), o que provoca um atraso (e^{-T}). O carvão pulverizado é enviado do vaso de injeção para o distribuidor estático (D) através de uma linha principal de transporte pneumático.

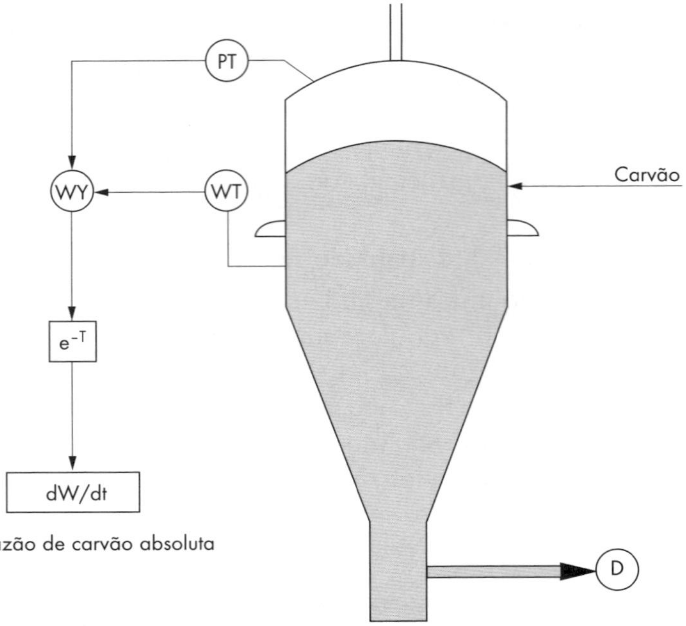

Figura 2.14 Controle de vazão de carvão global com medição baseada em células de carga.

Fonte: PAUL WURTH, 2010.

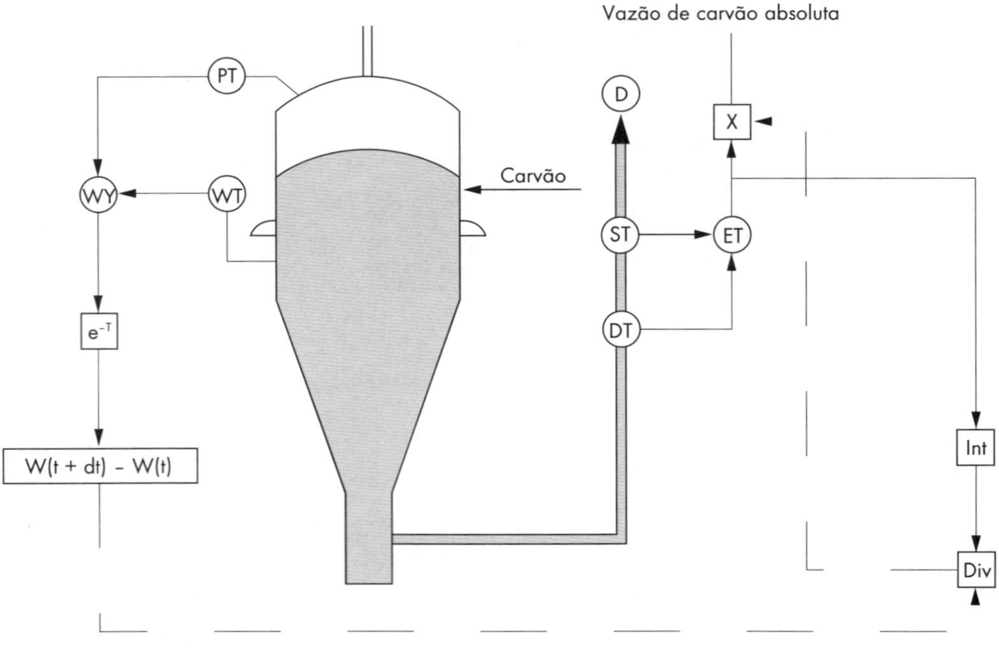

Figura 2.15 Controle de vazão de carvão global com medidor na linha principal.

Fonte: MOTTA, 2011.

A Figura 2.15 ilustra o controle de vazão de carvão global com sistema de pesagem e medidor de vazão na linha principal de transporte pneumático ainda com distribuidor estático, efetuado pelo fabricante (PAUL WURTH, 2010). O medidor de vazão de fluxo mede a velocidade das partículas de carvão (ST) em m/s e a densidade do fluxo bifásico de carvão mais N_2 (DT) em kg/m^3. Este medidor especial de múltiplas variáveis de processo será analisado de forma mais detalhada no Capítulo 11.

b) Sistema de controle individual (distribuidor dinâmico)

O carvão pulverizado é transferido do silo de estocagem para os vasos de injeção. Do vaso de injeção, ele é transportado em tubulações individuais até a base do alto-forno (AF), em quantidade equivalente ao número de ventaneiras, como mostra a Figura 2.16. O controle do fluxo de carvão é feito em cada linha, por meio de uma malha de controle fechada, baseada em válvula dosadora e medidor de vazão mássica.

O controle de vazão de carvão individual da Figura 2.16 é baseado somente em um sistema de pesagem composto de três ou quatro células de carga, ou seja, vaso de injeção com distribuidor localizado no cone base, porém, sem elemento final de controle para vazão individual da lança de injeção. Esse sistema é antigo e não é mais empregado em siderurgia. Ele ocorreu principalmente na década de 1960, quando não havia um controle mais apurado de vazão para combustão ótima do carvão e nem o rigor da atual legislação ambiental do século XXI.

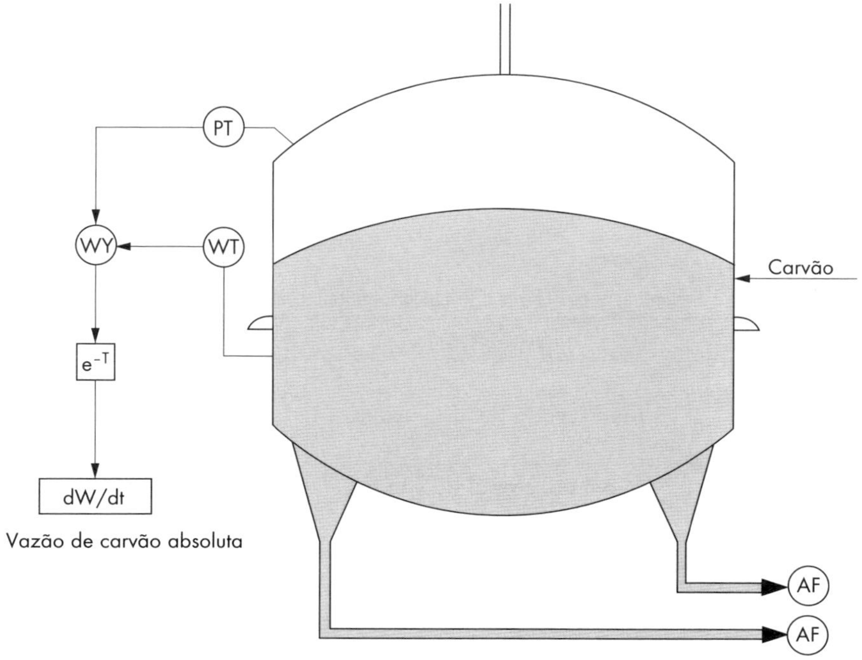

Figura 2.16 Controle de vazão de carvão individual baseado em célula de carga geral.
Fonte: KÜTTNER DO BRASIL, 1992.

A Figura 2.17 ilustra o controle de vazão de carvão individual com medição e controle por lança, conhecido como distribuidor dinâmico e que garante a distribuição uniforme de carvão ao longo das ventaneiras do alto-forno, conforme garantem os fornecedores (PAUL WURTH, 2010; KÜTTNER DO BRASIL, 1992) mundialmente conhecidos.

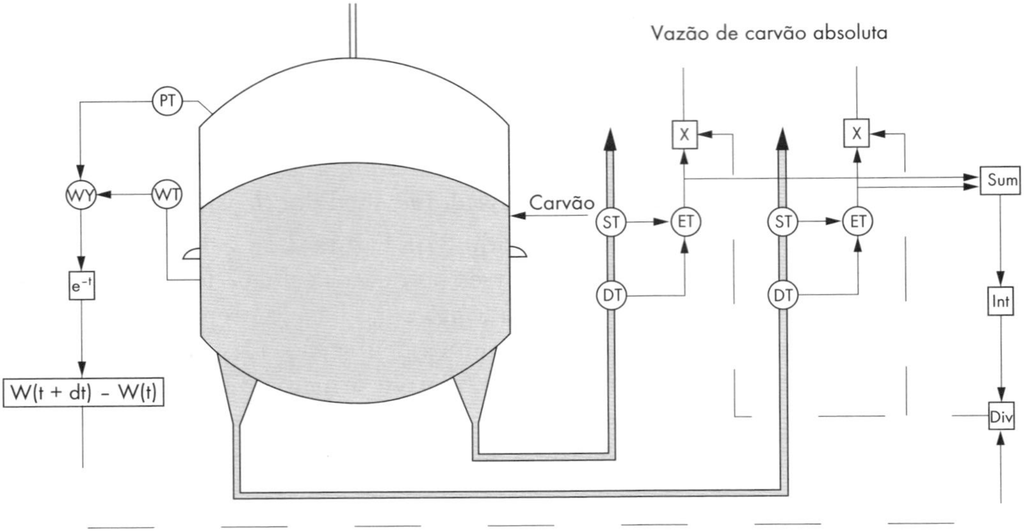

Figura 2.17 Controle de vazão de carvão individual com medição por lança.

Fonte: KÜTTNER DO BRASIL, 1992.

A Tabela 2.2 exibe uma comparação entre as vantagens e as desvantagens de PCI com distribuidor estático ou dinâmico.

Tabela 2.2 Vantagens e desvantagens de PCI com distribuidor estático ou dinâmico.

Tipo de distribuidor	Vantagens	Desvantagens
Estático	Menor custo de instalações.	Controle individual de vazão de carvão de menor precisão e controle operacional.
	Controle global da vazão de carvão na linha de transporte principal.	Maior entrada de gás de transporte (inerte) no alto-forno, o que causa aumento no volume de gás gerado.
	Espaço físico menor para a instalação dos equipamentos.	
	Menor necessidade de equipamentos de medição e controle.	

(continua)

Tabela 2.2 Vantagens e desvantagens de PCI com distribuidor estático ou dinâmico. (*continuação*)

Tipo de distribuidor	Vantagens	Desvantagens
Vaso de injeção distribuidor ou distribuidor dinâmico	Não existe perturbação mútua na malha de controle de vazão individual de cada lança.	Maior índice de manutenção e falhas.
	Proporciona uma precisão maior no controle de vazão de carvão individual de cada lança.	Controle global da vazão de carvão de forma mais complicada e difícil de se realizar na prática.
	Proporciona uma distribuição uniforme de vazão de carvão ao redor de todas as ventaneiras do alto-forno.	Pequeno aumento na demanda de gás de transporte devido a uma segunda fluidização que se faz necessária na saída do controle de vazão individual de cada lança.
	Menor entrada/necessidade de gás de transporte, que, por sua vez, é injetado como inerte no alto-forno.	Maior espaço físico para a instalação dos equipamentos.
		Maior investimento financeiro na instalação.

Fonte: MOTTA, 2011.

2.4.2 Métodos e malhas de controle fechadas para a vazão de carvão

A Tabela 2.3 apresenta os métodos e malhas de controle fechadas disponíveis na tecnologia mundial para o controle da vazão de carvão pulverizado, descritos nos catálogos dos fabricantes (WEBER e SHUMPE, 1995; PAUL WURTH, 2010; KÜTTNER DO BRASIL, 1992) e comentados em outros livros (MILLS, 2005; SILVA, 2005).

Tabela 2.3 Métodos e malhas de controle fechadas para a vazão de carvão.

Método de controle de vazão de carvão	Determinação da vazão de carvão	Perda de pressão devido ao controle ou perda de pressão através da válvula de controle	Precisão aproximada
Vaso com variação de pressão de injeção para controle de vazão global somente.	Sistema de pesagem do vaso.	Não possui	2% a 4%
Vaso com variação de pressão de injeção para controle da vazão global.	Dispositivo de medição de vazão mássica na linha.	Não possui	2% a 4%

(*continua*)

Tabela 2.3 Métodos e malhas de controle fechadas para a vazão de carvão. (*continuação*)

Método de controle de vazão de carvão	Determinação da vazão de carvão	Perda de pressão devido ao controle ou perda de pressão através da válvula de controle	Precisão aproximada
Injeção de gás de diluição dentro da linha de transporte.	Sistema de pesagem do vaso.	Não possui	2% a 3%
Injeção de gás de diluição dentro da linha de transporte principal ou dentro das linhas da injeção após o distribuidor.	Dispositivo ou instrumento de vazão mássica na linha principal do transporte pneumático.	Não possui	1% a 2%
Válvula de controle de vazão na linha principal.	Sistema de passagem do vaso.	1 a 2 bar	2% a 3%
Válvula de controle de vazão na linha principal ou nas linhas individuais de injeção após o distribuidor.	Instrumento de vazão mássica inserido na linha de transporte pneumático.	1 a 2 bar	1% a 2% (linha principal) 0,5% a 1% (linha individual)

Fonte: MOTTA, 2011.

2.5 ESTAÇÕES DE INJEÇÃO DE CARVÃO PULVERIZADO DA CSN

A estação de injeção é composta basicamente de dois vasos trabalhando em ciclos alternados, ou seja, enquanto um vaso está injetando o outro está se preparando para a injeção. Assim, quando o vaso que está injetando atinge um peso mínimo, o vaso complementar que estava aguardando pressurizado assume a injeção de forma a garantir a continuidade do fluxo de carvão para o alto-forno.

A Figura 2.18 ilustra a visão em corte da estação de injeção de carvão pulverizado – projeto da Claudius Peters (WEBER; SHUMPE, 1995) – instalada na CSN, com seus principais equipamentos.

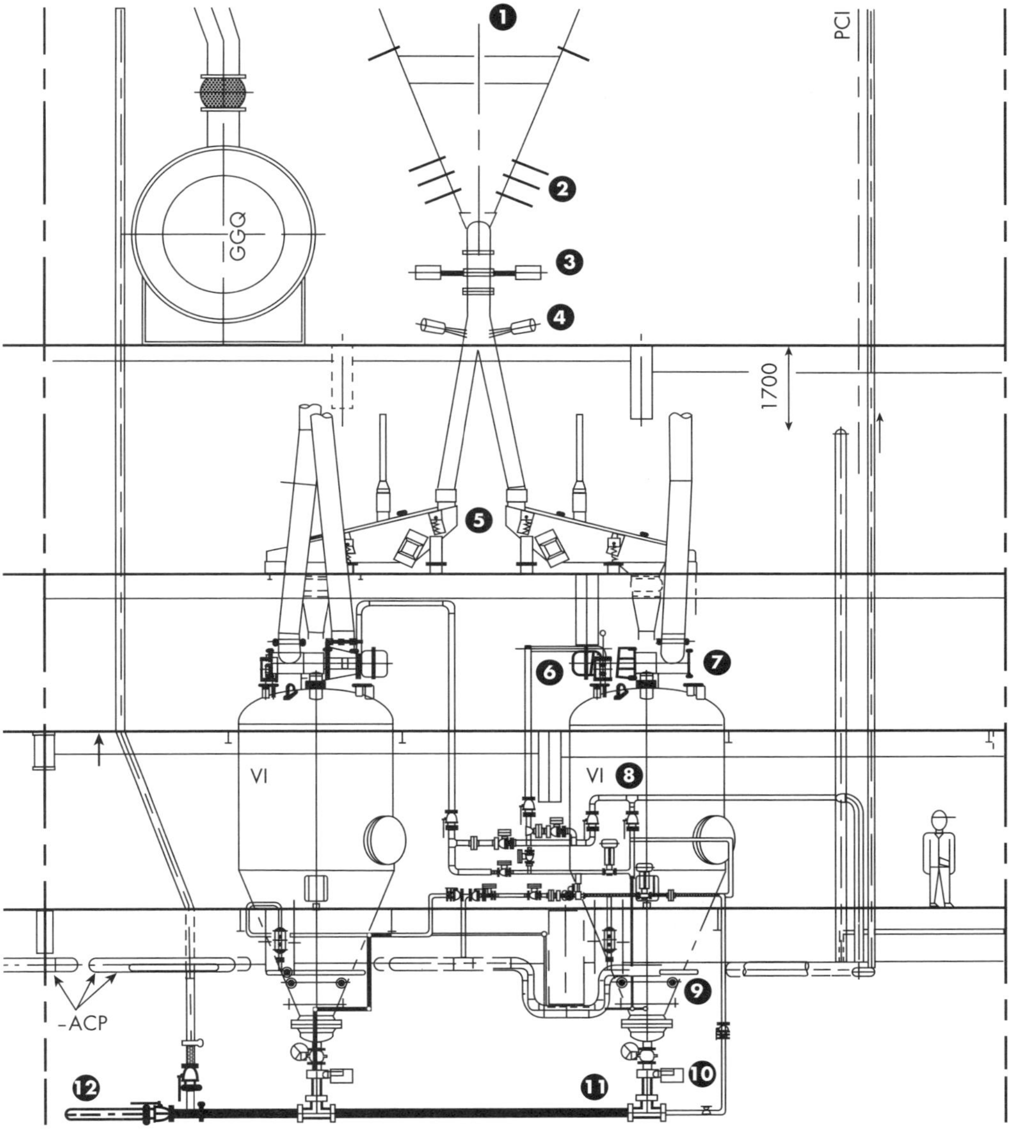

Figura 2.18 Visão em corte da estação de injeção.

Fonte: MOTTA, 2011.

1. Silo de carvão pulverizado.
2. Fluidizadores do cone do silo.
3. Agitador de finos.
4. Válvulas de saída do silo de finos.
5. Peneiras vibratórias.
6. Válvula prato.
7. Válvula de alívio.
8. Vaso de injeção.
9. Anel de fluidização do vaso de injeção.
10. Válvula dosadora.
11. Injetor de carvão, tubulação "T" de saída.
12. Linha principal de transporte pneumático do carvão.

A Figura 2.19 ilustra o projeto original da injeção de carvão pulverizado da CSN em 1997. Nota-se que as malhas de controle de pressão, nitrogênio de fluidização e transporte possuem somente um elemento final de controle (válvula de controle proporcional) para os dois vasos, pois elas somente estão em controle durante a fase de injeção do vaso.

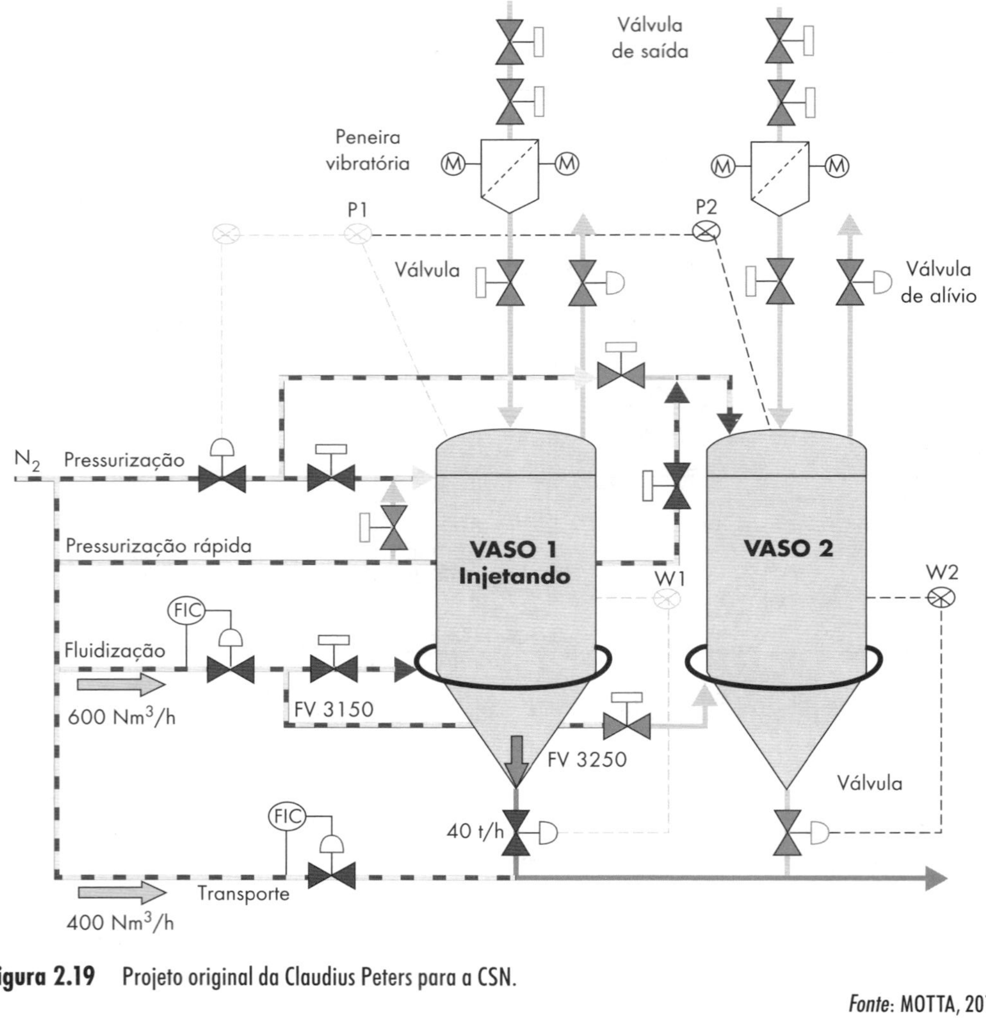

Figura 2.19 Projeto original da Claudius Peters para a CSN.

Fonte: MOTTA, 2011.

A Figura 2.20 ilustra a tela gráfica do Sistema Digital de Controle Distribuído (SDCD) (YOKOGAWA, 1995) usada atualmente na operação da estação de injeção de carvão pulverizado para o Alto-Forno 2 (AF2), incluindo o principal processo de injeção e transporte pneumático.

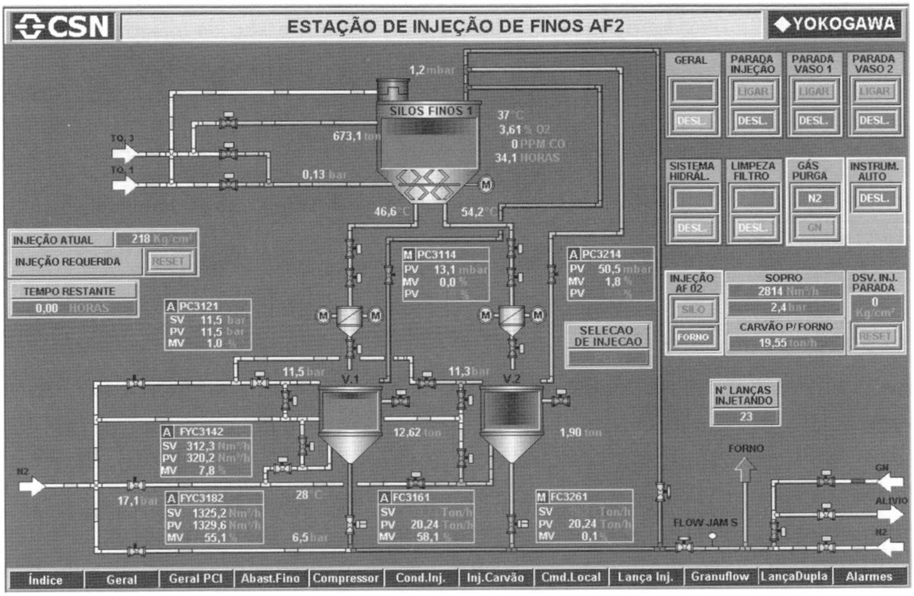

Figura 2.20 Processo de transporte pneumático da estação de injeção do AF2.

Fonte: MOTTA, 2011.

2.6 DESCRIÇÃO DAS QUATRO FASES ORIGINAIS DA ESTAÇÃO DE INJEÇÃO

Basicamente os dois vasos que contêm o carvão no processo original da estação de injeção tinham quatro fases constituídas por intervalos de tempo distintos. O período de espera na fase de pressurização corresponde ao intervalo de tempo em que um dos vasos espera a sua vez na condição pressurizada, até que o outro vaso que está injetando carvão atinja o peso mínimo estipulado para a troca.

A Tabela 2.4 apresenta o ciclo de funcionamento do projeto original das quatro fases da estação de injeção: carregamento, pressurização, injeção e alívio do alto-forno existente na CSN até julho de 2008 – de acordo com a descrição funcional original do fabricante (WEBER e SHUMPE, 1995).

Tabela 2.4 Descrição do projeto original das fases da estação de injeção.

Fase	Nome	Descrição	Tempo típico
1	Carregamento	O vaso despressurizado é cheio com carvão pulverizado até 12 t.	420 s
2	Pressurização	O vaso de injeção é pressurizado com nitrogênio de pressão alta (17 bar) até a pressão de injeção.	180 s
3	Injeção	O carvão pulverizado do vaso é injetado para o alto-forno até atingir o peso mínimo de 2 t para a troca com o vaso oposto.	1100 s
4	Alívio	O vaso de injeção é aliviado gradativamente até zerar sua pressão, para uma nova fase de carregamento.	200 s

Fonte: WEBER; SHUMPE, 1995.

a) Fase de carregamento

O vaso está vazio, com sua válvula de alívio aberta, o que significa que está despressurizado e inicia a abertura da válvula prato (ou de carregamento) que fica no topo do vaso. Em seguida, a peneira de finos de carvão entra em operação e abre a válvula de fechamento do silo de estocagem do material. Nesse momento, o agitador do silo de finos de carvão inicia a operação e a fluidização, também na parte inferior do silo, é aberta. Ao completar essa sequência, o vaso já está em enchimento, permanecendo até o vaso atingir o peso máximo programado de 12 t, quando o agitador para e a fluidização do silo é fechada. A válvula de fechamento é fechada e a peneira permanece por 30 s em operação para completar a sua limpeza e após esse intervalo de tempo a válvula prato é fechada.

b) Fase de pressurização

A fase de pressurização inicia-se com o fechamento das válvulas pratos e de alívio do vaso de injeção. Atingida a pressão de injeção necessária, a válvula de nitrogênio de pressurização rápida é fechada e, então, o vaso fica pronto para iniciar a fase de injeção de finos de carvão para o alto-forno. Ele fica esperando o momento do início de injeção, que se dá quando o vaso complementar que está injetando o material atinge o peso mínimo de 2 t.

c) Fase de injeção

No início da fase de injeção, o vaso está com aproximadamente 12 t de carvão pulverizado, com pressão adequada ao processo. As válvulas de alívio, prato e de pressurização estão fechadas. As válvulas de controle de vazão de fluidização, de pressão de injeção do vaso e a dosadora são abertas, automaticamente pelo controle do sistema.

Quando o peso do vaso de injeção de carvão pulverizado atinge 2 t, a válvula dosadora fecha e em seguida se inicia a injeção de carvão pulverizado do vaso oposto.

A Figura 2.21 ilustra a base cônica do vaso de injeção, bem como a válvula dosadora e sua unidade hidráulica de comando.

Figura 2.21 Vasos de injeção 1 e 2 do AF2.

Fonte: MOTTA, 2011.

d) Fase de alívio

Quando o vaso atinge o seu peso mínimo de 2 t durante a fase de injeção, fecha-se a válvula dosadora e inicia-se a fase de alívio para despressurizar o vaso e permitir novo carregamento de carvão pulverizado.

A válvula de alívio é o elemento final de um controle de pressão em malha fechada. Esse controlador de pressão impede que o vaso de injeção alivie de forma descontrolada para o silo de finos. A válvula de alívio procura manter uma pressão máxima constante de 0,6 bar em sua saída, para evitar danos nas juntas de vedação dos equipamentos e sobrepressão no silo de finos, pois os gases são aliviados para o topo do silo. A Figura 2.22 ilustra uma válvula típica de alívio do vaso de injeção.

Figura 2.22 Válvula de alívio do vaso.

Fonte: MOTTA, 2011.

Qualquer desenvolvimento efetuado para garantir ou aumentar a vida útil das borrachas de vedação das válvulas pratos e de alívio contribui para minimizar a variação de injeção de carvão, pois os maiores distúrbios do processo provêm de vazamentos através dessas válvulas durante a fase de injeção, quando o vaso está pressurizado. Johansson (1999) já estudou como detectar um vazamento em vasos de injeção de carvão pulverizado. A Figura 2.23 ilustra a válvula prato do vaso.

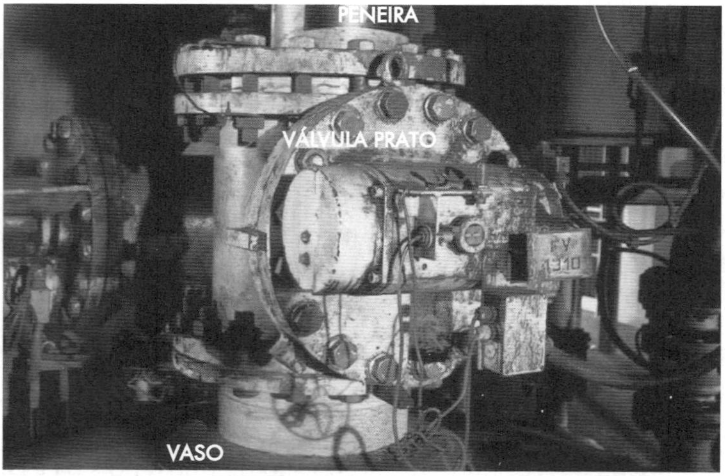

Figura 2.23 Válvula prato do vaso.

Fonte: MOTTA, 2011.

A válvula dosadora localiza-se logo abaixo do vaso de injeção e tem a finalidade de dosar a quantidade de carvão pulverizado. É o elemento final de controle da variável manipulada do controlador de vazão mássica de carvão pulverizado. A Figura 2.24 ilustra a válvula dosadora de carvão.

Figura 2.24 Válvula dosadora de carvão pulverizado do vaso.

Fonte: MOTTA, 2011.

A Figura 2.25 apresenta uma visão em corte da válvula manual com volante: a válvula dosadora (1), o tubo reto (2) e o injetor de cerâmica em "T" (3) estão localizados abaixo do cone base do vaso de injeção.

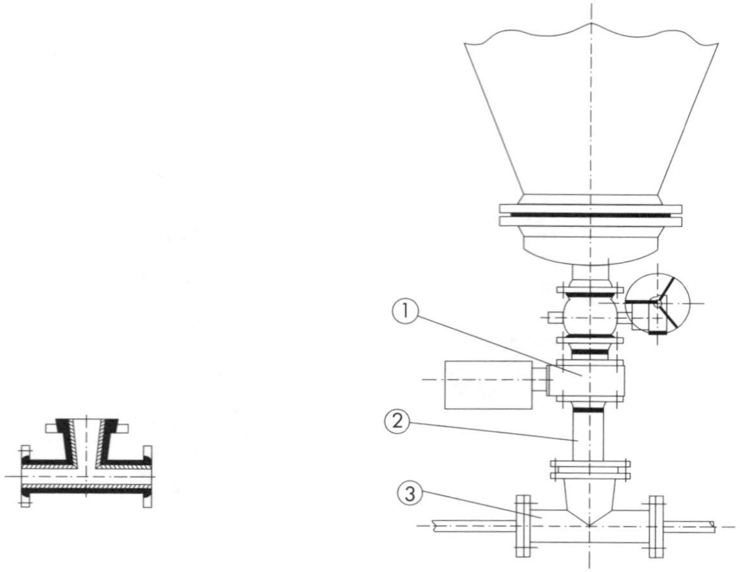

Figura 2.25 Equipamentos da base do vaso de injeção do PCI da CSN.

Fonte: MOTTA, 2011.

A Tabela 2.5 apresenta o ciclo das injeções com as quatro fases distintas e a situação de suas principais válvulas.

Tabela 2.5 Resumo das principais fases e a situação de cada válvula.

Fase	Carregamento	Pressurização rápida de 0 a 12 bar	Injeção	Alívio
Vaso / Válvula	Vazio despressurizado	Cheio pressurizado	Cheio pressurizado	Vazio pressurizado
Válvula prato de abastecimento	Aberta fazendo o carregamento do vaso	Fechada	Fechada	Fechada
Válvula de alívio	Aberta	Fechada	Fechada	Iniciará sua abertura logo após fechar todas as outras válvulas
Válvula dosadora	Fechada	Fechada	Aberta e em controle	Fechando logo assim que o vaso atingir nível mínimo
Fluidização	Fechada	Aberta	Aberta e em controle	Fechada

Fonte: MOTTA, 2011.

2.7 O ESTADO DA ARTE DA TECNOLOGIA IMPLANTADA

Os sistemas automáticos de controle de vazão de sólidos são especiais e complexos quando comparados aos controles de vazão de líquidos e gases. Os sistemas de injeção de vazão de carvão pulverizado para altos-fornos estão entre as mais famosas aplicações típicas para controle de sólidos na moderna indústria siderúrgica, bem como termoelétricas a carvão.

O principal item de controle para o processo do alto-forno com relação à injeção de carvão pulverizado é a estabilidade do fluxo na linha de injeção principal. Quanto mais estável for o fluxo, melhor será a combustão e, portanto, a eficiência energética do carvão pulverizado, e sua taxa de substituição por coque será melhor durante seu processo de queima no alto-forno.

Os sistemas de controle de vazão são geralmente baseados no controlador proporcional integral derivativo (PID) realizado por um sistema digital de controle distribuído. A medição da vazão de sólidos é calculada por uma média móvel do decréscimo do peso do vaso no tempo em uma taxa de aquisição constante ao longo do último minuto. Este é o estado da arte para a maioria das plantas de PCI no mundo (MOTTA, 2011).

A técnica de medição de carvão pulverizado por célula de carga é uma medição direta porque não há sensor intrusivo na tubulação de transporte pneumático principal. Os vasos são apoiados em três células de carga que são conectadas a um conversor de sinal. Nesse tipo de medição, nenhuma interferência mecânica pode ocorrer, como rigidez mecânica da tubulação, apoio mecânico indevido, junta de expansão rígida, entre outros – como recomenda Liptak (1995).

Os vasos de injeção geralmente possuem um sistema hidráulico especial com pesos-padrão certificados e suportados por cilindros hidráulicos para permitir uma calibração periódica do transmissor de peso. Este último, por sua vez, deve ser de alta resolução de +/– 5 kg em uma escala de 15000 kg, fornecendo uma precisão menor do que +/– 0,03%. Seu sinal analógico de instrumentação é enviado ao SDCD e um algoritmo computacional subtrai o peso atual do peso de 6 s atrás para o cálculo da vazão de carvão em t/h.

2.7.1 Malhas de controle da estação de injeção

Existem basicamente quatro tipos de malhas que usam controladores PID para controlar as vazões e pressões do vaso de injeção:

a) Vazão de nitrogênio de transporte.

b) Vazão de nitrogênio de fluidização.

c) Pressão constante do vaso.

d) Vazão de carvão.

A Figura 2.26 ilustra as malhas de controle de vazão de transporte e fluidização, controle da pressão e o sistema de pesagem para o controle da vazão de carvão pulverizado na linha de transporte pneumático principal.

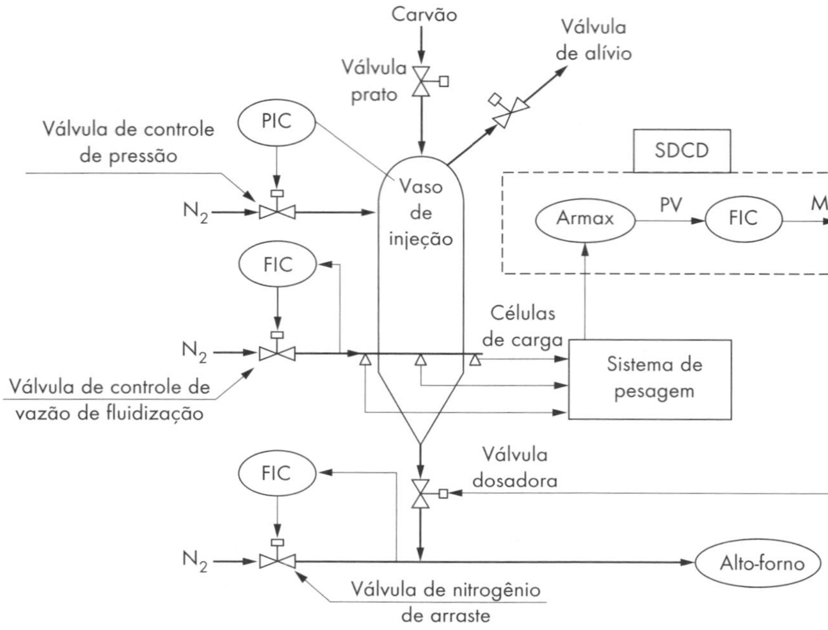

Figura 2.26 Malhas de controle típicas de uma estação de injeção.

Fonte: MOTTA, 2011.

2.7.2 Controle da pressão dos vasos

Existe somente uma malha de controle composta de dois transmissores de pressão, sendo um para cada vaso; porém, há somente uma válvula de controle para ambos, visto que a malha só funciona para o vaso que está em fase de injeção, tal como no controle de vazão de fluidização.

2.7.3 Controle da vazão mássica de carvão

A concepção da medição da vazão mássica de carvão em t/h é baseada na variação da massa do vaso obtida em tempo real com o auxílio do sistema de pesagem. A medição da vazão mássica de carvão, tratada, de agora em diante, somente para a vazão de carvão injetado, é feita pela variação de massa do vaso de injeção medida pelo sistema de pesagem na unidade do tempo periódico.

As amostras do sistema de pesagem são obtidas a cada 6 segundos e alimentam uma memória do tipo média móvel que fornece um valor de variável de processo para um controlador PID normal. A vazão volumétrica de carvão em m^3/h não é usualmente utilizada para fins de controle.

O controlador de vazão usa esse valor como variável de processo e controla a abertura da válvula dosadora através de um algoritmo do controlador proporcional integral com saída retentiva (PI-Hold), interno ao SDCD. A válvula dosadora está localizada na saída do vaso de injeção e sua abertura controla a vazão de carvão na linha do processo. A abertura é determinada com o auxílio de um posicionador hidráulico com transdutor de posição de retorno. O controlador de vazão interno do SDCD controla a abertura da válvula dosadora em função do desvio entre a vazão de carvão pedida e a vazão real injetada.

2.7.4 Vazão de nitrogênio de transporte

O nitrogênio de transporte ou nitrogênio de arraste é responsável pelo transporte do carvão pulverizado. Ele cria uma pressão diferencial negativa em relação à pressão de injeção do vaso logo abaixo do injetor, ou "T". A Figura 2.27 ilustra a linha de nitrogênio de arraste de carvão pulverizado na base do vaso.

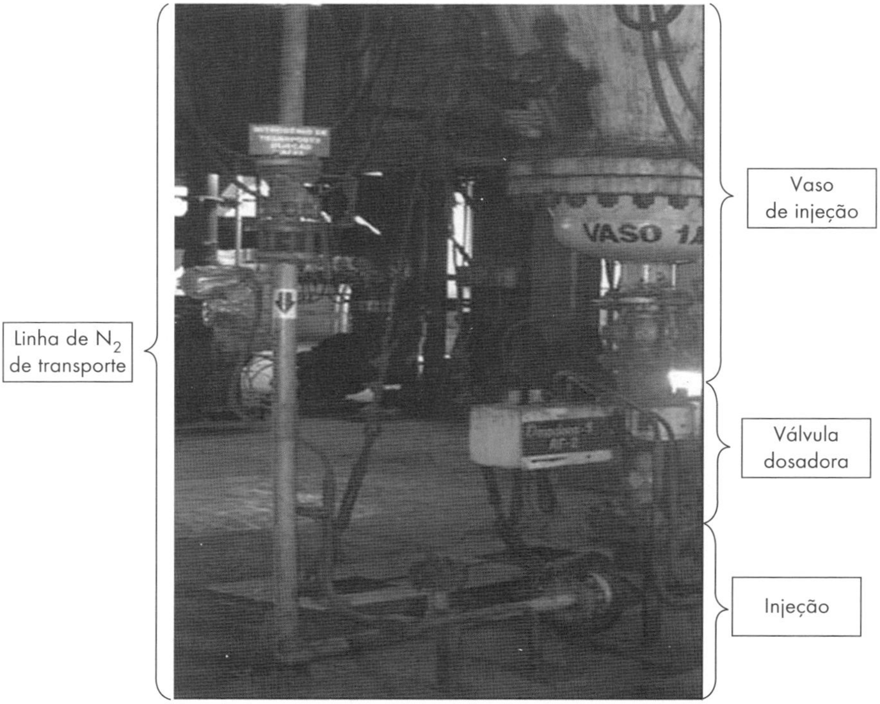

Figura 2.27 Linha de nitrogênio de arraste de carvão pulverizado.

Fonte: MOTTA, 2011.

2.7.5 Sistema de controle da vazão de fluidização

O objetivo da malha de controle é manter uma vazão de nitrogênio constante no cone base do vaso de injeção para se conservar o fluxo de carvão enviado para o alto-forno.

O controle de vazão de fluidização é realizado por uma malha fechada no SDCD. Ela não é única para cada vaso, possui uma válvula de controle de vazão única e duas válvulas automáticas de fechamento individual para cada vaso.

O anel de fluidização do vaso de injeção é um *manifold* circular ao cone base do vaso de injeção. Ele possui uma entrada de 2" com junta de expansão metálica e válvula de retenção para impedir o fluxo reverso. O anel possui originalmente seis saídas ligadas a tubos flexíveis de alta pressão que alimentam os fluidizadores com filtros de bronze sinterizados de forma cilíndrica.

A Figura 2.28 ilustra o anel de fluidização no cone base do vaso de injeção, onde originalmente estão os seis fluidizadores distribuídos ao longo da geometria do cone. Esses fluidizadores com filtro de bronze sinterizado contribuem para a homogeneidade da zona de densidade baixa localizada no cone do vaso de injeção. De fato, essa zona de densidade baixa da mistura bifásica carvão/nitrogênio é criada pela vazão de nitrogênio de fluidização. Quanto mais constante for essa vazão, maior será a estabilidade da vazão de carvão pulverizado, de acordo com MOTTA (2011).

Figura 2.28 Anel de fluidização do vaso de injeção de carvão pulverizado.

Fonte: MOTTA, 2011.

2.8 CONCLUSÕES PRELIMINARES

O sistema de injeção da Claudius Peters é um sistema simples e robusto que atende plenamente às necessidades operacionais dos altos-fornos. Existem cerca de duzentas instalações no mundo com a mesma tecnologia (WEBER e SHUMPE, 1995). Esse sistema é conhecido como vasos paralelos gêmeos e atualmente é uma das versões de processo PCI mais econômicas e funcionais na indústria siderúrgica.

A maioria das empresas siderúrgicas com novos investimentos entre 1990 e 2010 tem optado por PCI com distribuidor estático. A constante evolução da estação de injeção de carvão pulverizado e as tecnologias de base são a motivação para o conhecimento de suas técnicas e equipamentos típicos.

3

CAPÍTULO

Critérios para a avaliação da variação instantânea da vazão de carvão pulverizado para os altos-fornos

3.1 OBJETIVO

O objetivo deste capítulo é conhecer os critérios e valores típicos para a avaliação das variações da vazão de carvão pulverizado para os altos-fornos. Essas avaliações são usadas como índices de desempenho do controlador de vazão de injeção, como descrevem Dorf e Bishop (2005) no livro sobre controle de processos.

Foram desenvolvidas ferramentas computacionais em tempo real no Sistema Digital de Controle Distribuído (SDCD) para calcular a quantidade injetada, o desvio acumulado, a média e o desvio padrão, de maneira similar a Spiegel e colaboradores (2013); porém, de modo discreto e para gerar histogramas probabilísticos de dispersão gaussiana – como em Bussab e Morettin (1987) – para medir as variabilidades e então realimentar os resultados nos controles da vazão de carvão em curto e em longo prazo.

3.2 CONSIDERAÇÕES SOBRE A VARIAÇÃO DE INJEÇÃO DE CARVÃO

O PCI tem seu desempenho de precisão de injeção medido basicamente através de três tipos diferentes de variação de injeção de carvão:

- **Integral do erro – IE** é o desvio (SV-PV) acumulado no tempo.
- **Variação instantânea** de carvão – é o desvio percentual instantâneo: (SP-PV)/SP × 100%.
- **Distribuição** uniforme entre lanças – é a mesma quantidade de fluxo de injeção de carvão nas lanças.

A Figura 3.1 ilustra como a variação de injeção de carvão pode ser interpretada por fabricantes e na literatura.

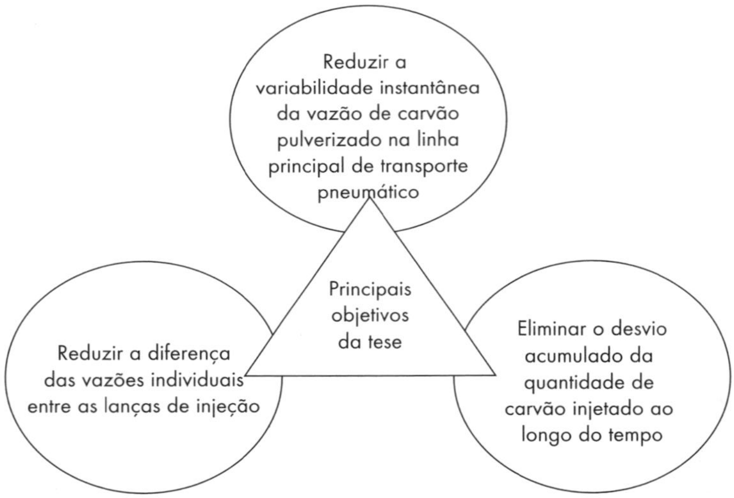

Figura 3.1 Tipos de variação de injeção de carvão.

Para taxa de injeção de carvão pulverizado (PCR) elevada (> 200 kg/t), segundo diversas pesquisas (ASSIS, 1993; NIPPON STEEL CORPORATION, 1995; TAKANO, 1997; OKOCHI et al., 2000; Weiser et al., 2006; e OLIVEIRA et al., 2008), é necessário que os três itens citados sejam plenamente atendidos nos seguintes valores:

- IE ≤ ± 200 kg ao longo de todo o período de injeção.
- Variação instantânea ≤ ± 5%.
- Distribuição ≤ 5% entre as lanças.

No sistema, em análise anterior ao desenvolvimento do controle de processo, nenhum desses três itens era atendido em sua integridade e eles são os principais itens relativos ao PCI para que os quesitos de produção de ferro-gusa em qualquer alto-forno tenham boa qualidade, ou seja, baixo desvio padrão do teor de silício e enxofre.

Em contrapartida, a **variação instantânea** na vazão de carvão afeta principalmente as malhas de controle de vapor e oxigênio do alto-forno, cujos *set points* são colocados em cascata com a taxa de injeção real. Dentre os resultados obtidos envolvendo 70% do tempo de amostragem de 8 h (eventualmente, pode-se adotar outro valor), a variação instantânea ficava dentro da faixa de ± 5%, o que fornecia um desvio padrão de aproximadamente 1,5 t/h, quando a taxa de injeção média estava em 30 t/h. À medida que a taxa de injeção aumenta, o percentual de tempo em que a variação instantânea se encontra dentro da faixa de ajuste ótimo tende a aumentar.

Na distribuição uniforme, o PCI do sistema em análise envolvia um distribuidor estático assegurando um desvio percentual entre lanças de no máximo 5%. Os sistemas PCI que possuem medidores individuais de vazão de carvão por lança com válvulas de gás de influência (N_2/O_2) perfazem malhas de controle que prometem valores menores, porém com custos (operacional, manutenção e instalação) que não ficam associados ao processo; portanto, o retorno financeiro não é simples de ser calculado. Usualmente, para a medição dessa distribuição, são inseridos quatro medidores de taxa de carvão em lanças equidistantes. E, para assegurar uma distribuição uniforme, os comprimentos dos tubos que ligam o distribuidor de carvão às lanças devem ser iguais.

Existem vários métodos e técnicas descritos neste livro que são usados no dia a dia para se obter uma distribuição uniforme de vazão de carvão pulverizado ao redor de um alto-forno, conforme será visto no Capítulo 5.

Quanto mais equilibrada e constante for a distribuição da vazão de carvão, melhor será a eficiência de combustão no Raceway. Em consequência, a taxa de substituição de carvão por coque será maior.

A Tabela 3.1 classifica os métodos industrialmente usados para efetuar uma distribuição uniforme de carvão ao redor das ventaneiras do alto-forno, bem como o resultado esperado para a precisão na diferença de vazão entre as lanças.

A vazão de carvão pulverizado em uma tubulação de transporte pneumático em fase densa depende de fatores fixos e variáveis que, por sua vez, podem ser usados na malha de controle de vazão principal. Os fatores fixos podem ser usados para um controle fixo e estático visando à equalização nas vazões de carvão distribuídas ao redor de todos os algaravizes do alto-forno.

Tabela 3.1 Métodos de controle estático das vazões de carvão pulverizado.

Métodos de controle da vazão	Padrão de distribuição	Perda de pressão devido ao controle	Precisão alcançada
Balanceamento do diâmetro interno da linha de transporte pneumático.	Uniforme e constante.	Não há.	~ 5%
Equalização das resistências à vazão das linhas devido a comprimentos e curvas.	Uniforme e constante.	Não há.	~ 4%
Equalização das resistências à vazão somando a bocais de vazão subcríticos.	Uniforme e constante.	Aproximadamente de 1 a 2 bar.	~ 3%
Balanceamento das linhas, equalização das resistências e uso arbitrário de bocais críticos.	Pode ser arranjado de acordo com as necessidades operacionais do alto-forno.	Somente 65% da pressão de entrada sai na saída.	~ 2%

Para isso pode-se:

- equalizar os comprimentos das derivações das linhas de transporte pneumático após o distribuidor;
- equalizar os diâmetros internos das linhas de transporte pneumático;
- elemento primário da vazão (Venturi) para queda de pressão e equalização das vazões de carvão com bocal de expansão subcrítica;
- elemento primário de vazão (bocal de expansão crítica) para equalizar as vazões de carvão após o distribuidor.

Os fatores variáveis podem ser usados na malha de controle de vazão de carvão:

- pressão de entrada da linha de transporte pneumático;
- pressão de saída da linha de transporte pneumático;
- vazão de gás de transporte;
- válvula de controle de vazão em série;
- velocidade da válvula de controle do tipo válvula rotativa.

3.3 O EFEITO DA VARIAÇÃO DE CARVÃO NO ALTO-FORNO

A injeção de carvão pulverizado e o alto-forno são processos contínuos e não de bateladas. Neste livro foram definidos novos critérios para efetuar a avaliação da variação da vazão de carvão pulverizado instantânea injetada nos altos-fornos envolvendo as faixas de tolerância para operação normal do alto-forno e as ferramentas estatísticas necessárias para a monitoração da vazão instantânea de carvão e o desvio acumulado no tempo. As análises são efetuadas em tempo real e armazenadas periodicamente pelo próprio sistema de controle do PCI. Esses registros da variabilidade foram desenvolvidos com a finalidade de obter uma ferramenta matemática para verificar o desempenho das melhorias do sistema em análise e gerar novas variáveis de processo para controle.

A vazão de carvão injetada para a queima nas ventaneiras tem que ser a mais constante possível para assegurar a estabilidade da cinética das reações de combustão, preservando seu equilíbrio estequiométrico da bolsa de ar (Raceway) dos altos-fornos.

Quando se injetam taxas elevadas de carvão (> 200 kg/t), a sua distribuição uniforme nas ventaneiras e a variabilidade da vazão influenciam na estabilidade do processo alto-forno porque cada desvio do *set point* da taxa de injeção significa uma redução na taxa de substituição, ou seja, parte do carvão ou oxigênio injetado não é queimado.

A vazão de carvão pulverizado é uma variável estocástica advinda de um processo industrial contínuo. Para analisar a variação dessa grandeza ao longo do tempo, deve-se lançar mão de ferramentas básicas do controle estatístico de processos. Essas ferramentas desenvolvidas por fabricantes de sistemas de controle de alto-forno não traziam resultados adequados e os operadores desses equipamentos tinham grandes dificuldades em estabilizar o processo, o que por vezes acarretava a perda de produção e principalmente da qualidade do ferro-gusa. Para evitar esses inconvenientes, foi desenvolvida uma ferramenta para análise em tempo real da variabilidade da vazão de carvão em longo prazo (a cada 8 h) e para diagnosticar defeitos, como vazamentos nas válvulas pratos e de alívio.

Durante esse período de análise, são obtidas 480 amostras da vazão de carvão a cada 60 s para efetuar os cálculos de média e desvio padrão de forma acumulativa no SDCD. A apresentação dos resultados foi desenvolvida através de histogramas probabilísticos da variabilidade da vazão de carvão.

Quanto menor for o erro de regime permanente, ou seja, a diferença entre o valor definido de vazão de carvão para o processo (SV) e o valor atual da vazão medido pelo decréscimo do peso do vaso (PV) do controlador, melhor será a injeção de carvão pulverizado. Idealmente, o valor do erro deveria ser nulo (SP = PV) durante todo o tempo de injeção. Porém, isso não acontece na prática por causa da precisão dos medidores, princípio de medição, interferências eletromagnéticas e descontinuidades (ruídos) nas variáveis de processo que influenciam na vazão resultante de carvão pulverizado através da válvula de dosagem.

O erro de regime permanente (e_{SS}) de uma malha de controle genérica (DORF; BISHOP, 2005; OGATA, 2003) normalmente varia entre 2 a 5%, e o valor de referência utilizado na prática para análise do desempenho do controle de processo visando tornar a vazão de carvão o mais estável possível e tolerado pelo alto-forno é de ± 5%. Todavia, a observação em campo mostra que, ao utilizar esse valor, o sistema não tem a precisão esperada durante 100% do período de injeção.

3.4 MEDIDA DA VARIABILIDADE DA VAZÃO DE CARVÃO

Os critérios de integrais de erro (IE) que são normalmente utilizados para avaliar o desempenho da malha de controle não descrevem sua variabilidade instantânea, pois a soma dos erros existentes naturalmente na medição dos sinais de interesse não representa a instabilidade do processo por conter variações, ficando ora acima e ora abaixo do valor de referência. Logo, o resultado do valor acumulado ao longo do tempo não representa a variabilidade instantânea da vazão de carvão e, portanto, cada índice deve ser usado separadamente para seus respectivos controles avançados.

A variação percentual de carvão exprime um valor que representa a diferença entre os valores medidos (PV) e o valor de referência (SV) que é conhecido. O desvio (DV) percentual ou variação percentual instantânea de vazão de carvão ou, ainda, o próprio erro de regime é calculado conforme a Equação (3.1):

$$\text{Variação percentual } \% = \text{DV}\% = \frac{\text{SV} - \text{PV}}{\text{SV}} \times 100\% \qquad (3.1)$$

Onde:

SV: valor definido de vazão de carvão para o processo;

PV: valor atual da vazão de carvão medido pelo decréscimo do peso do vaso;

DV = SV-PV: desvio atual da vazão de carvão pulverizado injetado.

Os gráficos de tendência normalmente retratam a evolução de determinadas grandezas de interesse ao longo do tempo, todavia, a quantificação da variabilidade não pode ser feita de modo consistente, pois depende da escala das variáveis que são utilizadas. Além disso, a análise é subjetiva por retratar a evolução do processo sem quantificá-lo matematicamente.

Neste trabalho foram criados três gráficos em tempo real, como o da Figura 3.2, cuja escala de tempo mínimo utilizada foi de 3 min, ou seja, esse mesmo gráfico pode ser estendido em no máximo três dias devido à capacidade de armazenagem de dados do SDCD para cada uma das três estações de injeção. Dessa forma, é possível analisar a variação de injeção em tempo real durante a troca de vasos (3 min) e também a cada 8 h (em longo prazo) para se ter uma noção geral do desempenho da estação de injeção por vaso.

Foram adicionados a cada um dos três gráficos de tendência, faixas com valores fixos em +5% e –5% que criam referências com relação ao desvio percentual calculado real e inserido ("plotado") no mesmo gráfico em longo prazo (três dias) para se localizar os momentos em que a variação de injeção saiu da faixa considerada boa. A variabilidade menor ou igual a ± 5% é o parâmetro a ser determinado, pois as taxas de injeção elevadas de carvão requerem dos sistemas um desempenho específico para a melhor precisão possível.

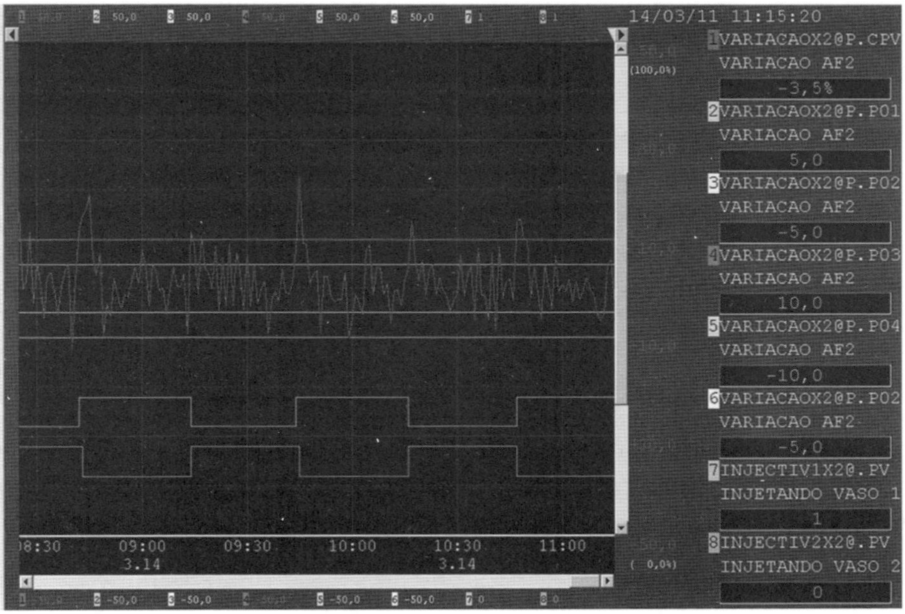

Figura 3.2 Variação percentual instantânea da vazão de carvão.

Fonte: MOTTA, 2011.

3.5 DEFINIÇÕES DAS FAIXAS DE CONTROLE DE QUALIDADE

Foram definidas três faixas de controle de qualidade para avaliar a variação de injeção de carvão durante a operação do alto-forno. Assim, foi estabelecida como meta ideal que o erro (e_{ss}) da vazão de injeção de carvão pulverizado (primeira faixa) deveria ficar entre ± 5%. A segunda faixa ficou entre +5% e +10% e entre –5% e –10%; e a terceira faixa, acima de +10% e abaixo de –10%. O analisador desenvolvido nesse trabalho feito através de cinco temporizadores determina o intervalo de tempo, a cada 8 h, em que a variável de interesse fica na segunda e terceira faixas. Naturalmente, a grandeza de interesse deve permanecer durante o maior intervalo de tempo possível dentro da primeira faixa. A Tabela 3.2 apresenta as faixas que foram definidas.

Os cinco temporizadores do controle de qualidade são ligados ou desligados através da lógica de controle que foi implementada no SDCD, quando o desvio percentual entra ou sai das faixas estipuladas. No final do espaço amostral, a média e o desvio padrão são, então, calculados e o histograma é armazenado para comparações futuras.

Tabela 3.2 Faixas de avaliação da variação de vazão de carvão.

Definição da faixa		Desvio percentual instantâneo
Negativa	Ruim	DV% ≤ -10%
	Regular	-5% ≤ DV% > -10%
	Boa	DV% > -5%
Positiva	Boa	DV% < +5%
	Regular	+5% ≥ DV% < +10%
	Ruim	DV% ≥ +10%

3.6 HISTOGRAMAS DE DISTRIBUIÇÃO AMOSTRAL

Um dos resultados da ferramenta de análise, produto deste trabalho, são os histogramas de distribuição amostral da variação da vazão de injeção de carvão pulverizado para cada uma das três estações obtidas, conforme ilustra a Figura 3.3.

PARÂMETROS / EQUIPAMENTOS	VARIAÇÃO PERCENTUAL DE INJEÇÃO (%)	VARIAÇÃO RUIM < -10% (S)	VARIAÇÃO REGULAR > -10% < -5% (S)	VARIAÇÃO BOA > -5% < 5% (S)	VARIAÇÃO REGULAR < 10% > 5% (S)	VARIAÇÃO RUIM > 10%	INTERVALO DE COMPUTAÇÃO E AMOSTRAGEM
VASO 1 AF#2 ABERTURA INICIAL = 69% P 120 TS 12 I 12 TC 3	▶	2269	4324	15945	2473	416	TEMPO 28800 24976 ΔT 60 48 ΣX 11456 ΣX^2 316571
VASO 2 AF#2 ABERTURA INICIAL = 69% P 90 TS 12 I 9 TC 3	-14.5%	9.1%	17.3%	62.0%	9.9%	1.7%	AMOSTRAS 480 MÉDIA 28.26 DESVIO 1. 7993

Figura 3.3 Histograma de distribuição amostral da vazão de carvão.

Fonte: MOTTA, 2011.

No final de 8 h, os histogramas resultantes compostos de cinco barras são armazenados na memória do SDCD, organizada no modo comumente denominado *first in*, *last out* (FILO), ou seja, os primeiros dados armazenados na memória referentes ao primeiro intervalo de amostragem de 8 h são movidos para a posição de memória seguinte e os últimos dados são descartados.

Cada barra do histograma representa o percentual de tempo em que a variação da vazão de injeção de carvão permaneceu dentro de cada faixa de controle definida pela Tabela 3.2. Cada resultado do histograma (por exemplo, 9,1%, 17,3%, 62%, 9,9% e 1,7%) representa o percentual que a vazão ficou dentro de cada uma das três faixas definidas na Tabela 3.2, de acordo com a qual o resultado é considerado adequado na faixa indicada como "**variação boa**".

Em caso de a variação identificada como "boa" ser inferior a 60%, deve-se interferir no processo identificando as causas dos desvios para que possam ser sanados. Esse valor de 60% a 65% de variação é típico, histórico (registros de 2001), e tem sido observado em outros sistemas PCI (WEBER; SHUMPE, 1995; PAUL WURTH, 2010; KÜTTNER DO BRASIL, 1992).

A Figura 3.4 ilustra o resultado final da análise em tempo real (*on-line*) da variação instantânea da vazão de carvão pulverizado para as três estações de injeção em 2008. Observa-se também a memória dos histogramas de três espaços amostrais anteriores para análise do desempenho de mudanças na estratégia de controle.

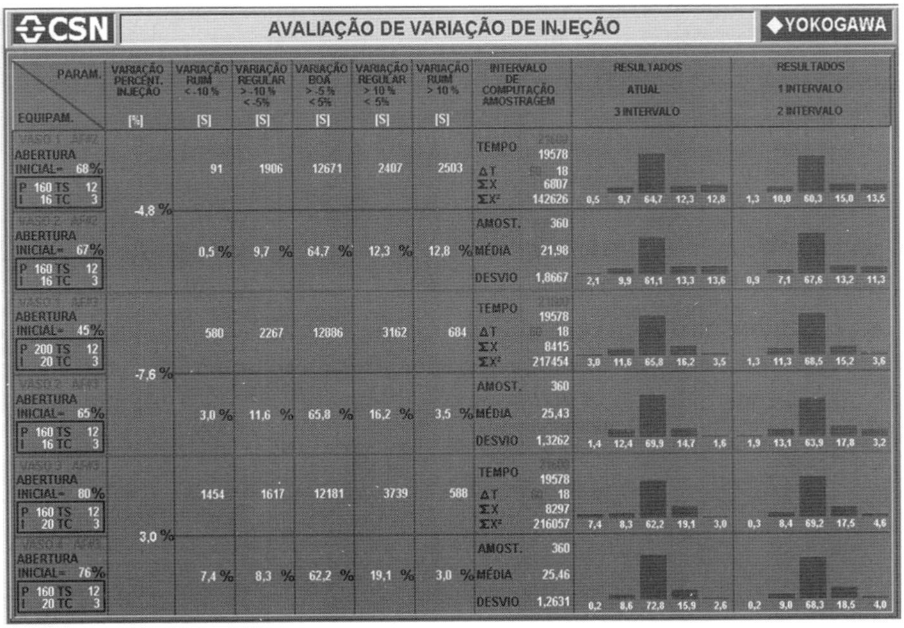

Figura 3.4 Análise da variabilidade da vazão de carvão pulverizado em tempo real.

Fonte: MOTTA, 2011.

Os valores de ajuste dos controladores de vazão de carvão foram colocados nessa tela para o gerenciamento das ações e coleta de resultados das novas estratégias de controle. O valor da abertura inicial da válvula dosadora a ser visto no Capítulo 10 também foi inserido.

Nota-se que à medida que a vazão de carvão aumenta, o desvio padrão diminui, pois o acerto da válvula dosadora e do controlador melhora percentualmente em relação à taxa de carvão pedida.

3.7 CONCLUSÕES PRELIMINARES

Os resultados obtidos pelo analisador de variação instantânea de vazão de carvão foram adequados, pois as duas estações de injeção do Alto-Forno 3 (AF3) que contêm equipamentos diferentes, porém com processos similares, chegaram praticamente à mesma média, ou seja, a estação AF3.1 ficou em 35,92 t/h e a estação AF3.2 atingiu 35,95 t/h, mas com desvios-padrão diferentes.

Quando ocorre algum problema de controle do vaso de injeção, como vazamentos e falhas no sistema hidráulico das válvulas de dosagem de carvão, ou ainda no sistema de transporte pneumático, vazão e pressões de controle, a granulometria da vazão final de carvão pulverizado na linha principal para o alto-forno é afetada.

Esse analisador foi implantado em outras siderúrgicas com o mesmo tipo de controle e os resultados também ficaram dentro do esperado (60% a 65%).

Verificou-se que o sistema que se encontrava implantado, típico de outras plantas, é normalmente ofertado para as empresas como apresentando erros de desvios instantâneos de 2% a 4%.

Isso significa que durante 100% do tempo o erro percentual do desvio a cada instante deve estar dentro dessa faixa.

As observações feitas antes da implementação identificaram que os erros eram, na planta analisada, superiores a 8% e em alguns instantes atingiam 20%, o que desestabilizava o processo.

Os resultados mostram que em apenas cerca de 90% do tempo o valor de e_{ss} ou do desvio percentual instantâneo (DV%) é menor que 10%, ou seja, muito pior do que o anunciado pelos fornecedores de sistemas PCI estudados neste livro.

4

CAPÍTULO

Expansão da capacidade nominal de vazão e redução das quedas de injeção

4.1 OBJETIVO

Este capítulo apresenta a parte do livro que propiciou o aumento da capacidade nominal de cada estação de injeção de carvão pulverizado, que passou de 40 t/h para 50 t/h (aumento de 25%), bem como a redução do valor mínimo de 20 t/h para 10 t/h.

Antes da alteração, o projeto original era previsto para injetar um valor mínimo de 50 kg e um valor máximo de 200 kg de carvão para cada tonelada de ferro-gusa produzido nos Altos-Fornos 2 e 3 (AF2 e AF3), cujas produções eram de 4500 t/dia e 9500 t/dia, respectivamente.

Para cumprir esse objetivo, foi necessário realizar a modelagem e medição dos intervalos de tempo gastos por cada fase de injeção de cada vaso das estações do PCI, além de equipamentos adicionais, novas malhas e estratégias de controle; e a faixa de ajuste do pedido de injeção foi aumentada de 20 t/h a 40 t/h para 10 t/h a 50 t/h, o que exigiu novos *face plates* para os instrumentos de controle de vazão de transporte e fluidização, bem como a expansão dos valores do transporte pneumático para as vazões de transporte, fluidização e pressão de injeção.

A queda de injeção é o pior tipo de variação de vazão de carvão, pois afeta a quantidade injetada em longo prazo e instantaneamente.

As consequências de uma queda de injeção, ou interrupções no fluxo de carvão injetado no alto-forno, são a redução do ritmo de produção, apagamento das caldeiras da Central Termoelétrica (CTE), entupimento de lanças de injeção de carvão e, principalmente, instabilidades nas malhas de controle de vazão de vapor e oxigênio.

4.2 CAPACIDADE DE INJEÇÃO DO PCI

O processo de compreensão do sistema de injeção de carvão pulverizado (PCI) envolve dois conceitos: o do PCR e o da taxa de injeção de carvão.

O termo *pulverized coal injection rate* (PCR) corresponde à taxa de carvão pulverizado do alto-forno necessária para fabricar uma tonelada de ferro-gusa. Ela compõe uma das parcelas da taxa de combustível total (*fuel rate* – FR) gasto para se fazer uma tonelada de gusa e atende à seguinte expressão:

$$PCR = CP/TG \tag{4.1}$$

Onde:

CP: capacidade nominal de injeção de carvão expressa em fluxo horário (t/h) ou em quantidade injetada em toneladas;

TG: produção corrente de ferro-gusa do alto-forno em fluxo (t/h) ou em quantidade (t).

Assim, o projeto PCI é especificado em função do PCR nominal de 200 kg/t para as produções de 4500 t/dia para o AF2 e de 9500 t/dia para o AF3.

Em contrapartida, a vazão de carvão pulverizado é a quantidade em toneladas por hora com a qual os sistemas de injeção devem ser capazes de atingir o PCR nominal necessário para o alto-forno, conforme a expressão (4.2).

$$CP = PCR \times TG \tag{4.2}$$

O projeto original previa para o AF2 uma estação de injeção de 37,5 t/h, com tempo de espera de 2,9 min; e para o AF3, duas estações com capacidade de 39,5 t/h, ou seja, quase 40 t/h, totalizando 79 t/h, com tempo de espera de 2,1 min – o tempo de espera é um intervalo necessário para assegurar a continuidade da vazão de carvão. Nesse caso tem-se:

$$\text{CP do AF2} = (200) \times (4500/24) = 37{,}4 \text{ t/h}$$

$$\text{CP do AF3} = (200) \times (9500/24) = 79{,}1 \text{ t/h}$$

4.3 CAPACIDADE MÁXIMA DE INJEÇÃO

A vazão de carvão nominal é a vazão máxima em que a continuidade da vazão de carvão do sistema é garantida. Isso acontece no instante em que o vaso que acabou de injetar o carvão coincide com o fim da fase de pressurização do vaso oposto. Dessa forma, o tempo de espera do vaso oposto (gêmeo contíguo) é zero.

Assim, de acordo com a Equação (4.3), quando o tempo de injeção é mínimo, a vazão de carvão é máxima.

$$C\ Pmáx = \lim_{TI \to mín} = \frac{SPAN\ do\ vaso}{TI} \tag{4.3}$$

Onde:

C Pmáx: capacidade máxima da vazão de carvão (t/h);

T_I: tempo mínimo de injeção que será igual ao tempo de preparo do vaso oposto, para garantir a continuidade da injeção;

SPAN do vaso: Pmáx – Pmín;

Pmáx: peso máximo do vaso de injeção (valor típico = 12 t);

Pmín: peso mínimo do vaso de injeção (valor típico = 2 t).

O tempo de injeção é dado em função dos tempos das fases de preparo do vaso oposto de acordo com a expressão (4.4).

$$T_I = T_A + T_C + T_P + T_E \tag{4.4}$$

Onde:

T_I: tempo de injeção em s;

T_A: tempo de alívio em s;

T_C: tempo de carregamento em s;

T_P: tempo de pressurização em s;

T_E: tempo de espera do vaso oposto em s.

A capacidade máxima ocorrerá quando o tempo de injeção for igual ao tempo gasto para o outro vaso se preparar. No limite, quando T_E tender a zero ($T_E = 0$), teremos o tempo mínimo de injeção ($T_I = T_I$ mínimo). Levando a Equação (4.4) em (4.3), obtém-se a expressão (4.5):

$$T_I\, mín = T_A + T_C + T_P \tag{4.5}$$

Onde:

T_I mín: tempo de injeção mínimo quando o tempo de espera do vaso oposto é nulo.

Aplicando-se a expressão (4.5) em (4.3), obtém-se a Equação (4.6), que exprime a capacidade máxima de injeção do vaso em função do SPAN do vaso e do tempo mínimo de injeção, sem que haja interrupções na vazão de injeção da estação:

$$C\ Pmáx = \frac{\text{SPAN do vaso}}{\text{TImín}} \tag{4.6}$$

Essa equação foi implementada no Sistema Digital de Controle Distribuído (SDCD) e é efetuada em tempo real, fornecendo a capacidade nominal da estação de injeção por vaso em t/h.

4.4 ESTRATÉGIAS DO DESENVOLVIMENTO DA EXPANSÃO DA CAPACIDADE DE INJEÇÃO

Durante o desenvolvimento, procurou-se atingir as fases de injeção, carregamento e pressurização, nesta ordem de magnitude com relação à redução dos intervalos das fases do processo.

A fase de alívio tem que ser conservada constante, pois interfere na vida útil da borracha de vedação (sede) da válvula de alívio.

A placa de orifício de pressurização não pode ser aumentada devido à instabilidade gerada na rede de nitrogênio durante a pressurização do vaso.

A peneira não pode ser pressurizada, pois em consequência ocorrem vazamentos. A amplitude e a frequência de peneiramento devem ser conservadas de projeto para preservar a estrutura das peneiras.

De acordo com o exposto anteriormente, para aumentar a capacidade de injeção de carvão pulverizado em t/h sem sacrificar os equipamentos que interferem na variabilidade da vazão de carvão, deve-se, a princípio, aplicar as ações mostradas na Tabela 4.1.

Tabela 4.1 Ações aplicadas para expandir a capacidade de injeção.

Fase	Intervalo de tempo
Alívio	Manter constante
Carregamento	Diminuir
Pressurização	Diminuir
Injeção	Aumentar

4.4.1 Fase de carregamento dos vasos

As ações adotadas na fase de carregamento dos vasos para o aumento da capacidade nominal de injeção envolveram:

- O aumento do diâmetro da placa do orifício de carregamento de 117 mm para 125 mm.
- Implantação de dois modos de operação distintos para a fluidização dos silos de finos: constante e alternado.
- Implantação do controle de pressão constante para a fluidização do silo de finos com a inclusão de um transmissor e válvula de controle de pressão.
- Inclusão de uma válvula pneumática para permitir que a válvula de alívio de pressão do vaso possa fechar rapidamente.
- Substituição das válvulas de carregamento tipo guilhotina por válvulas borboleta, para fechamento e abertura rápida e vedação.

A válvula direcional de duas vias foi implantada após a alimentação pneumática do atuador em série com o posicionador pneumático. Após sua desenergização, a despressurização do atuador ocorre de forma mais rápida, reduzindo o tempo de fechamento da válvula de alívio de 30 para 4 s, conforme se vê na tela gráfica da Figura 4.1, pois o retorno da válvula se dá por mola para o fechamento.

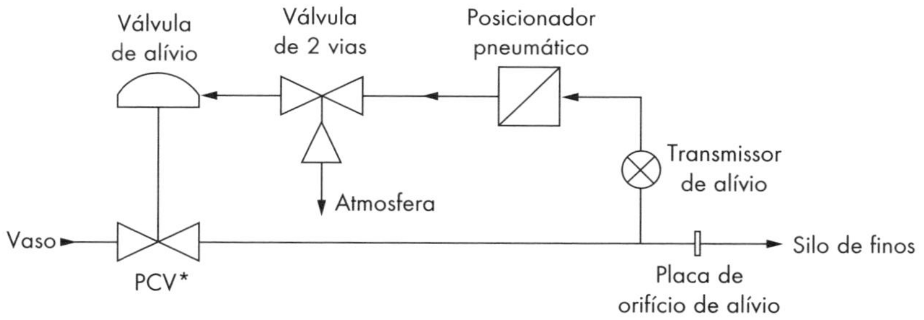

Figura 4.1 Válvula direcional de duas vias implantada. *PCV = válvula de controle de pressão.

4.4.2 Fase de alívio dos vasos

As ações adotadas na fase de alívio dos vasos para o aumento da capacidade nominal de injeção não podem incluir uma redução no tempo de alívio. Um tempo de alívio curto pode levar a um desgaste prematuro da borracha de vedação da válvula, o que causaria uma elevada variação na vazão de carvão e até mesmo, como consequência, uma parada da injeção para a troca da borracha. Para evitar essas paradas desnecessárias, foram adotadas as seguintes premissas:

- monitoração do tempo gasto para alívio da pressão do vaso;
- inclusão de algoritmo para eliminar a oscilação da pressão de alívio;
- quanto maior o tempo de alívio, menor o desgaste da válvula, porém, reduz a capacidade nominal da taxa de injeção;
- manter o tempo de alívio constante na faixa tolerável de 150 s a 200 s.

A principal ação para manter o tempo de alívio em uma faixa constante foi a substituição do posicionador eletropneumático por um posicionador inteligente e autoajustável, cuja principal função é proporcionar um tempo de alívio constante com uma despressurização linear do vaso de injeção, sem oscilações bruscas.

As oscilações de pressão do controlador de alívio levam a um desgaste prematuro da sede de borracha da válvula, o que causa variações de injeção.

Foram configurados gráficos de tendência para a visualização do desempenho desse controlador de alívio.

4.4.3 Fase de pressurização

As ações empregadas na fase de pressurização dos vasos para o aumento da capacidade nominal foram: estabilizar a pressão dos tanques de armazenagem de nitrogênio; medir e monitorar o intervalo de tempo da fase de pressurização do vaso.

Tentou-se também efetuar o aumento do diâmetro interno da placa de orifício de pressurização. Quanto maior for o diâmetro do orifício, menor será o tempo necessário de pressurização. Porém, isso causa maior instabilidade da pressão da rede de nitrogênio dos tanques de armazenagem e, em consequência, aumento na variabilidade da vazão de carvão, o que acima de tudo é indesejável. Por esse motivo, o aumento do diâmetro do orifício da placa foi descartado.

4.4.4 Fase de injeção

As ações aplicadas na fase de injeção dos vasos para o aumento da capacidade nominal da vazão de carvão pulverizado na linha principal foram:

- substituição das curvas 90° por curvas longas com cerâmica;
- peso máximo aumentado de 11 t para 13 t;
- peso mínimo reduzido de 2 t para 1,5 t;
- implantação da lança dupla de carvão;
- remoção do crivo na linha principal de transporte.

O aumento do tempo de carregamento devido ao peso máximo do vaso proporciona um tempo de injeção relativamente maior, o que aumenta a capacidade de injeção após a subtração desses tempos.

Para o controle e estimativa da capacidade nominal da fase de injeção, foram implantadas as seguintes ações complementares:

- cálculo da capacidade máxima de injeção em tempo real como variável resultante no SDCD, tendo como referência a expressão (4.2);
- estimativa do tempo previsto para o término da fase de injeção, tendo como base a expressão (4.5);

- medição dos tempos gastos em todas as fases e em algumas de suas etapas, através de temporizadores acionados por programas especiais e telas gráficas no SDCD.

4.5 RESULTADOS DA EXPANSÃO DA CAPACIDADE DE VAZÃO

Durante a implementação das ações para atender à expansão e às melhorias do processo, foram verificados inicialmente os seguintes resultados inconvenientes:

a) Parada de injeção devido ao entupimento da peneira quando do aumento do diâmetro da placa de carregamento de 117 mm para 125 mm.

b) Pequenas quedas de injeção por número mínimo de lanças, devido à atuação indevida dos detectores de fluxo de carvão (Granuflow), quando o vaso de injeção possuía um peso menor do que 2 t.

c) Pressurização das peneiras com consequente vazamento para a área devido ao aumento da pressão de fluidização dos silos de carvão pulverizado de 0,6 bar para 1 bar.

d) Peneira parando cheia de carvão, o que provocou uma queda de injeção no ciclo seguinte por falta de matéria-prima – o vaso não carregou.

Após a obtenção desses resultados inconvenientes, as seguintes ações foram adotadas:

a) Fechamento parcial das válvulas de manutenção na saída do silo de finos para reduzir a sobrecarga das peneiras.

b) Redução da placa de orifício do carregamento de 140 mm para 125 mm e, posteriormente, para 110 mm (medida que permanece atualmente).

c) Elevação do peso mínimo do carregamento de carvão dos vasos de 1,5 t para 2 t.

d) Redução do peso máximo do carregamento de carvão dos vasos de 13 t para 12 t.

e) Normalização da pressão de fluidização do silo de finos de 1 bar para 0,65 bar (tentou-se também manter a pressão em 0,5 bar, mas isto causou queda de injeção por tempo elevado de carregamento).

f) Implantação do sistema de referência (*set point*) progressivo para novo controle de pressão de fluidização de acordo com o número de vasos carregando ao mesmo tempo:

   f.1) Um vaso sendo carregado: ajuste em 0,60 bar.

   f.2) Dois vasos sendo carregados: ajuste em 0,65 bar.

   f.3) Três vasos sendo carregados: ajuste em 0,70 bar.

   f.4) Quatro vasos sendo carregados: ajuste em 0,75 bar.

Os resultados obtidos referentes aos ganhos para cada fase de injeção após os desenvolvimentos – objeto deste capítulo – estão relacionados na Tabela 4.2. Assim, com o ganho de 470 s, a capacidade de injeção foi expandida de 40 t/h para 50 t/h em média, conforme ilustrado e calculado na última coluna dessa tabela.

Tabela 4.2 Tempos típicos das fases de injeção antes e após a expansão.

Fases	Definição	Tempo em segundos		
		Original	Expandido	Ganho
Alívio	Tempo necessário para o vaso ser aliviado da pressão de injeção para a pressão atmosférica.	200	200	0
Carregamento	Tempo gasto para encher o vaso de carvão até seu peso máximo.	420	240	180
Pressurização	Tempo necessário para o vaso ser pressurizado até a pressão de injeção.	180	140	40
Injeção	Tempo que o vaso leva para esvaziar seu conteúdo para uma taxa de injeção de 30 t/h.	1100	1350	250
Total do ganho de tempo para o aumento da capacidade de vazão				470

4.6 REDUÇÃO DAS QUEDAS DE INJEÇÃO

As causas das paradas de injeção geralmente são relacionadas a equipamentos, como: pressão baixa de instrumentação (< 5 bar), pressão baixa de alimentação dos compressores (< 12 bar), entre outras. Os trabalhos de Okochi e colaboradores (2000) e Motta e colaboradores (2005) tratam desses assuntos sob o ponto de vista de ajustes finos, incorporação de equipamentos de maior qualidade e solução para defeitos do dia a dia da rotina de manutenção. As quedas de injeção causadas por quebra dos intertravamentos da sequência operacional de processo são analisadas a seguir.

4.6.1 Queda por número mínimo de lanças

A queda por número mínimo de lanças é um intertravamento original do sistema e tem o objetivo de evitar a perda da capacidade nominal de injeção. Essa capacidade nominal máxima é alcançada quando somente existem no mínimo 2/3 das lanças em operação. Se esta quantidade de lanças for reduzida, ocorrerá a diminuição da capacidade de injeção e também não haverá distribuição uniforme de carvão ao redor das ventaneiras do alto-forno.

As causas fundamentais para retirar uma lança de operação são:

a) Transmissor de vazão de sopro do tubo reto sem sinal (I < 3,9 mA).

b) Detector de carvão atuado ou em falha (nível lógico ϕ).
c) Lança empenada ou entupida, o que impede a injeção.
d) Válvulas de carvão ou nitrogênio de purga em falha (limites de fim de curso).
e) Falha de fluxo de carvão na linha principal.
f) Ventaneira isolada ou obstruída.
g) Queima da ponta da lança.

As primeiras causas são normais e dependem de uma boa manutenção e operação do sistema. Porém, a falha de fluxo de carvão aciona o detector de fluxo de carvão indevidamente, pois não há entupimento e isso faz com que a linha entre em purga. Isso diminui o número de lanças injetando, até que atinja o limite inferior, o que causa a parada de injeção por segurança. A falha de fluxo de carvão ocorre principalmente quando há vazamento nas válvulas prato e de alívio do vaso de injeção.

Para solucionar esse problema, foi implantada na lógica de purga automática das lanças uma proteção que examina se o número de lanças injetando é maior do que o número mínimo de lanças mais quatro (+ 4). Portanto, como segurança, o sistema verifica se ainda existe lança disponível para ser colocada em purga automática, o que evita que uma falha de fluxo de carvão acarrete uma parada de injeção por número mínimo de lanças.

A entrada de grande volume de nitrogênio no vaso para a reposição da pressão reduz a densidade de fluxo de carvão na linha em que, por sua vez, atuam os detectores de fluxo de carvão (Granuflows), colocando as lanças para purga. A queda de injeção ocorria com um número mínimo de lanças.

As condições para a ocorrência desse fenômeno eram:

- pressão do vaso na faixa alta (PV > 12 bar);
- entrada da válvula de pressurização rápida;
- controladora de pressão do vaso totalmente aberta (MV ≥ 90%);
- válvula dosadora totalmente aberta (ZI ≥ 100%).

Quando ocorre a entrada de muito nitrogênio no vaso, a taxa de decréscimo do peso do vaso diminui, o que leva a uma menor vazão de carvão. Em consequência, a válvula dosadora abre 100% para compensar, o que agrava mais ainda a perda de pressão do vaso e faz com que os Granuflows atuem, reduzindo o número de lanças injetando para abaixo do mínimo (condição de parada da injeção = 2/3 da lança), sendo para o AF2 2/3 de 24 lanças (16), ou seja, se somente 15 lanças estiverem injetando, ocorrerá a parada de injeção.

O principal argumento do operador para trabalhar com a pressão de 12 bar (2,0 bar acima do especificado pelo cálculo do funcionamento do transporte pneumático de carvão pulverizado) era: "**Elevado índice de lanças entupidas**".

Não há fatos nem dados correlacionados com esse argumento. As ações para reduzir o problema da falha de fluxo de carvão são:

a) Diminuição da pressão máxima de injeção do vaso com a alteração do cálculo de *set point* de pressão de injeção de 9 bar a 13 bar para 8 bar a 12 bar, para a faixa de 10 t/h a 50 t/h.
b) Aumento da vazão de transporte em mais 100 Nm^3/h para reduzir o entupimento de lanças e aumentar a velocidade de arraste do transporte pneumático de carvão.
c) Aumento da faixa de vazão de fluidização de 100 Nm^3/h a 300 Nm^3/h para 300 Nm^3/h a 600 Nm^3/h com o objetivo de aumentar a capacidade de manutenção da pressão do vaso.

Entretanto, essa ação não foi suficiente para eliminar totalmente o problema. No Capítulo 11, isso é solucionado pelo novo sistema de medição de vazão de carvão implantado na linha principal do transporte pneumático.

4.6.2 Vazão baixa de sopro do alto-forno

Em uma situação normal de sopro e funcionamento do alto-forno, não há paradas de injeção devidas à vazão baixa de sopro, a não ser que haja uma queda brusca de energia elétrica ou queda do moto soprador, ou ainda uma redução operacional. Neste último caso, trata-se, geralmente, de uma parada operacional e não de problemas com equipamentos. A malha de controle do sinal de vazão de sopro poderia sofrer um dano e, então, ocasionar uma parada de injeção devido ao rompimento do cabo de sinal de sopro, ou algo semelhante.

Um problema de alto risco à segurança do alto-forno era o fato de que na queda brusca da vazão de sopro alguns algaravizes se enchiam de carvão, o que poderia ocasionar uma grande explosão na sala de corridas. Os algaravizes se enchiam de carvão por causa do elevado tempo (120 s) para a limpeza da linha principal de transporte pneumático e porque algumas vazões de tubos retos que são usadas como intertravamento de injeção permaneciam com sinal de sopro, devido à passagem preferencial de fluxo na redução do sopro ou até mesmo falha no instrumento e medição de vazão.

Para eliminar esses riscos e problemas, foi implantado o fechamento instantâneo de todas as válvulas de carvão na saída do distribuidor em caso de queda rápida da vazão de ar soprado. Isso penalizou a limpeza da rota de carvão, desprezando os 120 s necessários para a purga, porém, garantiu a segurança operacional dos algaravizes do alto-forno. Em caso de redução lenta do sopro, foi preservada a parada de injeção normal com limpeza da rota de carvão, conforme demonstra a Tabela 4.3.

Tabela 4.3 Ações da estação de injeção em caso de queda de ar soprado ou vazão de transporte.

Tipo da parada de injeção	Ação	Vazão de ar soprado mínima no AF2 (Nm^3/min)	Vazão de ar soprado mínima no AF3 (Nm^3/min)	Vazão de nitrogênio de transporte mínima (Nm^3/h)
Normal	Fecha a válvula dosadora, abre a válvula de nitrogênio de arraste e efetua a limpeza da linha de transporte pneumático.	1600	4000	200
Rápida	Fecha todas as válvulas de carvão do distribuidor e abre as válvulas de nitrogênio de purga sem efetuar a limpeza da linha de transporte pneumático.	1000	3000	100

4.6.3 Vazão baixa de nitrogênio de transporte

A falta ou pressão baixa de nitrogênio de arraste ou transporte é muito perigosa por causa da ausência de refrigeração da lança e da possibilidade de rompimento do mangote de injeção na sala de corridas devido ao ar quente soprado em fluxo reverso. Esse desenvolvimento previne a queima das mangueiras de injeção das lanças de carvão, o acúmulo de carvão no conjunto porta-vento e o caos provocado pelo espalhamento de carvão pulverizado (altamente inflamável) na sala de corridas do alto-forno. Essa foi uma proteção adicional ao projeto original para gerar uma parada de injeção. Os principais possíveis motivos para esse tipo de queda de injeção são:

a) **Válvula manual fechada em campo:** esta é a causa mais comum e a responsável pela implementação dessa proteção, pois caso haja uma interrupção brusca no fluxo de nitrogênio de transporte, há risco de queima e estouro das mangueiras de injeção localizadas nas salas de corridas. Para evitar esse problema, as válvulas de carvão são, então, fechadas imediatamente sem proporcionar a limpeza adequada da rota de carvão, abrindo as válvulas de nitrogênio de purga e refrigerando as mangueiras.

b) **Transmissor ou malha de controle de vazão de nitrogênio de arraste danificada:** foi implementada como segurança uma parada de injeção caso haja uma falha no transmissor de vazão de nitrogênio de arraste, uma falha no cartão de entrada analógica, na válvula de controle de vazão, ou, enfim, em qualquer ponto da malha de controle e intertravamento. Isso provocará a mesma ação que consiste no fechamento de todas as válvulas de carvão e abertura imediata das válvulas de nitrogênio de purga do distribuidor.

A Figura 2.7 ilustra a tela gráfica com os valores de parada normal e parada rápida no canto inferior direito. A Tabela 4.3 resume os dois tipos de ações tomadas pelo SDCD em caso de queda súbita da vazão de sopro e queda súbita da vazão de nitrogênio de arraste ou transporte.

O projeto original do sistema possuía somente a parada de injeção normal. A parada de injeção rápida e suas ações nas válvulas de carvão do distribuidor solucionaram o problema do acúmulo de carvão nos algaravizes em caso de parada de emergência.

4.6.4 Queda de injeção por pressão diferencial baixa

Foi implementada a parada de injeção por pressão diferencial (P) menor que 0,5 bar entre a pressão do nitrogênio da linha de transporte (P_T) e a pressão do sopro da base do alto-forno (P_{AF}), tal como ilustra a expressão (4.7):

$$\Delta P = (P_T - P_{AF}) \geq 0{,}5 \text{ bar} \quad (4.7)$$

Por exemplo, se a pressão de injeção ou pressão do vaso estiver em 10 bar, a pressão da linha de transporte em 7 bar e a pressão do ar soprado na base do alto-forno (anel de vento) em 4,2 bar, a pressão diferencial será:

$$\Delta P = 7{,}0 \text{ bar} - 4{,}2 \text{ bar} = 3{,}8 \text{ bar} \geq 0{,}5 \text{ bar}.$$

Ocorrerá parada de injeção se a pressão diferencial entre o PCI e o alto-forno estiver abaixo de 0,5 bar durante 30 s. Isso foi implementado para evitar o retorno do sopro do forno para o vaso de injeção ou ainda o estouro das mangueiras de injeção, uma vez que, quando ocorre uma queda de injeção, o nitrogênio de transporte é colocado no máximo e a refrigeração do mangote de injeção é garantida. Isso ocorre principalmente quando o pedido de vazão está baixo (< 20 t/h), ou seja, quando a pressão de injeção também diminui.

Esse intertravamento foi aperfeiçoado com a inclusão da medição de pressão na curva de 90° de basalto antes do distribuidor. Com a implementação do transmissor de pressão manométrico na curva de 90° antes do distribuidor, esse intertravamento de segurança foi aprimorado, visto que essa pressão está mais próxima do alto-forno, proporcionando um intertravamento mais correto.

4.6.5 Alarmes antecipatórios de queda de injeção

Foram implementados alarmes que antecipam com alerta uma possível queda de injeção no futuro. Eles se baseiam na supervisão dos tempos das fases de injeção, carregamento, alívio e pressurização desenvolvidos neste capítulo. Além disso, existem também a monitoração e a supervisão dos tempos de operação dos equipamentos em geral:

a) tempo longo de alívio;
b) tempo longo de carregamento;
c) válvula prato não fechou;
d) peneira para partiu/parou;
e) válvula dosadora não fechou;
f) possível queda de injeção.

4.7 ALGORITMO DE CARREGAMENTO DOS VASOS DE INJEÇÃO

O algoritmo de carregamento dos vasos foi criado para mitigar o problema de obstrução da placa de orifício de carregamento dos vasos ou ainda para os problemas de entupimento dos bicos fluidizadores da base do silo de finos. A solução definitiva para esse problema é a limpeza da placa de orifício do carregamento. Porém, isso só pode ser feita na parada do alto-forno, que ocorre somente a cada 9 meses.

A seguir descrevemos o algoritmo de carregamento dos vasos de injeção implementado. Sejam:

T_e: tempo expandido de 10 em 10 segundos;

T_c: tempo máximo permitido para o carregamento;

T_a: tempo acumulado de carregamento.

O tempo acumulado de carregamento (T_a) é um temporizador que é iniciado assim que a válvula prato é aberta para iniciar o abastecimento do vaso. Seus valores típicos estão em torno de 300 s, conforme requerido pelo projeto com PCR de 200 kg/t. Porém, esse tempo de projeto só foi conseguido após desenvolvimentos realizados na expansão da capacidade de injeção do PCI, tal como em Motta e colaboradores (2000).

Tolera-se o tempo de carregamento de até 400 s. Valores maiores que esse tempo típico podem indicar:

a) entupimento parcial da tubulação de carregamento;
b) obstrução da placa de orifício limitadora da vazão de carvão;
c) corpos estranhos na peneira (cabelo de anjo, carvão fora granulometria);
d) pressão baixa de fluidização do silo de finos;
e) bicos fluidizadores do silo de finos entupidos;
f) falha nas válvulas redutoras de pressão de fluidização do silo de fluidização etc.;
g) juntas de expansão rasgadas e vazamento de carvão;
h) falha nos motovibradores das peneiras.

Todas essas causas fundamentais listadas anteriormente podem provocar uma queda de injeção devido ao vaso oposto não estar preparado para a injeção, o que causa uma enorme variação de injeção em curto (queda) e longo prazo.

O algoritmo de carregamento permite uma expansão cadenciada do tempo de carregamento preliminar para mitigar a vazão baixa de carvão provocada pelo entupimento parcial (corpos estranhos na placa de orifício) da linha de abastecimento do silo de finos para os vasos de injeção.

O tempo máximo permitido para o carregamento (T_c) era, de acordo com a descrição funcional do fabricante, um valor constante de 300 s. Esse valor é calculado levando-se em consideração a taxa nominal original máxima de injeção de 40 t/h. Em muitos casos, nos quais ainda havia tempo disponível para abastecer o vaso, o carregamento era interrompido, ficando sem carvão suficiente para uma nova fase de injeção. Isso gerava uma queda de injeção por vaso não preparado, sendo um problema de difícil diagnóstico, uma vez que essa queda só ocorre no ciclo seguinte.

Para aprimorar um pouco essa versão original, inicialmente foi criada uma curva para o ajuste inicial do valor de T_c em função da taxa de injeção, conforme ilustra o Gráfico 4.1. Os valores da curva foram calculados para que nunca houvesse interrupção no fluxo de carvão, tal como descrito no artigo de Motta e colaboradores (2000).

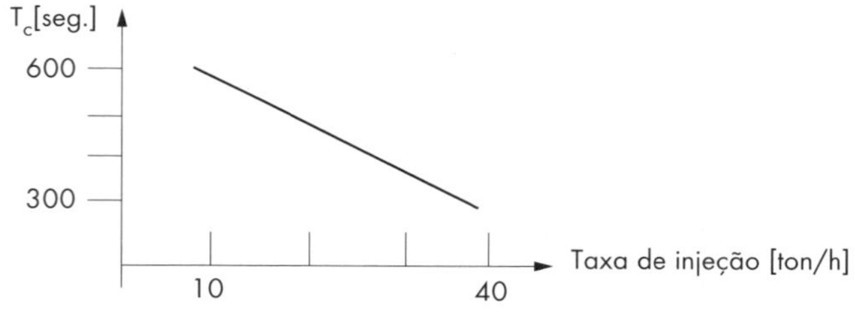

Gráfico 4.1 Tempo de carregamento em função da taxa de injeção.

A curva é calculada sabendo-se o tempo de preparo do vaso oposto com grande margem de segurança (5%). Esse tempo de carregamento é expandido em passos a cada 10 s, por exemplo, até que o tempo remanescente para carregamento mais pressurização e operação de válvulas e peneiras seja 5% maior do que o tempo previsto para o fim da fase de injeção do vaso oposto.

As equações (4.8) a (4.10) são também utilizadas na determinação das subfases de espera despressurizada e pré-pressurização dos vasos, tal como descrito em Motta e Souza (2010a). Elas exemplificam o funcionamento do algoritmo de carregamento dos vasos de injeção de carvão pulverizado:

$T_e = T_c$ quando o vaso inicia o carregamento, determinado pelo Gráfico 4.1 (4.8)

$$T_e = T_e + 10 \text{ se:} \quad (4.9)$$

$$(T_v + T_{op} + T_{prato} + T_p) > 1{,}1 \times T_{FIM} \quad (4.10)$$

Onde:

T_e: tempo expandido para possibilitar o carregamento em mais 10 s;

T_v: tempo para esvaziar a peneira. Normalmente é fixo em 60 s. Se ajustado, o programa do algoritmo do carregamento leva o ajuste em consideração;

T_{prato}: tempo para fechar a válvula prato após desligar a peneira. Normalmente é fixo em 8 s;

T_{op}: tempo de operação das válvulas, estimado em 10 s;

T_{FIM}: tempo previsto para o término da injeção em s;

T_p: tempo estimado para pressurizar o vaso. Calculado a todo instante conforme a Equação (4.11):

$$T_p = (P_I \times \text{Ptanque}) \times 15/17 \text{ s} \quad (4.11)$$

Onde:

P_I: pressão final interna de injeção do vaso (*set point* de pressão do vaso);

Ptanque: pressão dos tanques de nitrogênio (*set point* em 17 bar).

O tempo previsto para o término da injeção em segundos é uma das variáveis mais interessantes do processo de injeção e pode ser calculado a todo instante. A tela gráfica da Figura 2.4 apresenta seu valor em tempo real, calculado pela Equação (4.12):

$$T_{FIM} = (\text{Patual} - \text{Pmín})/\text{Tx} \quad (4.12)$$

Onde:

T_{FIM}: tempo previsto para o término da injeção em s;

Tx: vazão de carvão pulverizado em t/h;

Patual: peso atual do vaso de injeção em t;

Pmín: peso mínimo do vaso de injeção, normalmente ajustado em 2 t.

Assim, o algoritmo de carregamento irá expandir o tempo máximo de carregamento. A premissa é permitir o carregamento do vaso com o máximo de peso possível enquanto houver tempo disponível. Portanto, a fase de carregamento é a fase priorizada dentre as demais (alívio, pressurização e injeção).

O tempo de carregamento do vaso (T_C) é o tempo gasto para abastecê-lo com carvão desde seu peso vazio (cerca de 1,0 t) até seu peso cheio (cerca de 12,5 t). Ele é medido por um temporizador que parte quando a sequência da fase de carregamento é iniciada, ou seja, assim que a válvula prato de admissão do vaso é aberta para o carregamento.

Os tempos típicos de carregamento estão em torno de 300 s, conforme requerido pelo projeto com PCR de 200 kg/t; porém, isso só foi conseguido após desenvolvimentos realizados na expansão da capacidade de injeção do PCI (MOTTA et al., 2000). Tolera-se que esse tempo seja de até 400 s, e tempos maiores poderão indicar um entupimento parcial da tubulação de carregamento, obstrução da placa de orifício limitadora da vazão de carvão, corpos estranhos na peneira, baixa pressão de fluidização do silo de finos, bicos fluidizadores do silo de finos entupidos, falha nas válvulas de fluidização etc. Os tempos e o funcionamento em tempo real do algoritmo de carregamento dos vasos de injeção com os tempos calculados de T_C e T_e podem ser vistos na Figura 2.7.

O fluxograma da Figura 4.2 ilustra o algoritmo e a estratégia adotada para o carregamento dos vasos de injeção.

4.8 SINCRONISMO DO CARREGAMENTO DOS VASOS DE INJEÇÃO

O sincronismo do carregamento dos vasos de injeção foi realizado somente nos quatro vasos do AF3. Tem o objetivo de eliminar o elevado tempo de carregamento quando dois vasos coincidentemente são carregados ao mesmo tempo. Quando isso acontecia em dois vasos de injeção do AF3, abastecidos pelo mesmo silo de finos, o tempo de carregamento (T_C) aumentava em razão de um fenômeno que minimizava a vazão de carvão.

O sincronismo ocorre pela ação complementar ao peso máximo do vaso durante seu carregamento. Assim, se dois vasos estiverem sendo carregados ao mesmo tempo, o primeiro que tiver o peso acima de 10 t encerrará o carregamento em prol do outro vaso, cuja fase de carregamento acaba de iniciar. Existem doze combinações possíveis de vasos e máximos pesos, todos contemplados na lógica.

Essa antecipação do fim do carregamento provoca uma defasagem de tempo entre os vasos, o que faz com que as fases de carregamento não mais coincidam. Isso eliminou diversas quedas de injeção, ou seja, a partir do ano de 2008, as descontinuidades na vazão de carvão para o AF3 foram suprimidas.

Uma das principais causas da queda de injeção era quando ocorria o carregamento simultâneo dos vasos – os seus tempos de carregamento aumentavam substancialmente e geravam quedas de injeção por vaso não preparado. A sua observação era difícil, pois o carregamento simultâneo de dois vasos pelo silo de carvão pulverizado ocorria a cada seis ou oito horas e, além disso, seu efeito ocorria somente em alguns ciclos no futuro. Porém, a associação e a correlação da queda de injeção com o carregamento simultâneo eram sempre verdadeiras.

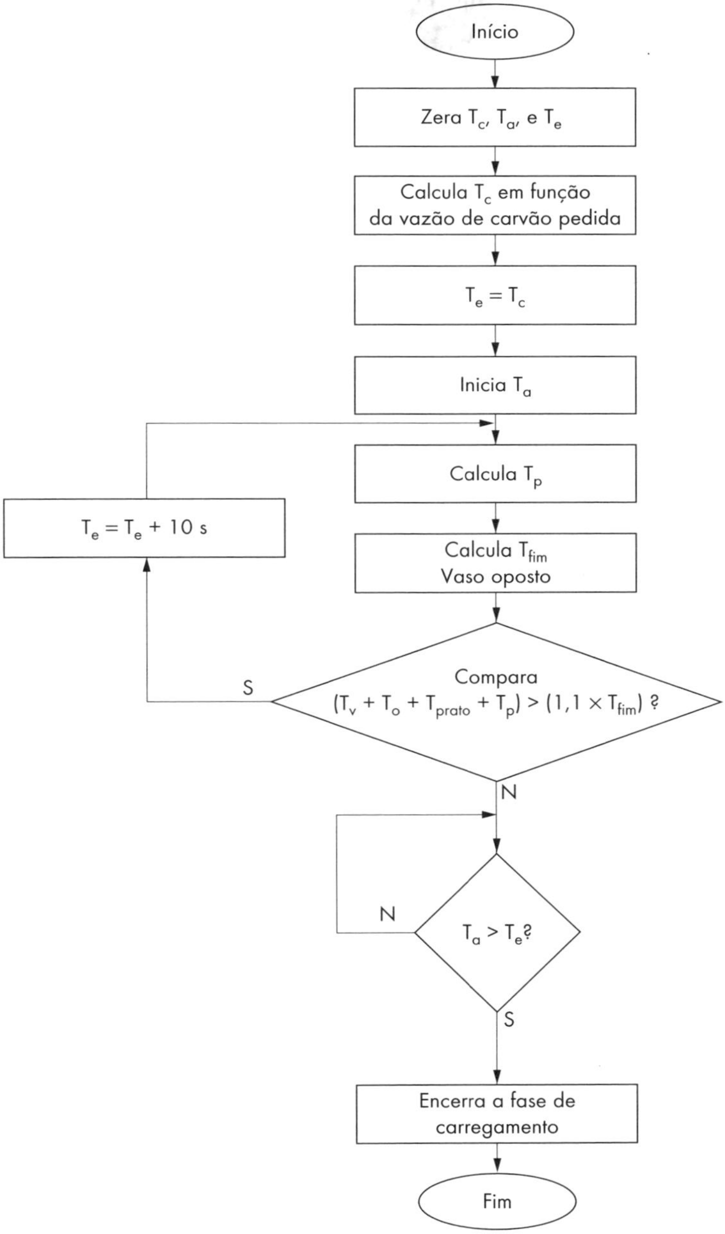

Figura 4.2 Fluxograma do algoritmo de carregamento dos vasos de injeção do AF3.

Os principais objetivos do sincronismo do carregamento dos vasos de injeção são:

- Evitar que dois vasos de injeção carreguem ao mesmo tempo – o que aumenta o tempo de carregamento individual – para não comprometer a capacidade normal de injeção de 50 t/h (MOTTA et al., 2003).
- Criar uma defasagem entre as fases dos vasos para evitar que dois deles aliviem ao mesmo tempo. Isso provê uma inertização de forma mais contínua no silo de finos.
- Evitar que dois vasos pressurizem ao mesmo tempo e que haja uma queda de pressão de nitrogênio nos tanques, o que gera distúrbios na rede de nitrogênio e desregula as vazões do transporte pneumático de carvão.

Descrição da lógica implementada: quando dois vasos estiverem carregando ao mesmo tempo, o primeiro deles que atingir o peso acima de 10 t, calculado de acordo com as fórmulas anteriores para a máxima taxa de injeção de 50 t/h, terá seu carregamento cancelado antes de atingir o peso máximo em prol do outro vaso que ainda está carregando.

O silo de carvão pulverizado fino do AF3 abastece as duas estações de injeção que, apesar de terem a mesma taxa, possuirão certamente diferentes tempos naturais, o que causa a defasagem **dos vasos de injeção.**

Isso criou também uma defasagem artificial para as fases dos vasos de injeção, compensando a defasagem natural que ocorre com o passar de seis a oito horas, resultado da diferença ínfima de operação de suas válvulas, tempos das fases de alívio etc. Essa defasagem garante maior estabilidade para a rede de nitrogênio de alta pressão, pois após o sincronismo não ocorrerá a pressurização de dois vasos de injeção do AF3 ao mesmo tempo.

4.9 RETOMADA AUTOMÁTICA DA INJEÇÃO APÓS UMA QUEDA

Diante do fato de que não podemos desprezar os intertravamentos de segurança que levam a uma queda de injeção, eliminá-los na prática é impossível. Devemos ressaltar, então, a estratégia da recuperação rápida da vazão de carvão pulverizado na linha principal, que diminui o tempo de duração da queda de injeção em alguns minutos.

Quando ocorria uma queda de injeção, o controlador de vazão do transporte pneumático abria a válvula totalmente e o mantinha no modo manual. Para voltar com a injeção, após a normalização da queda, o operador colocava a válvula manualmente em uma posição intermediária, e então ajustava o controlador de vazão de transporte no modo automático. O controlador e a válvula levavam algum tempo para se normalizarem devido à dinâmica lenta de seu controlador proporcional integral derivativo (PID) e, em consequência, também a vazão de arraste do transporte pneumático. Isso resultava em uma demora de até 3 min para normalizar a vazão de carvão desejada. Além disso, o excesso de vazão de nitrogênio de arraste impede a descida de carvão do vaso, isto é, interfere na fluxabilidade da mistura de carvão e nitrogênio advinda do vaso.

A retomada automática rápida para a vazão de nitrogênio de arraste ou transporte foi desenvolvida para copiar o processo descrito, com a vantagem de possuir uma curva predeterminada para a posição final da válvula de acordo com a taxa de injeção pedida. Essa curva permitiu que a válvula de transporte fosse colocada em uma posição conhecida e o controlador em modo automático logo após. Isso reduziu o tempo de retomada de 3 min para 1 min, sem a necessidade de intervenções manuais nos controladores de vazão de nitrogênio e dosagem de carvão por parte do operador da planta PCI.

A válvula da vazão de fluidização, por sua vez, ficava totalmente aberta. Isso ocorria porque seu controlador era mantido pela lógica em modo automático e, após a queda de injeção, as válvulas de fechamento zeravam a vazão. Quando a injeção voltava, ocorria o excesso de fluidização, pois sua válvula estava totalmente aberta e ocasionava a falha no fluxo de carvão, o que impedia a rápida normalização do processo. Nesse caso, geralmente não havia atuação manual do operador, pois o controlador permanecia em modo automático.

A melhoria configurou a retomada automática rápida para a fluidização e colocou a válvula de controle de vazão parada após uma queda de injeção. Isso foi feito colocando-se o controlador em modo manual durante a queda de injeção. Assim, a posição final de controle foi mantida preservada na memória do controlador de vazão de fluidização. Na retomada, o controlador é colocado em modo automático de maneira autônoma pela lógica, o que elimina o efeito descrito anteriormente e contribui para a rapidez na normalização da taxa de injeção, pois não há necessidade de intervenção do operador.

O fluxograma da Figura 4.3 ilustra a ação da válvula de controle de vazão de nitrogênio de transporte ou arraste em caso de queda ou parada de injeção.

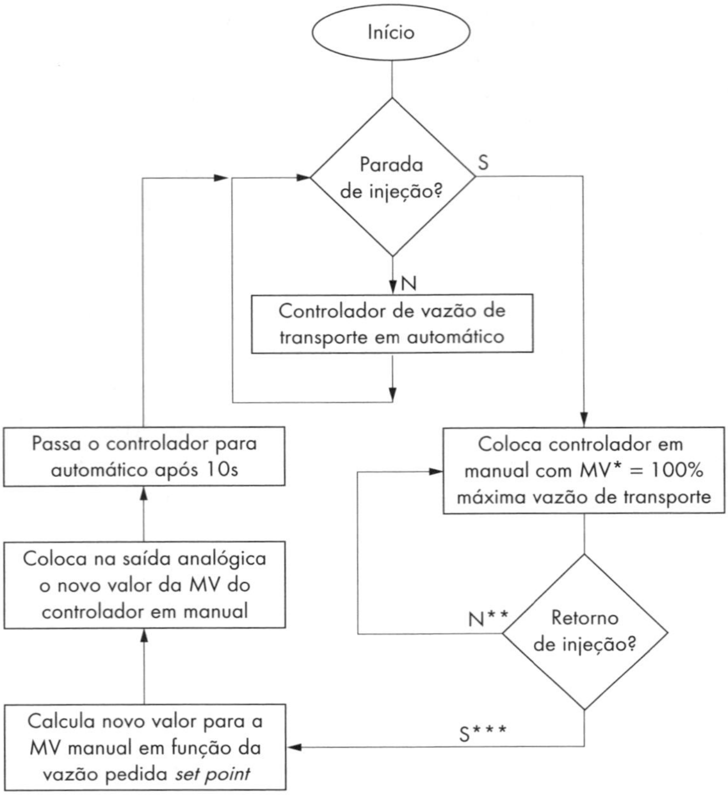

Figura 4.3 Fluxograma de retomada rápida após queda da vazão de carvão. *MV = variável manipulada; **N = número de vasos interconectados; ***S = quantidade de carvão.

4.10 RESULTADOS E CONCLUSÕES DA EXPANSÃO DA CAPACIDADE DE INJEÇÃO E DA REDUÇÃO DAS QUEDAS DE INJEÇÃO

Os resultados obtidos com as melhorias descritas neste capítulo foram:

1) Capacidade de injetar taxas maiores do que 200 kg/t com uma maior oferta de carvão pulverizado, o que quase sempre possibilita a redução do custo de produção do ferro-gusa.
2) Monitoração dos tempos das fases dos ciclos das injeções que proporcionou novas variáveis de processo.
3) Diminuição dos problemas de carregamento dos vasos de injeção.
4) Diminuição da variação de injeção por meio da redução das trocas de vasos.
5) Redução do tempo necessário para fechar a válvula de alívio de 30 s para 5 s.
6) Segurança operacional.

Por fim, conclui-se que obtivemos o fim das quedas de injeção por meio do aumento dos tempos disponíveis das fases dos vasos de injeção e com o cálculo da capacidade máxima de vazão de carvão da estação de injeção, orientando o operador do alto-forno quanto ao valor de referência (*set point*) máximo para a máxima vazão de carvão possível.

As melhorias efetuadas reduziram em 36% a quantidade de interrupções no fluxo de carvão injetado, e particularmente após a conclusão das implementações realizadas, em dezembro de 2008, não houve qualquer interrupção no fluxo de carvão injetado. Portanto, as plantas de injeção do PCI ficaram mais estáveis e confiáveis, atingindo índices de disponibilidade médios de 99,98%, ou seja, 10 min de queda por mês por cada estação de injeção. Isso proporcionou a estabilidade operacional para o alto-forno, o que gerou oportunidades para PCR maiores, vazões de carvão de até 50 t/h por estação de injeção sem interrupções. Além disso, houve melhorias consideráveis na vida útil dos equipamentos por causa dessa otimização.

O principal ganho desse trabalho é a estabilidade operacional dos altos-fornos obtida pela vazão contínua de carvão pulverizado. Além disso, após a implementação das ações, a inspeção operacional dos equipamentos se tornou mais fácil e mais frequente nos pontos chaves, garantindo uma confiabilidade maior da estação de injeção de carvão pulverizado.

O algoritmo de carregamento dos vasos de injeção garantiu o enchimento total da capacidade volumétrica do vaso sem causar interrupção na vazão de carvão por vaso não preparado.

A parada de injeção rápida eliminou a ocorrência do acúmulo de carvão no tubo reto e no conjunto porta-vento, aumentando a segurança do sistema.

A parada de injeção por pressão diferencial e os procedimentos de abrir a válvula de transporte para a vazão máxima de nitrogênio eliminaram a ocorrência de estouro e arrebentamento dos mangotes flexíveis de injeção na sala de corridas dos altos-fornos, garantindo a segurança operacional.

A inclusão de algoritmos de controle para a fase de carregamento, o sincronismo dos vasos de injeção e o algoritmo de controle da fluidização dos silos de estocagem no conjunto garantiram o carregamento do vaso de injeção mesmo em situações de problema, eliminando grande parte das quedas de injeção (interrupção da vazão de carvão para o alto-forno) por causa de vaso não preparado.

Os índices alcançados de capacidade de injeção e número de quedas de injeção estão enquadrados juntos dos melhores resultados de classe mundial praticados nos tempos atuais.

5

CAPÍTULO

Pressurização do anel de fluidização dos vasos de injeção

5.1 OBJETIVO

Neste capítulo avaliamos o problema para justificar a necessidade das mudanças para a melhoria no projeto original da Claudius Peters com a implantação da pressurização do anel de fluidização dos vasos de injeção de carvão pulverizado. A partir disso, apresentamos o problema real, uma solução intermediária de custo baixo e posteriormente a solução final para evitar que a vazão de fluidização seja direcionada para dois vasos ao mesmo tempo. Isso tem o objetivo de minimizar a variabilidade da vazão de carvão pulverizado na linha principal de transporte pneumático durante a fase de pressurização e no processo de injeção.

5.2 PROBLEMA DA FALHA NA VAZÃO DE FLUIDIZAÇÃO

O projeto original de injeção de carvão pulverizado da Claudius Peters (WEBER; SHUMPE, 1995) não conhecia o problema da obstrução dos filtros de bronze sinterizados com consequente variação na vazão de carvão pulverizado.

Durante a fase de injeção, o vaso necessita de uma vazão de transporte e fluidização, assim como uma pressão de injeção, constantes e estáveis.

Através de observações, notou-se que no início da fase de injeção, quando o vaso possuía de 80% a 100% de seu peso máximo, ocorria entupimento na linha de fluidização ocasionando grandes perturbações no controle da vazão de carvão para os altos-fornos.

Quando o vaso tinha aproximadamente entre 60% e 80% de seu peso injetado, ocorria o desentupimento espontâneo da linha de fluidização, o que ocasionava nova perturbação nos controles de vazão, pressão e principalmente de vazão de carvão, alterando consideravelmente a temperatura da chama dos altos-fornos.

Com o auxílio da observação das variáveis de processo em gráficos de tendência e com a ajuda de manômetros durante as fases de alívio, pressurização e injeção, chegamos à causa fundamental do entupimento dos filtros de bronze sinterizados localizados no cone base dos vasos de injeção: falta de contrapressão no anel de fluidização durante a fase de pressurização.

5.3 FLUIDIZADOR EXTRA INCORPORADO AO CONE DO VASO DE INJEÇÃO

A seguir apresentamos uma descrição construtiva dos fluidizadores instalados no cone base do vaso de injeção, para melhor compreensão do fenômeno causador de seu entupimento.

a) Flange do fluidizador

O flange do fluidizador tem a função de evitar o vazamento e fazer a união com a capa do fluidizador para comportar o tubo e o filtro de bronze sinterizado. É preparado e dimensionado para encaixar nos flanges do cone do vaso de injeção localizado em sua base.

A Figura 5.1 apresenta um desenho com as dimensões em milímetros do flange do fluidizador.

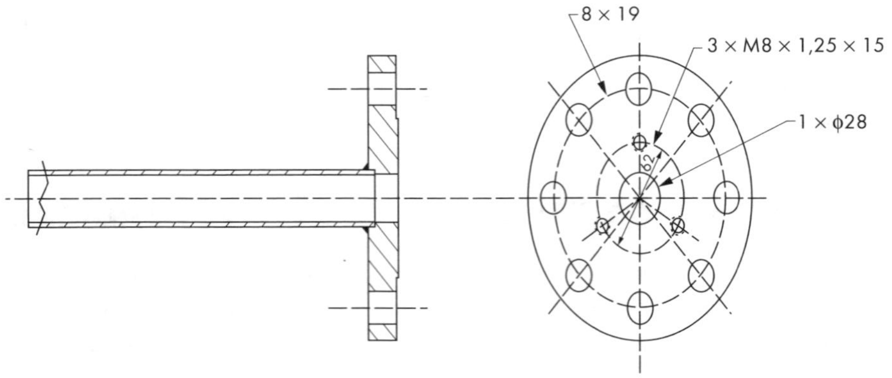

Figura 5.1 Desenho com as dimensões em milímetros do flange do fluidizador extra.

Fonte: MOTTA, 2011.

b) Capa do fluidizador

A capa do fluidizador tem a finalidade de efetuar, junto do flange, a vedação, evitando um possível vazamento e consequentemente a perda de pressão no fluidizador. A capa foi projetada para suportar até 20 bar (Classe 300), de acordo com a norma do flange, tubo e demais componentes. A Figura 5.2 apresenta o desenho com as dimensões da capa do fluidizador para encaixe no cone base do vaso de injeção.

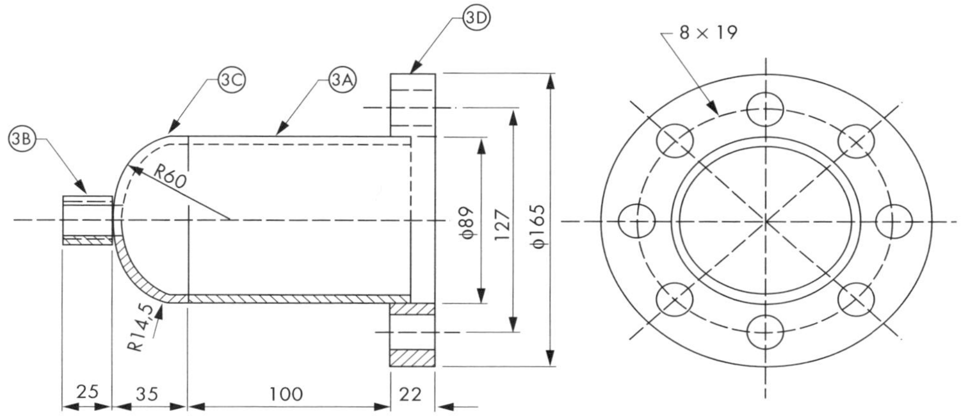

Figura 5.2 Capa do fluidizador.

Fonte: MOTTA, 2011.

c) Tubo do fluidizador

O tubo do fluidizador localiza-se dentro da união entre a capa do fluidizador e o flange. Nele, uma extremidade é acoplada à linha de fluidização e a outra extremidade é acoplada ao filtro de bronze sinterizado. A Figura 5.3 apresenta o desenho com as dimensões do tubo do fluidizador.

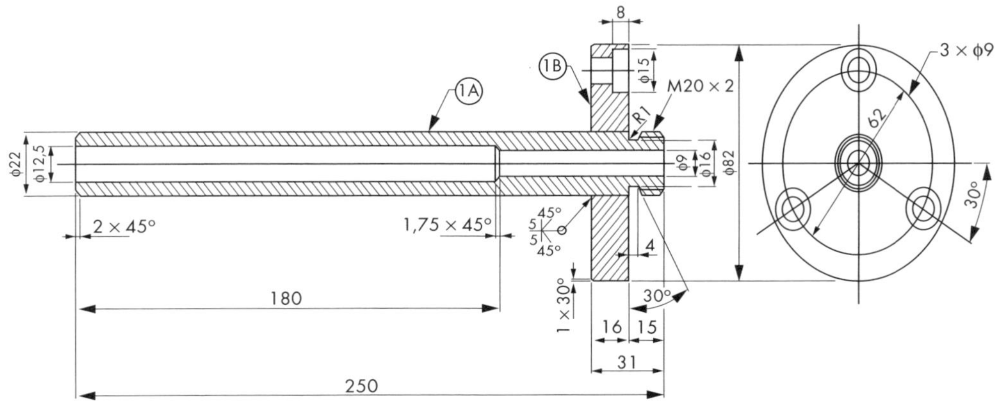

Figura 5.3 Tubo do fluidizador com as dimensões em milímetros.

Fonte: MOTTA, 2011.

d) Filtro de bronze sinterizado

O filtro de bronze sinterizado tem a finalidade de evitar o retorno do carvão pulverizado e consequentemente o entupimento da linha de pressurização do anel de fluidização de carvão pulverizado. É instalado dentro da união entre a capa do fluidizador e o flange. É acoplado ao tubo do fluidizador, que serve de transporte para a inserção de nitrogênio no cone de fluidização do vaso de injeção.

Os filtros de bronze sinterizados também apresentam uma perda de carga alta, assim como a placa de orifício da válvula de pressurização rápida. Isso faz com que não haja queda de pressão nos tanques de armazenagem, além do que sua tubulação é dedicada e ligada ao ramal principal de 8" de nitrogênio.

A Figura 5.4 apresenta o desenho com as dimensões em milímetros do filtro de bronze sinterizado do fluidizador.

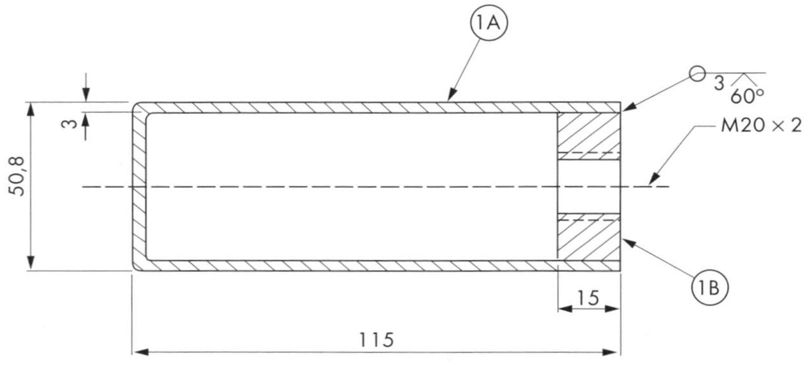

Figura 5.4 Filtro de bronze sinterizado do fluidizador.

Fonte: MOTTA, 2011.

A Figura 5.5 ilustra o conjunto montado do fluidizador constituído de tubo, filtro de bronze sinterizado e capa.

O entupimento do conjunto de fluidização ocorre pelo acúmulo de carvão entre a capa e o filtro de bronze sinterizado em virtude de a pressão interna do vaso ser maior do que a da câmara do conjunto fluidizador.

O objetivo principal do sétimo fluidizador é aumentar a fluidização do vaso de injeção, ampliando a zona de baixa densidade no cone base do vaso de injeção para maior fluidez do carvão pulverizado e para melhorar a constância da vazão de carvão pulverizado.

O outro efeito desejado do sétimo fluidizador é a diminuição do tempo de pressurização do vaso proporcionada pela pressurização do anel de fluidização. Isso diminui o tempo total de preparo do vaso de injeção, em cerca de 4/3.

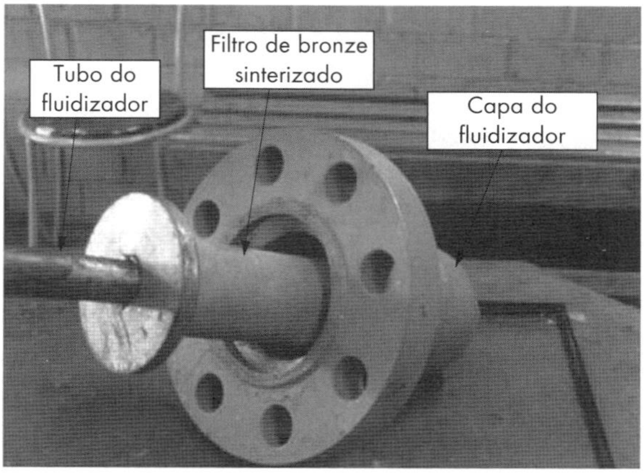

Figura 5.5 Conjunto montado do fluidizador do vaso.

Fonte: MOTTA, 2011.

A Figura 5.6 ilustra o fluidizador extra no cone base do vaso de injeção de carvão pulverizado 4 do Alto-Forno 3 (AF3) da Companhia Siderúrgica Nacional (CSN).

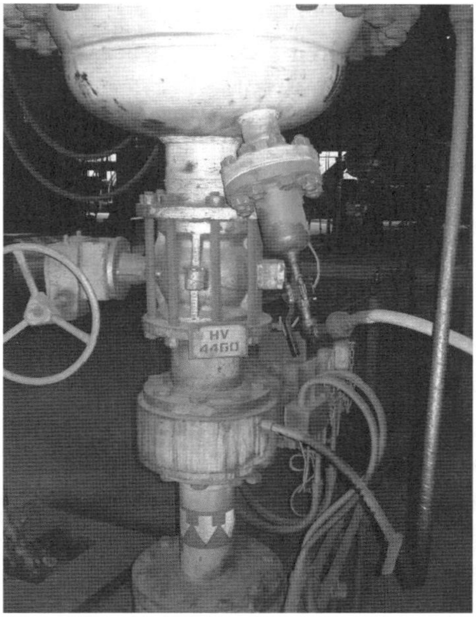

Figura 5.6 Fluidizador extra no cone base do vaso de injeção 4 do AF3 da CSN.

Fonte: MOTTA, 2011.

5.4 SISTEMA DE PRESSURIZAÇÃO DO ANEL DE FLUIDIZAÇÃO

O projeto de pressurização do anel de fluidização tem o objetivo de separar as linhas de fluidização dos dois vasos para evitar que a vazão de fluidização seja direcionada para dois vasos ao mesmo tempo, minimizando a variabilidade da vazão.

No projeto realizado pela CSN, foi construído um ramal de tubulação independente de 2" diretamente montado na linha principal de abastecimento dos tanques de armazenagem de nitrogênio. Essa montagem oferece menor perda de carga na válvula de pressurização rápida e proporcionou menor tempo de pressurização do vaso.

O novo sistema de pressurização do anel de fluidização tem por finalidade evitar o entupimento dos filtros de bronze sinterizados localizados na base do vaso de injeção. A válvula automática de fechamento da pressurização do anel de fluidização é aberta na fase de pressurização rápida do vaso de injeção, ou na fase de pré-pressurização. Desse modo, sempre haverá uma contrapressão e fluxo pelos filtros fluidizadores, o que evita seu entupimento e futura falha na vazão de fluidização com consequente distúrbio na vazão de carvão pulverizado na linha principal.

Uma solução de fácil implementação, porém, momentânea para o problema descrito no item 5.2 foi abrir a válvula de fechamento da vazão da fluidização durante as fases de pressurização, com o efeito positivo de não haver mais o entupimento do filtro de bronze sinterizado de fluidização do vaso. Assim, a primeira modificação no projeto de injeção de carvão pulverizado da CSN ocorreu em 2008.

Porém, como efeito negativo ocorre a oscilação na injeção devido à variação na vazão de fluidização do vaso que está injetando, pois ela tem que ser o mais constante possível.

Na oscilação, o problema foi solucionado em parte, pois o índice de falha de fluidização diminui substancialmente durante a fase de injeção do vaso. A Figura 5.7 ilustra a modificação no projeto de injeção de carvão pulverizado da CSN em 2008. As válvulas mais claras estão fechadas e as mais escuras, abertas. As linhas grossas representam passagem de vazão. As linhas pontilhadas representam malhas de controle de pressão e vazão de carvão.

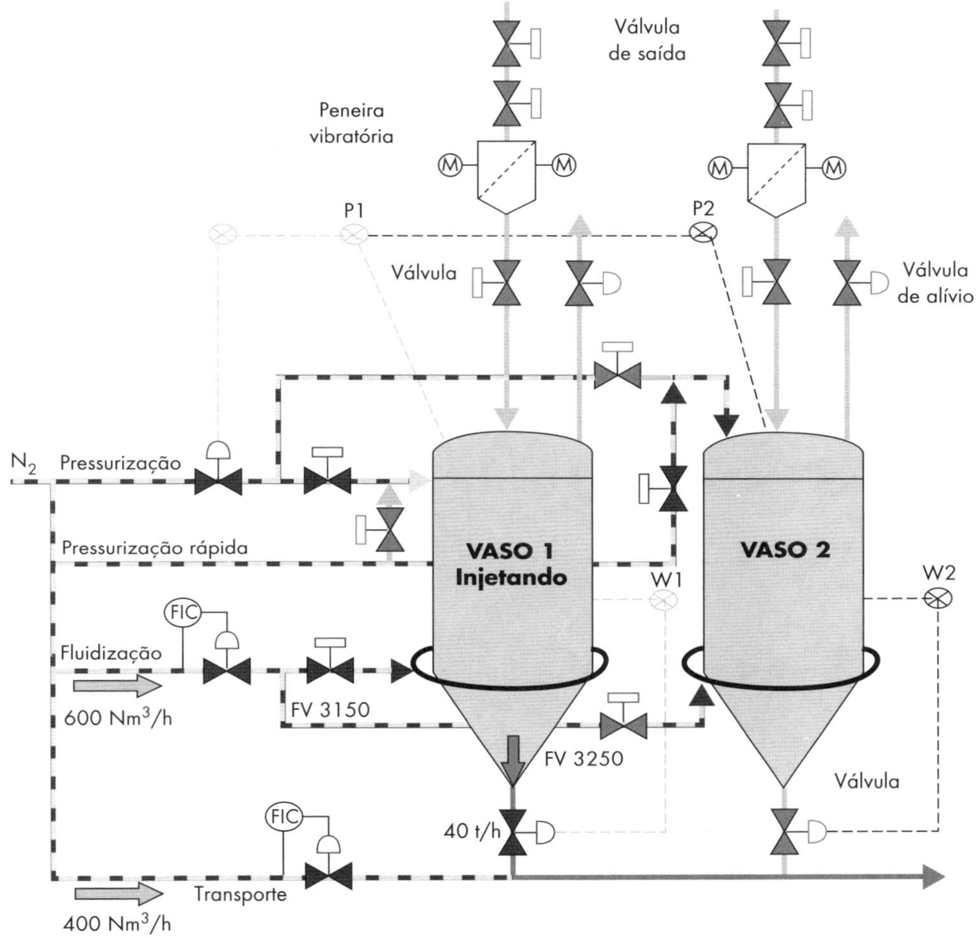

Figura 5.7 Modificação no projeto da estação de injeção pela CSN em 2008.

Fonte: MOTTA, 2011.

A Figura 5.8 ilustra o projeto final da tese de Motta (2011), que foi executado em 2009 para eliminar o entupimento dos filtros de bronze sinterizados que causa falha na vazão de fluidização. Isso foi decorrente da experiência e observação do processo no PCI da CSN, uma vez que se tratava do primeiro PCI com anel e controle de vazão de fluidização implantado no mundo, segundo Weber e Shumpe (1995). A válvula de pressurização do anel de fluidização foi colocada em paralelo com a válvula de pressurização rápida no mesmo ramal.

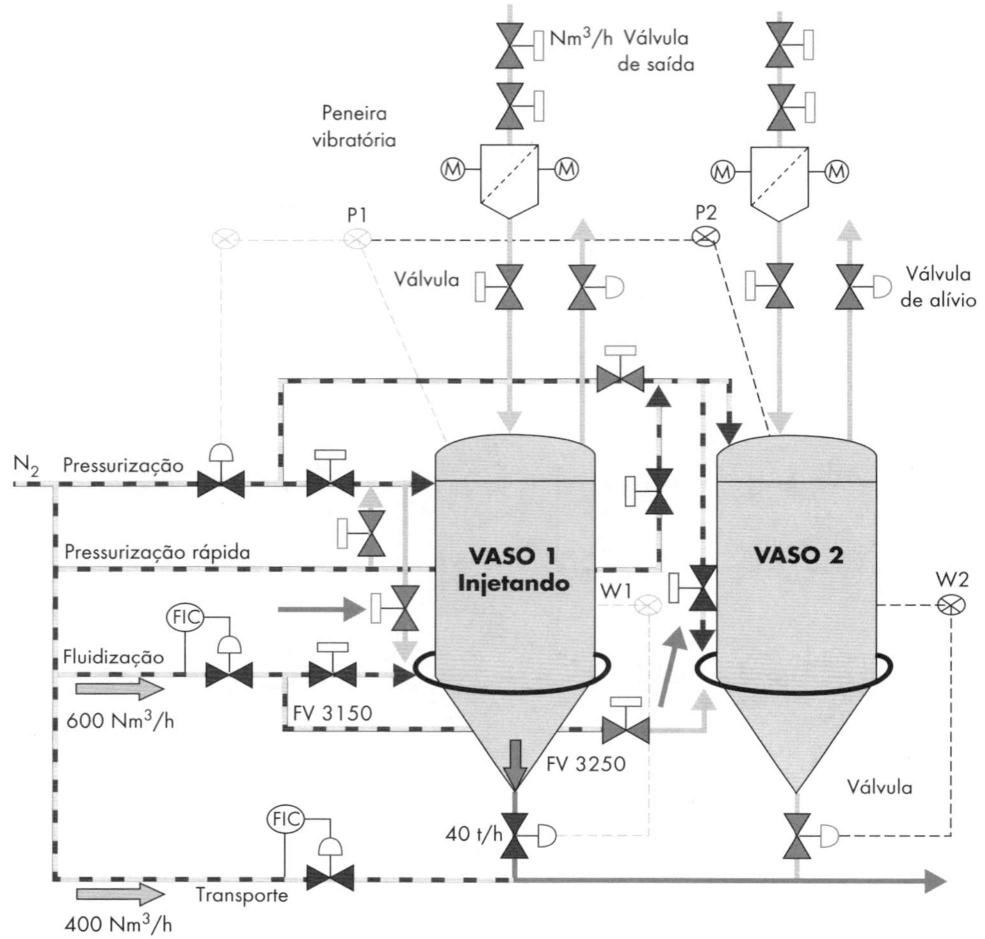

Figura 5.8 Projeto da estação de injeção desenvolvido e implantado em 2009.

Fonte: MOTTA, 2011.

A Figura 5.9 ilustra a disposição dos novos ramais da tubulação de 2" que foram construídos para a pressurização dos anéis de fluidização dos vasos de injeção do PCI.

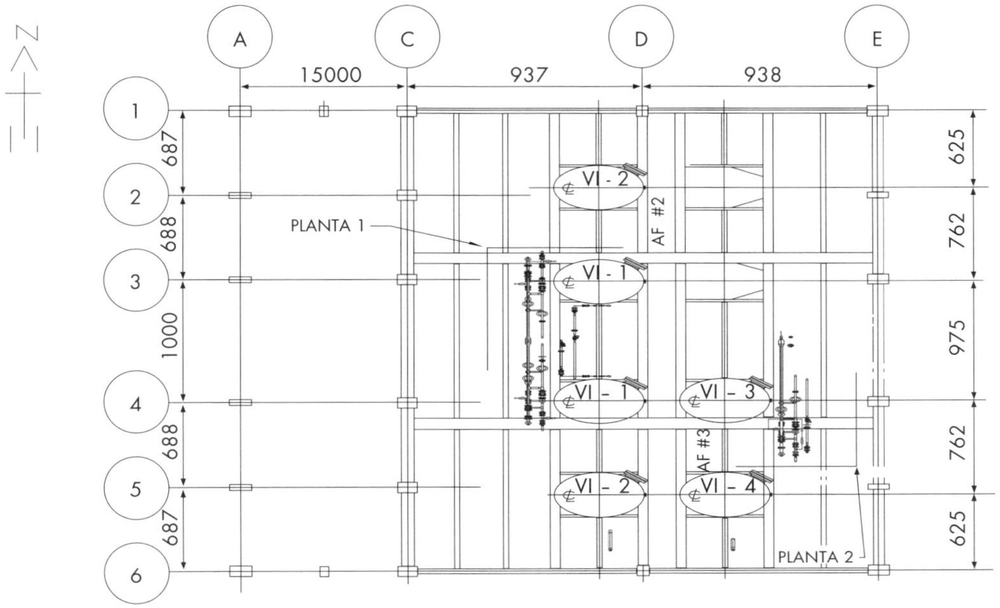

Figura 5.9 Planta de situação das linhas de pressurização dos anéis de fluidização.

Fonte: MOTTA, 2011.

A Figura 5.10 ilustra a Planta 1 da linha de pressurização do anel de fluidização. Nessa planta, notam-se as novas válvulas automáticas de fechamento do tipo esfera das estações de injeção dos AF2 e AF3.1 – indicadas por FV 3133, FV 3233, FV 4133 e FV 4233.

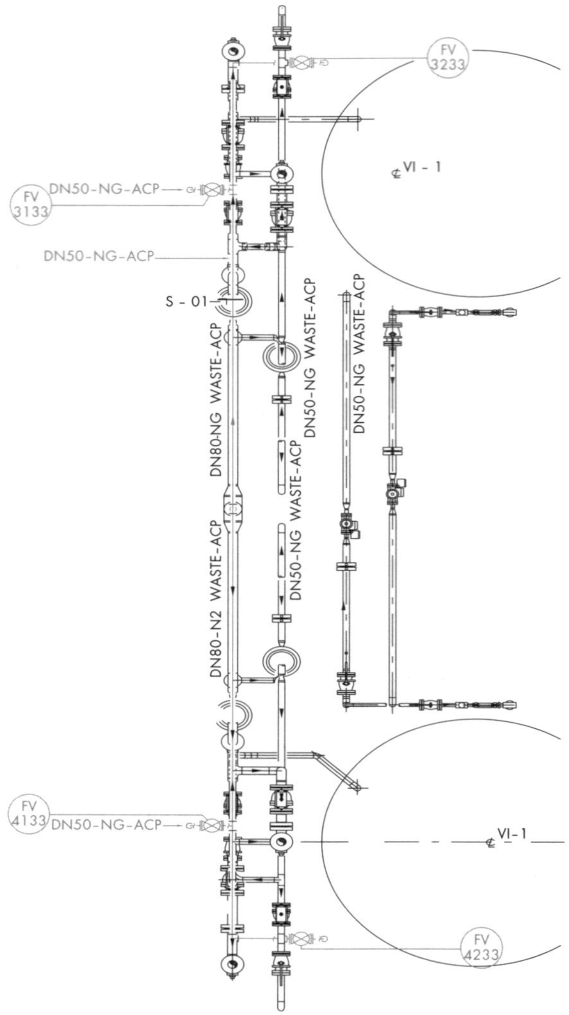

Figura 5.10 Planta 1 da linha de pressurização do anel de fluidização.

Fonte: MOTTA, 2011.

5.5 MODELAGEM DA FASE DE PRÉ-PRESSURIZAÇÃO

A resposta transitória de um sistema é a resposta de uma variável em função do tempo provocada por um sinal de degrau unitário ou outros sinais de formas simples, como uma rampa ou uma parábola aplicada na entrada.

Tomando como exemplo um sistema de transmissão pneumático com a resistência e a capacitância, inicialmente considera-se que o sistema esteja em equilíbrio com uma pressão nula, isto é, $P_0 = P = 0$.

A Figura 5.11 ilustra as variáveis existentes no modelo matemático para o cálculo da pressão interna do vaso durante a fase de pré-pressurização com nitrogênio de pressão baixa vindo direto da fábrica de oxigênio (FOX).

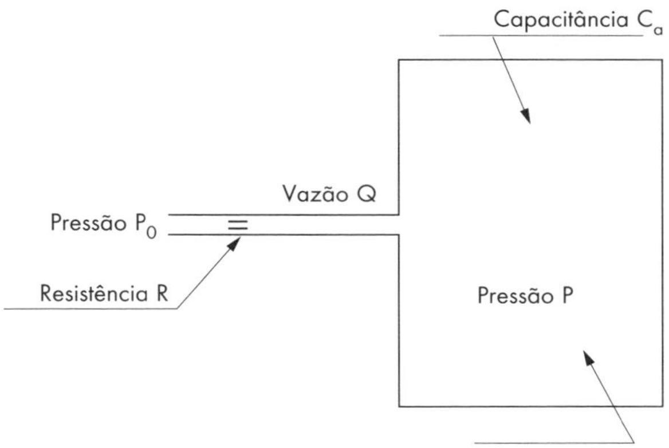

Figura 5.11 Cálculo da pressão do vaso com pré-pressurização.

Aplicando um degrau de pressão na entrada (P_0 ou P_{FOX}), naturalmente a pressão do vaso (P ou P_I) aumenta, porém, não instantaneamente.

A razão da diferença das pressões será o produto da resistência (R) pela vazão de nitrogênio (Q), tal como a lei de Ohm na eletricidade. A diferença entre as pressões é expressa pela Equação (5.1):

$$P_{FOX} - P_I = RQ \tag{5.1}$$

A resistência (R) depende do diâmetro da tubulação da rede de pressurização, bem como de seus equipamentos (válvulas de fechamento e retenção).

A vazão de alimentação (Q) depende da capacitância (C_a) do vaso (geometria e volume interno) e da razão de elevação da pressão interna do vaso, tal como ilustra a Equação (5.2):

$$Q = C_a \frac{dp}{dt} \tag{5.2}$$

Substituindo-se a Equação (5.2) em (5.1), obtém-se a Equação de 1ª ordem (5.3):

$$P_{FOX} - P_I = RC_a \frac{dp}{dt} = T \cdot \frac{dp}{dt} \tag{5.3}$$

Onde:

RC_a: é a constante de tempo (T) de pré-pressurização do vaso.

A solução é dada na Equação (5.4):

$$P_{Vaso} = P_{FOX}(1 - e^{\left(\frac{-t}{T}\right)}) \quad (5.4)$$

Onde:

T = 9: é a constante de tempo que representa a medida da rapidez na resposta do sistema;

e = 2.71 (número de Euler).

A Tabela 5.1 apresenta a medição do intervalo de tempo gasto na fase de pré-pressurização, considerando a pressão de nitrogênio de baixa (3,5 bar) advinda da FOX.

Tabela 5.1 Tempo gasto para a pré-pressurização.

Vaso de injeção	Tempo de pré-pressurização (s)
Vaso 1 do AF2	46
Vaso 2 do AF2	43
Vaso 1 do AF3	47
Vaso 2 do AF3	43
Vaso 3 do AF3	46
Vaso 4 do AF3	45
Média	45

A Equação (5.4) é um modo de se representar dinamicamente a característica do sistema, pois contém a constante de tempo T.

O Gráfico 5.1 ilustra o gráfico da pressão no vaso de injeção normalizada, ou seja, de 0 a 100% durante a fase de pré-pressurização.

Essa Equação dinâmica (5.4) foi configurada no SDCD e "plotada" em um gráfico de tendência junto com a pressão real medida do vaso de injeção para a validação dos modelos desenvolvidos para a fase de pré-pressurização e pressurização rápida, sem e com pressurização do anel de fluidização.

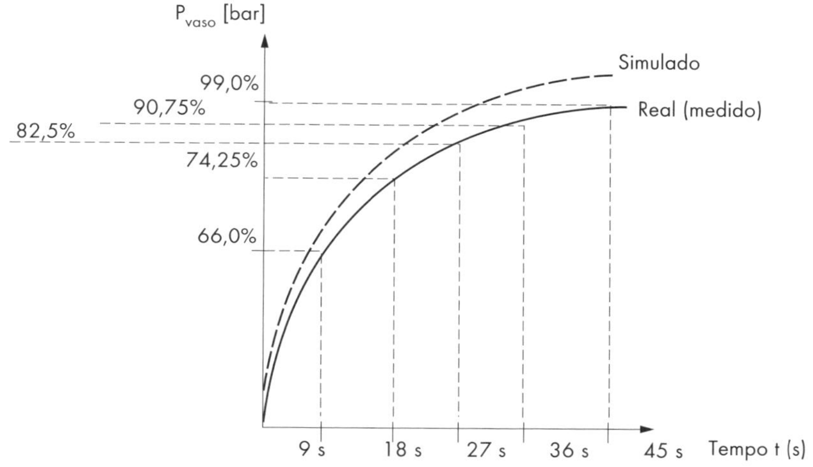

Gráfico 5.1 Pressão no vaso de injeção durante a fase de pré-pressurização.

5.6 CONTROLE DAS VÁLVULAS DE FECHAMENTO DA FLUIDIZAÇÃO

O controle das válvulas de fechamento da malha de vazão de fluidização é fundamental para a variação de injeção.

Os rótulos usados nos exemplos a seguir referem-se à estação de injeção do AF2, porém, a lógica foi implementada nas 3 estações de injeção.

A seguir temos a descrição original da lógica de controle dessas válvulas.

As válvulas de fechamento das linhas de controle de vazão de fluidização e de pressão de injeção do vaso ficavam abertas juntas para os dois vasos durante a troca.

1º Passo

A Figura 5.12 ilustra a estação de injeção com a lógica original da Claudius Peters.

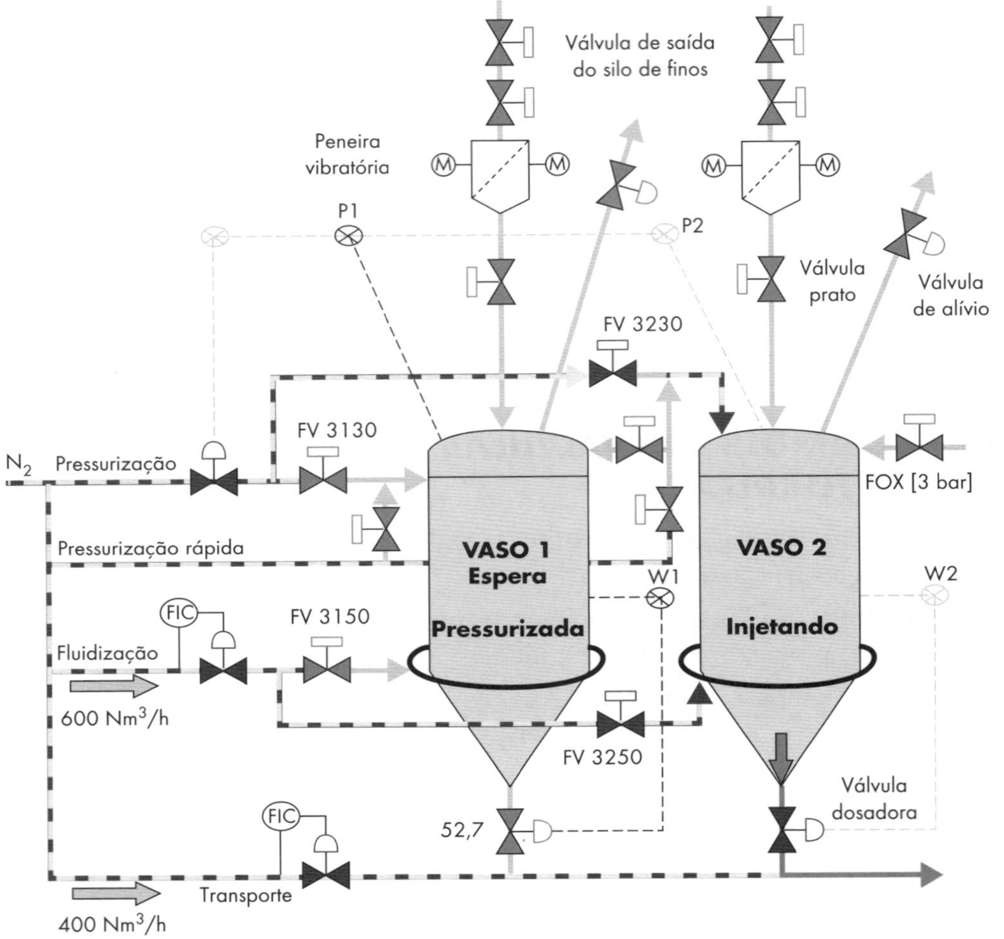

Figura 5.12 Vaso 1 em espera pressurizada e o vaso 2 injetando.

Fonte: MOTTA, 2011.

2º Passo

O vaso 2 que está injetando atinge o peso mínimo de 2 t para a troca. O vaso 1 entra na fase de injeção, a válvula dosadora abre e passa a injetar junto com o vaso 2 durante aproximadamente 25 s.

A Figura 5.13 ilustra uma situação típica durante a troca de vaso, quando o peso mínimo (2 t) do vaso 2 é atingido e os dois vasos passam a injetar juntos.

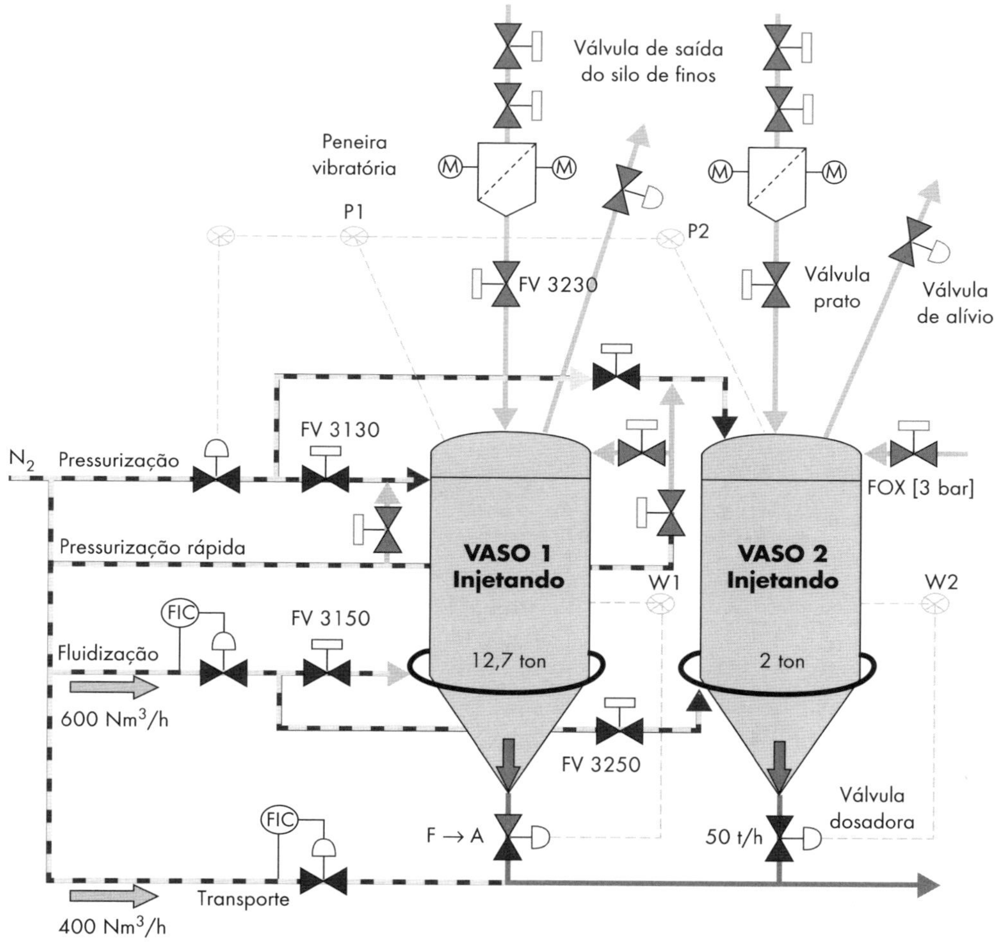

Figura 5.13 Vasos 1 e 2 injetando juntos.

Fonte: MOTTA, 2011.

3º Passo

O vaso 1 entra na fase de injeção, com a válvula dosadora aberta. As válvulas de fechamento da linha de controle de pressão do vaso 2 (FV 3230) e a válvula de fechamento da linha de controle de vazão de fluidização do vaso 2 (FV 3250) fecham quando o limite de fechado da válvula dosadora do vaso 2 é atingido. Então, o vaso 2 fecha a válvula dosadora e inicia a fase de alívio.

A Figura 5.14 ilustra o vaso 1 assumindo a injeção, enquanto o vaso 2, que acabou de injetar, passa para a fase de alívio.

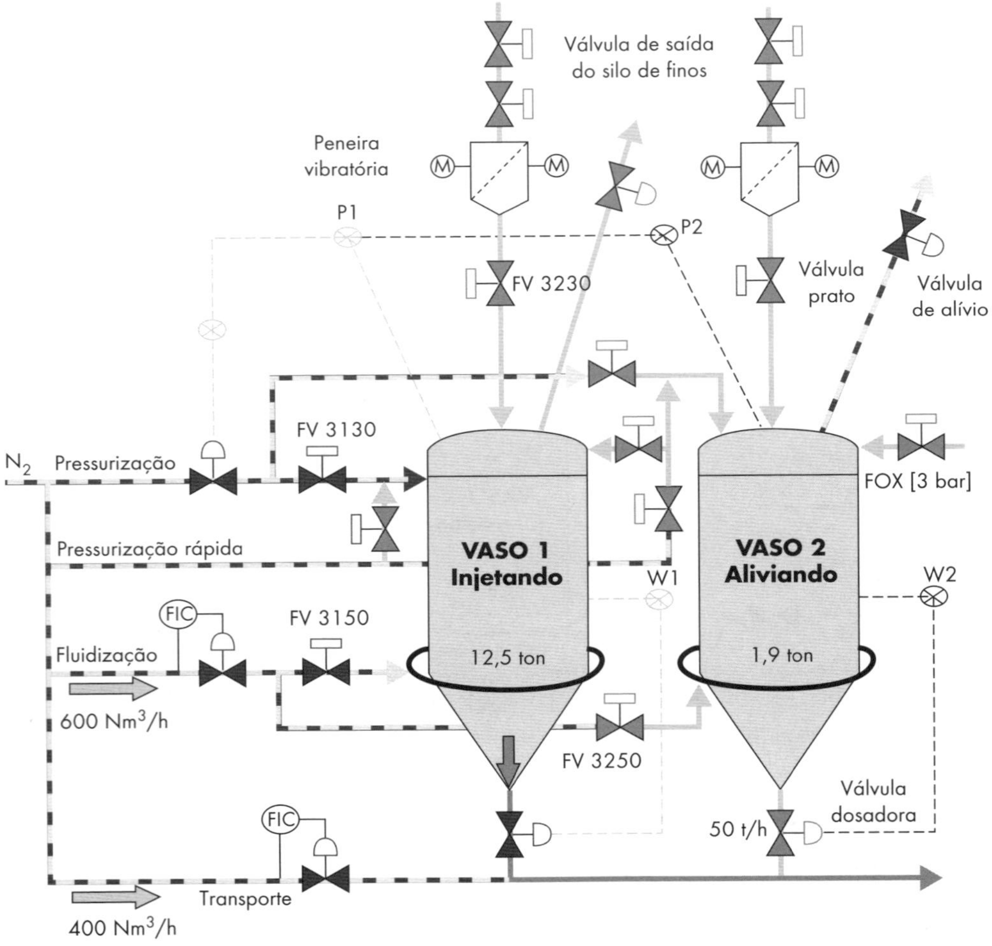

Figura 5.14 Vaso 1 injetando enquanto o vaso 2 alivia.

Fonte: MOTTA, 2011.

A seguir descrevemos a melhoria implantada na lógica de controle das válvulas de fechamento das linhas de pressão e fluidização.

As válvulas de fechamento de fluidização e de pressão são fechadas ao mesmo tempo. Isso ocorre quando o vaso que estava injetando atinge o seu peso mínimo (2 t) e o vaso que estava em espera pressurizada começa a injetar.

Assim, as duas malhas de controle de pressão e fluidização ganham 25 s a mais na estabilização das respectivas malhas de controle durante a troca dos vasos.

1º Passo

O vaso 1 está em fase de espera pressurizada, enquanto o vaso 2 está em fase de injeção, como ilustra a Figura 5.15.

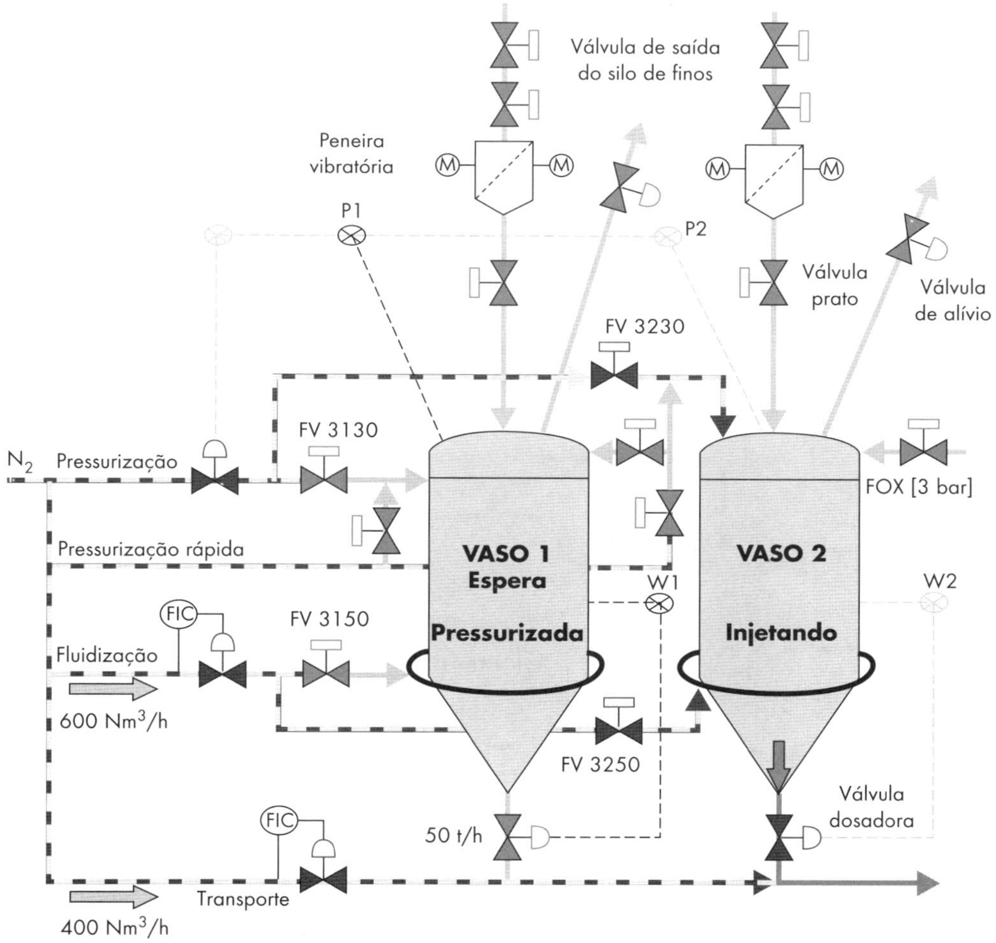

Figura 5.15 Vaso 1 em espera pressurizada, enquanto o vaso 2 injeta após a mudança da lógica das válvulas de fechamento de vazão.

Fonte: MOTTA, 2011.

2º Passo

No momento em que os dois vasos passam a injetar simultaneamente, não é mais necessário manter as válvulas de fluidização e pressurização abertas do vaso que atingiu o peso mínimo, pois o carvão flui com maior facilidade e não atrapalha o vaso oposto que acabou de iniciar a fase de injeção.

O vaso 1 abre a válvula dosadora e passa a injetar junto com o vaso 2 durante 25 s.

A mudança ocorrida no projeto original foi o fechamento das válvulas de controle de pressão e fluidização (**FV 3230 e FV 3250**). Com isso, obteve-se um melhor controle do vaso 1 que assume a injeção, aumentando consequentemente a vazão de fluidização e reduzindo a variação da vazão de carvão para o alto-forno, conforme ilustra a Figura 5.16.

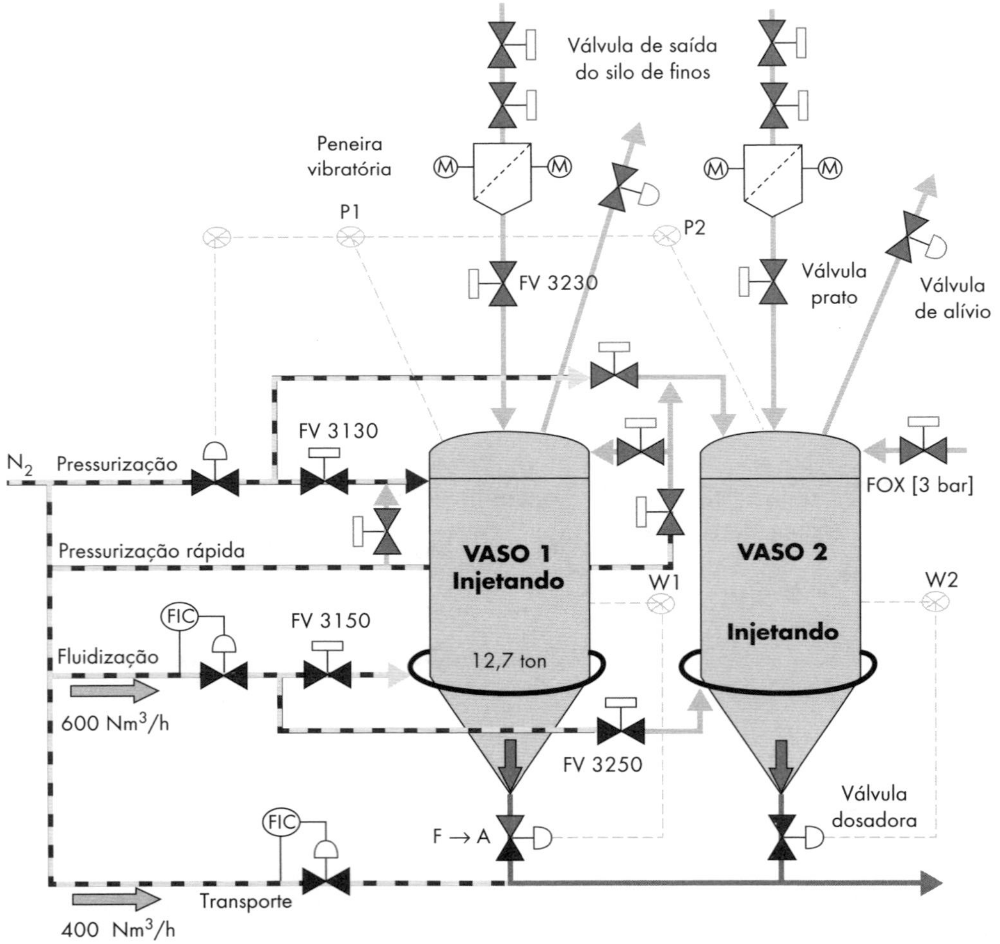

Figura 5.16 Situação dos vasos de injeção durante a troca com a nova lógica.

Fonte: MOTTA, 2011.

3º Passo

O vaso 1 assume a injeção e o vaso 2 fecha a válvula dosadora e inicia a fase de alívio, como mostra a Figura 5.17.

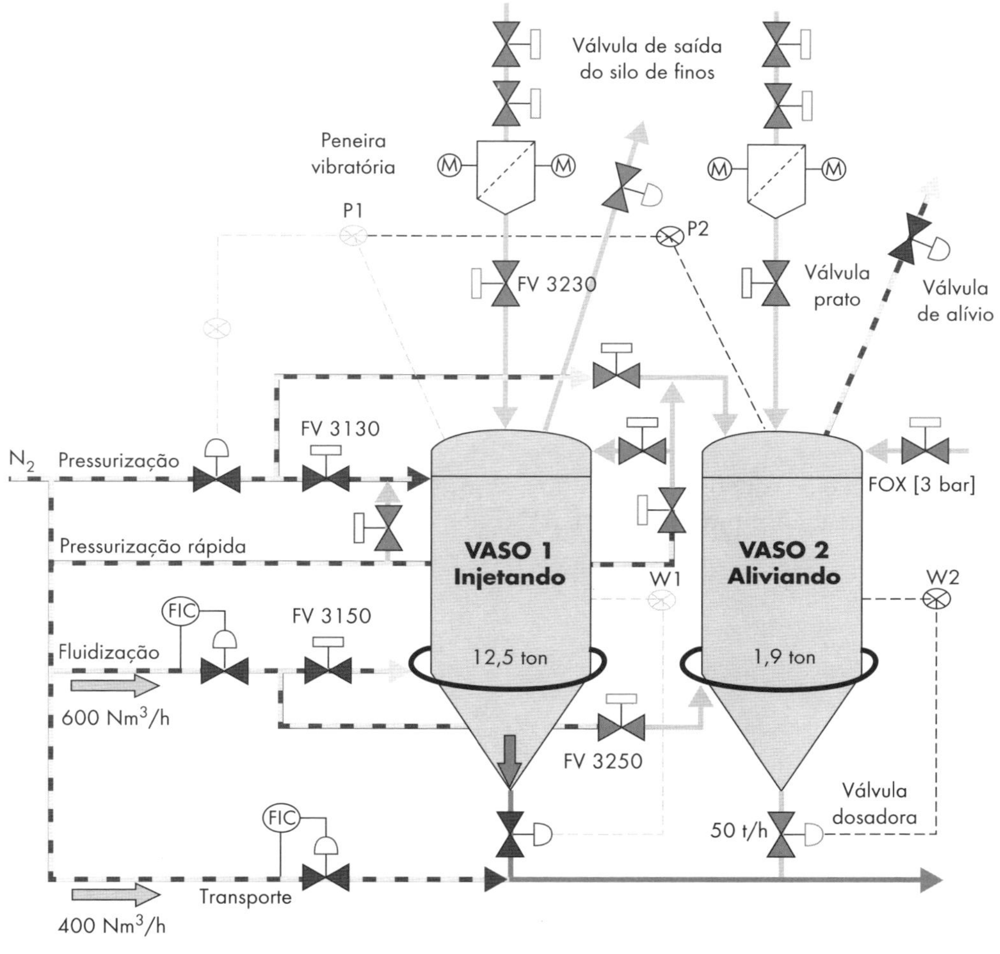

Figura 5.17 Vaso 1 injetando e o vaso 2 em fase de alívio após a mudança da lógica das válvulas de fechamento das linhas de pressurização e fluidização.

Fonte: MOTTA, 2011.

5.7 RESULTADOS OBTIDOS

Se, por exemplo, a taxa de injeção requerida pelo alto-forno for de 30 t/h, o *set point* de pressão de injeção do vaso será de aproximadamente 10 bar, a pressão resultante da equalização dos vasos será de 3,5 bar, resultando em um tempo típico de pressurização de 100 s. Com a introdução do sistema de pré-pressurização de nitrogênio de baixa pressão, o tempo de pressurização efetuada pela pressurização rápida comprovadamente cai para esses patamares.

O Gráfico 5.2 ilustra a pressão do vaso somente com a pressurização rápida.

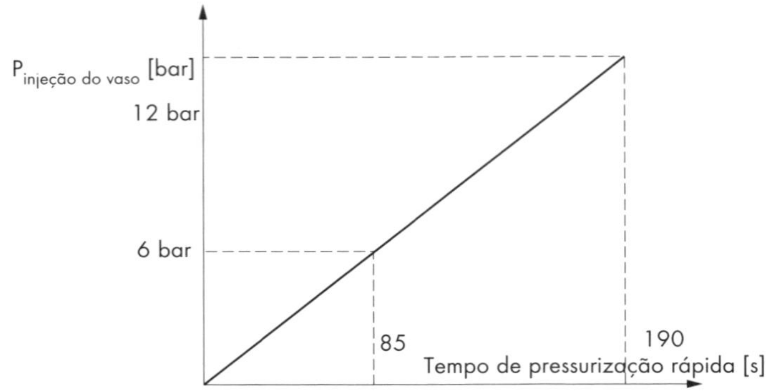

Gráfico 5.2 Linearização para o tempo de pressurização rápida.

O Gráfico 5.3 ilustra a união entre os gráficos da pré-pressurização (0 a 3 bar) e da pressurização rápida (3 a 12 bar).

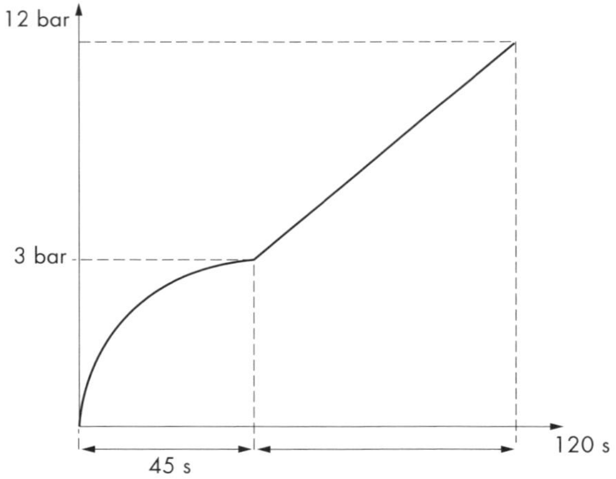

Gráfico 5.3 Pré-pressurização e pressurização rápida.

Ao associarmos o gráfico da pré-pressurização com a pressurização rápida, temos um novo gráfico, que utiliza 35 s de pré-pressurização (direto da FOX) e 85 s com a pressurização rápida (com a utilização de compressores), reduzindo em 40 s o tempo total gasto para se pressurizar o vaso de injeção. Esses 40 s de cada vaso totalizam um ganho de 80 s, o que proporciona cerca de mais 5 t/h de capacidade de injeção, passando a aproximadamente de 48 para 53 t/h de capacidade nominal para cada estação de injeção.

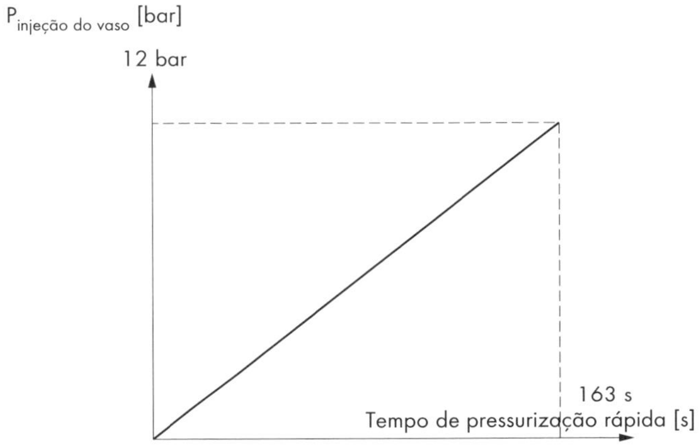

Gráfico 5.4 Novo gráfico da pressurização rápida.

O Gráfico 5.5 ilustra o novo gráfico da pré-pressurização com a pressurização rápida e a redução do tempo gasto para as fases de pressurização com nitrogênio de baixa pressão e alta no vaso de injeção com *set point* de 12 bar.

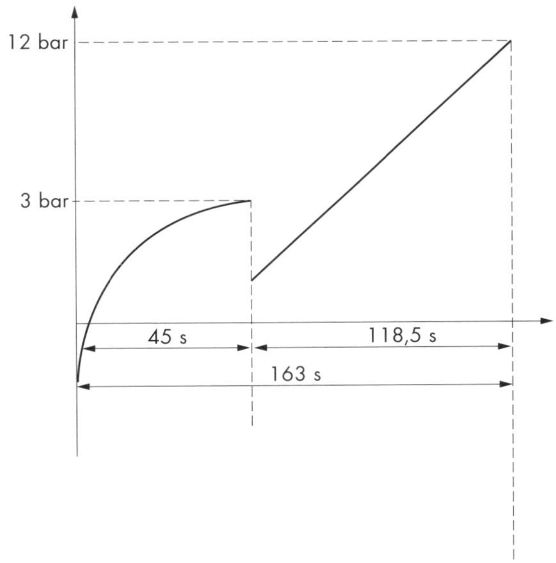

Gráfico 5.5 Novo gráfico da pré-pressurização com a pressurização rápida.

Conforme ilustra o Gráfico 5.5, o tempo total da fase de pressurização do vaso (pré-pressurização + pressurização rápida), com o acréscimo da vazão advinda pelo novo sistema de pressurização do anel de fluidização – a ser visto no Capítulo 6 –, na prática, foi reduzido.

O potencial médio da capacidade máxima de injeção para os altos-fornos após a pressurização do anel de fluidização dos vasos de injeção é:

a) Capacidade média da estação de injeção 3.1 do AF3: 52,82 t/h.
b) Capacidade média da estação de injeção 3.2 do AF3: 55,32 t/h.
c) Capacidade média da estação de injeção do AF2: 49,97 t/h.

5.8 CONCLUSÕES SOBRE A PRESSURIZAÇÃO DO ANEL DE FLUIDIZAÇÃO

A nova linha de pressurização do anel de fluidização dos vasos de injeção de carvão pulverizado garante a contrapressão nos fluidizadores de bronze sinterizados nas fases de pré-pressurização e pressurização rápida sem alterar a vazão de fluidização do vaso oposto que se encontra injetando.

Com a nova linha de pressurização dedicada ao anel de fluidização, não é mais necessário abrir a válvula de fechamento automática de fluidização, o que desviava a vazão de fluidização do vaso que está injetando.

A pressurização do anel de fluidização tem como finalidade principal pressurizar o anel de fluidização durante as fases de pré-pressurização e pressurização rápida. Isso evita que a vazão de fluidização flua para dois vasos ao mesmo tempo. Assim, o controlador de vazão de fluidização fica dedicado exclusivamente ao vaso que está injetando, o que contribui para a constância da vazão de fluidização.

Em consequência, obteve-se uma redução na variabilidade da vazão de carvão pulverizado, aumentando o percentual de acerto na faixa ótima (±5%) de 60% para 65% em média, sendo a primeira contribuição de ganho notável com relação ao objetivo principal de trabalhos deste tipo.

A vazão nominal de carvão pulverizado das estações de injeção de projeto é de 40 t/h, suportando picos rápidos de até 45 t/h. Esta vazão é resultado dos tempos gastos em outras fases preparatórias do ciclo das injeções, exceto o tempo de injeção propriamente dito. Os trabalhos descritos em Motta e Souza (2010a) elevaram a capacidade nominal de injeção de 40 t/h para 50 t/h, suportando picos de até 55 t/h devido à redução dos tempos gastos nas fases de carregamento e pressurização.

O tempo de pressurização do vaso de injeção efetuada pela pressurização rápida é de 140 s a 200 s, dependendo da vazão de carvão solicitada pelo alto-forno. Com o advento da pressurização com nitrogênio de pressão baixa ou pré-pressurização, houve uma redução desse tempo médio em cerca de 45 s, conforme medições da Tabela 5.1, além da economia de energia elétrica.

Isso também implicou o aumento de cerca de 5 t/h da capacidade nominal de injeção, visto que o tempo de preparação do vaso oposto foi reduzido devido à redução do tempo de pressurização. Com a pressurização do anel de fluidização, espera-se uma redução do tempo de pré-pressurização de 45 s para 35 s, e de 145 s para 120 s no tempo de pressurização rápida, totalizando uma redução de 25 s. Portanto, a capacidade máxima de injeção aumentou, contribuindo para a consolidação da capacidade nominal de 50 t/h, visada pelas ações e tarefas realizadas em Motta e Souza (2010a).

CAPÍTULO 6

Nova sequência lógica para os vasos de injeção

6.1 NOVA SEQUÊNCIA PARA A INJEÇÃO DE CARVÃO PULVERIZADO

O principal objetivo da nova sequência é aumentar a vida útil das válvulas de alívio e prato que interferem fortemente na variação da vazão de carvão em caso de vazamento, conforme descrevem Torres e Hori (2005).

Para isso são necessárias a modelagem e a medição dos tempos das fases de injeção. Uma tela gráfica foi configurada no Sistema Digital de Controle Distribuído (SDCD) (MOTTA, 2011) para monitorar os ciclos das injeções exibindo em tempo real os períodos gastos por cada fase do ciclo dos vasos, conforme ilustra a Figura 6.1. A matriz é composta de parâmetros e medidas nas colunas, e os seis vasos de injeção do PCI nas linhas, mostrando o tempo gasto por fase e também os valores instantâneos de suas variáveis de processo, como pressão de injeção e vazão de carvão em t/h.

O cálculo dos tempos tem por finalidade interligar a lógica dos vasos e sincronizá-los. Outra utilidade é a monitoração do bom funcionamento dos equipamentos e malhas de controle. Pode-se destacar o tempo de espera despressurizada, de alívio, de espera pressurizada, de pressurização, de injeção e, finalmente, o tempo previsto para o fim da injeção.

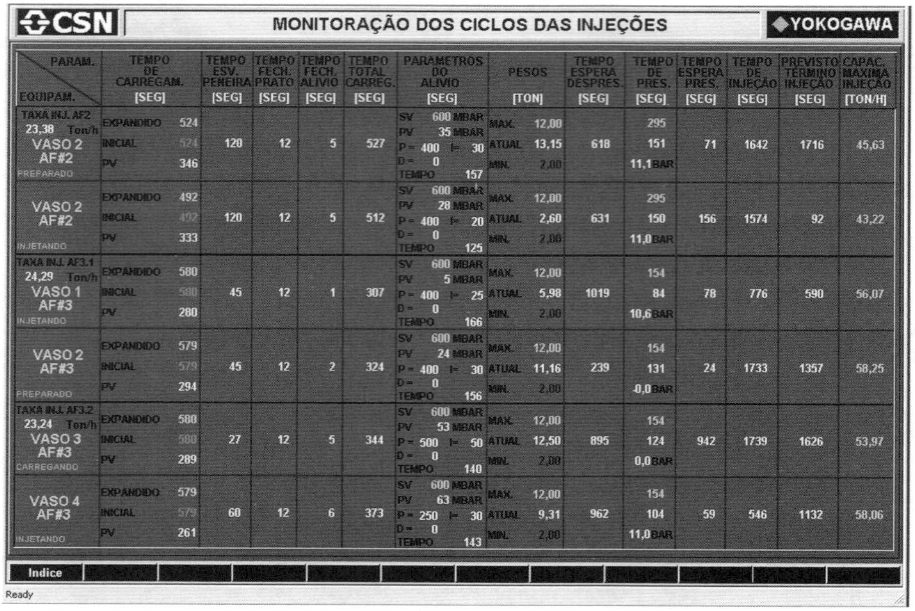

Figura 6.1 Monitoração das fases dos ciclos de injeção dos vasos.

Fonte: MOTTA, 2011.

Para entender a nova sequência dos vasos de injeção é necessário conhecer a nomenclatura apresentada na Tabela 6.1.

Tabela 6.1 Nomenclatura.

Símbolo	Descrição	Valor típico
P_{MAX}	Máxima pressão de operação do vaso	13 bar
P_{MIN}	Mínima pressão de operação do vaso	9 bar
C_{MAX}	Máxima vazão de carvão pulverizado	50 t/h
C_{MIN}	Mínima vazão de carvão pulverizado	10 t/h
C_{REQU}	Vazão pedida pelo alto-forno	30 t/h
T_A	Intervalo de tempo de alívio do vaso de injeção	150 s a 180 s
T_P	Intervalo de tempo para pressurizar o vaso de injeção	150 s a 170 s
T_{FIM}	Tempo previsto para o término da fase de injeção	1200 s
T_I	Intervalo de tempo decorrido da atual fase de injeção	690 s
P_V	Pressão de injeção do vaso em função de C_{REQU}	11 bar
Ptanque	Pressão dos tanques de armazenagem de alta	17 bar

(continua)

Tabela 6.1 Nomenclatura. (*continuação*)

Símbolo	Descrição	Valor típico
P_{FOX}	Pressão da rede de nitrogênio de baixa direta da FOX	3 bar a 4 bar
Pa	Pressão atual do vaso de injeção	108 bar
Wa	Peso atual do vaso de injeção	7 t
Wmáx	Peso máximo de carregamento do vaso	12 t
Wmín	Peso mínimo para troca do vaso	2 t

A) Tempo de espera despressurizada

A filosofia de funcionamento da espera despressurizada foi concebida para criar uma fase em que seria permitida a reutilização do nitrogênio de alívio dos vasos de injeção. Ela é assim descrita: "Quando o tempo previsto para o término da injeção do vaso oposto for menor que 1,1 vezes o tempo previsto para a pressurização do vaso, a fase de espera despressurizada é finalizada, iniciando-se a fase de pressurização final".

A Inequação (6.1) ilustra esse intertravamento:

$$T_{FIM} < 1{,}1 \times T_P \tag{6.1}$$

A abertura da válvula de pressurização rápida, que antes ocorria logo após o fim da fase de carregamento, agora abre 165 s (1,1 T_p) antes do início de sua própria injeção.

O tempo de espera despressurizada é iniciado assim que o vaso termina a fase de carregamento. Durante esse tempo, o vaso está apto a receber pressão ou permanecer despressurizado até que o tempo previsto para o término da injeção do vaso oposto seja menor do que o tempo necessário para o vaso pressurizar mais um tempo de segurança de 10%, de acordo com a Equação (6.1).

Durante esse tempo, o vaso está em espera despressurizada ou pré-pressurização, dependendo se a pré-pressurização dos vasos estiver implementada e em funcionamento. Mesmo com o sistema de pré-pressurização desligado, existe o ganho no desempenho da planta proporcionado pela espera despressurizada que aumenta o tempo de vida das válvulas prato e de alívio. Com o sistema de pré-pressurização ligado, o vaso está pronto para receber nitrogênio da rede de baixa pressão.

Esse tempo é parado quando o vaso abre a válvula de pressurização rápida para obter a pressão final de injeção, ou seja, quando o intertravamento da Inequação (6.1) é satisfeito. O tempo percentual em que o vaso permanece pressurizado diminui 29,2%, ou seja, de 85,6% para 56,4%.

B) Tempo de alívio

O tempo de alívio é mostrado juntamente dos parâmetros do controlador proporcional integral derivativo (PID), SV e valor atual da vazão de carvão (PV) do controlador de alívio. A válvula de alívio possui um atuador pneumático comandado por um posicionador pneumático integrante. Ela deve aliviar toda a pressão do vaso após a fase de injeção, permitindo uma nova fase de carregamento.

O tempo previsto em projeto para aliviar 10 bar de um vaso de 25 m^3 é de 150 s a 180 s, de maneira que o topo do silo de finos e seu filtro para atmosfera não sejam sobrepressurizados ($P < 25$ mbar). Seu controlador e transmissor de posição são inspecionados com frequência, os quais não podem oscilar durante o alívio, o que causaria um desgaste excessivo da válvula de alívio e uma sobrepressão no topo do silo de finos, provocando a abertura dessa válvula e a inundação da área com pó de carvão.

O tempo de alívio é medido assim que essa fase é iniciada e o controlador PID é comutado de manual para automático. O temporizador é parado assim que a pressão do vaso for menor que 0,2 bar durante 10 s, quando então uma nova fase de carregamento é iniciada.

C) Tempo de espera pressurizada

Como o vaso se pressurizava logo após o carregamento, o tempo de espera pressurizada dependia essencialmente da taxa de injeção.

Para a maior taxa de injeção do projeto, esse tempo de folga mínimo previsto pelo projeto para não causar interrupção na injeção era de 2,1 min. Em taxas de injeção normais de 30 t/h, o vaso permanecia cerca de 15 min pressurizado desnecessariamente.

Durante essa fase, se houvesse algum vazamento, ele seria aumentado gradualmente. Como foi visto, todo desenvolvimento efetuado para minimizar os vazamentos nas válvulas prato e de alívio contribuiu para a estabilidade da vazão de carvão, diminuindo a variação de injeção, devido à estabilidade da pressão de injeção no interior do vaso.

D) Tempo de pressurização calculado e medido

O tempo de pressurização teórico pode ser estimado com precisão através da Equação (6.1).

Se, por exemplo, a taxa de injeção requerida pelo alto-forno for de 30 t/h, o *set point* de pressão de injeção do vaso será de aproximadamente 10 bar, resultando em um tempo típico de pressurização de 150 s. Toda vez que a fase de pressurização é iniciada, esse cálculo é refeito.

O tempo de pressurização real, por sua vez, é medido por um temporizador que parte quando a válvula de pressurização rápida é aberta e para quando esta é fechada, ou seja, quando atinge a pressão final de injeção do vaso. Com o advento da pré-pressurização do vaso de nitrogênio, cerca de 1/3 do volume de pressurização é economizado.

E) Tempo de injeção decorrido e tempo previsto para o término da injeção

O temporizador para medir o intervalo de tempo decorrido desde o início da fase de injeção do vaso é iniciado quando a válvula dosadora abre para assumir a rota principal de injeção.

No fim da fase de injeção, o temporizador é parado e retém o tempo gasto na última fase de injeção.

O tempo previsto para o término da injeção é usado para definir o fim da espera despressurizada dos vasos de injeção, ou seja, para "autorizar" o término da preparação de injeção do vaso com o nitrogênio dos tanques através da válvula de pressurização rápida.

6.2 ESPERA DESPRESSURIZADA DOS VASOS DE INJEÇÃO

A Tabela 6.2 apresenta o ciclo de funcionamento das cinco fases da estação de injeção, incluindo a espera (projeto original + espera despressurizada).

Tabela 6.2 Fases da estação de injeção (projeto original + espera).

Fase	Nome	Descrição	Tempo
1	Carregamento	O vaso despressurizado é cheio com carvão pulverizado até 12 t.	350 s
2	Espera despressurizada	O vaso já carregado aguarda despressurizado até que o tempo previsto para o término da injeção do vaso oposto alcance o valor mínimo de segurança.	800 s
3	Pressurização	O vaso de injeção é pressurizado com nitrogênio de pressão alta (17 bar) até a pressão de injeção.	200 s
4	Injeção	O carvão pulverizado do vaso é injetado para o alto-forno até atingir o peso mínimo de 2 t, para a troca com o vaso oposto.	1600 s
5	Alívio	O vaso de injeção é aliviado gradativamente até zerar sua pressão, para uma nova fase de carregamento.	250 s

A Tabela 6.3 apresenta o ciclo de funcionamento atual das fases de injeção – carregamento, espera despressurizada, pré-pressurização, pressurização rápida, injeção e alívio –, após o desenvolvimento realizado no PCI da CSN.

Tabela 6.3 Descrição das fases atuais das estações de injeção.

Fase	Nome	Descrição	Tempo (s)
1	Carregamento	O vaso despressurizado é cheio com carvão pulverizado até 12 t.	300 a 400
2	Espera despressurizada	O vaso já carregado aguarda despressurizado até que o tempo previsto para o termino da injeção do vaso oposto alcance o valor mínimo de segurança.	600 a 900
3	Pré-pressurização	O vaso é pressurizado com nitrogênio de pressão baixa de 3 bar a 4 bar alimentado pela FOX.	40 a 50
4	Pressurização rápida	O vaso de injeção é pressurizado com nitrogênio de pressão alta (17 bar) até a pressão de injeção.	Puro, 145
			Com pré-pressurização, 110 a 150
5	Injeção	O carvão pulverizado do vaso é injetado para o alto-forno até atingir o peso mínimo de 2 t, para a troca com o vaso oposto.	1600
6	Alívio	O vaso de injeção é aliviado gradativamente até zerar sua pressão, para uma nova fase de carregamento.	150 a 180

6.3 DESCRIÇÃO DA PRÉ-PRESSURIZAÇÃO DOS VASOS

O sistema de pré-pressurização destina-se à conservação de energia sob a forma de energia elétrica através do desvio do fluxo de nitrogênio dos compressores.

A nova fase, espera despressurizada, criou condições para a pré-pressurização dos vasos de injeção, permitindo a utilização do nitrogênio de baixa pressão para uma pré-pressurização de um vaso qualquer de uma das estações de injeção.

Assim, novamente, as fases dos vasos foram rescritas em sete fases distintas: carregamento, espera despressurizada, pré-pressurização, pressurização, espera pressurizada, injeção, e alívio.

Para garantir a possibilidade de pré-pressurização com nitrogênio de baixa pressão pelo vaso, as fases foram divididas para que a filosofia dessa nova sequência lógica de funcionamento fosse aplicada.

As novas fases dos ciclos de injeção são mostradas na Tabela 6.4, com o tempo típico gasto, a pressão do vaso de injeção e o comportamento da válvula de pré-pressurização nas novas fases dos vasos.

Tabela 6.4 Fases dos vasos de injeção após a pré-pressurização.

Fases	Descrição	Tempo (s)	Pressão (bar)	Pré-pressurização
1	Injeção	1600	12	Fechada
2	Alivio	150 a 180	12 ~ 0	Fechada
3	Carregamento	300 a 400	0	Fechada
4	Espera despressurizada	900	0	Fechada
5	Pré-pressurização	45	0 ~ 3	Aberta
6	Pressurização	70	3 ~ 12	Fechada
7	Espera pressurizada	20	12	Fechada

A Figura 6.2 ilustra o projeto da linha de pré-pressurização dos seis vasos de injeção com nitrogênio de pressão baixa vindo diretamente da fábrica de oxigênio (FOX) sem passar pela estação dos compressores.

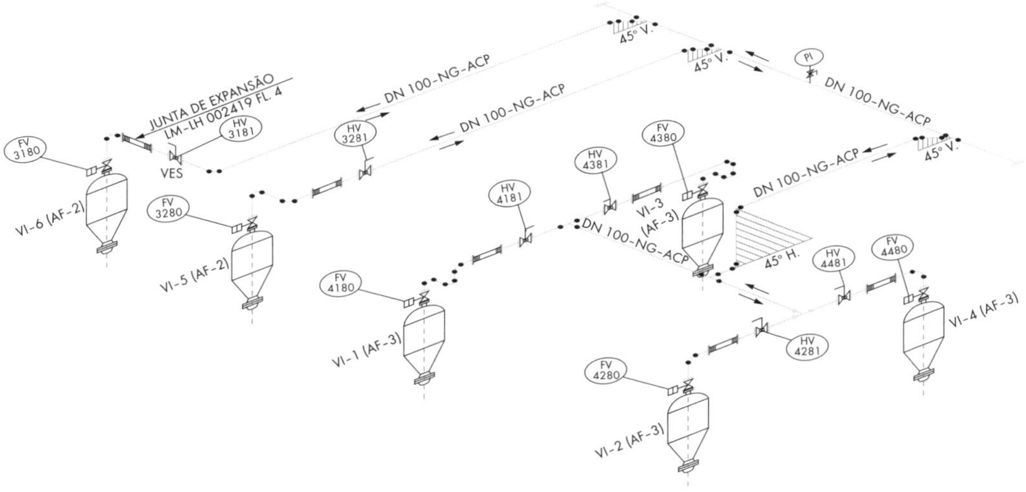

Figura 6.2 Diagrama isométrico da linha de pré-pressurização.

Fonte: MOTTA, 2011.

Nesse caso, o tempo de espera ocorrerá após o sinal obtido 10 s após o fechamento da válvula de alívio em condições normais de operação. No início da fase de pré-pressurização, o vaso se encontra carregado e despressurizado, porém, receptivo ao nitrogênio de baixa pressão. Observa-se uma redução no tempo de pressurização rápida de cerca de 45 s, ou seja, um pouco mais do que 25% e aproximadamente equivalente ao volume de nitrogênio adquirido durante a fase de pré-pressurização.

O tempo de alívio permaneceu praticamente constante, pois esse valor depende mais do PID do controlador de alívio do que da pressão do vaso a aliviar, uma vez que está ajustada de forma lenta para evitar oscilações na válvula de alívio. Os valores de tempo típicos foram encontrados após a implantação do sistema de pré-pressurização com vazão de injeção de 30 t/h.

A Figura 6.3 ilustra a tela gráfica desenvolvida no SDCD para visualizar os vasos com suas válvulas automáticas de pré-pressurização, obtendo uma visão geral do sistema de pré-pressurização com nitrogênio de pressão baixa para os vasos de injeção. Assim, temos uma visão geral das variáveis de processo dos seis vasos interligados através de válvulas automáticas de 4" de diâmetro, tubulações, juntas de expansão e válvulas manuais que compõem o sistema de pré-pressurização.

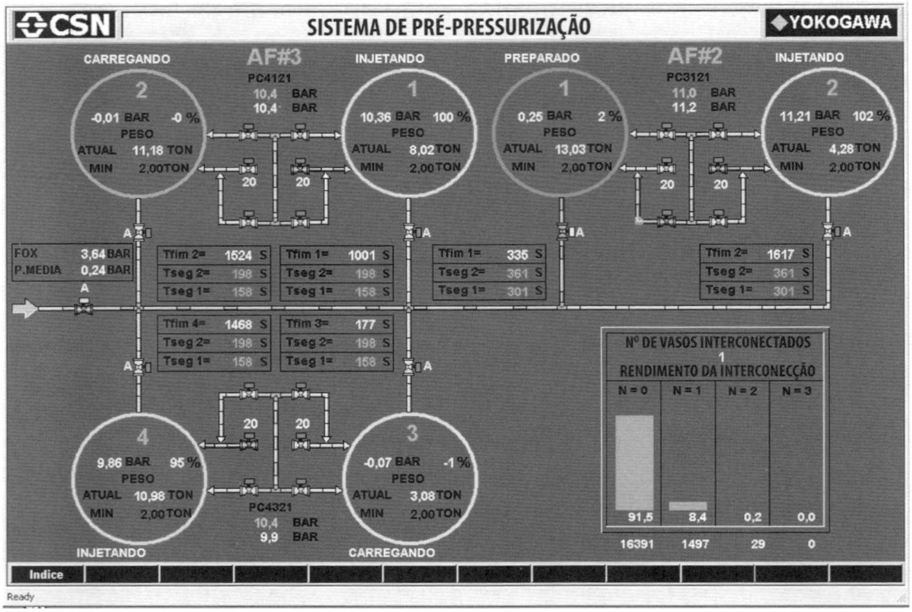

Figura 6.3 Sistema de pré-pressurização dos vasos de injeção.

Fonte: MOTTA, 2011.

O gráfico em forma de histograma percentual na Figura 6.3 – na parte inferior, à direita – é atualizado em tempo real e zerado a cada 28000 s, quando uma nova análise é reiniciada. Mostra quatro medições de tempo em função do número de vasos conectados à rede de nitrogênio de baixa pressão e é útil para avaliar a frequência dos eventos de pré-pressurização.

O número de vasos conectados à rede de nitrogênio de baixa pressão pode variar de 0 a 3; nunca mais que isso, pois normalmente há no máximo três vasos injetando para os altos-fornos. Os tempos são relacionados percentualmente com o tempo de análise decorrido desde o zero periódico do temporizador.

A pressão média ($P_{Média}$) dos vasos interconectados à rede de nitrogênio de baixa pressão em bar é calculada somando-se a pressão individual dos vasos conectados e dividindo pelo número desses vasos, conforme ilustra a Equação (6.2):

$$P_{Média} = \frac{(P_1 + P_2 + ...P_N)}{N} \tag{6.2}$$

Onde:

P_1, P_2, ... P_N: pressão do vaso N conectado à rede de nitrogênio de baixa pressão;
N: número de vasos interconectados.

Esse cálculo é usado no intertravamento das válvulas de pré-pressurização, que só abrem caso a pressão do vaso (P_V) em pré-pressurização seja 10% maior do que a pressão média dos vasos interconectados, conforme ilustra a Inequação (6.3):

$$P_V > 1{,}1\ P_{Média} \tag{6.3}$$

6.4 PRÉ-ALÍVIO DOS VASOS DE INJEÇÃO

As válvulas de alívio dos vasos de injeção do PCI não podem falhar e vazar, pois podem causar a variabilidade na taxa de injeção. As válvulas de alívio do fabricante Claudius Peters, Figura 6.4, tem diâmetro nominal de saída tipo DN300, possui sede de borracha, posicionador para desempenhar a função de alívio proporcional e atuador pneumático com retorno por mola para a função de falha fechar. Elas se abrem durante a fase de alívio e levam cerca de 150 a 180 segundos para aliviar toda a pressão do vaso e permitir um novo carregamento de carvão pulverizado. Na fase de alívio, os gases aliviados arrastam pequenas porções de carvão para a tubulação de alívio, este fluxo passa em alta velocidade pela abertura da válvula nas sedes de vedação, descarregando a pressão do interior pelo topo do silo de armazenagem carvão pulverizado, para, novamente, retornar ao processo enclausurado.

Quando o tempo de alívio é muito longo, maior que 250 segundos, por exemplo, ocorre a formação de bolas de carvão na câmara de saída da válvula. Em razão do retorno do fluxo na tubulação de alívio que vai até o topo do silo de finos, as partículas descem por gravidade rolando na parede interna do tubo e, como bola de neve, vão se formando, dependendo do tempo de operação com o descontrole sem ser identificada a falha, pode entupir toda a tubulação de alívio e cessar a continuidade da injeção para o alto-forno. Quando o tempo de alívio é muito rápido, ocorre o desgaste excessivo das sedes de vedação de borracha e, consequentemente, pela passagem de fluxo em alta velocidade o desgaste por abrasão das superfícies metálicas mesmo com revestimento duro do suporte de encosto, disco e cone. Gerando também uma sobrepressão do topo silo de finos, o que pode levar a abertura da válvula antiexplosão permitindo o vazamento de carvão do fluxo de passagem no topo do silo na parte externa, acumulando e sujando a planta com carvão pulverizado e, principalmente, gerando o risco de incêndio e explosão.

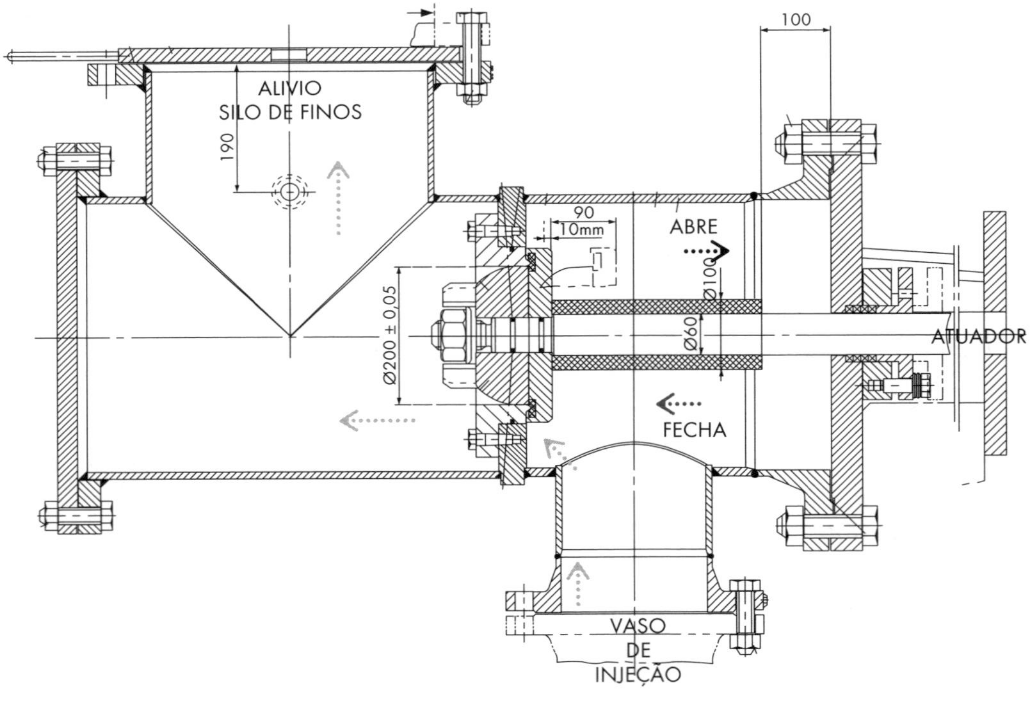

Figura 6.4 Desenho em corte da válvula de alívio da Claudius Peters.

Fonte: MOTTA, 2011.

Os componentes de vedação das válvulas têm vida útil de 6 a 8 meses, dependendo de diversos fatores operacionais, especificação e fabricação, como já visto, tais como a qualidade (dureza) e acabamento da borracha de vedação, revestimento duro, acabamento das superfícies usinadas, controle do tempo de alívio, condensação de umidade, fechamento sujo, etc. A Figura 6.5 ilustra o desgaste por abrasão que ocorre no disco de vedação e na borracha e a Figura 6.6, o desgaste por abrasão que ocorre no suporte e no cone de vedação.

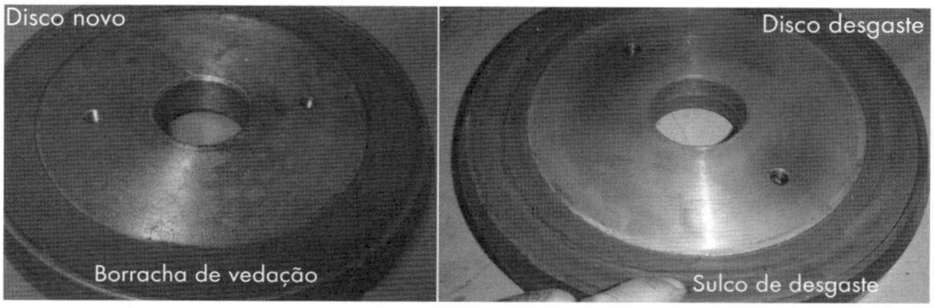

Figura 6.5 Desgaste por abrasão que ocorre no disco de vedação e borracha.

Fonte: MOTTA, 2011.

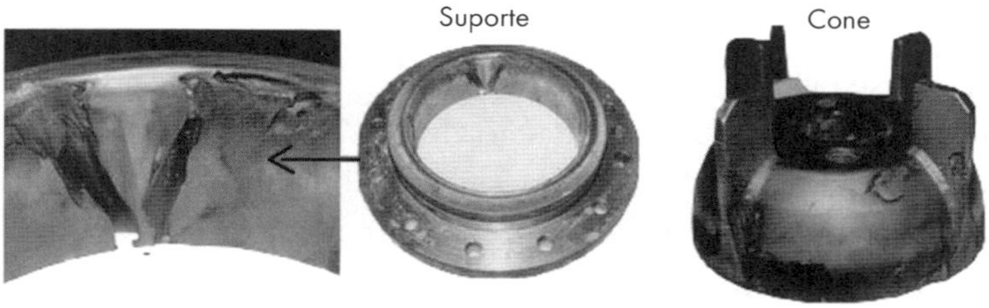

Figura 6.6 Desgaste por abrasão que ocorre no suporte e no cone de vedação.

Fonte: MOTTA, 2011.

A planta PCI da Usiminas utiliza duas válvulas de alívio para despressurizar o vaso, tal como ilustra a Figura 6.7 a seguir:

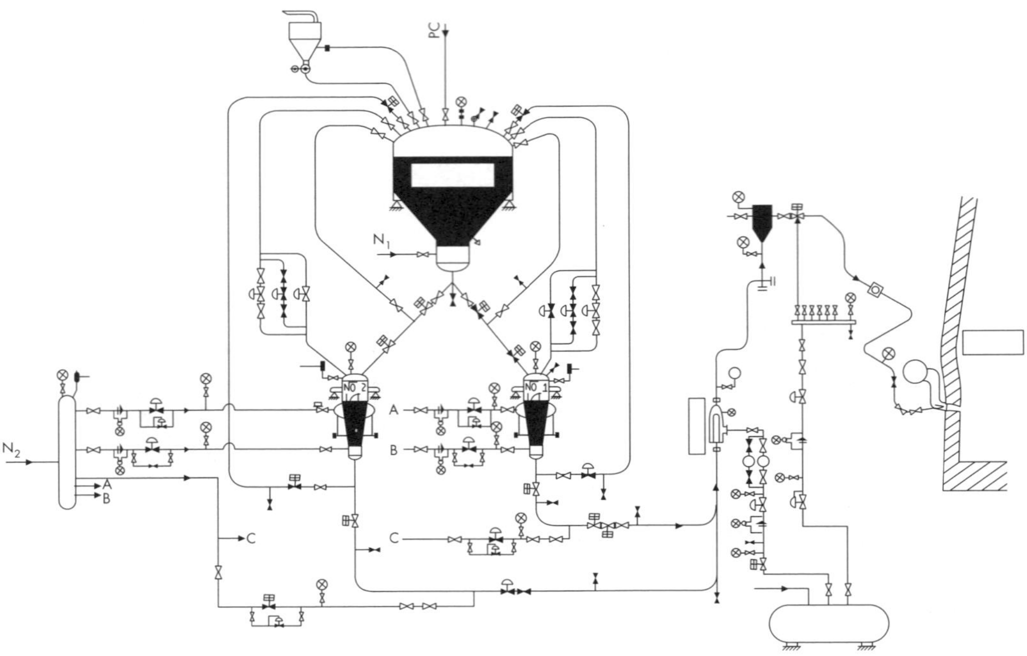

Figura 6.7 Diagrama de processo do PCI.

Fonte: MOTTA, 2011.

Durante a fase de injeção, a válvula *small* é mantida aberta em 10%, evitando, assim o acumulo de pó na tubulação de alívio (o PCI da CSN não tem esse problema). Na fase de alívio, a válvula *small* é aberta de 10% a 70%, quando a válvula *large* é finalmente calibrada para efetuar a despressurização final do vaso de injeção, conforme ilustra a Figura 6.8. A válvula *small* tem sua sede de carbeto de silício e a válvula "Large" tem sede de borracha, tal como a válvula de alívio original da Claudius Peters.

Para o PCI da CSN, a concepção foi utilizar válvulas de cerâmica modernas do fabricante Stein, em paralelo com a grade válvula de alívio original do fabricante Claudius Peters. Essas válvulas também são utilizadas como válvulas de dosagem de alto desempenho e precisão em sistemas de injeção de menor porte, como será visto nos Capítulos 16, 17, 18. Essa válvula de pré-alívio também é conhecida como alívio de sacrifício.

As válvulas de cerâmica de controle, tipo esfera com abertura triangular do fabricante Stein, possuem características únicas:

- Vedação e estanqueidade de até 16 bar de pressão diferencial;
- Sede de cerâmica para evitar desgaste por abrasão na despressurização;
- Válvula de controle tipo esfera com característica de fechamento;

- Formato de abertura triangular para permitir o controle;
- Posicionador pneumático e atuador com retorno por mola incorporado.

Foi inserida uma válvula manual para manutenção em série com a válvula de cerâmica, além de curvas e adaptadores de cerâmica para completar a característica de durabilidade e elevado tempo de vida útil.

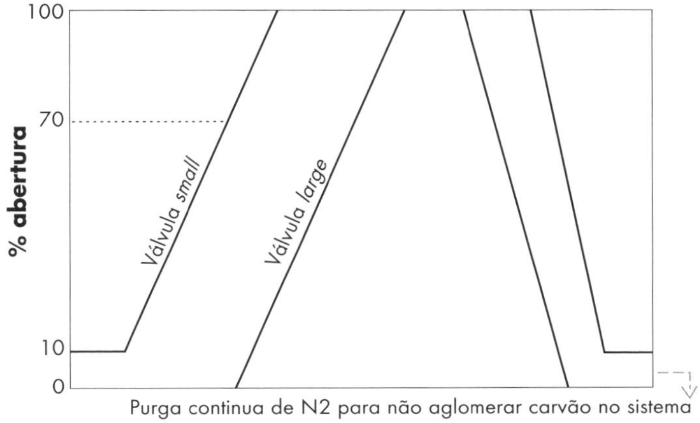

Figura 6.8 Etapas de alívio de processo do PCI.

Fonte: MOTTA, 2011.

A Figura 6.9 ilustra a visão do topo e vista lateral do vaso de injeção onde se pode ver a linha de pré-alívio e pré-pressurização.

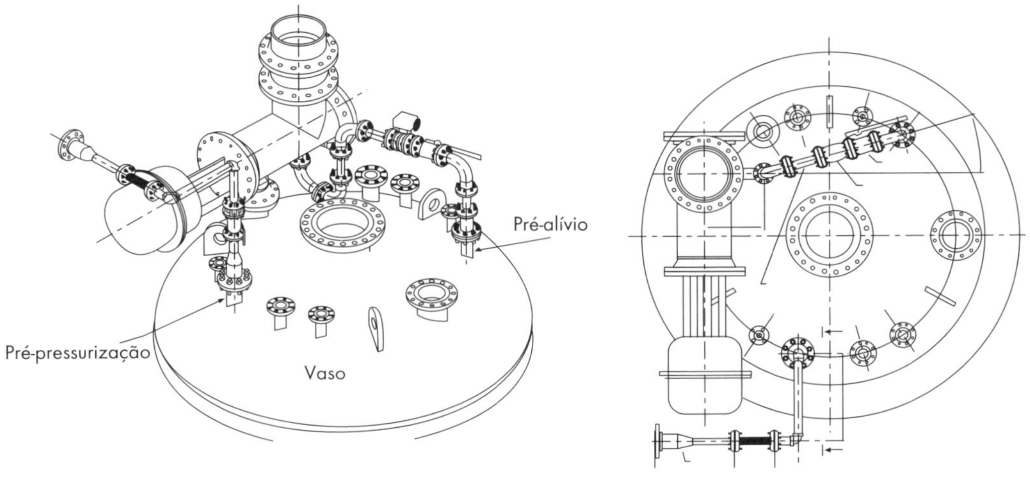

Figura 6.9 Visão do topo do vaso de injeção.

Fonte: MOTTA, 2011.

A Figura 6.10 mostra o topo do vaso de injeção, onde é possível ver a válvula de alívio principal e os ramais de pré-pressurização e pré-alívio.

Figura 6.10 Visão dos ramais de pré-alívio e pré-pressurização.

Fonte: MOTTA, 2011.

Para a válvula de pré-alívio, foi configurado um segundo controlador tipo PID no *software*, cujas SV e PV são as mesmas do controlador de alívio da válvula principal. Na nova fase de pré-alívio, o PID é inicialmente colocado em automático por 240 segundos e a válvula de pré-alívio é aberta. A pressão do vaso abaixa de 11 bar para aproximadamente 2 bar, quando o segundo controlador PID é colocado em automático e a válvula de alívio principal é aberta completando a despressurização do vaso.

Um efeito colateral negativo observado foi o congelamento da tubulação com corrosão rápida dos parafusos de aço carbono em razão da condensação da água. Para mitigar esse efeito, eles foram trocados para parafusos, porcas e arruelas de aço inox. Outro efeito colateral negativo é a redução da taxa máxima de injeção de 50 t/h para 40 t/h devido ao fato de que o vaso de injeção leva mais 4 minutos (240 segundos) para se preparar por causa do aumento do tempo de alívio. Esse tempo de pré-alívio pode ser ajustado de acordo com a capacidade máxima de injeção desejada para a estação de injeção. Em consequência disso, o tempo de espera despressurizada cai, porém, os ganhos do sistema de pré-alivio são maiores que o artifício da espera despressurizada, não ocorrendo efeitos secundários para o processo.

O efeito colateral positivo foi que a câmara de descarga da válvula de alívio e sua tubulação permaneceram limpas. Isso ocorre, pois a válvula de cerâmica não arrasta os particulados de carvão com a mesma intensidade que a válvula de alívio original do sistema. O período de limpeza da tubulação, que era de quatro meses, passou a ser anual. Outro efeito colateral positivo foi a diminuição da pressão do topo do silo de fino de 16 para 8 milibar, o que eliminou as aberturas indevidas da válvula anti-explosão.

Finalmente, a Tabela 6.5 ilustra as fases finais dos vasos de injeção em vigor hoje na CSN com todas as fases de injeção.

Tabela 6.5 Fases dos vasos de injeção após o pré-alívio.

Fases	Descrição	Tempo (s)	Pressão (bar)	Pré-alívio
1	Injeção	1600	12	Fechada
2	Pré-alívio	240	12 ~ 2	Aberta
3	Alívio	30 a 40	2 ~ 0	Aberta
4	Carregamento	300 a 400	0	Aberta
5	Espera despressurizada	750	0	Fechada
6	Pré-pressurização	45	0 ~ 3	Fechada
7	Pressurização	70	3 ~ 12	Fechada
8	Espera pressurizada	20	12	Fechada

6.5 RESULTADOS OBTIDOS PARA PRÉ-PRESSURIZAÇÃO

Assim, se, por exemplo, a taxa de injeção requerida pelo alto-forno for de 30 t/h, o *set point* de pressão de injeção do vaso será de aproximadamente 10 bar, a pressão resultante da equalização dos vasos será de 3,5 bar, resultando em um tempo típico de pressurização de 100 s. Com a introdução do sistema de pré-pressurização de nitrogênio de baixa pressão, o tempo de pressurização efetuada pela pressurização rápida cai comprovadamente para esses patamares.

A Figura 6.11 ilustra a pressurização do vaso 1 em duas etapas, nas quais se nota uma evolução exponencial de 1ª ordem para a pressão do vaso com nitrogênio de baixa pressão direto da FOX e uma segunda curva praticamente linear iniciando imediatamente após e terminando quando o *set point* da pressão de injeção é atingido.

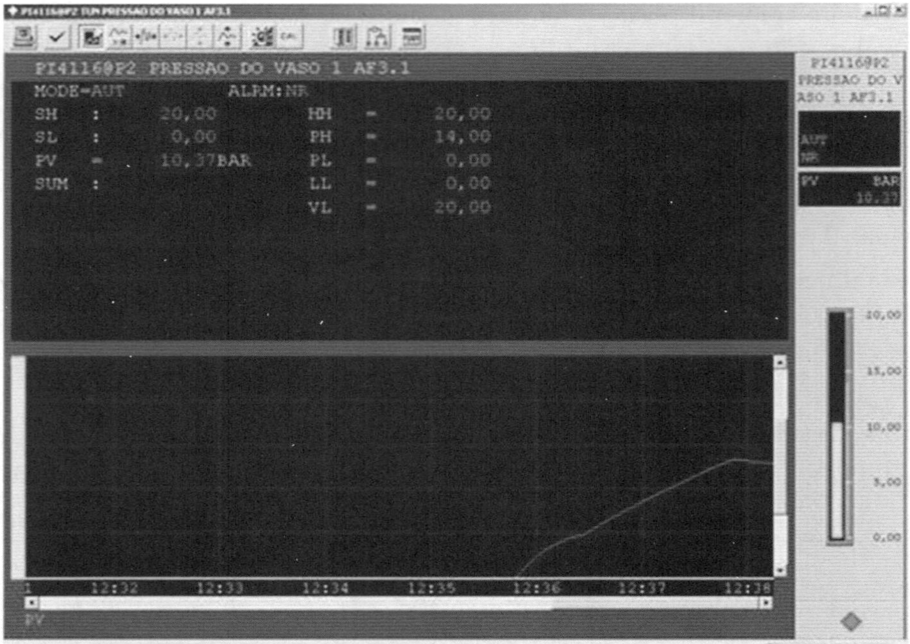

Figura 6.11 Pressão do vaso 1 do AF3 durante a pré-pressurização.

Fonte: MOTTA, 2011.

6.6 CONCLUSÕES SOBRE A NOVA SEQUÊNCIA

Os resultados obtidos com as ações descritas neste capítulo foram:

1) Capacidade de injetar taxas maiores do que 200 kg/t com uma maior oferta de carvão pulverizado, o que possibilita a redução do custo do ferro-gusa.
2) Monitoração dos tempos das fases dos ciclos das injeções, o que proporciona novas variáveis de processo.
3) Diminuição dos problemas de carregamento dos vasos de injeção.
4) Diminuição da variação de injeção por meio da redução das trocas de vasos.

Concluindo, obteve-se o fim das quedas de injeção por meio do aumento dos tempos disponíveis das fases dos vasos de injeção e cálculo da capacidade máxima de vazão de carvão da estação de injeção, orientando o operador do alto-forno quanto ao *set point* máximo para a máxima vazão de carvão possível.

Após a implementação das ações, a inspeção operacional dos equipamentos se tornou mais fácil e mais frequente nos pontos chaves de inspeção, garantindo uma confiabilidade maior da estação de injeção de carvão pulverizado e a estabilidade operacional dos altos-fornos obtida pela vazão contínua de carvão.

A nova sequência dos vasos de injeção é inédita em sistemas de injeção de carvão pulverizado e pode ser reproduzida em qualquer planta PCI já instalada.

O retorno econômico proporcionado com um processo de melhor eficiência energética justificou rapidamente o investimento no sistema de pré-pressurização e desvio de vazão dos compressores de nitrogênio. Isso aumentou a estabilidade da rede geral de nitrogênio de alta pressão, estabilizando todas as malhas de controle da estação de injeção que dependem de uma alimentação estável de nitrogênio.

A melhora intrínseca no processo das injeções é perceptível devido à estabilidade da rede de nitrogênio de alta pressão, pois mantém todas as demais malhas de controle acopladas de vazão e pressão mais estáveis.

O principal retorno desejado para as implementações era o aumento no tempo de vida útil das válvulas especiais de alívio e de carregamento (válvula prato), pois o tempo de substituição passou de três meses para nove meses, o que permitiu a troca durante as manutenções preventivas (MP) do alto-forno.

CAPÍTULO 7

Distribuição uniforme de carvão pulverizado nas ventaneiras dos altos-fornos

7.1 UNIFORMIDADE DE CARVÃO EM UM DISTRIBUIDOR ESTÁTICO

Este capítulo tem o objetivo de elucidar as causas da distribuição não uniforme decorrente das oscilações das válvulas de carvão após o distribuidor. Essa oscilação causa uma grande variação de vazão de carvão, de 100% a 0% em um único algaraviz, alternando drasticamente a temperatura de chama do Raceway e trazendo instabilidade para o alto-forno, como relata Assis (1993).

A distribuição uniforme da vazão de carvão entre as ventaneiras do alto-forno em um distribuidor estático sem controle também pode ser melhorada. Trata-se da disponibilidade da lança para injeção. Normalmente, quando o algaraviz proporciona inspeção visual de injeção na ponta da lança pelo operador da sala de corridas, a injeção é habilitada e a válvula de carvão é aberta. Porém, podem ocorrer alarmes de vazão no tubo reto ou ainda alarmes de detecção de fluxo de carvão na linha ou nas lanças, o que pode ocasionar sua retirada indevida de operação.

Para cada linha individual de injeção de carvão pulverizado existe um sensor de fluxo, denominado Granuflow. Esse sensor monitora constantemente a presença do fluxo de carvão pelas lanças de injeção e, na falta deste, envia um comando para fechar a válvula de carvão e abrir a válvula de nitrogênio de purga para tentar desobstruir a lança, tal como visto na literatura (MOTTA; SOUZA, 2010b; SHAO et al., 2000). Existem diversos fabricantes desses detectores de fluxo de carvão (SWR, 2010; THERMO ELECTRON CORP., 2010; WADECO, 2010).

A análise e teste de diversos detectores de fluxo de carvão são relatados em Bortoni e Souza (2006) e Motta e colaboradores (2009a), resultados das pesquisas necessárias para a implantação da lança dupla de carvão.

Na linha individual de ar quente para cada ventaneira, foram instalados para o Alto-Forno 2 (AF2) e para o Alto-Forno 3 (AF3), transmissores de pressão diferencial, com o objetivo de monitorar a vazão e a operacionalidade da ventaneira. Em caso de a ventaneira estar obstruída, esse sistema impede que ela continue a receber carvão, evitando o seu acúmulo no interior do algaraviz, o que levaria ao risco de explosões com consequente paralisação do alto-forno em emergência.

A Claudius Peters (WEBER; SHUMPE, 1995) projetou o PCI da CSN com distribuidor estático. Atualmente, para a melhor distribuição uniforme entre as ventaneiras, existe o *upgrade* para o distribuidor dinâmico, tal como descrito pelo artigo de Nolde e Hilgraf (2008).

7.2 PURGA DAS LANÇAS DE INJEÇÃO

7.2.1 Purga programada

A purga das lanças de injeção consiste em fechar a válvula de carvão e abrir a válvula de nitrogênio de alta pressão por 90 s logo após a falta de fluxo de carvão.

Em seguida, a lança é posta novamente em injeção (a válvula de carvão é aberta e a válvula de nitrogênio é fechada) por um período de teste de 30 s. Se no final desse período o sinal de fluxo de carvão não for normalizado, um alarme sonoro visual será emitido para o operador e um novo período de purga se iniciará. Isso acontece indefinidamente se o operador não passar a lança para a área da sala de corridas e verificar o seu entupimento.

Como medida preventiva contra os entupimentos de lanças, foi desenvolvida e implantada a purga programada para acontecer a cada duas horas de funcionamento contínuo da injeção. Cada lança é colocada individualmente e em sequência para purga durante 120 s para limpeza periódica com uma pressão aproximada de 14 bar e vazão estimada de 60 Nm^3/h a 100 Nm^3/h de nitrogênio de purga.

7.2.2 Purga automática das lanças de injeção

O principal ganho da eliminação das oscilações das válvulas de carvão na saída do distribuidor é a distribuição uniforme de carvão entre as lanças, objeto de inúmeras pesquisas e desenvolvimentos industriais (NOLDE; HILGRAF, 2008). Após a implementação, a inspeção operacional dos equipamentos do distribuidor tornou-se mais fácil e mais frequente, garantindo uma confiabilidade maior.

Outro ponto importante é a minimização das paradas de injeção que têm como causa o número mínimo de lanças, pois frequentemente o Granuflow retirava a lança de injeção desnecessariamente.

Para garantir a segurança do sistema de injeção contra os entupimentos de lanças ou bloqueio do algaraviz devido a cascão no forno ou outra razão qualquer (o que levaria a um enchimento do algaraviz com carvão), um detector de fluxo de carvão (Granuflow) (THERMO ELECTRON CORP., 2010) em cada linha da lança de injeção é intertravado com suas respectivas válvulas de carvão e nitrogênio de purga. O mesmo acontece com os transmissores de vazão do tubo reto. Eles também intertravam as válvulas de carvão e nitrogênio, tal como previsto pelo projeto original (WEBER; SHUMPE, 1995).

7.3 PROBLEMAS NA DISTRIBUIÇÃO UNIFORME

Observou-se que alguns Granuflows atuavam com mais frequência do que outros, retirando a lança de operação (carvão) muito mais vezes que os demais. Em alguns casos, ocorriam até cinquenta atuações indevidas no período de duas horas da purga programada contra apenas uma atuação esperada, o que praticamente inviabilizava a operação da respectiva lança por causa da elevada variação de injeção ao redor das ventaneiras do alto-forno.

Assim, foi desenvolvido um contador para os bloqueios da lança de carvão ocasionados por vazão baixa de carvão ou sopro no algaraviz. Esses contadores são zerados toda vez que a purga programada é iniciada, ou seja, a cada duas horas. A Figura 7.1 ilustra um diagrama com os resultados dessas contagens.

O desenvolvimento de programas de contagem de atuação dos Granuflows e FlowJams e alarmes de vazão do tubo reto fornece diversas informações úteis a respeito do funcionamento desses equipamentos que são indispensáveis para a segurança do PCI. O programa foi desenvolvido inicialmente com o objetivo único de analisar os entupimentos causados por coqueificação na ponta da lança de injeção devida à temperatura de fusão das cinzas da mistura de carvões injetados.

Existem três problemas típicos relacionados com o intertravamento da válvula de carvão que podem ser detectados com o auxílio desse programa, os quais são descritos a seguir.

A) Granuflow não atuou

Durante o período de purga programada das lanças de injeção é evidente que o Granuflow tem que atuar pelo menos uma vez. Caso isso não ocorra, o contador do respectivo Granuflow marcará zero, indicando falta de funcionalidade do equipamento, o que pode levar a um entupimento da respectiva lança de injeção, assim como o Granuflow da Lança 13 na Figura 7.1, que não atuou durante o período da purga programada, indicando que necessitava ser verificada.

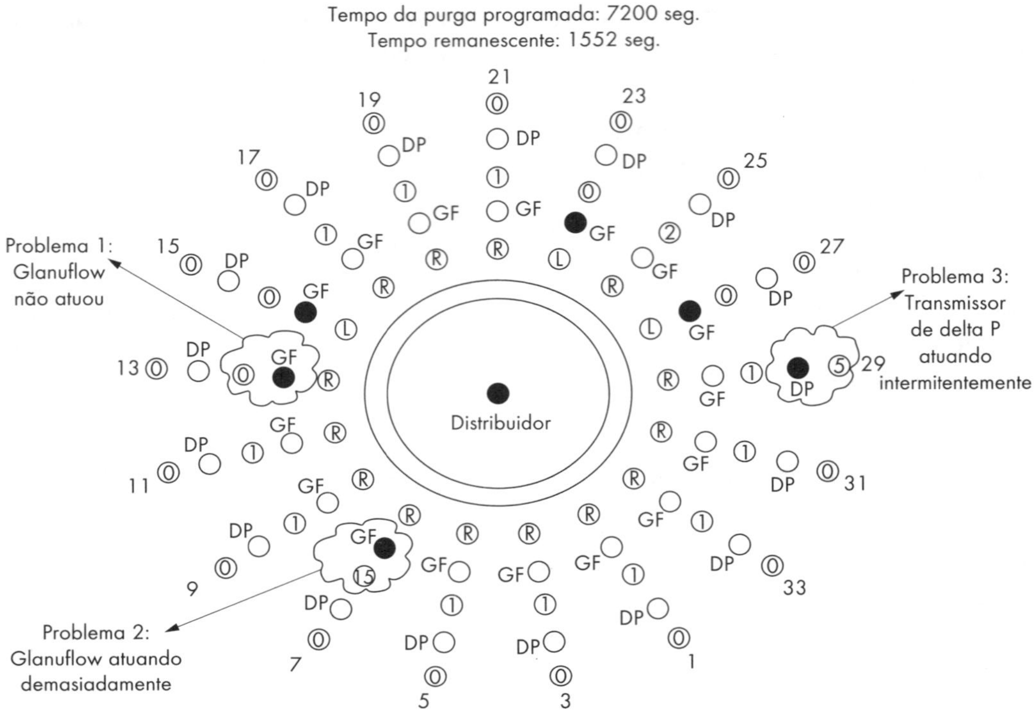

Figura 7.1 Avaliação dos entupimentos da estação de injeção do AF3 da CSN.

Fonte: MOTTA, 2011.

B) Granuflow atuando demasiadamente

Nesse período, é normal a ocorrência de outras atuações (2 ou 3), além da purga programada, por causa de obstruções rápidas do próprio processo. Quando o índice de atuação do Granuflow é elevado (por exemplo, mais de 10 atuações em 2 horas), é necessário rever os ajustes de ganho e tempo do instrumento, reduzindo sua sensibilidade para que não atue indevidamente, tal como o Granuflow da Lança 7 na Figura 7.1 que atuou demasiadamente. Isso contribui em muito para uma distribuição desuniforme de carvão entre as lanças.

C) Alarme de vazão de ar soprado do tubo reto

Outro resultado desse programa é na análise da estabilidade dos sinais de vazão do tubo reto que também intertravam as válvulas de carvão. Defeitos como tomadas de impulso semiobstruídas, curtos-circuitos intermitentes ou mesmo características do processo dos altos-fornos, como oscilações na pressão de ar soprado durante a equalização dos regeneradores, podem levar a um excesso de atuações da válvula de carvão por alarme de vazão no algaraviz. Dos três diagnósticos listados em A, B e C, este é o defeito de menor incidência.

7.4 PROGRAMAS DESENVOLVIDOS PARA A MONITORAÇÃO DOS INTERTRAVAMENTOS DE SEGURANÇA DAS LANÇAS DE INJEÇÃO

Os programas A, B e C a seguir têm a finalidade de verificar o funcionamento dos detectores de fluxo de carvão.

A) Verificação periódica de funcionamento dos detectores de fluxo de carvão

Esse programa tem a finalidade de verificar periodicamente o funcionamento dos detectores de fluxo de carvão e produz como resultado:

- geração de 72 alarmes;
- histórico de atuação dos detectores;
- contagem em tempo real da atuação do detector de fluxo na linha e dos dois detectores de fluxo das lanças duplas.

O programa só ocorre durante a purga programada que usualmente possui um intervalo de tempo pré-ajustado de duas horas. A purga programada ocorre a cada duas horas, quando cada lança é sequencialmente colocada em purga por cerca de dois minutos para que seja executada uma limpeza com nitrogênio de alta pressão, o que previne entupimentos e retira incrustações de carvão coqueificado na ponta da lança de injeção.

O algoritmo de contagem permite sua realização apenas durante a purga programada de cada lança que ocorre em períodos de duas horas. Em um dia, doze purgas programadas acontecem. A Figura 7.2 ilustra seu funcionamento.

Após o intervalo de purga individual de 120 segundos, os sensores devem atuar (Nível lógico 0) acusando a passagem somente de nitrogênio.

Basicamente, duas falhas típicas podem ser obtidas através da análise de atuação dos detectores durante a purga programada:

- detector em falha ou não atuou (contagem em zero);
- detector atuando muito. Precisa ter sua sensibilidade diminuída (contagem maior que a média).

B) Programa de contagem e determinação dos entupimentos em lanças de injeção

Esse programa conta as atuações dos detectores de fluxo de carvão fora da purga programada e quando não há falha de fluxo de carvão. Esse corte na linha individual de carvão é indesejável quando ocorre devido à informação falsa do detector de fluxo de carvão.

No caso do AF2, que possuía 24 ventaneiras, foram programados 72 contadores:

- 24 contadores para Granuflow na linha;
- 24 contadores para FlowJam S na lança da direita;
- 24 contadores para FlowJam S na lança da esquerda.

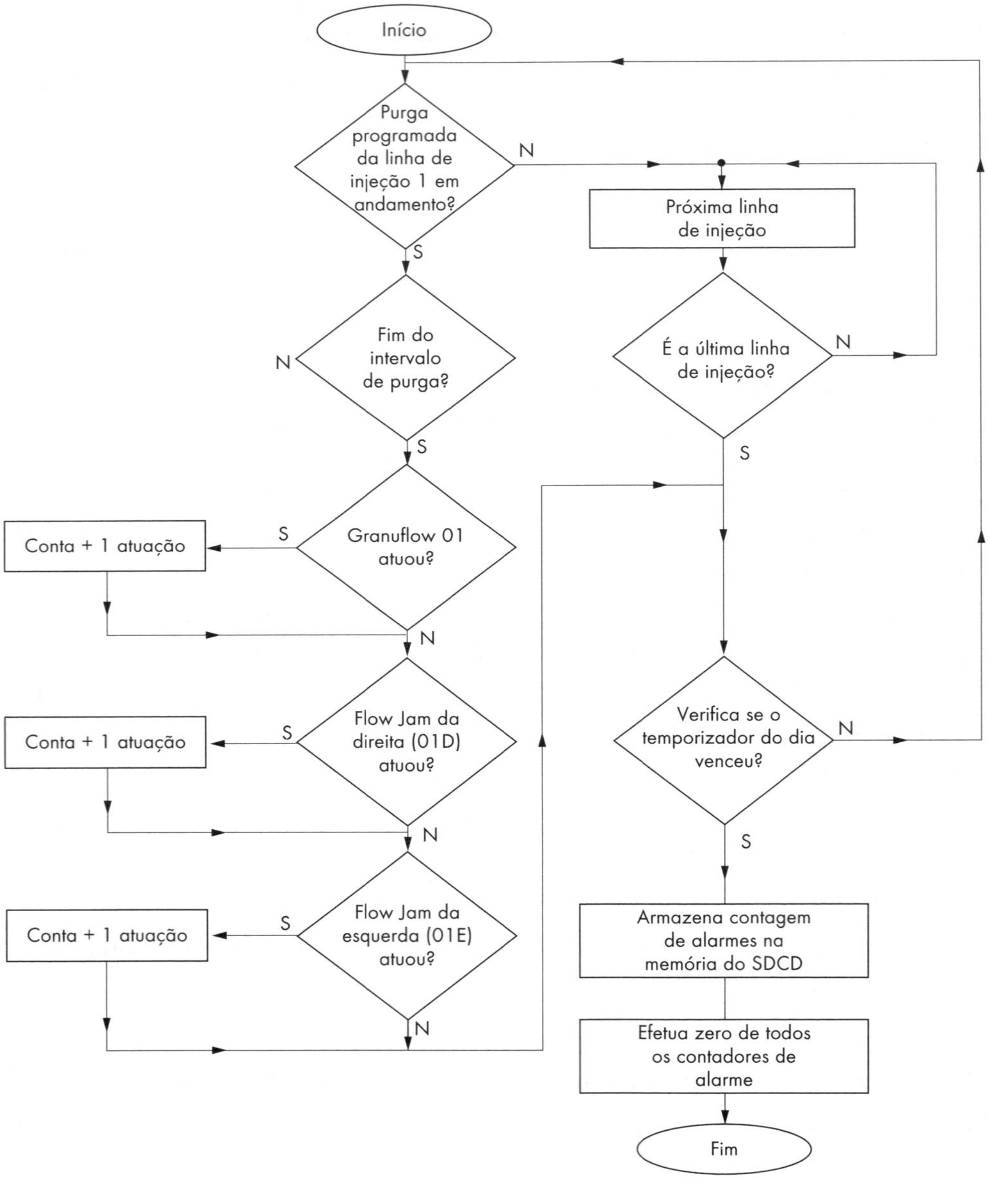

Figura 7.2 Programa de análise de falhas nos detectores de carvão das linhas.

Fonte: MOTTA, 2011.

Seu principal objetivo é contar os entupimentos das lanças de injeção e determinar a origem da detecção do entupimento (Granuflow, FlowJam esquerda e FlowJam direita).

A Figura 7.3 ilustra o fluxograma de contagem de atuação dos detectores de fluxo.

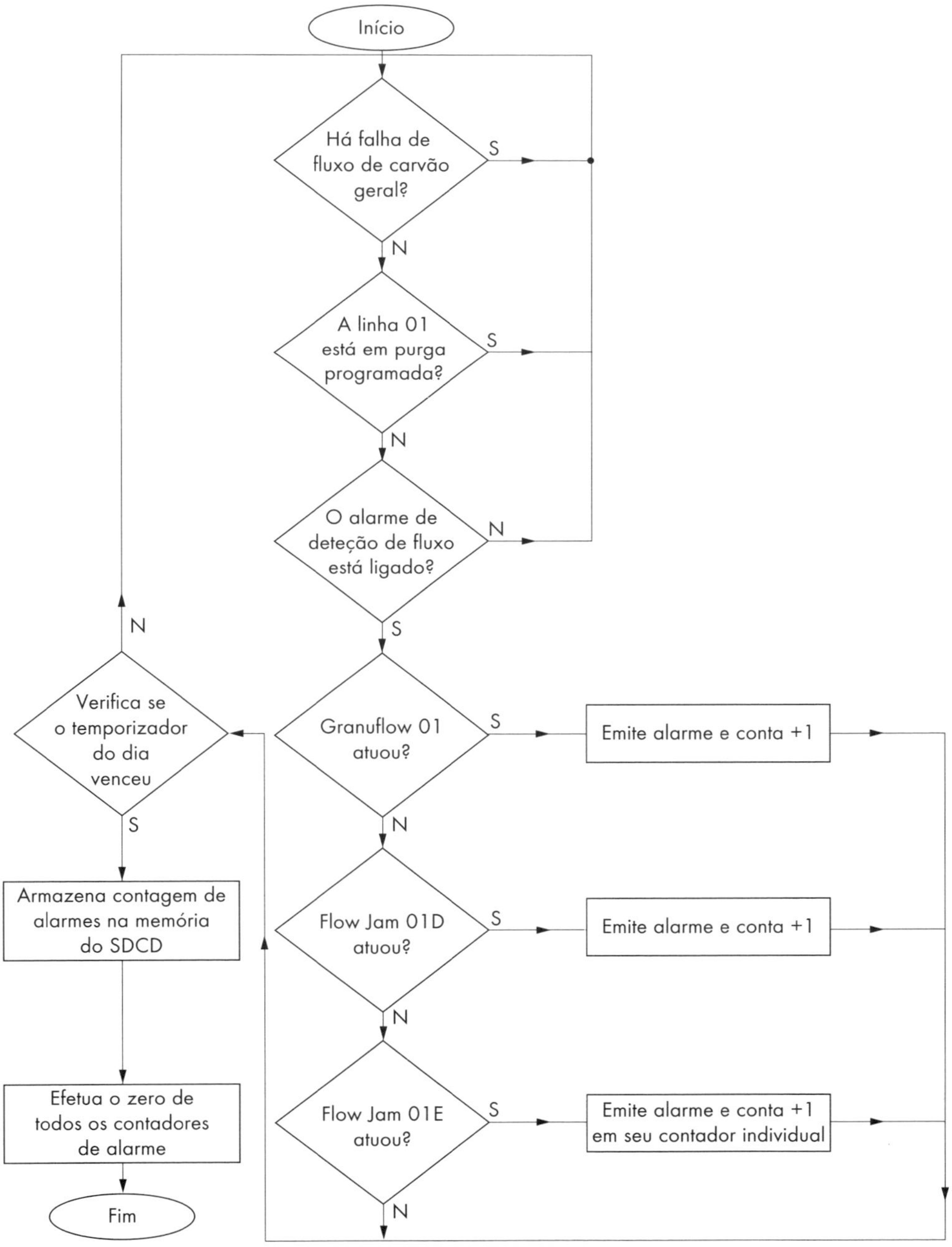

Figura 7.3 Programa de contagem e determinação dos entupimentos das lanças de injeção.

Fonte: MOTTA, 2011.

C) Programa de medição de atuação dos intertravamentos devidos a alarmes de vazão de ar soprado e detecção e fluxo de carvão nas linhas e lanças de injeção

A Figura 7.4 ilustra o fluxograma de contagem dos alarmes de vazão de ar soprado no tubo reto.

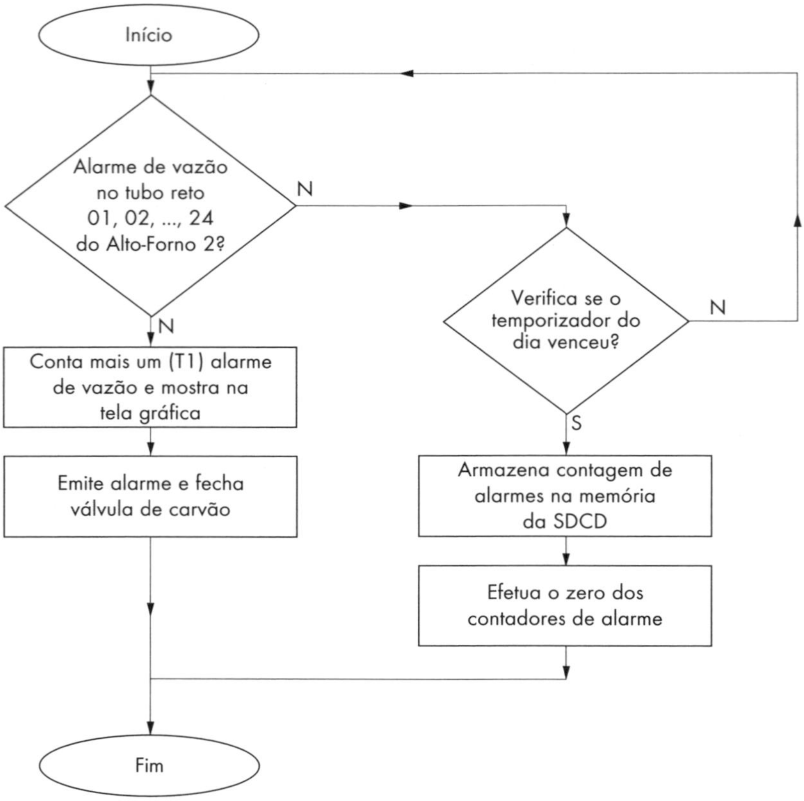

Figura 7.4 Programa de contagem dos alarmes de vazão de ar soprado nos tubos retos.

Fonte: MOTTA, 2011.

A Figura 7.5 ilustra a tela gráfica operacional do Sistema Digital de Controle Distribuído (SDCD) desenvolvida para mostrar os valores obtidos das contagens dos diversos eventos que ocasionam o fechamento da válvula de carvão após o distribuidor, de acordo com os fluxogramas descritos nos programas anteriores, e assim diagnosticar o problema corretamente.

Esse programa é útil para uma correta interpretação dos alarmes de vazão de ar soprado no tubo reto e dos alarmes de detecção de carvão na linha individual após a válvula de carvão do distribuidor, ou ainda devido a alarme de detecção de fluxo de carvão em lança dupla após a bifurcação em "Y".

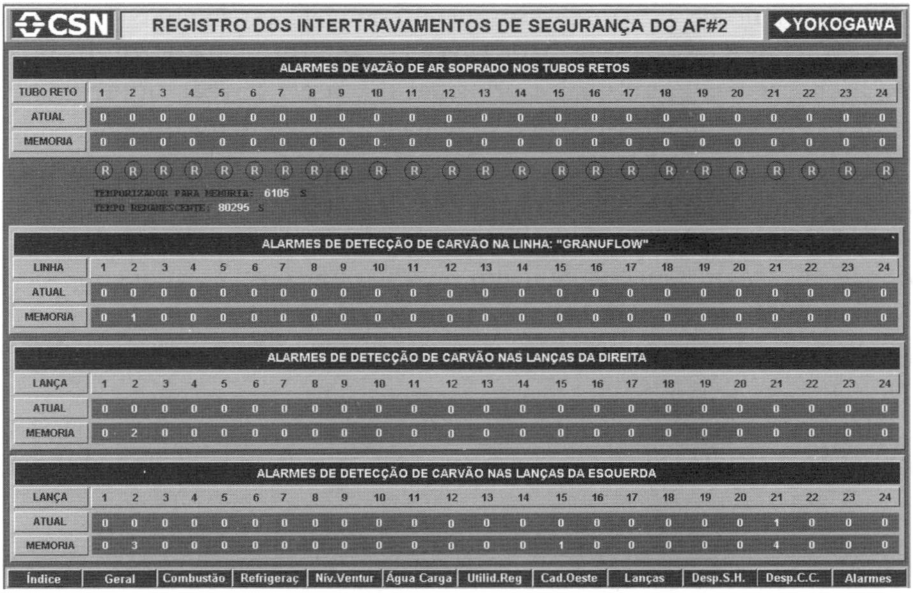

Figura 7.5 Programa de contagem dos alarmes de intertravamentos das válvulas de carvão.

Fonte: MOTTA, 2011.

Esse registro possui os valores acumulados da contagem atual dos alarmes. Quando o intervalo de amostragem vence, os valores acumulados dos contadores de alarmes são transferidos para as memórias, e os valores das memórias anteriores (dia anterior) são descartados.

A memória contém os valores obtidos no intervalo de amostragem anterior e logo após o período de análise (um dia). Após o período de análise, que pode ser visto no tempo para memória, todos os contadores são zerados para o início de um novo período de análise das atuações dos intertravamentos.

7.5 INTERTRAVAMENTO DE SEGURANÇA DA VAZÃO DO TUBO RETO PARA A INJEÇÃO DE CARVÃO PULVERIZADO

O intertravamento de vazão de ar soprado dos tubos retos existe para que não ocorra a explosão do algaraviz, proveniente do acúmulo de carvão pulverizado injetado pelo sistema do PCI, através das lanças de carvão pulverizado, e uma inexistência ou baixo sopro de ar quente. Isso não seria suficiente para queimar o carvão pulverizado no Raceway, e o papel do transmissor de vazão é indicar o valor de vazão em cada um dos tubos retos e agir sobre o intertravamento, tal como descrito no trabalho de Alli (2008).

Esse acúmulo de carvão na ventaneira completa o triângulo do fogo, composto de: uma grande quantidade de carvão acumulado (combustível), ar quente soprado (ar + ignição); no qual a principal perda é a parada do alto-forno em emergência por arrombamento ou rompimento do algaraviz.

O sistema de injeção de carvão pulverizado deve por segurança fechar a válvula de carvão e acionar automaticamente a respectiva válvula de nitrogênio de pressão alta para purga e refrigeração, evitando assim o acúmulo de carvão no interior do algaraviz. Um entupimento no algaraviz ou na ventaneira devido ao deslocamento de cascão pode causar a explosão do conjunto porta-vento e consequentemente a parada de emergência do alto-forno por causa do acúmulo do carvão injetado e não queimado.

A Figura 7.6 ilustra a localização das tomadas de pressão do transmissor de vazão, além das operações normal e anormal do algaraviz com risco de explosão.

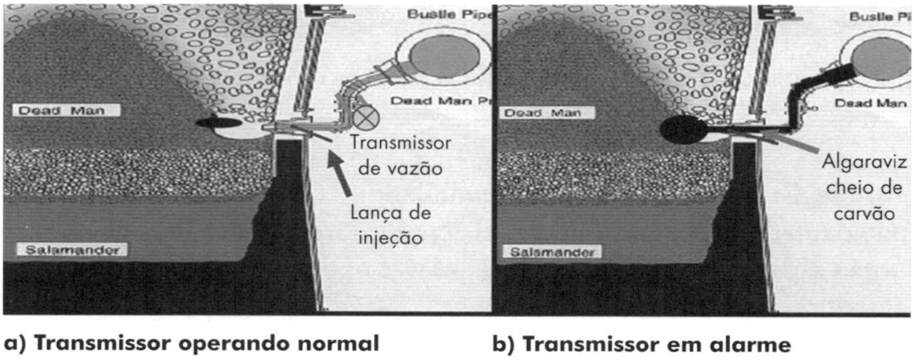

Figura 7.6 Transmissor de vazão do tubo reto normal e em alarme.

Fonte: MOTTA, 2011.

Os transmissores de vazão de tubo reto têm o propósito de aumentar o nível de segurança e intertravamento dos altos-fornos da CSN, com relação à vazão de ar quente soprado e para o novo projeto de injeção em lança dupla de carvão pulverizado. Para o desenvolvimento desse intertravamento, foram observadas e analisadas as condições das causas fundamentais e as críticas ou inseguras quanto ao sopro de ar quente do alto-forno, com o intuito da melhoria do sistema estudado.

Com a realização desse trabalho, vários problemas em relação à segurança do processo de injeção de carvão foram solucionados.

O desgaste das válvulas de carvão pulverizado e das válvulas de purga foi reduzido por meio da identificação específica em caso de alarme por vazão e uma lógica foi contemplada para o sistema de injeção por lança dupla de carvão em um mesmo algaraviz. A segurança dos equipamentos e pessoas envolvidas na sala de corridas foi significativamente aumentada.

O equipamento que monitora a vazão de ar soprado no tubo reto é o transmissor de vazão visto com maiores detalhes no artigo de Motta e colaboradores (2009b). Caso haja algum bloqueio ou entupimento do algaraviz/ventaneira, o alarme por vazão baixa, com valor estipulado de 80 m^3/min para o AF3 e de 60 m^3/min para o AF2 em condições normais de temperatura e pressão (CNTP), será acionado.

As válvulas de purga serão acionadas automaticamente, o que evita o acúmulo de carvão no interior do algaraviz. O intertravamento de vazão realiza a operação de fechar a válvula de carvão pulverizado, para que este não acumule no algaraviz e não haja risco de explosão. Outra função é refrigerar a lança, evitando sua queima e empenamento.

7.6 INTERTRAVAMENTO DE VAZÃO DE SOPRO PARA PCI

A lógica original de intertravamento da vazão de sopro para a injeção de carvão pulverizado pode ser assim descrita: "Quando a vazão de ar soprado de cada tubo reto medida for menor que o valor de alarme ajustado, o sistema fecha a válvula de carvão no distribuidor e abre a válvula de nitrogênio de purga, da lança que injeta neste algaraviz. Isto garante a refrigeração da lança, além de não acumular carvão na ventaneira" (WEBER; SHUMPE, 1995).

A lógica do intertravamento original é descrita a seguir:

- Alarme de vazão baixa (FI.LOW): este alarme é responsável por detectar cascão na ventaneira, ou seja, a vazão baixa de ar quente soprado pela ventaneira.
- Habilitação do transmissor de vazão (FI.Habilitado): esta chave é controlada pelo operador, que é o responsável pela habilitação do transmissor de vazão.

A Figura 7.7 ilustra a lógica original tipo "AND" fornecida como engenharia básica pelo fabricante e fornecedor da tecnologia do PCI da CSN (Claudius Peters), tal como descrito em Weber e Shumpe (1995).

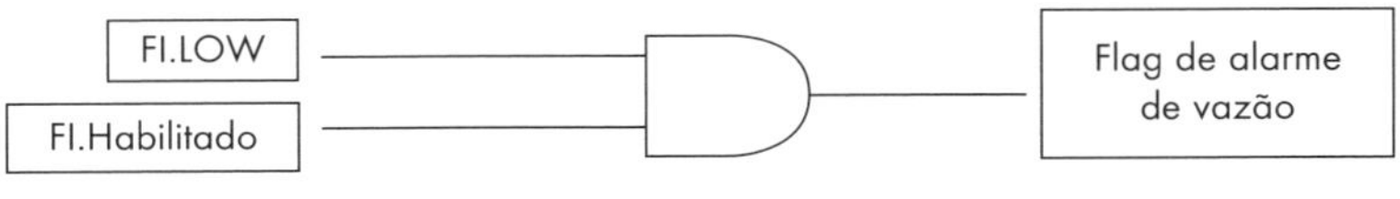

Figura 7.7 Lógica original da Claudius Peters.

Fonte: WEBER; SHUMPE, 1995.

Alguns dos riscos inerentes ao intertravamento baseado no ar soprado passando pelo tubo reto juntamente da injeção de carvão são, por exemplo:

- transmissor de vazão do tubo reto em curto-circuito ou aberto;
- tomada de impulso de pressão de alta ou baixa obstruída;
- cascão na ventaneira;
- desgaste da restrição (Venturi de refratário interno ao tubo reto);
- pressão remanescente na célula de delta P do transmissor de vazão.

Outro problema encontrado foi a grande oscilação de abertura e fechamento das válvulas de carvão e purga, ocasionada pela variação de vazão no limiar entre o valor normal de operação e o valor de alarme de vazão baixa. Esse tipo de comportamento causa um grande desgaste das válvulas automáticas pneumáticas, reduzindo assim a vida útil das esferas das válvulas. Cabe ressaltar que no total são 76 válvulas do tipo esfera de fechamento automáticas para o AF3 e 48 para o AF2 da CSN.

7.7 NOVOS INTERTRAVAMENTOS PARA A VAZÃO DO TUBO RETO

A nova lógica de intertravamento de segurança para a vazão de ar soprado pelo tubo reto descrita em Motta e colaboradores (2009b) e Nora (2009) contempla, após o desenvolvimento, cinco novas condições:

- Alarme de vazão baixa (**FI.LOW**): este alarme é original do projeto do PCI da Claudius Peters. Sua função é detectar cascão na frente da ventaneira e também indicar tomada de impulso de alta obstruída.
- Alarme de vazão alta (**FI.HIGH**): este alarme é responsável por detectar a tomada de impulso de baixa do transmissor obstruída ou o arrombamento do algaraviz. Sem este alarme, a medição ocorreria de forma incorreta, não indicando a vazão real, o que poderia provocar até mesmo a explosão do algaraviz.
- Alarme de malha aberta (**FI.IOP–**): este alarme é responsável por detectar o fio de instrumentação do transmissor aberto. Sem este tipo de alarme, o intertravamento poderia ocorrer erroneamente, uma vez que a vazão poderia estar em um nível normal de operação, mas o transmissor indicaria a vazão em zero.

- Alarme de malha em curto (**FI.IOP**): este alarme é responsável por detectar o transmissor de vazão em curto. Sem este alarme, poderia não ocorrer a medição adequada pelo transmissor, o que poderia provocar até mesmo a explosão do algaraviz, por vazão baixa, sem haver a indicação.
- Alarme de queda brusca da vazão (**FI.VEL–**): este alarme é responsável por detectar cascão no algaraviz, com a vantagem de não precisar de limite inferior (FI.LOW) ou tomada de impulso de alta obstruída.
- Alarme de queda brusca da vazão (**FI.VEL+**): este alarme é responsável por detectar o arrombamento ou a tomada de impulso de baixa obstruída.

Além dos alarmes descritos, existe a habilitação do transmissor efetuada pelo operador:

a) Habilitação do transmissor de vazão (FI.Habilitado): esta chave habilita o monitoramento do sinal do transmissor de vazão e efetua o "Set" e o "Reset" do "Flip-flop", na lógica de intertravamento.

b) Significado dos alarmes IOP e IOP–: são alarmes de falha que podem ocorrer na medição do transmissor de vazão:
   - **IOP**: este alarme significa que a malha está recebendo um sinal maior que 21 mA, o que indica que os fios analógicos do transmissor de vazão podem estar em curto-circuito entre si ou para terra, ou outro defeito eletrônico qualquer do transmissor.
   - **IOP–**: este alarme significa que a malha está recebendo um sinal menor que 3,9 mA, o que indica que o cabo analógico do transmissor de vazão pode estar com seu circuito aberto ou outro defeito eletrônico no sensor de pressão/transmissor.

c) Cálculos de VEL+ e VEL–: os valores máximos de variação (derivada no tempo) de vazão de ar soprado no tubo reto são mostrados na Tabela 7.1.

Tabela 7.1 Valores máximos das variações das vazões.

Alto-forno	Faixa de medição	Alarmes de VEL+ e VEL–
2	0 a 200 m^3/min	40 m/s
3	0 a 300 m^3/min	50 m/s

A Figura 7.8 ilustra a variação brusca da vazão do tubo reto (em m³/mim) em função do tempo (em s). Nesse momento tem-se o alarme por VEL– no AF2.

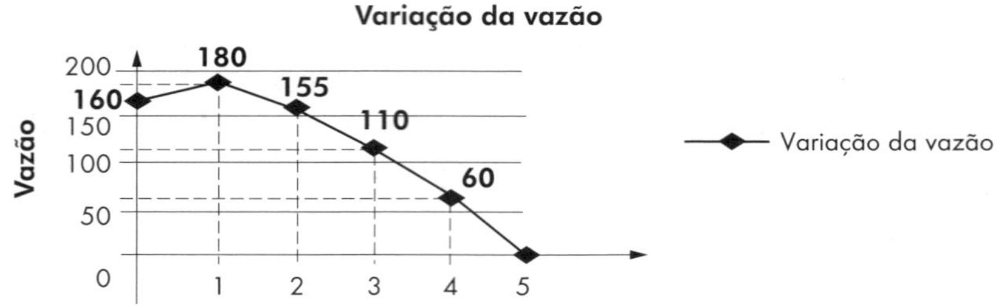

Figura 7.8 Alarme de variação brusca da vazão de sopro no tempo.

A Tabela 7.2 apresenta o resumo dos valores ajustados para o conjunto de alarmes para o AF2 e AF3.

Tabela 7.2 Valores típicos de alarme nas CNTP.

Alarme	AF2	AF3
LOW	60 m³/min	80 m³/min
HIGH	140 m³/min	250 m³/min
VEL±	40 m³/min	50 m³/min

A lógica do aprimoramento do projeto original contemplou os novos alarmes de vazão do tubo reto. Além disso, foi acrescentado à lógica um "**Flip-flop**" do tipo RS, que tem a função de manter a válvula de carvão sem oscilações na abertura e fechamento, no momento em que ocorrem as oscilações da vazão de ar soprado pelo tubo reto entre o valor limiar do alarme de vazão baixa e o valor normal de operação.

Os três gráficos da Figura 7.9 ilustram a vazão mínima do AF3 com alarme em 80 m³/min e o comportamento da válvula de carvão (aberta/fechada) com e sem o "Flip-flop".

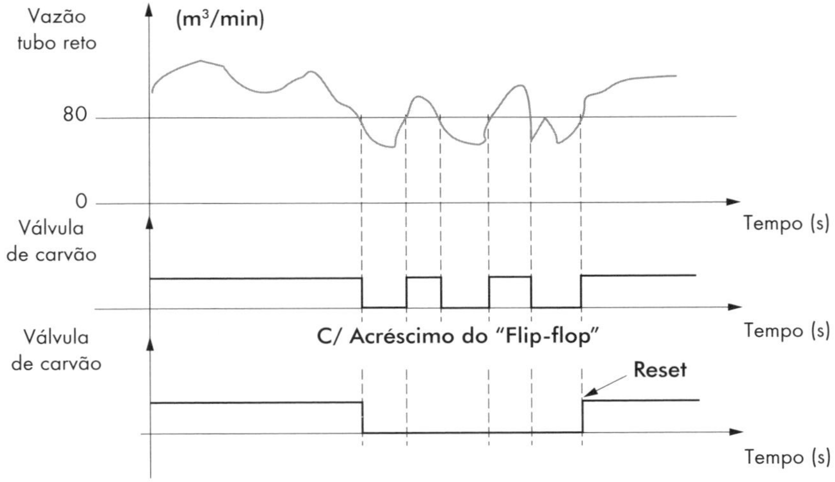

Figura 7.9 Oscilações da válvula de carvão com e sem o "Flip-flop".

A lógica desses novos intertravamentos com portas lógicas do tipo "OR" e a incorporação do "Flip-flop" do tipo RS são mostradas na Figura 7.10.

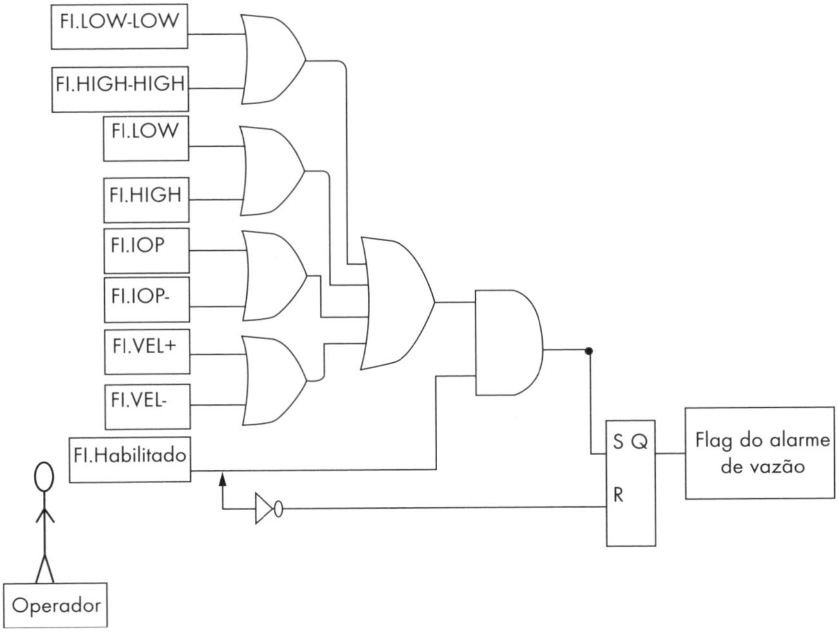

Figura 7.10 Intertravamento de vazão e tabela de funcionamento do "Flip-flop".

Após essas implementações, as oscilações das válvulas de carvão foram eliminadas, resolvendo o problema da distribuição uniforme de carvão ao longo de todas as ventaneiras do alto-forno.

7.8 GERENCIAMENTO DAS LINHAS DE INJEÇÃO DE CARVÃO

O gerenciamento das linhas de injeção de carvão pulverizado é essencial para a operação correta e segura da injeção do PCI. Nos anos de 2004, 2006 e 2007, houve três acidentes em que ocorreu a parada do AF2 e do AF3, devido ao arrombamento ou rompimento da carcaça dos algaravizes, com tempos de parada maiores que 24 horas.

Esse incidente provém do fato de que, um dia no passado, colocou-se uma linha para injetar, sem o algaraviz oferecer condições de sopro, o que levou à explosão e a seu rompimento apenas horas depois.

Diante desses acontecimentos, foi necessário efetuar a implementação de um dispositivo que informa a condição operacional para cada uma das linhas de carvão, evitando que a linha injete o carvão pulverizado sem ter condição. Por esse motivo, foi desenvolvida e implementada uma tabela de gerenciamento e filtro para as injeções das linhas de carvão para o AF2 e AF3.

A tabela de gerenciamento funciona da seguinte forma:

- na coluna **Lanças**, tem-se a identificação de cada lança de injeção do sistema original de injeção por lança simples;
- na coluna **Estado**, tem-se a condição para a injeção da lança, que tem o papel de fechar a válvula de carvão e abrir a válvula de purga da linha indicada quando houver algum problema e se escrever algo diferente de "NORMAL" – quando há condição de injeção é escrito "NORMAL", o que permite a injeção de carvão pela lança;
- a coluna **Data** indica o dia em que foi escrito algo na coluna **Estado**;
- a coluna **Ação** mostra as condições das lanças e se altera de acordo com a coluna **Estado**, ou seja, quando a coluna **Estado** apresenta "NORMAL", a coluna **Ação** indica "HABILITADA"; e quando algo diferente de "NORMAL" aparece, indica-se "DESABILITADA" – como se vê nas Figuras 7.11 e 7.12.

A matriz de gerenciamento das lanças duplas em funcionamento deve ser atualizada toda vez que a disposição das lanças na sala de corridas for modificada, principalmente na volta da parada programada para manutenção preventiva (MP) do forno, como mostra a Figura 7.11. Nota-se que o detector de fluxo de carvão, o FlowJam, das Lanças 20 esquerda e 20 direita estão em atuação (preto).

CSN — SELEÇÃO PARA INJEÇÃO DE CARVÃO DO PCI — YOKOGAWA

LINHA DE INJEÇÃO				LANÇA DUPLA - LADO ESQUERDO					LANÇA DUPLA - LADO DIREITO				
LANÇAS	ESTADO	DATA	AÇÃO	FJ	LANÇAS	ESTADO	DATA	AÇÃO	FJ	LANÇAS	ESTADO	DATA	AÇÃO
LINHA 1	NORMAL	16/06/2011	HABILITADA	○	1E	NORMAL	16/06/2011	HABILITADA	○	1D	NORMAL	16/06/2011	HABILITADA
LINHA 2	NORMAL	22/06/2009	HABILITADA	○	2E	NORMAL	28/01/2011	HABILITADA	○	2D	NORMAL	20.06.2011	HABILITADA
LINHA 3	NORMAL	22/06/2009	HABILITADA	○	3E	NORMAL	20/06/2011	HABILITADA	○	3D	NORMAL	30/11/2009	HABILITADA
LINHA 4	NORMAL	NORMAL	HABILITADA	○	4E	NORMAL	20/06/2011	HABILITADA	○	4D	NORMAL	29/04/2011	HABILITADA
LINHA 5	NORMAL	20/09/2010	HABILITADA	○	5E	NORMAL	02/06/2011	HABILITADA	○	5D	NORMAL	28/04/2010	HABILITADA
LINHA 6	NORMAL	22/06/2009	HABILITADA	○	6E	NORMAL	14/06/2010	HABILITADA	○	6D	NORMAL	14/06/2010	HABILITADA
LINHA 7	NORMAL	22/06/2009	HABILITADA	○	7E	NORMAL	02/06/2011	HABILITADA	○	7D	NORMAL	08/06/2010	HABILITADA
LINHA 8	NORMAL	18/03/2011	HABILITADA	○	8E	NORMAL	20/06/2011	HABILITADA	○	8D	NORMAL	18/03/2011	HABILITADA
LINHA 9	NORMAL	22/06/2009	HABILITADA	○	9E	NORMAL	20/06/2011	HABILITADA	○	9D	NORMAL	14/12/2006	HABILITADA
LINHA 10	NORMAL	22/06/2009	HABILITADA	○	10E	NORMAL	02/06/2011	HABILITADA	○	10D	NORMAL	20/06/2011	HABILITADA
LINHA 11	NORMAL	27/04/2010	HABILITADA	○	11E	NORMAL	02/06/2011	HABILITADA	○	11D	NORMAL	18/05/2011	HABILITADA
LINHA 12	NORMAL	27/04/2010	HABILITADA	○	12E	NORMAL	02/06/2011	HABILITADA	○	12D	NORMAL	09/06/2010	HABILITADA
LINHA 13	NORMAL	27/09/2010	HABILITADA	○	13E	NORMAL	20/06/2011	HABILITADA	○	13D	NORMAL	14/12/2009	HABILITADA
LINHA 14	NORMAL	22/06/2009	HABILITADA	○	14E	NORMAL	20/06/2011	HABILITADA	○	14D	NORMAL	20/06/2011	HABILITADA
LINHA 15	NORMAL	22/06/2009	HABILITADA	○	15E	NORMAL	02/06/2011	HABILITADA	○	15D	NORMAL	05/01/2010	HABILITADA
LINHA 16	NORMAL	22/06/2009	HABILITADA	○	16E	NORMAL	04/06/2011	HABILITADA	○	16D	NORMAL	25/05/2010	HABILITADA
LINHA 17	NORMAL	22/02/2009	HABILITADA	○	17E	NORMAL	25/05/2010	HABILITADA	○	17D	NORMAL	16/06/2010	HABILITADA
LINHA 18	NORMAL	22/06/2009	HABILITADA	○	18E	NORMAL	20.06.2011	HABILITADA	○	18D	NORMAL	20.06.2011	HABILITADA
LINHA 19	NORMAL	22/06/2009	HABILITADA	○	19E	NORMAL	20.06.2011	HABILITADA	○	19D	NORMAL	20.06.2011	HABILITADA
LINHA 20	NORMAL	22/06/2009	HABILITADA	●	20E	NORMAL	20.12.10	HABILITADA	●	20D	NORMAL	24.07.10	HABILITADA
LINHA 21	NORMAL	06/09/2010	HABILITADA	○	21E	NORMAL	20.12.10	HABILITADA	○	21D	NORMAL	24.07.10	HABILITADA
LINHA 22	NORMAL	22/06/2009	HABILITADA	○	22E	NORMAL	20/06/2011	HABILITADA	○	22D	NORMAL	20/06/2011	HABILITADA
LINHA 23	NORMAL	22/06/2009	HABILITADA	○	23E	NORMAL	20.06.2011	HABILITADA	○	23D	NORMAL	07/06/10	HABILITADA
LINHA 24	NORMAL	22/06/2009	HABILITADA	○	24E	NORMAL	20.06.2011	HABILITADA	○	24D	NORMAL	27.05.10	HABILITADA

Figura 7.11 Operação das linhas e lanças duplas de carvão do AF2.

Fonte: MOTTA, 2011.

7.9 INJEÇÃO EM LANÇA DUPLA EM UM MESMO ALGARAVIZ

A injeção em lança dupla traz melhor eficiência na queima do carvão pulverizado, reduzindo o "COKE RATE" em até 20 kg ou melhorando a taxa de substituição de coque por carvão. Maiores detalhes sobre lança dupla podem ser obtidos em Nora (2009) e Chatterjee (1995). Após a implantação inicial da lança dupla, desenvolveu-se o intertravamento da vazão para injeção em algaravizes adjacentes. Na prática, a injeção em lança dupla em algaravizes adjacentes se mostrou confusa ao operador, e foi projetada em injeção por lança dupla de carvão em um mesmo algaraviz.

A Figura 7.12 ilustra a tela operacional implantada para a lança dupla de carvão.

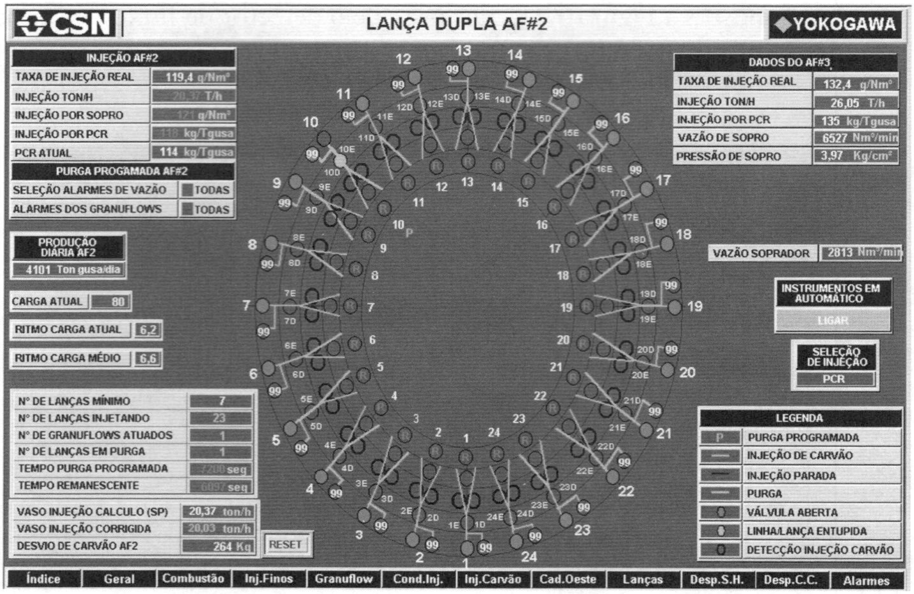

Figura 7.12 Tela gráfica desenvolvida para a operação da lança dupla de carvão do AF2.

Fonte: MOTTA, 2011.

7.10 RESULTADOS E CONCLUSÕES

Após a implantação dessas melhorias no controle de processo, foi possível também iniciar estudos correlacionando o número de atuações (entupimentos de lanças) com a temperatura de fusão das cinzas do carvão que está sendo injetado. Isso forneceu maiores dados para o estudo da mistura de carvões que tem como objetivo a maior combustibilidade e maior taxa de substituição, sem gerar entupimentos excessivos nas lanças de injeção.

Houve o aumento da segurança operacional do sistema de sopro dos altos-fornos da CSN com as telas gráficas de gerenciamento operacional das lanças de injeção de carvão que proporcionaram uma matriz filtro de software que, aliada ao novo conjunto de intertravamento, facilitou a operação das lanças de carvão, acabando com os problemas de segurança.

Os alarmes e intertravamentos de segurança para os transmissores de vazão proporcionaram a fácil identificação, pela equipe de manutenção, de um possível problema de instrumentação. Os desenvolvimentos relatados neste capítulo também aumentaram a vida útil das válvulas automáticas de carvão e purga por meio da redução do número de operações diárias.

Com isso, no ano de 2009, foram feitos aprimoramentos das proteções de intertravamento da injeção, e desde então nunca mais foi noticiada a presença de carvão no interior do conjunto porta-vento (ventaneira, algaraviz, tubo reto).

A automação desse sistema veio a garantir a segurança do PCI com melhor atuação das válvulas no intertravamento e um primoroso controle do sistema por parte da operação. Além disso, as modificações proporcionaram a implantação do projeto da lança dupla de carvão pulverizado em um mesmo algaraviz utilizado nos altos-fornos da CSN. Isso permitiu que a lança dupla entrasse em operação sem risco algum no processo de obtenção do gusa e para as pessoas envolvidas, tornando-se o sistema mais versátil na injeção de combustíveis sólidos nos altos-fornos da CSN.

Esse trabalho proporcionou novas lógicas de segurança para a injeção de carvão do conjunto algaraviz, tubo reto e ventaneira, e para a implantação do projeto da "Lança Dupla de Carvão Pulverizado nos Altos-Fornos da CSN", o qual sofreu alteração de parte da lógica original do processo de injeção de carvão pulverizado, que antes era efetuado para lança de injeção única (simples) – relatado com maiores detalhes por Nora (2009).

8 CAPÍTULO

Detectores de fluxo de carvão pulverizado

8.1 INTRODUÇÃO

Neste capítulo apresentamos uma análise e especificação dos detectores de fluxo de carvão pulverizado usados nas siderúrgicas brasileiras.

O sistema de injeção de carvão pulverizado (PCI) necessita de detectores de fluxo para realizar os intertravamentos de segurança do processo. Eles monitoram o fluxo de carvão pulverizado nas lanças de injeção e podem sinalizar a falta de fluxo ou o entupimento da lança, efetuando sua purga automática com nitrogênio de alta pressão. Para a injeção com lança dupla, esses detectores especiais têm de resistir a temperaturas ambientes entre os algaravizes do alto-forno que estão na ordem de 60 °C e pressões de injeção de carvão de até 20 bar. Além disso, os detectores têm de possuir uma rápida resposta à falta de fluxo de carvão, da ordem de segundos, para que não acumule carvão na ponta da lança.

Os estudos dos princípios de funcionamento dos detectores conhecidos, bem como de suas características técnicas básicas e testes preliminares realizados no Alto-Forno 3 e no PCI da CSN foram importantes para a especificação e verificação de desempenho dos detectores disponíveis no mercado. Estudaram-se os instrumentos de detecção usados em outras usinas siderúrgicas, bem como alguns mais modernos disponíveis no mercado mundial, o que gerou novos conhecimentos e inovações nas aplicações desses detectores.

Os resultados dos estudos práticos realizados com diversos detectores possibilitaram a definição e especificação dos projetos mecânicos, elétricos e de automação para a "Lança Dupla de Carvão Pulverizado dos Altos-Fornos da CSN" como um todo. Contemplou-se a segurança do sistema com um detector moderno, compacto e rápido, sem riscos elétricos, e com eletrônica longe da zona de risco e alta temperatura. Seu desempenho e índice de manutenção consagraram sua escolha, sendo usado até então na CSN como padrão de instrumento de detecção de fluxo de sólidos.

Este trabalho tem o objetivo de analisar e estudar as características técnicas e os princípios de funcionamento de uma classe especial de equipamentos de instrumentação dedicados à detecção de fluxo de sólidos conduzidos por transporte pneumático.

Dentre suas aplicações mais nobres, está a detecção na injeção de carvão pulverizado nos altos-fornos (PCI). A injeção de carvão pulverizado nos altos-fornos da CSN foi projetada pela Claudius Peters, e é realizada por dois vasos de injeção que trabalham alternadamente. Enquanto um vaso está injetando, o outro está se preparando nas fases de alívio, carregamento, espera, pressurização com nitrogênio de baixa e, em seguida, com o de alta pressão. Após serem pressurizados, injetam o carvão pulverizado por uma tubulação principal até o distribuidor que, por sua vez, conduz o carvão para as lanças de injeção em cada uma das ventaneiras dos Altos-Fornos 2 (AF2) e 3 (AF3) da CSN.

O dispositivo de detecção de fluxo de sólidos, ou sensores de fluxo, são utilizados para monitorar o fluxo de carvão pulverizado nas lanças de injeção e podem acionar automaticamente o nitrogênio para purga em caso de entupimento da lança de carvão. Normalmente, qualquer sistema de injeção de carvão utiliza esses dispositivos para alarmes, intertravamentos e verificação de fluxo de sólidos em geral.

A lança dupla de injeção de carvão pulverizado tem o objetivo de dividir o fluxo de carvão para melhorar o contato com as moléculas de oxigênio do sopro de ar quente do alto-forno. Isso proporciona maior combustibilidade do carvão pulverizado no Raceway, reduzindo quase sempre a quantidade de coque carregado pelo topo do alto-forno. O carvão injetado substitui o coque carregado pelo topo do forno, o que traz grandes economias, aumento de produção e versatilidade operacional para os altos-fornos. Este estudo fornece subsídios para a definição do detector (sensor) de fluxo de carvão para o projeto da lança dupla de injeção e para qualquer outro sistema de transporte pneumático de sólidos.

8.2 DETECTORES DE FLUXO DE CARVÃO

O detector de fluxo de sólidos deve indicar o fluxo dos materiais que se movem a uma velocidade mínima necessária de 0,1 m/s. Esse fluxo de materiais sólidos pode ser detectado em tubos metálicos ou não metálicos.

O sensor distingue duas condições:

- falta de fluxo de materiais sólidos (somente a passagem de gás de transporte);
- obstrução do material ou entupimento do tubo.

Os detectores de fluxo de sólidos têm a função de monitorar o fluxo de carvão pulverizado em cada lança e possibilitam:

- monitorar a falta de fluxo de carvão por causa de entupimento ou o fluxo somente de nitrogênio;
- ativar a purga automaticamente injetando nitrogênio de alta pressão e fechar a válvula de carvão, caso sua lança esteja entupida.

8.3 PRINCÍPIOS BÁSICOS DE FUNCIONAMENTO DOS DETECTORES

Apresentamos neste tópico uma explicação breve do princípio de funcionamento de cada tipo de detector de fluxo de carvão, estudado para a instalação nas lanças duplas de carvão pulverizado.

A detecção do carvão pulverizado pode ocorrer a partir de alguns dos métodos analisados a seguir, de acordo com os detectores estudados. O artigo técnico de Motta e colaboradores (2009a) descreve com maiores detalhes outros detectores de sólidos que não os três tipos básicos aqui estudados.

8.3.1 Método Doppler

Quando a energia eletromagnética de uma fonte (f_t) é transmitida com uma vazão de gás sólido fase densa, alguma energia (f_r) é refletida através das partículas sólidas para um detector de entrada. Conforme o princípio do efeito Doppler, a diferença de frequência entre os sinais recebidos e transmitidos é diretamente proporcional à velocidade dos sólidos (V_s), como ilustra a Equação (8.1):

$$f_r - f_t = \frac{2V_S f_t \cos\theta}{c} \tag{8.1}$$

Onde:

c: é a velocidade da energia eletromagnética no meio de propagação;

θ: é o ângulo de inspeção da energia transmitida para a vazão.

Notar que, se $V_s = 0$ e $f_r = f_t$, isso pode significar dois eventos:

a) Ou a linha está toda bloqueada de carvão (entupida).

b) Ou não há fluxo de sólido, mas somente fluxo de nitrogênio do transporte pneumático.

O detector de sólidos por efeito Doppler pode ser do tipo monostático. A Figura 8.1 ilustra o sensoriamento monostático, no qual o transmissor/receptor injeta os sinais de micro-ondas pela antena via janelas "transparentes".

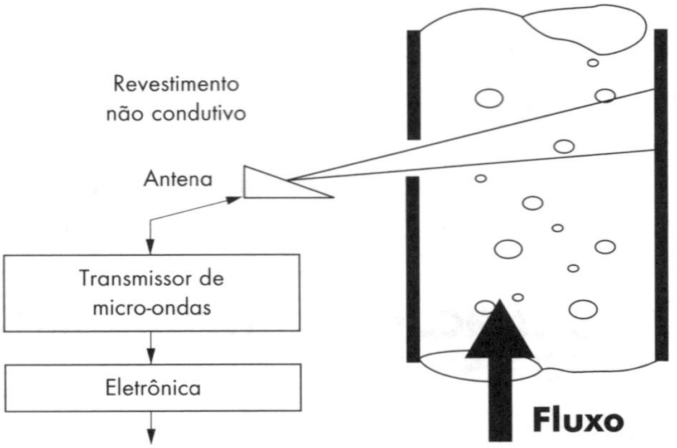

Figura 8.1 Detector monostático.

Fonte: LIPTAK, 1995.

Essas janelas podem ser de vidro, teflon, cerâmica, enfim, um material que não seja condutivo, pois em caso contrário o sinal de micro-ondas não as atravessa e, portanto, não detecta corretamente o fluxo de sólidos, como mostra a Figura 8.2.

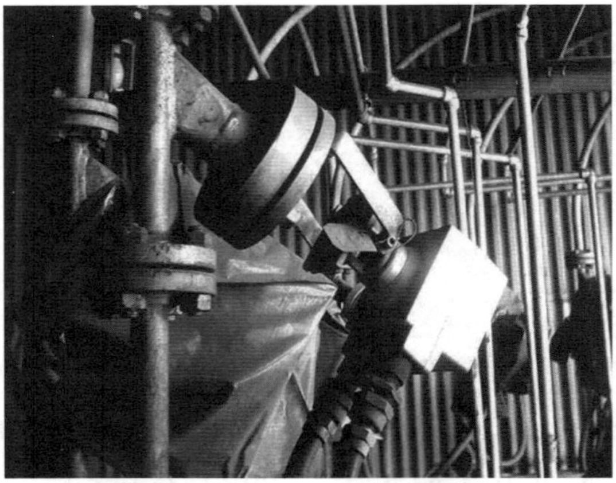

Figura 8.2 Granuflow no distribuidor.

Fonte: MOTTA, 2011.

Esse método de detecção é utilizado nos detectores a serem estudados: Granuflow (THERMO ELECTRON CORP., 2010), FlowJam (SWR, 2010) e Solidflow

(WADECO, 2010). Vários outros artigos técnicos (MOTTA et al., 2009a) e livros (LIPTAK, 1995; BORTONI; SOUZA, 2006) já abordaram a utilização desses dispositivos especiais para fluxo de carvão pulverizado e sistemas de transporte pneumático de sólidos em geral.

8.3.2 Métodos térmicos

Esse método de detecção é utilizado no detector denominado Thermoflow, que possui dois sensores de temperatura do tipo PT-100 localizados nas superfícies internas com um transmissor de sinal do tipo pastilha a dois fios no cabeçote. Indica a passagem ou não de material pela temperatura baixa da superfície da tubulação abraçada. Essa técnica utiliza a medição de temperatura na carcaça da tubulação pneumática, uma vez que o carvão transportado é mais quente (~60 °C) que o nitrogênio de transporte (~20 °C). Em caso de uma variação negativa significativa da temperatura no tempo no sensor, haverá detecção.

As principais características do Thermoflow são:

- detecção do fluxo de material por meio da medição de temperatura;
- sensor de fabricação nacional (Consistec–SP);
- necessidade de entrada analógica de 4 a 20 mA.

A Figura 8.3 ilustra os detalhes construtivos do detector de vazão de carvão baseado na temperatura da linha de injeção.

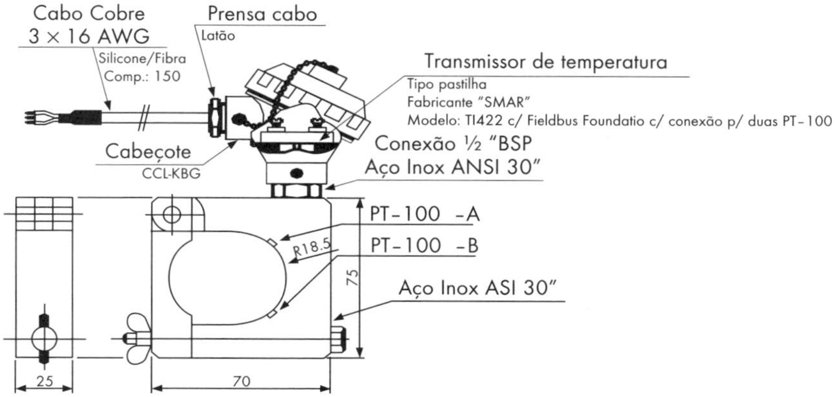

Figura 8.3 Detector de fluxo de carvão por temperatura: Thermoflow.

Fonte: MOTTA, 2011.

Foram adquiridas e testadas duas unidades nas lanças de injeção. O dispositivo foi testado e reprovado para a aplicação de detecção de carvão devido ao tempo de resposta lento, da ordem de minutos, ao passo que todos os outros sensores têm tempo de resposta da ordem de alguns segundos.

Outra desvantagem é a necessidade de cartões de entrada analógica para trabalhar o sinal do detector, em vez de uma simples entrada digital como nos demais detectores estudados, o que eleva o custo de implantação. Esse detector é usado no PCI da Companhia Siderúrgica Paulista (Cosipa) com relatos de desempenho baixo.

8.3.3 Métodos eletrodinâmicos

Na descrição dessa tecnologia de sensoriamento, o termo "eletrodinâmica" é sinônimo de outras palavras conhecidas, como "triboeletricidade" ou "eletrostática". As partículas em tubulações pneumáticas carregam certa quantia de carga eletrostática líquida devido a colisões entre si, impactos entre partículas e parede da tubulação, e fricção entre partículas e a corrente de gás.

A carga nas partículas pode ser detectada por meio de um eletrodo blindado e isolado, onde ocorre a medição da eletricidade estática gerada em dois eletrodos internos na tubulação. O circuito eletrônico possui um comparador que analisa a tensão gerada entre a carcaça da tubulação e os eletrodos pela passagem do fluxo de carvão.

As principais características do sensor do tipo Block são:

- detecção de material por meio da da eletricidade estática;
- sensor de fabricação original da Küttner, atual RWTH;
- baixo custo de fabricação, porém, elevada manutenção devido à aglomeração de carvão no sensor que propicia limpezas mecânicas periódicas.

A Figura 8.4 mostra o esquema de funcionamento do Block em corte transversal do sensor eletrostático. A tensão estática gerada nos eletrodos do tipo anel é em função da colisão de partículas nas paredes dos polos do sensor ($e_{(t)}$), analisada pela unidade eletrônica. Esse detector é usado nas Usinas Siderúrgicas de Minas Gerais (Usiminas) da cidade de Ipatinga (MG).

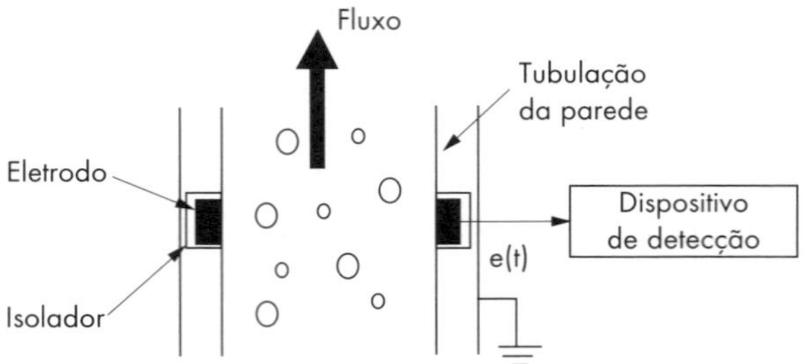

Figura 8.4 Sensor eletrodinâmico do tipo anel: Block.

Fonte: MOTTA, 2011.

Sua principal desvantagem é o acúmulo de carvão na superfície dos eletrodos de detecção da tensão estática gerada, podendo ter a amplitude da tensão gerada modificada com o passar do tempo, o que requer limpezas periódicas.

8.4 CARACTERÍSTICAS TÉCNICAS DOS DETECTORES ESTUDADOS

8.4.1 Granuflow

O Granuflow, ilustrado nas Figuras 8.1 e 8.2, é um dispositivo de detecção de fluxo de sólidos que foi desenvolvido e comercializado inicialmente na década de 1990 pela empresa Endress+Hauser. Esta passou a licença de projeto para o fabricante norte-americano Thermo Ramsey.

As suas principais características são:

- dispositivo não intrusivo;
- precisa de interface não condutiva;
- monitora apenas materiais não metálicos;
- modelo à prova de explosão com segurança intrínseca;
- efeito Doppler na faixa de micro-ondas.

O Granuflow (THERMO ELECTRON CORP., 2010), apesar de ser um equipamento consagrado, **não é indicado para novos projetos**, como o da lança dupla, devido à obsolescência eletrônica (vinte anos de projeto e presença no mercado) e à alimentação de 110 Vca, o que pode propiciar choques elétricos e explosões. Além disso, possui grande tamanho físico e características ambientais máximas (60 °C) inadequadas para o uso entre os algaravizes de um alto-forno. O Granuflow é utilizado nos distribuidores de carvão pulverizado do AF2 e do AF3 da CSN, bem como na Companhia Siderúrgica de Tubarão (CST) e na usina da ArcelorMittal, em João Monlevade (MG).

8.4.2 FlowJam

Analisaremos dois modelos de detectores FlowJam do fabricante SWR Engineering, o FlowJam I e o FlowJam S (SWR, 2010). A SWR também é uma empresa derivada da Endress+Hauser. As principais características em comum desses detectores são:

- ajuste fino de sensibilidade;
- ajuste de tempo de atraso de atuação da passagem de fluxo do material;
- sem contato e não invasivo;
- sem partes móveis, o que significa sem falhas mecânicas.

A principal diferença entre o FlowJam S e o FlowJam I é que no primeiro a eletrônica do conversor de sinal foi separado, levando o dispositivo a suportar piores condições ambientais e a alimentação foi reduzida de 110 Vca para 24 Vcc, atendendo à norma NBR 13, ou seja, sem risco de choque elétrico para a manutenção e aumentando a segurança do processo. O FlowJam S também é mais leve e compacto do que o FlowJam I.

A) FlowJam modelo I

As principais características do FlowJam I são:

- conversor de sinal e fonte de alimentação interna;
- temperatura máxima de operação de 60 °C;
- pressão máxima de 1 bar;
- tensão de alimentação de 110 Vca.

O PCI da Gerdau Açominas, em Ouro Branco (MG), usa o FlowJam I no distribuidor, sem o dispositivo de detecção de fluxo de carvão na lança dupla. Em relação ao Granuflow, o FlowJam modelo I é mais leve e compacto, como ilustra a Figura 8.5.

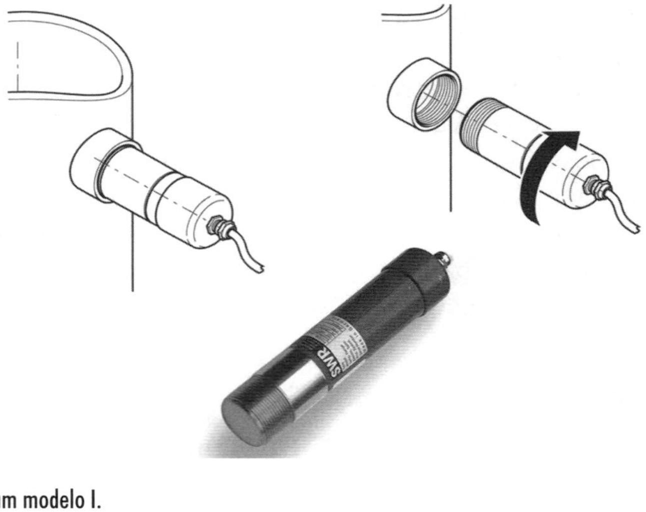

Figura 8.5 FlowJam modelo I.

Fonte: MOTTA, 2011.

B) FlowJam modelo S

As principais características do FlowJam modelo S (SWR, 2010) são:

- tensão de alimentação baixa de 24 Vcc;
- temperatura máxima de processo de 220 °C;
- pressão máxima de processo de 20 bar;
- somente três fios são conectados.

O detector de carvão FlowJam S foi aprovado e foram adquiridas, inicialmente, seis unidades para testes. Foram instalados na linha principal de 3½" de injeção do AF2 e nas bifurcações em "Y" dos protótipos de lança dupla do AF3.

O FlowJam S pode ser adaptado para condições extremas de processo, como altas temperaturas e pressões; e trabalhando em conjunto com o adaptador de processo, permite pressões de processo de até 20 kgf/cm² e temperaturas de até 220 °C, sendo aprovado para a lança dupla de carvão. O FlowJam S foi instalado na linha principal do AF2 e é ilustrado na Figura 8.6.

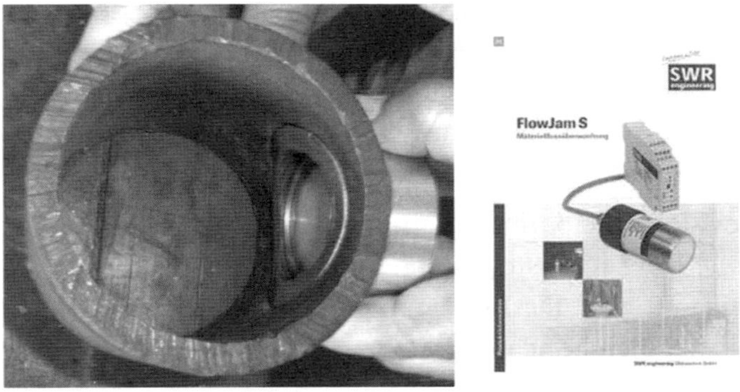

Figura 8.6 FlowJam modelo S.

Fonte: MOTTA, 2011.

8.4.3 Solidflow

As principais características do detector de carvão Solidflow (WADECO, 2010) são:

- confiável para o monitoramento do fluxo de sólidos em tubulações a vácuo, dutos, ar de escoamento, e em pontos de transferência vibratória de escoamento, correias transportadoras e transportadores do tipo caneco;
- sem contato e não invasivo;
- sem partes móveis, o que significa sem falhas mecânicas;
- alimentação de 110 Vca.

A Figura 8.7 ilustra o Solidflow modelo MWS-DP-2 aplicado na Lança 9 do AF3 da CSN.

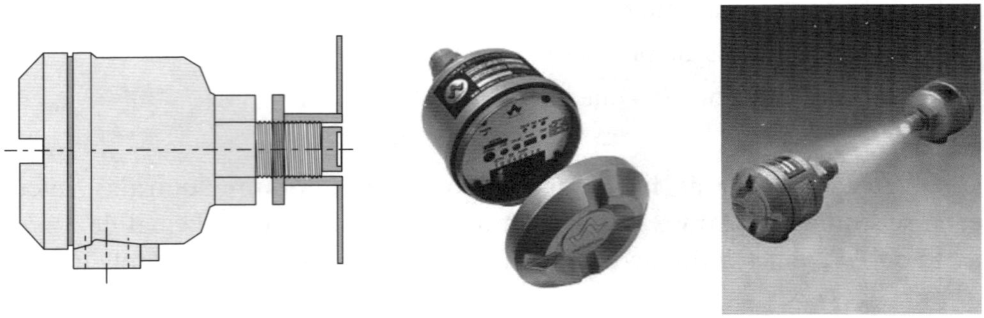

Figura 8.7 Solidflow modelo MWS-DP-2.

Fonte: WADECO, 2010.

Esse equipamento foi aprovado para substituir o Granuflow, por se tratar de um dispositivo com as mesmas características elétricas, porém, com projeto mais moderno do que este último. Atualmente, encontra-se em uso na Lança 9 (Figura 8.6) do AF3 com resultados de tempo de resposta tão bons quanto os do Granuflow, além do menor índice de manutenção, pois não é necessário limpar as lentes, como no caso do Granuflow DTR 131 Z.

Entretanto, o equipamento não atendeu ao projeto da lança dupla de carvão pulverizado, devido principalmente ao peso, sinais elétricos de 110 Vca (risco de choque elétrico) e elevado custo, quando comparado aos sensores que não necessitam de cerâmica interna. Dessa forma, o detector de fluxo Solidflow foi descartado para a aplicação em lança dupla.

As Figuras 8.8 e 8.9 ilustram os detalhes construtivos do Solidflow desenvolvido com o objetivo de substituir a janela de inspeção do Granuflow, que tem a inconveniência do acúmulo de pó sobre o vidro, o que impede a detecção. Para esse problema, foram usados sacos plásticos para cobrir a janela de inspeção.

Figura 8.8 Solidflow instalado na Lança 9 do AF3 da CSN.

Fonte: MOTTA, 2011.

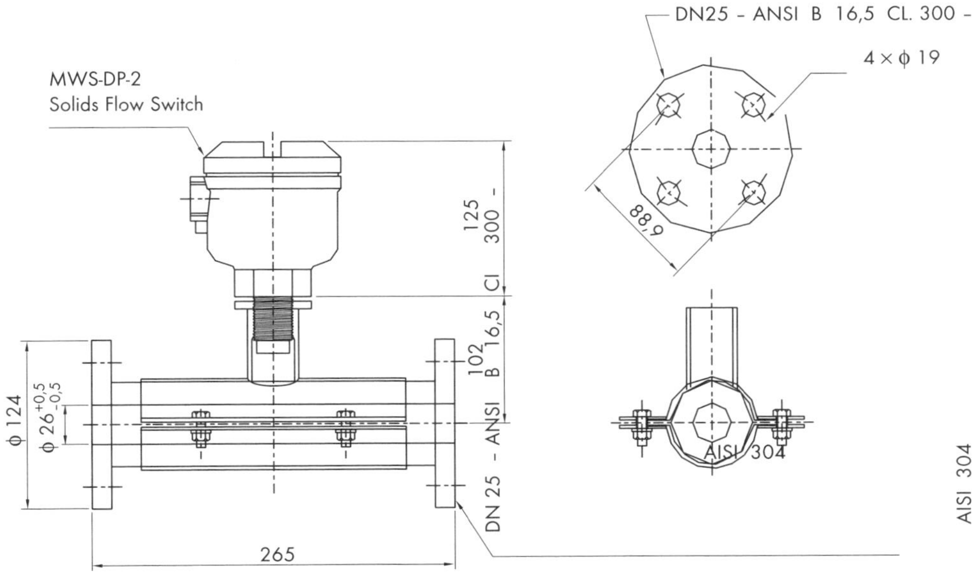

Figura 8.9 Tubo cerâmico com sensor.

Fonte: MOTTA, 2011.

8.5 ESCOLHA DO DETECTOR

A Tabela 8.1 mostra uma comparação entre os detectores de fluxo de carvão analisados para a implantação da lança dupla de carvão pulverizado na CSN no ano de 2010.

Tabela 8.1 Comparação entre os detectores de fluxo de carvão analisados.

Detectores de Carvão		Fabricante (Origem)	Temp. máx. (°C)	Alimentação elétrica	N° de fios	Preço em US$ (2010)
Solidflow		Wadeco (Japão)	60	110 Vca	4	3.213
Granuflow		Ramsey (Estados Unidos)	60	110 Vca	4	3.502
FlowJam I		SWR Engineering (Alemanha)	60	110 Vca	4	2.257
FlowJam S	**C/ adaptador**	SWR (Alemanha)	**220**	**24 Vca ou Vcc**	**2**	2.453
	S/ adaptador		100			2.257
Thermoflow		Consistec (Brasil)	100	24 Vcc	2	2.000
Block		Küttner (Alemanha)	60	24 Vcc	4	3.000

A Tabela 8.2 indica onde cada detector é aplicado em sua respectiva usina. Além disso, mostra seu local de teste no PCI da CSN.

De acordo com as características, vantagens, desvantagens e os princípios de funcionamento dos detectores estudados, foi consenso utilizar o moderno detector de carvão pulverizado FlowJam S.

As principais razões para a escolha desse novo dispositivo foram: suporta temperaturas altas com o adaptador (220 °C) e com pressões de até 20 bar; as facilidades de manutenção, sendo necessários apenas três fios para sua conexão; a parte da eletrônica está separada do sensor, o que permite maior robustez (conversor de sinal longe do sensor de campo). Além disso, é o detector com o projeto mais moderno encontrado no mercado atualmente.

A alimentação de 24 Vcc em vez de 115 Vca elimina a condição de choque elétrico, proporciona maior estabilidade funcional para os circuitos eletrônicos, reduz o risco de explosão e a geração de arco voltaico em caso de curto-circuito.

Tabela 8.2 Detectores em suas usinas e o teste do FlowJam S na CSN.

Detector	Teste CSN	Usinas siderúrgicas	Alto-forno	Local de aplicação	
				Distribuidor	Lança dupla
Thermoflow	Lanças	Cosipa	1	Sim	S/ proteção
FlowJam I	Não	Gerdau Açominas	1	Sim	S/ proteção
FlowJam S	Lanças	CSN	3	Não	Sim
Solidflow	Distribuidor	CSN	3	Sim	Não
Granuflow DTR 131 Z	Distribuidor	CSN	2 e 3	Sim	Não
Granuflow DTR 131 Z	Distribuidor	ArcelorMittal Monlevade	1	Sim	Sim
Granuflow DTR 131 Z	Distribuidor	CST	1, 2 e 3	Sim	Sim
Block	Não	Usiminas	3	Sim	Sim

8.6 ADAPTADORES DE PROCESSO PARA O FLOWJAM S

O adaptador de processo é uma bucha especial em aço inoxidável e tarugo usinado de teflon. É projetado para resistir a altas temperaturas e pressões do processo, além de permitir a passagem das micro-ondas através do bloco de teflon.

Ao escolher o detector de fluxo FlowJam S, será necessário o adaptador de processo para a sua utilização, cuja finalidade é torna-lo resistente a temperaturas e pressões mais elevadas.

O adaptador de processo original do instrumento FlowJam modelo S é ilustrado na Figura 8.10. Ele não atende às especificações de diâmetro do "T", para as conexões dos detectores nas bifurcações em "Y" projetadas para as lanças duplas de carvão dos altos-fornos.

O adaptador original foi confeccionado para:

- tubulação com diâmetros a partir de 2";
- apresenta rosca externa de 15 mm de comprimento e 40 mm de diâmetro;
- rosca interna de 15 mm de comprimento, 42,4 mm de diâmetro e com onze pontos por polegada.

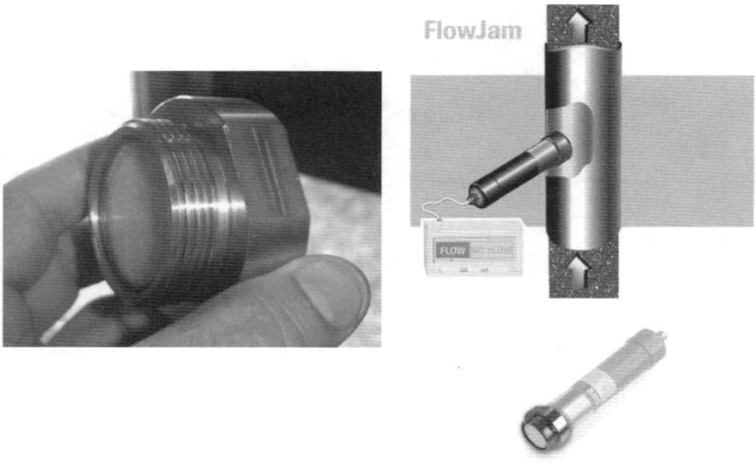

Figura 8.10 Adaptador original do detector FlowJam S.

Fonte: MOTTA, 2011.

A Figura 8.11 ilustra a parte nova da instalação da bifurcação em "Y" da lança dupla para a divisão do fluxo de carvão com a opção de coinjeção e mistura com gás natural.

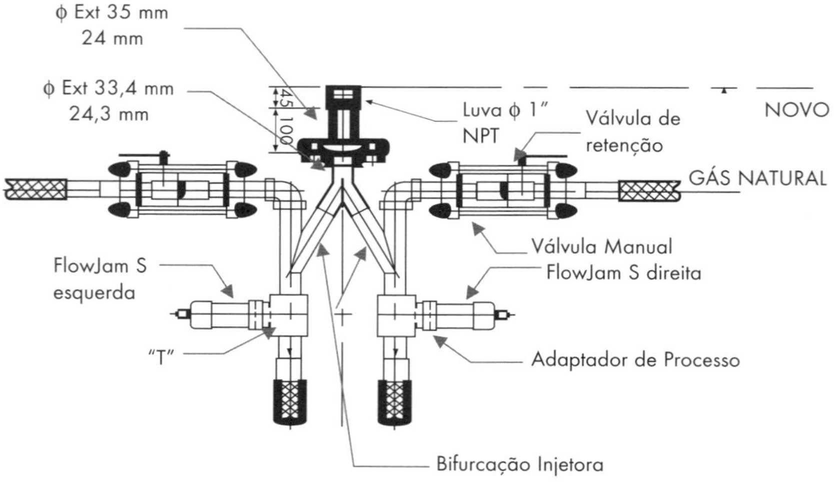

Figura 8.11 Bifurcação típica para a lança dupla.

Fonte: MOTTA, 2011.

Foi confeccionado com um adaptador de processo especialmente projetado para a bifurcação da lança dupla, ilustrado na Figura 8.12.

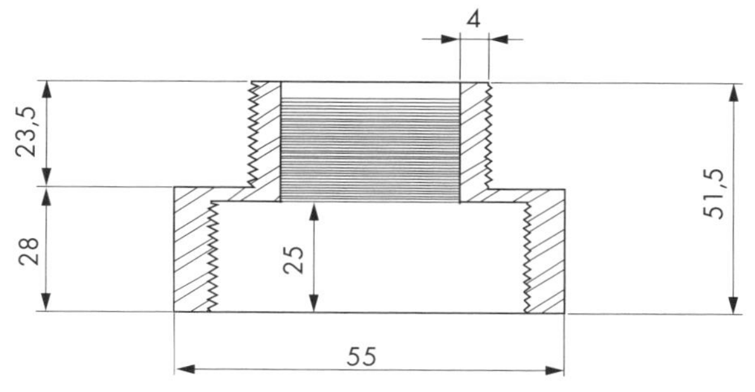

Figura 8.12 Adaptador confeccionado para o detector FlowJam S.

Fonte: MOTTA, 2011.

O projeto do novo adaptador para o "T" usado na bifurcação em "Y" contempla o alongamento do comprimento da rosca externa, para que o fluxo de carvão passe na face da conexão do processo (teflon) do sensor.

A intenção é evitar uma cavidade na frente do sensor, onde ocorreria o acúmulo de carvão pulverizado que obstruiria a passagem da onda eletromagnética e impediria a detecção correta da falta de fluxo de carvão.

8.7 BIFURCAÇÃO DE CERÂMICA PARA LANÇA DUPLA

O estado da arte para plantas de injeção de carvão pulverizado em altos-fornos utiliza injeção em lança simples. No caso de lança dupla, a divisão do fluxo de carvão pulverizado ocorre no final da linha, próximo a lança de injeção na sala de corridas através de uma bifurcação. Essa bifurcação geralmente é feita em aço carbono comum com reforços mecânicos tais como bedâme, entre outros artifícios técnicos mitigantes dos efeitos abrasivos do transporte pneumático de sólidos, seja em fase diluída ou fase densa.

O principal diferencial entre as bifurcações usuais de aço carbono ou aço inox para a bifurcação da Figura 8.13a é o seu formato geométrico especial e seu revestimento interno em cerâmica, que reduz a perda de carga sem gerar turbulências internas do fluxo, e com adaptadores de processo para os sensores de fluxo de carvão, que permitem a operação segura da injeção de carvão, seja com lança simples ou dupla. Além disso, a bifurcação possui elevado tempo de vida útil, de até 30 anos, estimado pelo fabricante, em razão de utilizar revestimento interno, tornando-se altamente resistente ao desgaste por abrasão do fluxo de finos de carvão ou qualquer outro material transportado. A bifurcação de cerâmica, permitiu a redução da perda de carga para o transporte pneumático em lança simples ou lança dupla, viabilizando tecnicamente a transição de lança simples para dupla de modo seguro e rápido.

A Figura 8.13(a) ilustra o desenho da bifurcação de cerâmica e a Figura 8.13(b) ilustra a foto da bifurcação instalada no AF3, da CSN.

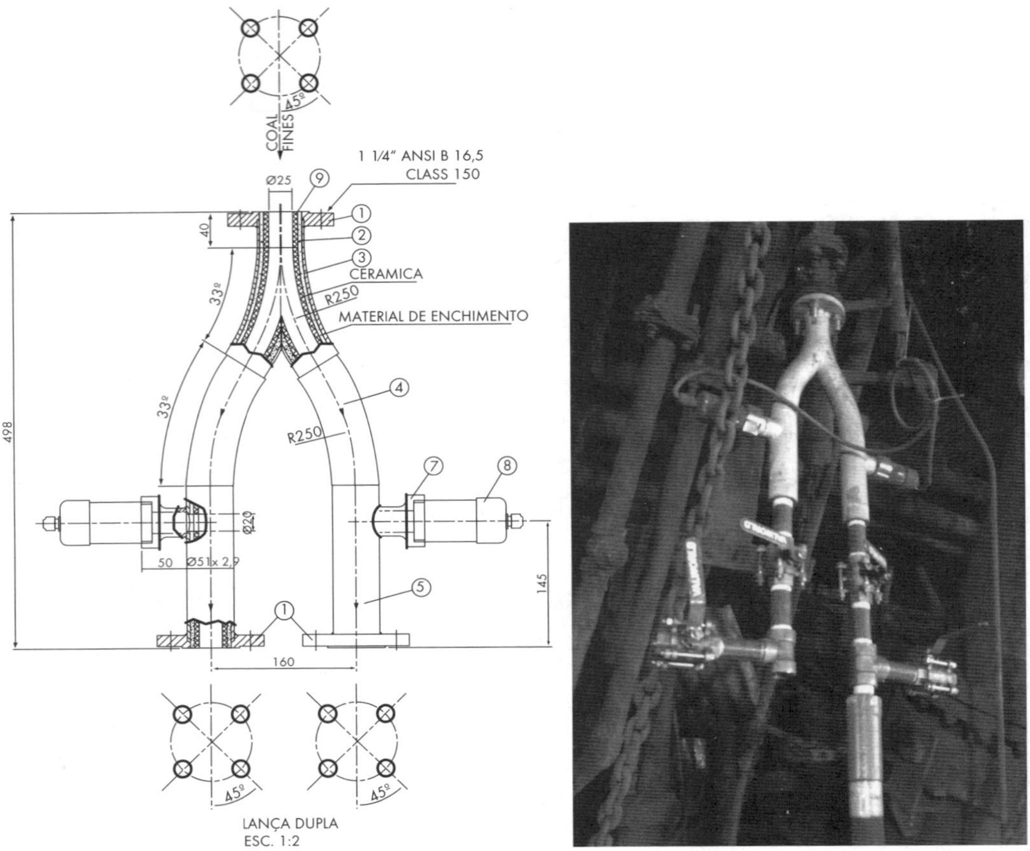

(a) **(b)**

Figura 8.13 Bifurcação de cerâmica.

Fonte: MOTTA, 2011.

8.8 TESTES PRELIMINARES COM O FLOWJAM S

Para comprovação inicial da funcionalidade do novo sensor FlowJam S, foi instalado um detector na linha principal de carvão do sistema de injeção do AF2 (Figura 8.14).

Ele tem as funções de:

- enviar uma resposta de entupimento ou falta de fluxo de carvão pulverizado da tubulação principal com maior rapidez;
- proporcionar uma ação imediata do operador em caso de falta de fluxo.

Figura 8.14 FlowJam S instalado na linha principal de injeção do AF2 da CSN.

Fonte: MOTTA, 2011.

O detector FlowJam S foi instalado logo após os vasos de injeção na linha principal que, por sua vez, estão distantes cerca de 450 m dos distribuidores de carvão, onde estão localizados os Granuflows. É possível medir a velocidade das partículas de carvão pulverizado na linha principal de injeção quando ocorre alguma falha de fluxo ou parada de injeção. O atraso de tempo medido entre a detecção do FlowJam S e os Granuflows do distribuidor do AF2 é de cerca de 60 s, obtendo uma velocidade média de 7,5 m/s, em uma faixa aceitável de até 10 m/s, para as partículas de carvão no transporte pneumático em fase densa.

8.9 CONCLUSÕES

Os detectores de carvão disponíveis no mercado têm diferentes princípios de funcionamento e consequentes índices de falhas e manutenção que devem ser considerados antes de qualquer projeto de PCI.

O detector Solidflow se mostrou um excelente sobressalente do detector Granuflow, pois seu tempo de resposta é tão bom quanto ao deste último. O tubo cerâmico do Solidflow substitui com maior desempenho e menor índice de manutenção externa, pois não é necessário limpar as lentes, como no caso do Granuflow. Porém, ele possui apenas uma entrada de ½" NPT para a conexão dos fios de alimentação e sinal.

Os detectores baseados em detecção por temperatura – Thermoflow – não se mostraram adequados para uso na detecção de fluxo, devido ao grande tempo de resposta e elevado custo de implantação, além da dificuldade de ajuste do ponto de alarme.

Os sensores baseados na detecção de fluxo pelo ruído sônico e outros tipos exóticos não foram analisados neste trabalho, em razão de seu princípio de funcionamento e, portanto, confiabilidade baixa para a detecção de fluxo em sistemas de injeção de carvão pulverizado em altos-fornos.

Os detectores baseados na detecção de carga eletrostática – Block – não foram escolhidos por causa de sua suscetibilidade ao acúmulo de carvão na superfície dos eletrodos de detecção e da interferência eletromagnética do meio. Além disso, não é um dispositivo disponível no mercado mundial e, portanto, não é de fácil reposição.

A escolha do FlowJam S foi decisiva para a elaboração do projeto da "Lança Dupla de Carvão Pulverizado nos Altos-Fornos da CSN". Trata-se de um dispositivo fabricado de acordo com as normas modernas de segurança intrínseca, de fácil manutenção e robustez para a aplicação de PCI em alto-forno.

O detector FlowJam S tem se mostrado eficiente para a detecção de fluxo de carvão. Seu uso é prático, pois possui pouco peso, sendo de fácil ligação e manutenção. A parte de sua eletrônica está longe da alta temperatura entre os algaravizes, sendo a alimentação do sensor em 24 Vcc com apenas dois fios e seu projeto moderno as principais vantagens que determinaram por sua escolha nesse projeto.

As informações sobre o desempenho e índice de manutenção dos detectores, bem como a escolha do princípio de funcionamento, fazem parte do livre arbítrio de cada projetista e de cada usina siderúrgica. Porém, a atualização tecnológica dos dispositivos e a experiência prática do dia a dia de cada equipe de operação/ manutenção dos altos-fornos e PCI das usinas brasileiras devem ser consideradas pelos projetistas de sistemas de injeção de carvão pulverizado e seus fabricantes.

9 CAPÍTULO

Modelagem da medição de vazão de ar quente em tubo reto de alto-forno

9.1 INTRODUÇÃO

O objetivo deste capítulo é modelar o sistema de medição de vazão de ar quente soprado pelas ventaneiras dos altos-fornos da CSN. Este estudo será a base para a implantação das medições de vazão e dos intertravamentos de segurança para a injeção de carvão pulverizado nos altos-fornos. Foram implantadas medições de vazão nos tubos retos do sistema de ar quente soprado dos altos-fornos baseados em tubos Venturi. A modelagem do sistema permitiu o cálculo do diferencial de pressão a ser ajustado nos transmissores de vazão, levando em consideração as dimensões do Venturi, a densidade do ar quente pressurizado e a compressibilidade do ar. Os resultados foram: a definição das dimensões do Venturi, a especificação dos transmissores de vazão, e também a automação do processo, na qual foram contempladas as condições de segurança e intertravamento para a injeção segura de carvão pulverizado nas ventaneiras do alto-forno.

O sistema de vazão de ar soprado pelo tubo reto necessita de transmissores de vazão de ar quente para realizar os intertravamentos de segurança do processo. Esse equipamento monitora a vazão de ar soprado nos tubos retos para cada algaraviz, sinalizando o entupimento ou a vazão baixa de ar soprado para este equipamento que, para o Alto-Forno 3 (AF3), tem seu limite inicialmente estabelecido em 60 Nm^3/min. Ao atingir uma das duas condições, efetua-se a purga automática com o fechamento da válvula de carvão e abertura da válvula de nitrogênio de pressão alta.

O equipamento que monitora a vazão de ar soprado no tubo reto é um transmissor de vazão pela pressão diferencial, cujas tomadas de pressões alta e baixa estão instaladas no Venturi de cerâmica interno ao tubo reto.

Um entupimento no algaraviz ou na ventaneira devido ao deslocamento de cascão pode causar a explosão do conjunto porta-vento, com a consequente parada de emergência do alto-forno por causa do acúmulo do carvão injetado e não queimado. O sistema de injeção de carvão pulverizado deve, por segurança, fechar a válvula de carvão e acionar automaticamente a respectiva válvula de nitrogênio de pressão alta para a purga e refrigeração, evitando, assim, o acúmulo de carvão no interior do algaraviz.

Outro objetivo importante dessa modelagem é criar um memorial de cálculo, como ensina Delmée (1983, 1993), para se obter um ajuste padrão dos transmissores de vazão e possibilitar um intertravamento mais seguro para os altos-fornos da CSN.

Nos cálculos do trabalho desse autor foram consideradas as condições reais do ar soprado pelo processo, sendo utilizados os valores do ar em condições normais de temperatura e pressão (CNTP) adquiridos no trabalho de Bortoni e Souza (2006), diferentemente dos trabalhos de Alli (2008) e Sighieri e Nishinari (1998) que foram as referências de base para o desenvolvimento dos cálculos do nosso trabalho. As condições do intertravamento de segurança tiveram como referência os trabalhos de Johansson e Medvedev (2000), Birk (1999), e Birk e Medvedev (1997) para a injeção segura do carvão pulverizado.

9.2 MATERIAL E MÉTODOS EMPREGADOS NA MODELAGEM

O método utilizado foi a obtenção dos valores do diferencial dos transmissores de vazão por meio da equação de Bernoulli. Considerou-se também o equilíbrio energético e, além disso, foram utilizadas as condições reais do processo de sopro de ar quente na base do alto-forno. As verificações foram realizadas por meio da automação existente, comparando os valores adquiridos da vazão do motosoprador com o somatório das medições de todos os transmissores de vazão de cada tubo reto, comprovando a validade do memorial de cálculo do Venturi.

Os materiais utilizados foram: transmissores de vazão; Sistema Digital de Controle Distribuído (SDCD) modelo Centum CS do fabricante Yokogawa; cartões de entrada analógica; calibrador do tipo *hand-held* HART da Fisher-Rosemount; e tubo de Venturi de refratário feito nas próprias oficinas da CSN a partir desse memorial de cálculo de suas dimensões internas.

9.3 DESCRIÇÃO SUCINTA DO SISTEMA DE AR QUENTE SOPRADO PARA O ALTO-FORNO

O alto-forno tem o objetivo de extrair o ferro metálico a partir de seu minério. Isso é conseguido ao se fazer uma corrente de ar altamente aquecida passar em contracorrente por uma carga metálica, coque e calcário, que desce pela coluna interna do alto-forno.

O motosoprador e uma máquina rotativa de alta potência (55000 HP) geram uma vazão de ar "frio" na faixa de 150 °C a 200 °C. Essa vazão passa através dos regeneradores que, por sua vez, aquecem esse ar soprado para uma faixa entre 1000 °C e 1200°C.

O ar soprado para o alto-forno começa seu processo nos motosopradores, que têm a função de soprar o ar a uma temperatura de cerca de 200 °C para o regenerador. Ao passar pelo regenerador aquecido, o ar sofre uma elevação da temperatura para 1.100 °C. Logo após, o ar quente é distribuído para o alto-forno através dos conjuntos porta-ventos. O ar aquecido é insuflado na região inferior do forno através dos conjuntos porta-ventos, que estão conectados ao anel de vento.

O sistema de ar soprado consta de quatro regeneradores que trabalham de modo paralelo, dois a dois, alternadamente. Enquanto dois estão aquecendo, os outros dois estão soprando ar quente para o anel de vento. Do anel de vento, esse ar quente pressurizado é distribuído para cada tubo reto que, por sua vez, alimenta o algaraviz, passando pela ventaneira até alimentar o forno com o ar quente, onde forma o Raceway, e este provoca a combustão do carvão pulverizado injetado pelas lanças.

O anel de vento tem o propósito de distribuir o ar aquecido pelos regeneradores para o alto-forno, através dos conjuntos porta-ventos. Os principais equipamentos do conjunto porta-vento são o tubo reto, o algaraviz, o resfriador de ventaneira e a ventaneira propriamente dita.

O intertravamento da vazão tem o objetivo de proteger o conjunto porta-vento contra o acúmulo de carvão pulverizado. O propósito é efetuar a purga em caso de vazão baixa no tubo reto, evitando a explosão do algaraviz por acúmulo de carvão.

A Figura 9.1 ilustra o sistema simplificado de sopro de ar quente para o AF3 da CSN, no qual se pode ver o transmissor de vazão do motosoprador e os transmissores de cada um dos tubos retos do alto-forno.

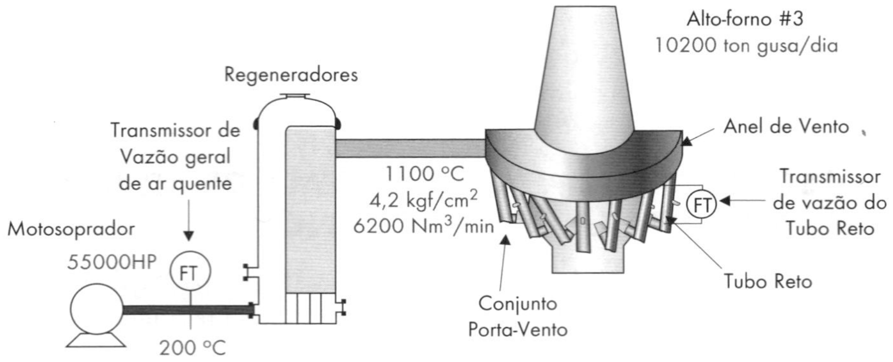

Figura 9.1 Sistema de ar quente soprado para o AF3 da CSN.

Fonte: MOTTA, 2011.

9.4 FAIXAS DE VAZÃO CARACTERÍSTICAS DO AR SOPRADO

A Tabela 9.1 ilustra as principais características das vazões máximas de sopro para cada alto-forno, e também o número de ventaneiras e a vazão individual de cada uma destas.

A vazão máxima de cada tubo reto pode ser estipulada para cada alto-forno em função da vazão máxima de cada ventaneira. Porém, deve-se levar em consideração que na prática pode-se ter até no máximo 20% de ventaneiras isoladas.

Além disso, a distribuição de vazão de sopro entre os algaravizes pode variar em até ± 20%. Portanto, a máxima vazão do tubo reto deve ser recalculada, como mostra a Tabela 9.1.

Tabela 9.1 Vazão e pressão nominal de sopro dos altos-fornos da CSN.

AF	Temp. sopro (°C) T_S	Pressão sopro (kgf/cm²) P_S	Vazão máxima de sopro (Nm³/min)	Número de ventaneiras	Vazão máx. de cada ventaneira (Nm³/min)	Faixa de medição (Nm³/min)
2	1200	2,5	3200	24	200	0 a 200
3	1100	4,2	6800	38	272	0 a 300

9.5 DENSIDADES DO AR SOPRADO NOS ALTOS-FORNOS 2 E 3

Como o fluido a ser analisado nas equações de vazão do próximo item é o ar quente soprado pelo anel de vento, temos que calcular a densidade do ar (ρ_{AR}) pela

Equação (9.1) para as condições de temperatura e pressão do ar quente soprado do anel de vento através dos tubos retos para todos os algaravizes do alto-forno.

$$\rho_{AR} = \rho_{0AR} \times \frac{T_0 P_S}{T_S P_0} \tag{9.1}$$

Onde:

T_S: temperatura do ar quente soprado em K;

P_S: pressão do ar quente soprado em kgf/cm².

$$T_o = 0\ ^{\circ}C = 273\ K$$

$$P_0 = 1\ atm = 101{,}327\ kPa$$

$$\rho_{0\ AR} = 1{,}2932\frac{kg}{m^3}$$

Para CNTP, de acordo com Perry e Green (1984), a densidade do ar tem os seguintes valores:

A) Para o Alto-Forno 3

$$\rho_{AR} = 1{,}2932 \times \frac{273 \times 509{,}9}{1373 \times 101{,}3} = 1{,}2939\frac{kg}{m^3}$$

B) Para o Alto-Forno 2

$$\rho_{AR} = 1{,}2932 \times \frac{273 \times 343}{1473 \times 101{,}3} = 0{,}8113\frac{kg}{m^3}$$

9.6 VAZÕES PARA O TUBO RETO DOS ALTOS-FORNOS 2 E 3

O desenvolvimento do modelo matemático para o cálculo da diferença de pressão (ΔP) do transmissor de vazão do tubo reto leva em consideração a densidade do fluido, que neste caso é o ar quente soprado pelo anel de vento.

O sistema usado para a análise matemática é mostrado na Figura 9.2. Foi desenvolvido utilizando-se o balanço energético com a equação de Bernoulli (DELMÉE, 1983), no estado estacionário, conforme usado em Alli (2008) e Sighieri e Nishinari (1998).

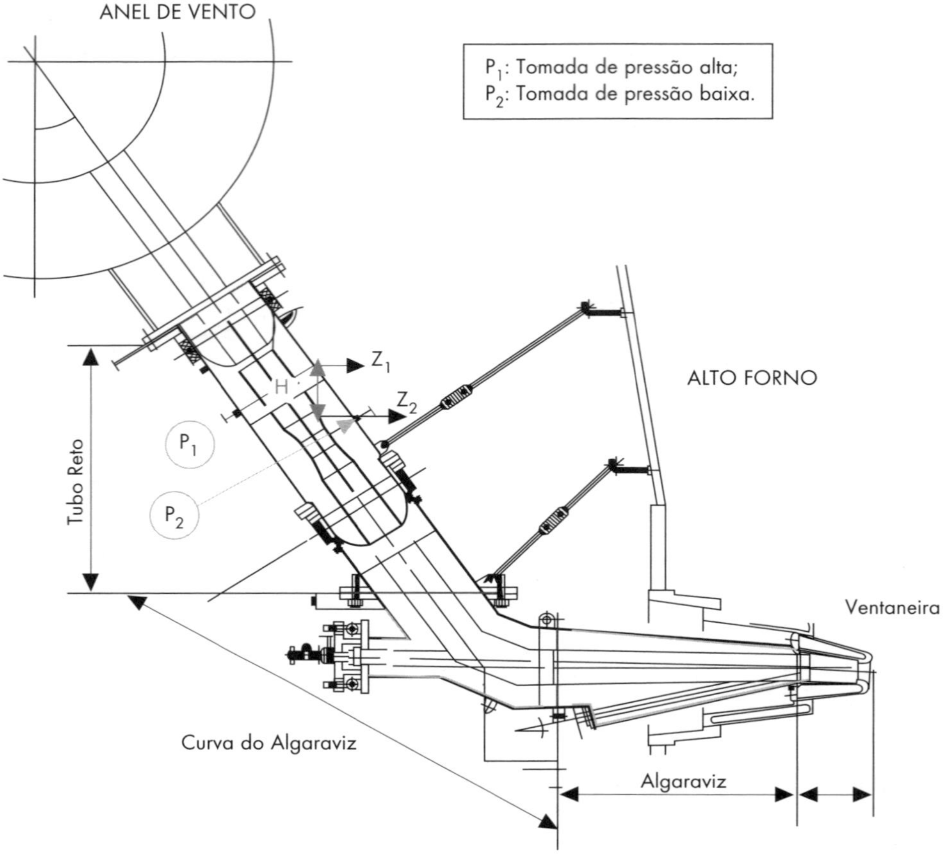

Figura 9.2 Modelo analisado para a medição de vazão do tubo reto.

Fonte: MOTTA, 2011.

A Equação (9.2) leva em conta todas as considerações feitas anteriormente.

$$\frac{V_1^2}{2} + gz_1 = \int_1^2 \frac{dp}{\rho_{AR}} + \frac{V_2^2}{2} + gz_2 + W_s + perdas_{1-2} \qquad (9.2)$$

Onde:

V_1, V_2: velocidade média do fluido em m/s;

z_1, z_2: altura H nos pontos 1 e 2, respectivamente, em m;

g: aceleração da gravidade (9,81 m/s^2);

dp: diferencial da queda de pressão ao longo do Venturi em Pa;

ρ_{AR}: densidade do ar quente soprado, calculado pela equação (9.1) em kg/m^3;

W_s: trabalho mecânico realizado pelo fluido no sistema;

perdas$_{1-2}$: perdas de pressão por atrito através do tubo de Venturi.

Ao efetuarmos as considerações:

- O trabalho realizado no tubo de Venturi é zero, ou seja, $W_s = 0$.
- As perdas por atrito são desprezadas, ou seja, $perdas_{1\text{-}2} = 0$.
- A queda de pressão devido à diferença de altura H entre as tomadas de pressões alta e baixa é desprezível perante o ΔP.

No artigo escrito por Alli (2008), considerou-se que a densidade do fluido de ar soprado é constante na temperatura ambiente e que os efeitos da compressibilidade do gás com a temperatura e pressão do ar quente são desprezíveis.

Nesse modelo descrito, adicionou-se a variação da densidade do ar quente de acordo com as condições de temperatura e pressão nominais de sopro, e foram incorporados os efeitos da compressibilidade do ar quente soprado. A densidade do ar quente deve ser considerada para cada alto-forno, como foi visto na Equação (9.1).

Substituindo a equação da continuidade na Equação (9.2), com o objetivo de isolar V_2, e multiplicando o resultado pelo valor da área da restrição, a vazão através do tubo Venturi em m³/s pode ser obtida pela equação dos gases perfeitos.

Existem alguns efeitos que são considerados no sistema: viscosidade, inércia e atrito do ar dentro da restrição do Venturi. Por causa desses efeitos, a queda real da pressão é maior do que a considerada na Equação (9.2). Assim, para correção existe um coeficiente de multiplicação da vazão teórica conhecido por Cd (coeficiente de distúrbio). Inicialmente, vamos considerar Cd = 0,985. Esse número será revisto em seguida para adaptação ao material refratário, que consiste nas partes internas dos tubos retos, onde está localizado o Venturi.

Assim, para a expressão do cálculo real da vazão desnormalizada no tubo reto, obtemos a Equação (9.3):

$$Q_{real} = C_d a \sqrt{\frac{2 \times \left(\frac{\Delta P}{\gamma} + gH \right)}{1 - \left(\frac{d}{D} \right)^4}} \tag{9.3}$$

Onde:

D e d: diâmetros internos do tubo reto nos pontos 1 e 2, respectivamente, em m;

ΔP: queda de pressão (p_1-p_2), em N/m² ou Pa;

a: área da restrição mínima do Venturi com diâmetro d;

Q: vazão no tubo reto em m³/s.

No sistema projetado, os efeitos da compressibilidade do ar foram incluídos matematicamente na análise pela correção da densidade do ar. O valor de 2 gH pode ser desprezado, pois é insignificante perante a queda de pressão na restrição refratária interna do Venturi.

Levando em consideração que a densidade do ar (ρ_{AR}) é a do ar quente soprado calculado pela Equação (9.3), o valor prático de ΔP para ajuste no transmissor de vazão pode ser dado pela Equação (9.4).

$$\Delta P = \frac{\rho_{AR}}{2} \times \left(\frac{Q_{real}}{C_d a}\right)^2 \times \left[1 - \left(\frac{d}{D}\right)^4\right] \quad (9.4)$$

9.7 SISTEMA DE MEDIÇÃO PARA O INTERTRAVAMENTO DO PCI

Para que o sistema de injeção de carvão pulverizado (PCI) seja seguro, os intertravamentos de vazão baixa nos tubos retos são fundamentais, conforme mostrado no trabalho de Motta (2011), pois a combustão do carvão é assegurada somente quando há presença de Raceway, ou seja, somente com vazão pela ventaneira. O elemento primário de medição de vazão projetado é um Venturi de cerâmica moldado e concretado internamente ao tubo reto, ilustrado na Figura 9.2.

As tomadas de impulso de pressão diferencial desse Venturi foram obtidas através de perfurações na cerâmica e de válvulas manuais para manutenção e desobstrução das tomadas na parada do alto-forno. As tubulações das tomadas de impulso de alta e baixa são conduzidas até a sala de abrigo dos transmissores de pressão diferencial que fornecem a medição da vazão de cada tubo reto.

A Figura 9.3 ilustra todos os transmissores de vazão do AF3.

Figura 9.3 Transmissores de vazão de ar quente soprado.

Fonte: MOTTA, 2011.

A Figura 9.4 mostra, em especial, o transmissor de vazão do tubo reto 15 do AF3 da CSN.

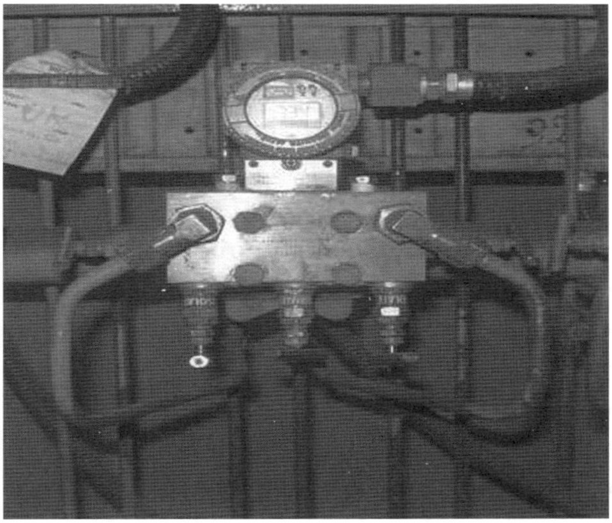

Figura 9.4 Transmissor 15 do AF3 da CSN.

Fonte: MOTTA, 2011.

A Figura 9.5 ilustra o anel de vento e o percurso das tubulações vindas das tomadas de pressões alta e baixa para a sala de instrumentação, onde estão localizados os transmissores de vazão de ar soprado de cada tubo reto.

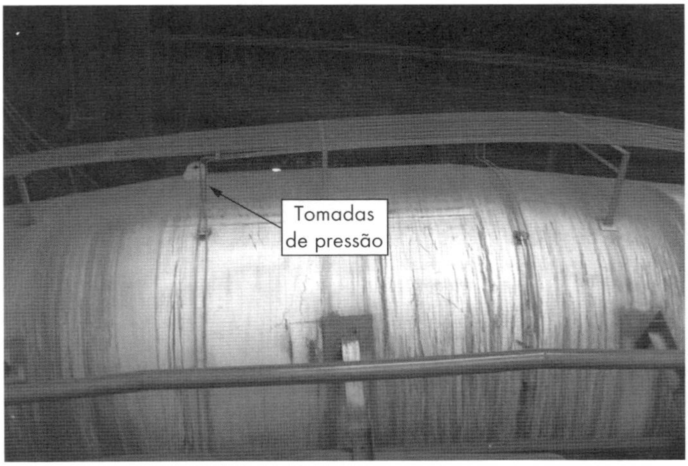

Figura 9.5 Tomada de impulso dos transmissores de pressão diferencial.

Fonte: MOTTA, 2011.

9.8 CÁLCULOS DA PRESSÃO DIFERENCIAL DO ALTO-FORNO 3

O cálculo da pressão diferencial para calibração do instrumento de medição de vazão do tubo reto para as condições de operação do sopro de ar quente do AF3 é descrito a seguir.

As características do ar quente soprado pelo tubo reto dos algaravizes do AF3 e a faixa de escala de vazão nas CNTP desejada para o instrumento (Q_0 = 300 Nm^3/min) devem ser consideradas na Equação (9.3).

A Equação (9.5) dos gases perfeitos fornece o valor da vazão do ar quente (Q_{real}) para a condição de operação do alto-forno.

$$\frac{P_S Q_{real}}{T_S} = \frac{P_0 Q_0}{T_0} \tag{9.5}$$

$$Q_{real} = \frac{101,3 \times 300 \times 1373}{273 \times 509,9} = 299,74\left(\frac{m^3}{min}\right) = 5\left(\frac{m^3}{s}\right)$$

Os dados dimensionais do Venturi interno ao tubo reto do AF3 e os demais dados para a aplicação na Equação (9.4) são calculados a seguir.

Tendo todos os valores necessários, conseguimos obter o valor do diferencial de pressão, a ser calibrado no transmissor de vazão para os tubos retos do AF3.

$$\Delta P = \frac{1,2939}{2} \times \left(\frac{5}{0,985.0,023}\right)^2 \times \left(1 - \left(\frac{0,17}{0,25}\right)^4\right)$$

Convertendo a unidade obtida para a unidade de calibração do transmissor de pressão diferencial, obtém-se:

$$\Delta P = 24577,8(Pa) = 245,78(mBar) = 2506,24(mmH_2O)$$

9.9 CÁLCULOS DA PRESSÃO DIFERENCIAL DO ALTO-FORNO 2

Para o Alto-Forno 2 (AF2), a escala original escolhida para o SDCD foi de 0 Nm^3/min a 200 Nm^3/min. A temperatura (1.127 °C) e a pressão manométrica (2,5 kgf/cm^2) de operação do ar quente soprado devem ser desnormalizadas para se determinar o valor da vazão e, então, obter a diferença de pressão (ΔP) para se ajustar nos transmissores de vazão em campo. Os transmissores de vazão por diferença de pressão geralmente têm seu ΔP ajustado em mmH_2O.

$$Q_{real} = \frac{101{,}3 \times 200 \times 1473}{273 \times 343} = 318{,}8\left(\frac{m^3}{min}\right) = 5{,}31\left(\frac{m^3}{s}\right)$$

Tendo todos os valores necessários, conseguimos obter o valor do diferencial de pressão para o AF2 a partir da Equação (9.4). Para a escala de vazão de 0 Nm^3/min a 200 Nm^3/min no AF2, a pressão diferencial a ser calibrada no transmissor de vazão é:

$$\Delta P = \frac{0{,}8113}{2} \times \left(\frac{5{,}31}{0{,}985.0{,}025}\right)^2 \times \left[1 - \left(\frac{0{,}18}{0{,}25}\right)^4\right]$$

$$\Delta P = 13767{,}5(Pa) = 137{,}67(mBar) = 1403{,}89\ mmH_2O$$

9.10 IDENTIFICAÇÃO E VALIDAÇÃO DO MODELO PARA MEDIÇÃO DE VAZÃO

Um dos meios de se comprovar a fórmula e a medição obtida é através da soma dos 38 valores de vazão dos tubos retos para o AF3 e 24 valores de vazão para o AF2 e a comparação com o valor da vazão total de sopro medida por outros instrumentos de vazão com erro de 0,1%, localizados no motosoprador e cujos sinais são aplicados para o PCI.

Foram implantadas duas telas gráficas no SDCD que ilustram os perfis de vazão em um gráfico radial simbolizando o alto-forno em corte. Algumas das ventaneiras estão sem a medição de vazão devido a danos no Venturi, e outras estão isoladas por questões operacionais (Ponto quente no cadinho).

As medidas das vazões do AF2 e AF3 efetuadas pelos transmissores do motosoprador foram comparadas com o somatório das vazões individuais de cada tubo reto para a validação do modelo desenvolvido para a medição de vazão. Os valores reais obtidos do AF3 são ilustrados na Figura 9.6.

Pode-se observar que o somatório das vazões é 15% menor que a vazão obtida pelo transmissor de vazão geral do motosoprador. Isso nos leva à conclusão de que o Venturi refratário sofre desgaste ou erosão com a passagem do sopro de ar quente. A restrição do Venturi de diâmetro **d** tende a se desgastar com o tempo, aproximando-se do diâmetro **D**, e, em consequência, diminui a pressão diferencial da medição de vazão.

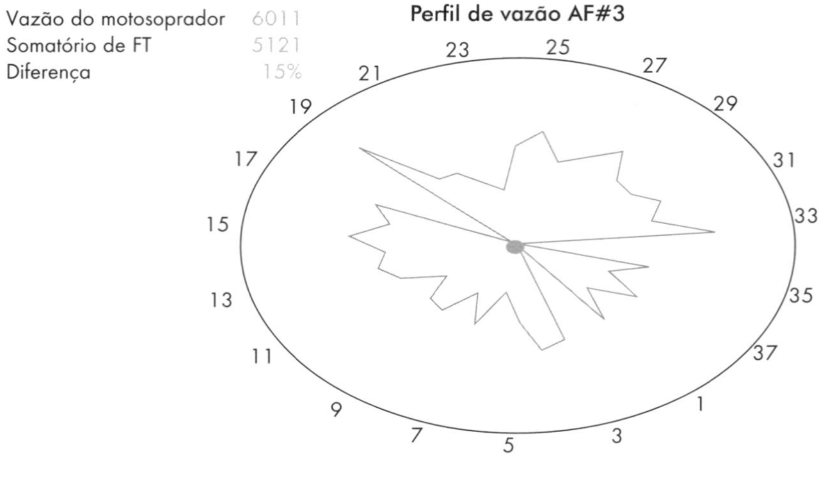

Figura 9.6 Perfil de vazão e validação da medição de vazão.

9.11 INFLUÊNCIA DO DESGASTE NA RESTRIÇÃO

As influências do desgaste da restrição do Venturi interno do tubo reto na medição de vazão são estudadas. O desgaste determina também a vida útil do tubo reto, que normalmente é em torno de cinco anos no máximo. O gráfico da Figura 9.7 ilustra o acerto percentual da medição de vazão que é afetado pela relação **d/D**, ou seja, à medida que ocorre o desgaste do Venturi, o valor do diâmetro **d** da restrição se aproxima do diâmetro normal da tubulação.

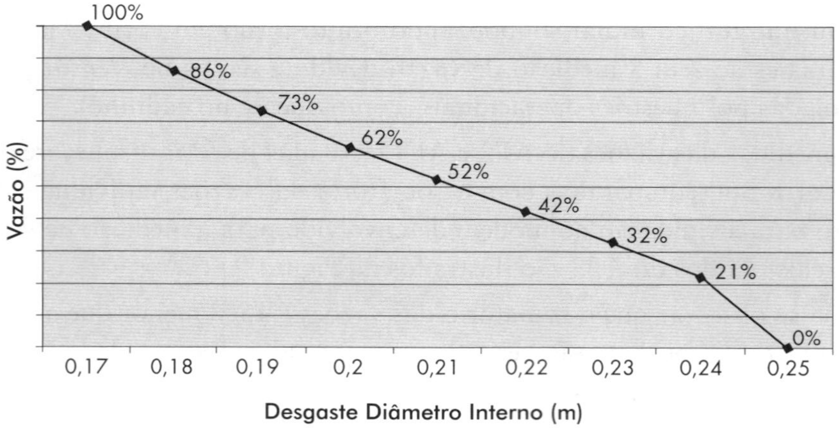

Figura 9.7 Influência do desgaste de d na medição da vazão.

9.12 RESULTADOS ALCANÇADOS

Os principais resultados foram o resgate do memorial de cálculo visto na Equação (9.4) e a aferição do sistema de medição de vazão de ar quente soprado pelas ventaneiras para propiciar o intertravamento de segurança exigido pelo processo de injeção de carvão.

Outros resultados deste trabalho foram os perfis de distribuição de vazão em corte nas ventaneiras de cada alto-forno ilustrados em telas gráficas do SDCD (Figura 9.6), assim como um modelo de comparação em tempo real do somatório das medições com a medição geral advinda dos motosopradores, também apresentado na Figura 9.6.

No AF3, havia a medição errada da vazão, o que propiciava um intertravamento incorreto para as lanças de injeção de carvão pulverizado. Isso foi conferido aplicando-se um método novo de identificação e ajustagem, no qual o somatório dos transmissores de vazão individual de cada ventaneira foi comparado com o transmissor de vazão geral da linha de ar frio do motosoprador.

No AF2, como ocorriam muitos alarmes por vazão alta nos tubos retos, em razão das muitas ventaneiras paradas, a vazão tinha o seu valor aumentado em cada um dos tubos retos restantes, chegando facilmente a seu valor de intertravamento por vazão alta; por esse motivo, a escala de vazão foi aumentada de 160 Nm^3/min para 200 Nm^3/min (Tabela 9.1).

9.13 CONCLUSÕES FINAIS SOBRE A MODELAGEM

O método de medição de vazão pelo diferencial de pressão e verificação em tempo real mostrou-se mais preciso e confiável por considerar as condições reais de sopro, como densidade do ar soprado, pressão, temperatura, viscosidade do ar, atrito do ar com o tubo de Venturi e inércia. O equipamento utilizado neste trabalho tem cerca de vinte anos, e atualmente, após este desenvolvimento, a única dificuldade desse sistema é mantê-lo em funcionamento. É necessário desobstruir as tomadas de impulso de pressão em toda parada de manutenção preventiva usando-se simplesmente uma haste rígida – até, em certos casos, brocas rotativas – para a desobstrução. Além disso, com o modelo, pode-se avaliar o desgaste do Venturi com o passar dos anos e programar a troca daquele com maior desgaste.

O intertravamento de segurança é mantido em um padrão de acordo com o desgaste do Venturi e com o ajuste padrão da calibração de todos os transmissores de vazão, além de se aferir o transmissor de vazão do motosoprador.

10 CAPÍTULO

A correta medição da vazão de carvão pulverizado

10.1 OBJETIVOS DE SE DETERMINAR A VAZÃO DE CARVÃO

Diversas técnicas para medir a taxa da vazão mássica de sólidos granulados em tubulações pneumáticas têm sido propostas e desenvolvidas desde a década de 1960. Este capítulo apresenta as técnicas e as condições atuais relativas à medição de vazão que são classificadas em três categorias: medição direta da vazão mássica, medição das concentrações volumétricas e velocidade dos sólidos.

Os sistemas automáticos de controle de vazão de sólidos são mais especiais e complexos em relação àqueles controles automáticos para vazão de gases e líquidos. Os sistemas de injeção de carvão pulverizado em altos-fornos (PCI) estão entre as aplicações mais típicas dos sistemas automáticos de controle de vazão de sólidos em sistemas industriais modernos.

O principal item de controle para o processo dos altos-fornos em relação à injeção de carvão pulverizado é a estabilidade da vazão de carvão na linha principal de injeção. Quanto mais estável, melhor é a queima dos combustíveis e, portanto, maior é a eficiência energética. As medições de vazão de sólidos são obtidas com o auxílio do cálculo da média móvel que obtém a taxa do decréscimo do transmissor de peso do vaso de injeção em intervalos regulares. Esse valor de variável de processo é realimentado em uma malha de controle fechada com controlador proporcional integral derivativo (PID) para manipular o elemento final de controle (válvula dosadora) de carvão. Este é o estado da arte descrito em Weber e Shumpe (1995).

A correta medição da vazão de carvão pulverizado implica a variabilidade da quantidade de carvão injetado em longo prazo, como será visto neste capítulo.

10.2 TÉCNICAS DE MEDIÇÃO DE CARVÃO PULVERIZADO

A técnica de medição de vazão de carvão pulverizado por célula de carga é realizada de modo indireto, pois não são instalados sensores na tubulação de transporte pneumático de carvão pulverizado. O resultado da medição de vazão é obtido por inferência através do ritmo do decréscimo do peso do vaso de injeção avaliado pela média móvel do último minuto anterior à medição atual.

Os vasos de injeção de carvão pulverizado são apoiados em três células de carga que são ligadas a um conversor de sinal. Não pode haver interferência mecânica de tipo algum, como rigidez de tubulações, conforme recomendado em Küttner do Brasil (1992). Para isso são usadas juntas de compensação metálicas ou de borracha para que o vaso de injeção fique com seu peso apoiado exclusivamente sobre as três células de carga, como recomendam Liptak (1995) e Bortoni e Souza (2006). A Figura 10.1 ilustra o vaso de injeção, as três células de carga e o sistema de pesagem.

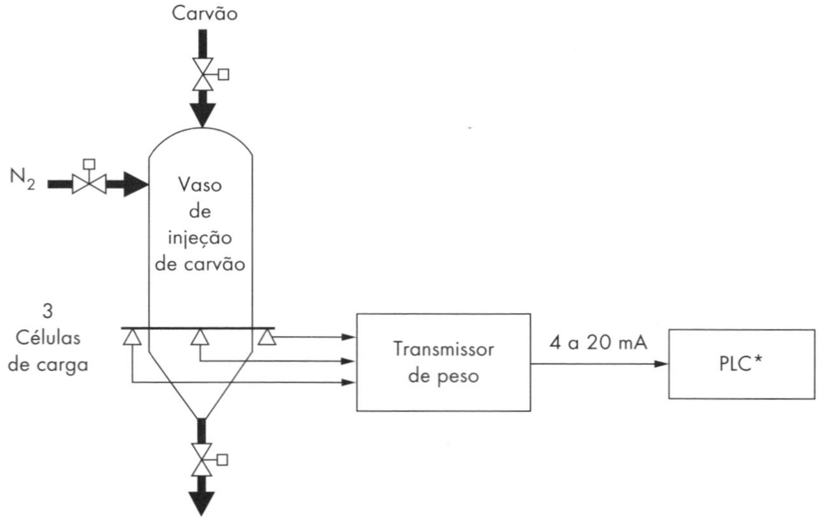

Figura 10.1 Sistema de pesagem do vaso de injeção de carvão pulverizado. *PLC: controlador lógico programável.

Fonte: MOTTA, 2011.

Os vasos de injeção possuem um sistema hidráulico especial com os pesos-padrão conhecidos apoiados em cilindros hidráulicos para a averiguação da calibração periódica do transmissor de peso. A resolução da medida no sistema de pesagem é de ±5 kg em uma escala de 15.000 kg, fornecendo precisão de ± 0,03%.

Um algoritmo computacional subtrai o peso atual [W(t)] do vaso de injeção de seu peso adquirido no instante correspondente a 6 s antes da medição atual [W(t-6)]. Com esse valor, a vazão de injeção instantânea é calculada e armazenada através de uma média de dez valores em uma memória do tipo FILO.

A vazão instantânea de carvão pulverizado horária F(t), em t/h, é calculada em tempo real no Sistema Digital de Controle Distribuído (SDCD) a cada $\Delta T = 6$ s, como mostra a Equação (10.1):

$$F(t) = \frac{600 \times \{W(t-6) - W(t)\}}{\Delta T} \tag{10.1}$$

Onde:

600: quantidade de amostras de 6 s coletadas em uma hora;

W(t): é o peso atual do transmissor de peso do vaso de injeção;

W(t-6): é o peso do transmissor há 6 s atrás.

A Figura 10.2 ilustra o tratamento de sinal utilizado no trabalho.

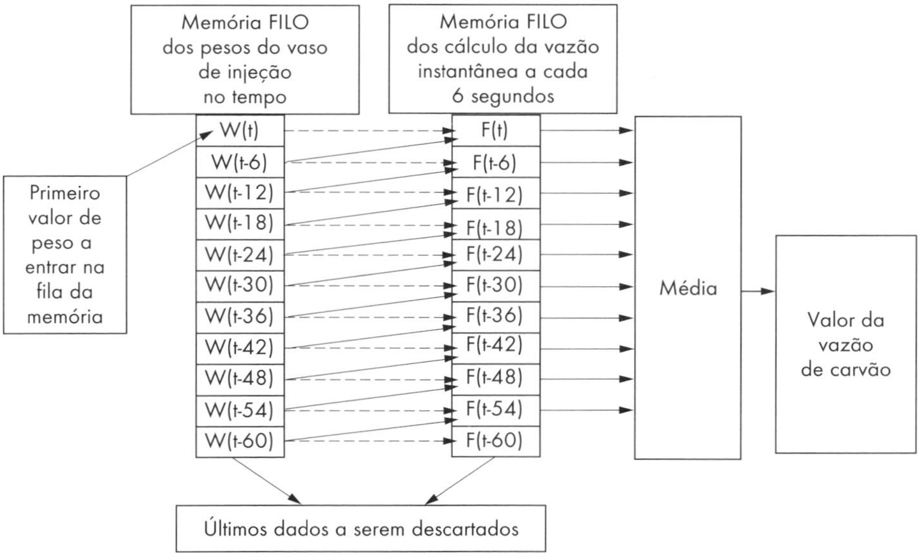

Figura 10.2 Diagrama de obtenção do valor de vazão por células de carga.

Fonte: MOTTA, 2011.

O valor de $V_Z(t)$ é o valor usado como variável de processo da vazão de carvão do controlador principal, cujo elemento final é a válvula dosadora logo abaixo do vaso. De maneira geral, a Equação (10.2) reproduz o cálculo do algoritmo da Figura 10.2 para se obter a vazão de carvão média no último minuto:

$$V_z(t) = \sum_{i=0}^{N-1} \frac{F(t - Ti)}{N} \tag{10.2}$$

Onde:

N: é o número de amostras da média móvel (N = 10);

T: é o período de aquisição ou intervalo de tempo entre as amostras (T = 6 s).

Existem sistemas de medição de vazão de sólidos – estação de dessulfuração de gusa (EDG) – em que N = 12 e T = 5 s, também reproduzindo a vazão média no último minuto.

10.3 O ERRO NA MEDIÇÃO DE VAZÃO POR CÉLULAS DE CARGA

O erro na medição de vazão de carvão por células de carga é descrito com o auxílio de um modelo dinâmico determinístico não linear e invariante no tempo, como nos exemplos de Souza e Pinheiro (2008), Aguirre (2007) e Luyben (1973) para a medição do peso do vaso de injeção de carvão. As Figuras 10.3a e 10.3b ilustram as variáveis de processo principais durante o início da fase de pressurização – o início e o final da fase de injeção dos vasos são destacados.

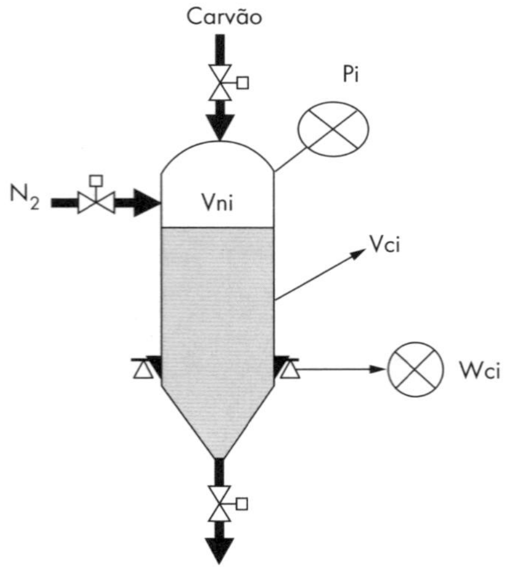

Figura 10.3a Início da fase de injeção.

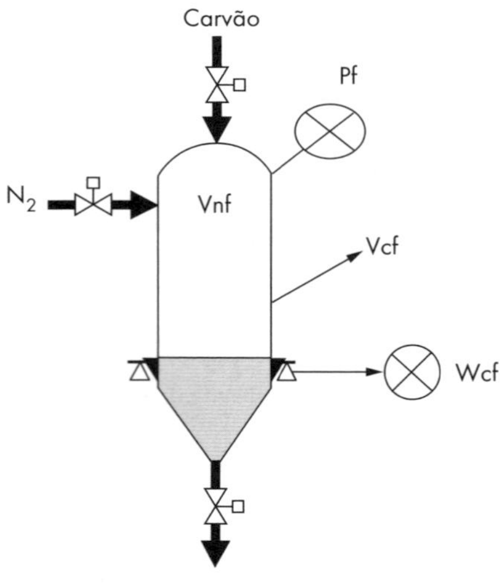

Figura 10.3b Final da fase de injeção.

Fonte: MOTTA, 2011.

Nas Figuras 10.3a e 10.3b:

V: volume do vaso de injeção (25 m^3 no caso da CSN);

Vni: volume inicial de nitrogênio;

Vci: volume inicial de carvão (20,5 m^3 no caso da CSN);

Wci_0: peso inicial do carvão no vaso de injeção aliviado na pressão de 0 bar;

Wci: peso inicial do vaso de injeção (carvão + nitrogênio), que tipicamente é de 12,5 t;

Vnf: volume final de nitrogênio;

Wcf: peso final de carvão não injetado ou remanescente, que tipicamente é de 2 t;

Wcf_0: peso final de carvão no vaso de injeção aliviado na pressão de 0 bar;

P_I: pressão de injeção inicial do vaso, que tipicamente é de 11 bar;

P_F: pressão final, constante durante a fase de injeção, que tipicamente é de 11 bar;

W: medição de peso em tempo real do vaso de injeção.

No processo de medição da vazão bifásica de carvão e nitrogênio ocorrem as três etapas distintas:

1ª Hipótese

Nas Figuras 10.3a e 10.3b, na fase de injeção ocorre o esvaziamento do carvão que é preenchido automaticamente por nitrogênio advindo da linha de controle de pressão controlada. Para condições iniciais, assume-se:

$P_I = P_F =$ constante durante toda a fase de injeção = 11 bar.

O volume de nitrogênio inserido durante a fase de injeção para preservar a pressão do vaso constante substitui o volume de carvão pulverizado que possui densidade típica de 610 kg/m^3. Esse nitrogênio possui uma densidade diferente da do carvão, o que influencia o resultado da medição da célula de carga, pois se mede o nitrogênio mais o carvão, em vez da grandeza de interesse que é exclusivamente o carvão.

A balança de pesagem do vaso de injeção – W(t), ou simplesmente W – não leva em conta o volume de nitrogênio inserido durante a fase de injeção para manter a pressão constante, como se fosse carvão injetado.

A taxa de variação do peso de carvão injetado menos a taxa de variação do peso de nitrogênio resulta em uma variação da mistura realmente medida pela célula de carga, conforme a Equação diferencial (10.3):

$$\frac{dW}{dt} = \frac{dW_C}{dt} - \frac{dW_N}{dt} \tag{10.3}$$

Onde:

W: valor medido pelo sistema de pesagem (células de carga);

W_C: valor real da vazão de carvão (variável de interesse);

W_N: valor do peso de nitrogênio inserido na fase de injeção.

A Equação diferencial (10.3) mostra que o peso de carvão diminui com o tempo e o peso de nitrogênio inserido para compensar o volume de carvão enviado aumenta com o passar do tempo. Porém, esse peso do vaso de injeção decrescendo no tempo durante a fase de injeção leva em conta todo o peso do vaso de injeção (W).

Portanto, o volume do carvão que é injetado para o alto-forno é substituído gradualmente durante a fase de injeção por um volume de nitrogênio correspondente nas mesmas condições normais de temperatura e pressão (CNTP). Deve-se levar em conta que o nitrogênio é um gás que pode ser comprimido e o carvão não. O volume do carvão pode ser reduzido apenas com a eliminação dos espaços vazios entre suas partículas.

2ª Hipótese

O peso de carvão dentro do vaso antes e após a pressurização com nitrogênio é praticamente o mesmo. Portanto, o arraste de carvão pela válvula de alívio durante a fase de despressurização é desprezível. Isso é importante para saber que o carvão que entra no vaso durante a fase de carregamento não retorna para o silo de finos através da válvula de alívio. Essa observação contrariou significativamente o conceito mostrado em Birk (1999) e Birk e Medvedev (1997) de que o carvão era eliminado durante a fase de alívio do vaso.

3ª Hipótese

O carregamento do vaso oposto afeta a balança do vaso que está injetando em aproximadamente 50 kg. Portanto, a Equação (10.3) torna-se mais completa como a expressão (10.4):

$$\frac{dW}{dt} = \frac{dW_C}{dt} - \frac{dW_N}{dt} - \frac{dW_{CO}}{dt} \tag{10.4}$$

Onde:

W_{CO}: peso de carvão acrescido devido ao carregamento do vaso oposto.

Aplicando a transformada de Laplace, obtém-se a Equação (10.5):

$$s\,W(s) = s(W_c(s) - W_n(s) - W_{co}(s)) \quad (10.5)$$

A função de transferência pode ser obtida pela Equação (10.6):

$$W(s) = W_c(s) - W_n(s) - W_{co}(s) \quad (10.6)$$

Assim, considerando os valores típicos de processo indicados nas Figuras 10.3a e 10.3b, pode-se obter um erro percentual típico para $V_Z(t)$ de 30 t/h na pressão de 11 bar durante a fase de injeção, conforme demonstrado a seguir:

Wci = 12,5 t;

Vci = 12,5/0,61 ≈ 20,5 m^3;

Vni = 25 – 20,5 = 4,5 m^3;

Vcf = 2/0, 61 ≈ 3,28 m^3;

Vnf = 25 – 3,28 = 21,72 m^3.

O volume de nitrogênio inserido ao longo da fase de injeção pelo controlador de pressão constante do vaso corresponde à diferença:

Vni – Vnf = 17,22 m^3.

O nitrogênio provém dos compressores e possui uma temperatura média de 20 °C. Quando entra em contato com o carvão no vaso, sua temperatura se eleva e fica próxima da do carvão, visto que a quantidade de energia térmica armazenada no carvão é muito maior do que a no nitrogênio. Esse volume pressurizado a 12 bar absoluto a 40 °C possui um volume normalizado de:

$$\frac{1\times V_{n_2}}{273} = \frac{(1+11)\times 17{,}22\ m^3}{273+40}$$

$$V_{n_2} \cong 180\left[m^3\right]\text{nas CNTP.}$$

Como a densidade do nitrogênio é de 1,2527 kg/m^3 na CNTP, de acordo com Perry e Green (1984), esse volume normalizado possui um peso aproximado de 225 kg por fase de injeção, sendo aliviado para o silo de finos após o término.

Sabendo que o peso real de carvão foi de 10,5 t, o erro percentual aproximado a mais e previsto a ser encontrado é:

Erro1% = (10,5 – 0,225) /10,5 ≈ **2,15%**

Somando 50 kg, introduzidos pela pesagem do vaso oposto, obtém-se aproximadamente 275 kg de acréscimo de peso durante a fase de injeção.

Erro2% = (10,5 – 0,275)/10,5 ≈ **2,61%**

Pode-se dizer, diante dos resultados obtidos, que o erro médio (entre 2,15% e 2,61%) esperado da integração da vazão calculada pelo sistema [V_Z(**t**)] é da ordem de **–2,38%,** ou em média **–2,5%,** na vazão de carvão medida pelo SDCD.

O volume de nitrogênio que substitui o volume de carvão injetado possui na CNTP um volume tal que, dividido pela densidade do nitrogênio, fornece um peso (W_N) aproximado de 250 kg a 350 kg em cada fase de injeção. Para integrações em longo prazo, isso corresponde inicialmente a cerca de 2% a 3% de erro, dependendo da pressão de injeção. Na média geral, pode-se adotar **–2,5%,** e o fator 600 da Equação (10.1) pode ser alterado para corrigir esse erro na medição de vazão instantânea.

Para a minimização desse erro, tem de se introduzir um fator de correção no cálculo da vazão de carvão pulverizado, conforme ilustra a Equação (10.7):

$$V'z(t) = kVz(t) \tag{10.7}$$

O fator de correção k para a medição de vazão de carvão pode ser calculado de acordo com a Equação (10.8):

$$k = \frac{W_{ci} - W_{cf} - W_{nf}}{W_{ci} - W_{cf}} \tag{10.8}$$

O volume final de nitrogênio no final da fase de injeção (Vnf) pode ser calculado com o auxílio da Equação (10.9):

$$V_{nf} = \frac{(W_{ci} - W_{cf})}{\delta_c} \tag{10.9}$$

Entretanto, o nitrogênio é um gás volumetricamente compressível, ao passo que o carvão, no caso do PCI, é um sólido não compressível. Portanto, o volume de nitrogênio que substitui o volume de carvão injetado na Equação (10.9) tem de ser normalizado para a CNTP e multiplicado pela densidade do nitrogênio, como ilustra a Equação (10.10):

$$W_{nf} = \delta_{N_2} \frac{(273(1{,}0013 + P_i))V_{nf}}{273 + T_V} \tag{10.10}$$

Para uma integração em longo prazo (24 h), o fator de correção k que corresponde à faixa de erro de aproximadamente –2% a –3% varia de 0,97 a 0,98, pois k varia ligeiramente com a pressão e muito pouco com a temperatura. Assumindo que a média do erro é de –2,5% para uma correção simples, adotou-se um k constante e igual a 0,975.

10.4 QUANTIDADE DE CARVÃO INJETADO NO ALTO-FORNO

Para determinar o erro intrínseco da medição de vazão por células em um processo de transporte pneumático, foram efetuadas duas integrações para se obter a real quantidade de carvão injetado nos Altos-Fornos 2 e 3 (rotas par e ímpar) a cada 6 h, envolvendo, portanto, as três estações de injeção.

a) Integração de $V_Z(t)$ nas estações de injeção

Essa integração contém o erro devido à malha de pressão constante do vaso de injeção e a consequente contabilização indevida do peso de nitrogênio como se fosse carvão. As vazões das três estações de injeção são integradas de modo simplificado utilizando a expressão (10.11) de modo discreto:

$$Q_1 = \int_0^{6h} Vz(t)dt \tag{10.11}$$

Onde:

Q_1: integração da vazão de carvão obtida pelo sistema de pesagem (células de carga);

$V_Z(t)$: vazão de carvão instantânea calculada pelo SDCD e usada no controle principal.

b) Algoritmo de integração com o vaso despressurizado

Para a obtenção da vazão real de carvão injetado (Q_2), é necessário eliminar a interferência do nitrogênio e do carregamento do vaso oposto. Assim, a integral da soma das derivadas (10.12) expressa o real valor de carvão injetado acumulado para o alto-forno injetado pela estação de injeção:

$$Q_2 = \int_0^{6h} \left(\frac{dW_C}{dt} - \frac{dW_N}{dt} - \frac{dWco}{dt}\right)dt \tag{10.12}$$

Onde:

Q_2: vazão de carvão obtida pelo algoritmo de pesagem e vazão por bateladas de carregamento do vaso.

Na Equação (10.12), se $\frac{dW_N}{dt} = 0$ e $\frac{dW_{CO}}{dt} = 0$, Q_2 seria o valor real de carvão procurado que não possui os 2,5% de erro a mais na quantidade injetada. Na realidade, o sistema está injetando 2,5% a menos do que as integrações atuais de $V_Z(t)$, o que altera o *fuel rate* do alto-forno em +0,6% no mínimo, pois normalmente o carvão pulverizado corresponde a 1/4 a 1/3 deste.

Para eliminar a interferência do nitrogênio e do carregamento do vaso oposto no sistema de pesagem e para maior precisão da quantidade de carvão injetado, é necessário realizar uma integração em longo prazo para o carvão injetado e carvão carregado. O algoritmo para medir o carvão carregado nos vaso por bateladas é descrito em dez passos:

1) A cada 24 h, zerar o valor de Q_2 inicial.
2) Fechar a válvula de alívio 1 e coletar o peso do vaso 1 após carregamento (Wci_0).
3) Abrir a válvula de alívio 1 e coletar o peso do vaso 1 após a despressurização do vaso (Wcf_0).
4) Calcular a diferença entre os pesos injetados ($\Delta W1 = Wci_0 - Wcf_0$).
5) Fechar a válvula de alívio 2 e coletar o peso do vaso 2 após o carregamento (Wci_0).
6) Abrir a válvula de alívio 2 e coletar o peso do vaso 2 após a fase de alívio (Wcf_0).
7) Calcular a diferença entre os pesos injetados ($\Delta W2 = Wci_0 - Wcf_0$).
8) Fazer $Q_2 = Q_2$inicial + $\Delta W1$ + $\Delta W2$.
9) Zerar as variáveis $\Delta W1$ e $\Delta W2$.
10) No final de 24 h, atualizar os valores da memória FILO entre Q_2(t-72), Q_2(t-48), Q_2(t-24) e Q_2(t).

A principal desvantagem do algoritmo é que não pode ser usado para controle em tempo real, visto que o resultado da integração em bateladas é obtido a cada 20 min, ou seja, após a fase de carregamento, o que impede o controle de modo contínuo da vazão pela válvula dosadora.

10.5 INTERPRETAÇÃO DOS RESULTADOS OBTIDOS

Efetuamos, basicamente, a comparação entre os valores de Q_1 e Q_2 e calculamos o erro percentual. Através da comparação dos valores totais de integração de cada estação, verifica-se que o erro percentual calculado fica próximo do erro percentual medido, o que comprova o que acontece com as variáveis físicas e de processo do vaso de injeção durante a fase de injeção.

As Figuras 10.4 e 10.5 fornecem a base de dados obtidos pelo SDCD para comprovar as hipóteses de substituição do volume de carvão injetado pelo volume de nitrogênio, as quais são apresentadas e verificadas neste capítulo.

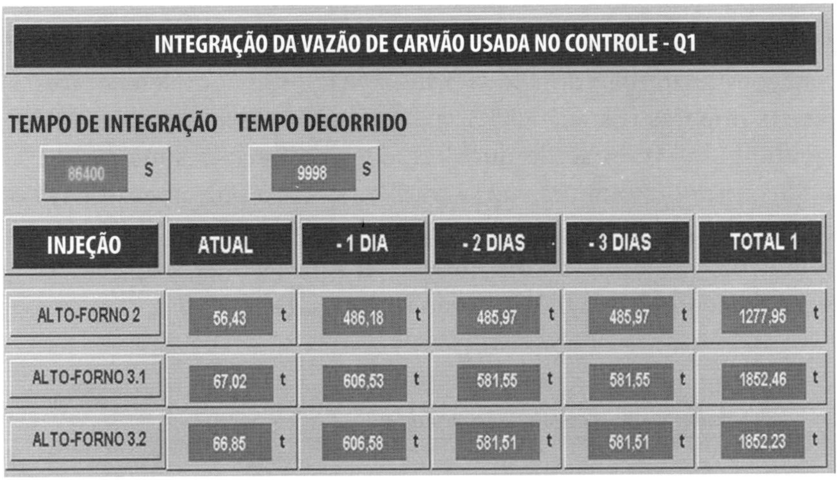

INTEGRAÇÃO DA VAZÃO DE CARVÃO USADA NO CONTROLE - Q1

TEMPO DE INTEGRAÇÃO: 86400 S — TEMPO DECORRIDO: 9998 S

INJEÇÃO	ATUAL	- 1 DIA	- 2 DIAS	- 3 DIAS	TOTAL 1
ALTO-FORNO 2	56,43 t	486,18 t	485,97 t	485,97 t	1277,95 t
ALTO-FORNO 3.1	67,02 t	606,53 t	581,55 t	581,55 t	1852,46 t
ALTO-FORNO 3.2	66,85 t	606,58 t	581,51 t	581,51 t	1852,23 t

Figura 10.4 Integração dos valores injetados (k = 1,000).

Fonte: MOTTA, 2011.

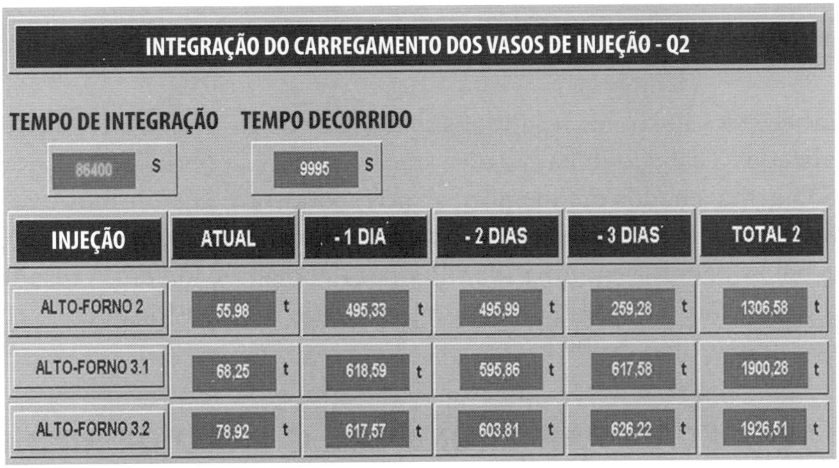

INTEGRAÇÃO DO CARREGAMENTO DOS VASOS DE INJEÇÃO - Q2

TEMPO DE INTEGRAÇÃO: 86400 S — TEMPO DECORRIDO: 9995 S

INJEÇÃO	ATUAL	- 1 DIA	- 2 DIAS	- 3 DIAS	TOTAL 2
ALTO-FORNO 2	55,98 t	495,33 t	495,99 t	259,28 t	1306,58 t
ALTO-FORNO 3.1	68,25 t	618,59 t	595,86 t	617,58 t	1900,28 t
ALTO-FORNO 3.2	78,92 t	617,57 t	603,81 t	626,22 t	1926,51 t

Figura 10.5 Integração dos valores carregados no vaso.

Fonte: MOTTA, 2011.

Notar que, para efeitos de comparação das quantidades injetadas com as quantidades carregadas, o temporizador e o período de integração das Figuras 10.4 e 10.5 são os mesmos para as duas integrações Q_1 e Q_2, respectivamente.

A Figura 10.4 ilustra a matriz com os resultados de integrações da vazão de carvão (Q_1) realizadas a cada dia durante três dias para cada estação de injeção, sem fator de correção para o erro da medição de vazão (k = 1,000).

A Figura 10.5 ilustra a matriz com os resultados de integrações da vazão de carvão realizadas por bateladas durante o carregamento dos vasos de acordo com o algoritmo de geração de Q_2, durante três dias, para cada estação de injeção.

As estações de injeção do Alto-Forno 3 (AF3) são complementares e alimentam as lanças ímpares (Estação AF3.1) e as lanças pares (Estação AF3.2) com a mesma quantidade. Trata-se de duas estações de injeção simétricas e similares que, somadas, proporcionam a vazão total de carvão pulverizado para o AF3. É uma excelente base de comparação, haja vista que mesmo sendo similares, os equipamentos das estações são distintos, e os valores integrados em longo prazo têm diferenças menores que 0,1%, como ilustra a Tabela 10.1.

Tabela 10.1 Resultado comparativo das integrações realizadas.

Medição	Integração	$\int$	Estação AF2	Estação AF3.1	Estação AF3.2
Células de carga	$V_Z(t)$	Q_1	1277,95 t	1852,46 t	1852,46 t
Algoritmo de carregamento	$Q_2 = W1 + W2$	Q_2	1306,58 t	1900,28 t	1926,51 t
Erro percentual aproximado			(-2,5)%	(-2,0)%	(-3,0%)

A Tabela 10.1 ilustra os resultados típicos dos dois tipos de integrações periódicas realizadas a cada 24 h para cada estação de injeção obtidos das Figuras 10.4 e 10.5. São armazenados em memórias correspondentes aos últimos três dias na CSN e mostrados na tela gráfica da estação de operação. Os valores são, então, lançados pelo operador em uma planilha para comparação com o resultado das entradas de carvão e o que realmente foi injetado no alto-forno para efetuar o balanço de massa final do PCI.

10.6 CORREÇÃO PARA ELIMINAR O ERRO DE MEDIÇÃO

O valor de correção obtido pela análise dos dados (aproximadamente +2,5%) foi aplicado na Equação (10.1) interna do SDCD, sendo finalmente modificada para a Equação (10.13), como resultado dessa correção:

$$F(t) = \frac{615 \times \{w(t-6) - w(t)\}}{\Delta t} \tag{10.13}$$

Onde a quantidade 600 foi simplesmente alterada para 615, ou seja, +2,5%, para corrigir a vazão de carvão pelos cálculos de carga.

Os resultados das integrações de Q_1 e Q_2 com o novo fator de correção (k = 0,975), ou seja, com a quantidade de 615 no lugar de 600, são ilustrados nas Figuras 10.6 e 10.7, respectivamente, com apenas 2 s de diferença entre a coleta de dados e a comparação em tempo real.

INTEGRAÇÃO DA VAZÃO DE CARVÃO USADA NO CONTROLE - Q1

TEMPO DE INTEGRAÇÃO: 86400 S — TEMPO DECORRIDO: 11481 S

INJEÇÃO	ATUAL	- 1 DIA	- 2 DIAS	- 3 DIAS	TOTAL 1
ALTO-FORNO 2	65,44 t	517,80 t	499,65 t	499,65 t	1597,03 t
ALTO-FORNO 3.1	64,50 t	515,34 t	509,33 t	509,33 t	1594,98 t
ALTO-FORNO 3.2	64,47 t	515,33 t	509,43 t	509,43 t	1595,03 t

Figura 10.6 Integração dos valores injetados (k = 0,975).

Fonte: MOTTA, 2011.

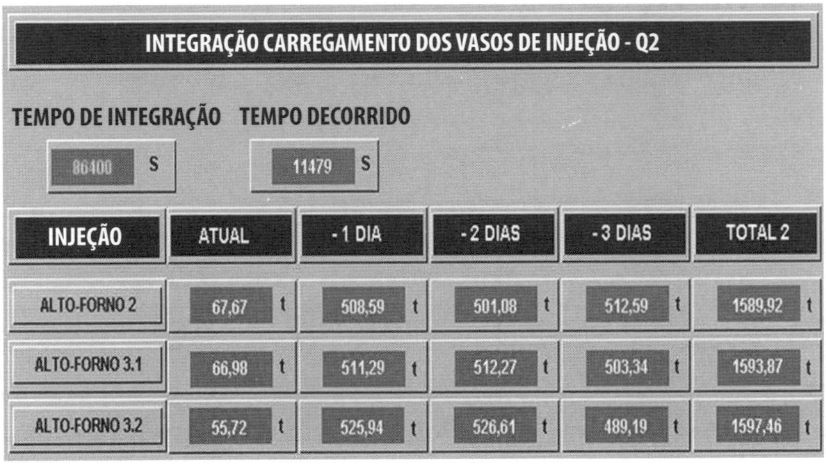

INTEGRAÇÃO CARREGAMENTO DOS VASOS DE INJEÇÃO - Q2

TEMPO DE INTEGRAÇÃO: 86400 S — TEMPO DECORRIDO: 11479 S

INJEÇÃO	ATUAL	- 1 DIA	- 2 DIAS	- 3 DIAS	TOTAL 2
ALTO-FORNO 2	67,67 t	508,59 t	501,08 t	512,59 t	1589,92 t
ALTO-FORNO 3.1	66,98 t	511,29 t	512,27 t	503,34 t	1593,87 t
ALTO-FORNO 3.2	55,72 t	525,94 t	526,61 t	489,19 t	1597,46 t

Figura 10.7 Integração dos valores carregados.

Fonte: MOTTA, 2011.

A Tabela 10.2 apresenta um quadro comparativo entre a técnica de medição de vazão de carvão e o algoritmo de vazão por bateladas de carregamento, desenvolvido para a comprovação do erro de medição de vazão de carvão provocado pela substituição pelo nitrogênio.

Tabela 10.2 Quadro comparativo entre as técnicas de medição de vazão de carvão.

Medição	Vantagens	Desvantagens
Células de carga: $V_Z(t)$	- O sistema de pesagem já é incorporado na instrumentação básica da planta. - Sistema convencional e de uso consagrado.	- Sofre interferência da malha de controle de pressão constante do vaso, vazamentos nas válvulas prato e de alívio e carregamento do vaso oposto. - Demanda filtro de software para correção e formulação da média móvel. - Precisa de calibração com pesos-padrão.
Algoritmo de vazão por bateladas: ΔW	- Alta precisão para quantidade de carvão injetado em longo prazo. - Permite contabilizar o que foi considerado erroneamente como carvão devido à perda com o acréscimo de nitrogênio.	- Não é calculado em tempo real e, portanto, não pode ser usado no controle dinâmico da vazão de carvão da válvula dosadora.

10.7 CONCLUSÕES SOBRE A TÉCNICA CORRETA DE MEDIÇÃO DE VAZÃO

A Tabela 10.3 mostra de forma resumida a diferença entre as integrações Q_1 e Q_2 antes (k = 1,000) e após a correção com o fator de k = 0,975.

Tabela 10.3 Resultados para diferentes valores de fator de correção k.

Fator k	Equação (10.1)	Erro AF2	Erro AF2	Erro AF2
1,000	600	-2,9%	-3,2%	-3,8%
0,975	615	-0,2%	-0,5%	-1,1%

Os processos de injeção de sólidos pressurizados em um vaso de injeção e transportados pneumaticamente para dentro de altos-fornos ou ainda nas termoelétricas a carvão, por questões energéticas e ambientais, agora requerem desvios da vazão de carvão da ordem de 2,5% em relação ao valor de referência (*set point*).

Os valores integrados comprovam a existência da contabilização incorreta do peso de nitrogênio como se fosse carvão injetado. A grande vantagem dessa correção de –2,5% foi calcular de modo correto as quantidades de carvão injetadas nos altos-fornos.

Após a modificação desse fator no cálculo da vazão, de 600 para 615, a diferença entre a integral da vazão e o resultado do algoritmo de contabilização do carvão carregado nos vasos foi minimizada de +2-3% para ± 0,5%.

Esse trabalho é descrito no artigo de Motta e Souza (2010c) e é uma das principais contribuições aos modelos dinâmicos do transporte pneumático e do controle regulatório da estação de injeção de carvão realizado em tempo real no SDCD, como será descrito nos capítulos seguintes.

CAPÍTULO 11

Sistema de medição da vazão de carvão pulverizado

11.1 OBJETIVOS DA MEDIÇÃO DE VAZÃO DE CARVÃO ALTERNATIVA

A escolha do sistema de medição de vazão de carvão, que deverá ser instalado em áreas ambientalmente agressivas, não é um processo simples. Existem no mercado diversos sistemas de medição aplicados em outras siderúrgicas que foram analisados e estudos. Atualmente, não existem medidores que atendam plenamente aos requisitos de controle da vazão de carvão necessários para o processo de injeção em altos-fornos, como precisão, custo baixo, robustez, confiabilidade e durabilidade, mesmo com os desenvolvimentos de Guixue e colaboradores (2009) e Rahim e colaboradores (2008).

Conforme Yan (1996) e Liptak (1995), existem diversos princípios de medição de vazão de sólidos. Dentre eles, temos os de atuação capacitiva de menor custo de manutenção, melhor aplicação em métodos por inferência, fornecendo mais variáveis para o processo, além de atualmente serem os mais modernos do mercado, porém, com pequena vida útil em função do local de instalação e de partes mecânicas envolvidas. Assim, antes de 2010, a disponibilidade do equipamento para a produção era reduzida, o método de calibração era inexistente e seu uso, discutível.

Por essas razões, verificou-se a busca de um equipamento mais adequado, porém, não disponível no mercado. Apresentamos a seguir o desenvolvimento de um instrumento especial para medir a vazão, a densidade de fluxo e a velocidade das partículas de carvão na linha principal de forma robusta, confiável e precisa como uma alternativa ao sistema de pesagem convencional com células de carga que apresenta erros intrínsecos ao processo, como foi visto no Capítulo 10.

11.2 MÉTODOS DE DETERMINAÇÃO DA VAZÃO DE CARVÃO PULVERIZADO EM SISTEMAS DE INJEÇÃO

Existem basicamente dois métodos para se determinar a vazão de sólidos em um sistema de transporte pneumático de carvão pulverizado.

Quanto mais rápidos são os métodos de medição, melhor é a resposta dinâmica do processo, o que aumenta a precisão (por exemplo, de 3% para 1%) e diminui a variabilidade da vazão de carvão pulverizado.

A) Medição através do peso do vaso de injeção

A vazão de carvão é medida de forma indireta durante a fase de injeção com base na diferença de peso do vaso de injeção que está apoiado em três células de carga, fornecendo valores absolutos em kg/s em intervalos constantes.

Esse método é usado na medição geral de vazão de um vaso, seja ele individual ou com várias derivações de distribuidor em sua base, como se fosse um distribuidor estático ou dinâmico no cone base do vaso de injeção.

O sistema de pesagem necessita de um sistema auxiliar composto de unidades hidráulicas e pesos-padrão para calibrações periódicas durante a parada do processo de modo a garantir a calibração e a precisão da medição da vazão de carvão pulverizado na linha principal do transporte pneumático. As células de carga, por sua vez, têm de estar equilibradas tanto mecanicamente como eletronicamente, ou seja, devidamente apoiadas para fornecerem sinais balanceados e equilibrados de tensão proporcional à massa no interior do vaso.

B) Medição através da vazão de sólidos

Essa medição utiliza o método de inferência para determinação direta da vazão de carvão na linha de transporte principal, fornecendo um sinal de instrumentação padrão, normalmente de 4 a 20 mA. Sua principal vantagem em relação ao método anterior é o menor tempo de resposta.

11.3 SISTEMAS DE MEDIÇÃO DE VAZÃO DE SÓLIDOS ATUAIS

Para medir a concentração de sólidos [Ds(t)], um sensor capacitivo faz uma relação entre as diferenças no dielétrico da tubulação cheia com partículas sólidas e a tubulação vazia. Essa variação determina o grau de intensidade da concentração de carvão transportado.

A velocidade das partículas de carvão no transporte pneumático [Vs(t)] é determinada pelo método de correlação, ou seja, a velocidade em função do tempo com a qual a partícula percorre a distância entre os sensores. A vazão da massa de carvão [Ms(t)] na linha principal com área da seção reta transversal da tubulação principal (**A**) com diâmetro de 83 mm é determinada na unidade de avaliação que faz a relação das variáveis medidas e determina a vazão de acordo com a Equação (11.1):

$$Ms(t) = A\ Vs(t)\ Ds(t) \tag{11.1}$$

A Figura 11.1 ilustra o tubo sensor, desenvolvido no trabalho de Ribeiro (2009), que foi instalado na linha principal do transporte pneumático do carvão entre o vaso de injeção e o distribuidor.

Figura 11.1 Tubo sensor instalado na linha de injeção principal.

Fonte: MOTTA, 2011.

As medições de Vs(t) e Ds(t) para determinar a velocidade das partículas e a concentração volumétrica na tubulação são úteis para validar os modelos dinâmicos do processo e também para controlar a vazão de carvão.

O sistema desenvolvido fornece três saídas analógicas de medição em faixas de medição compatíveis com o processo do PCI da CSN:

a) Vs(t) – velocidade da partícula com faixa de medição de 0 a 20 m/s.

b) Ds(t) – densidade de fluxo com faixa de medição de 0 a 500 kg/m^3.

c) Ms(t) – vazão de carvão com faixa de medição de 0 a 60 t/h.

11.4 DESENVOLVIMENTO DO SISTEMA DE MEDIÇÃO DE VAZÃO

O sistema de medição de vazão de carvão foi desenvolvido em conjunto com a empresa alemã SWR (2010), a partir da necessidade verificada na prática de campo do PCI da CSN ao longo dos primeiros dez anos de funcionamento.

A Figura 11.2 ilustra o diagrama em blocos do sistema de medição com as unidades de avaliação dos sensores e autocalibração, temos:

- **Filtro de densidade:** é um filtro de média móvel com um tempo base que pode ser selecionado entre 1 a 102 s. A cada 0,3 s, uma amostra vai para uma memória do tipo FILO que faz a média. A cada 1 s, a média é calculada e colocada no *display* e na saída analógica.
- **Unidade de autocalibração:** coleta dados da unidade de avaliação por meio do protocolo de comunicação serial – a vazão de carvão atual a cada 10 s. No mesmo instante, a entrada analógica da unidade de calibração lê o valor da vazão de carvão proveniente do Sistema Digital de Controle Distribuído (SDCD), cuja fonte de dados é o sistema de pesagem baseado em células de carga.
- **Fksend:** é um algoritmo para o cálculo do fator de correção realizado a todo instante. Quando a unidade de calibração recebe o sinal de comando (disparo ou *trigger*) vindo do SDCD, um novo fator de correção é calculado e enviado para a unidade de avaliação, sendo então armazenado novamente na unidade de autocalibração. Os cálculos são realizados novamente, o que demanda mais um minuto para recarregar a memória FILO. Nesse intervalo de tempo, nenhum sinal de disparo pode ser emitido pelo SDCD, até que a memória FILO seja renovada. A Figura 11.3 ilustra o fluxograma de funcionamento desse algoritmo.

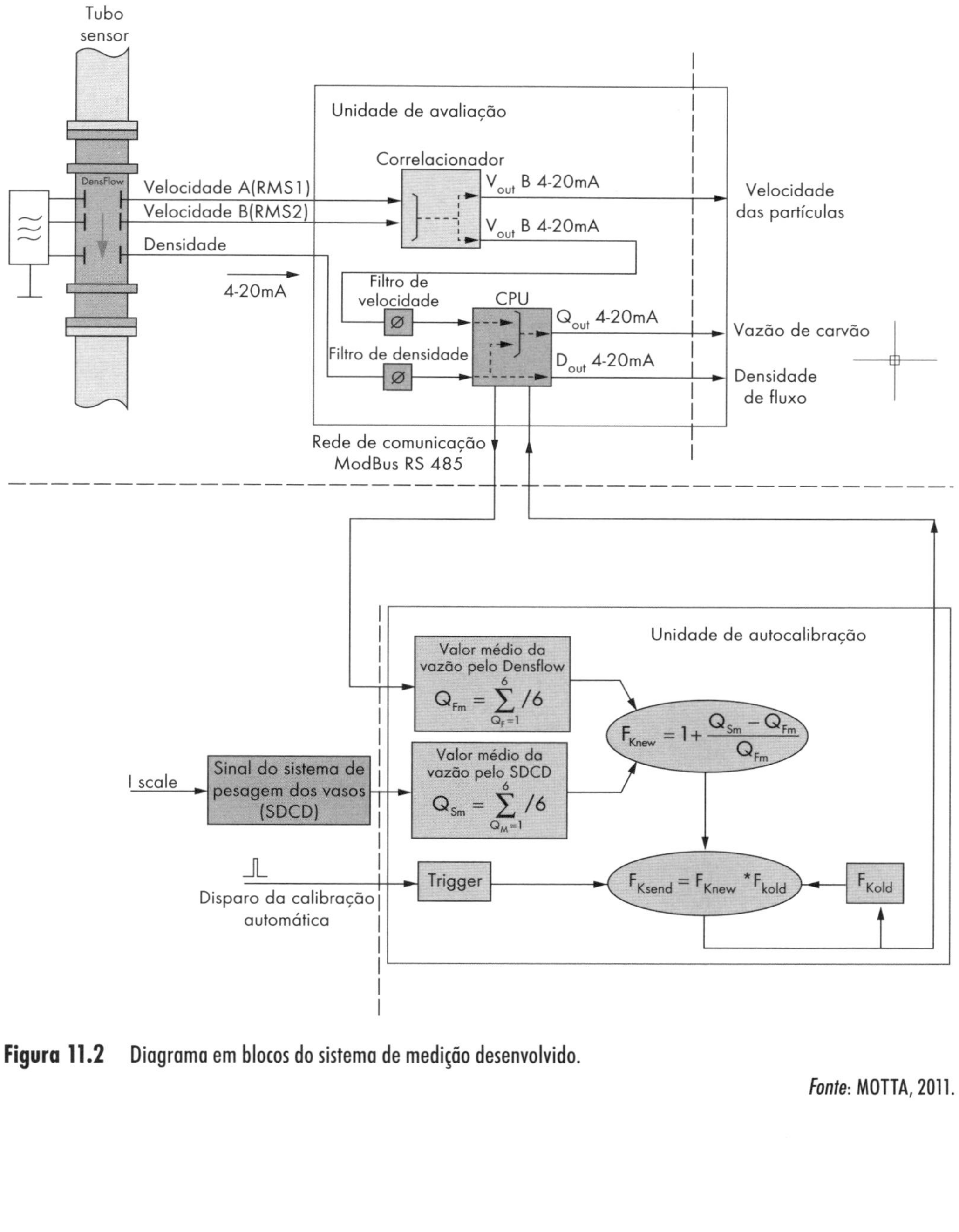

Figura 11.2 Diagrama em blocos do sistema de medição desenvolvido.

Fonte: MOTTA, 2011.

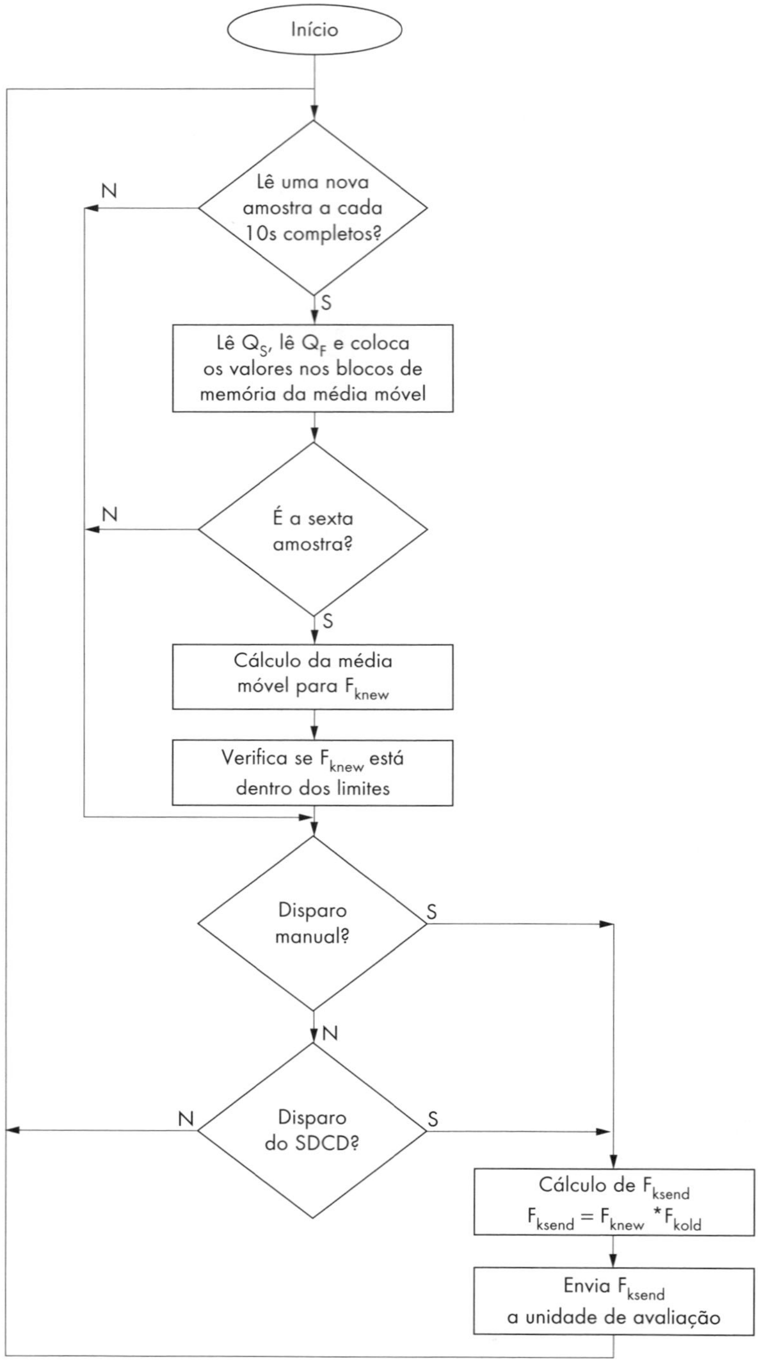

Figura 11.3 Fluxograma de funcionamento do cálculo do fator de correção.

Fonte: MOTTA et al., 2011b.

A Figura 11.4 ilustra o diagrama de interligação entre o SDCD e a unidade de autocalibração e avaliação desenvolvidas e implementadas nas três estações de injeção do PCI da CSN, permitindo a análise dos modelos dinâmicos, por meio dessas novas variáveis de processo medidas, e o aumento no desempenho do transporte pneumático em geral por meio da redução de nitrogênio para a mesma vazão de carvão.

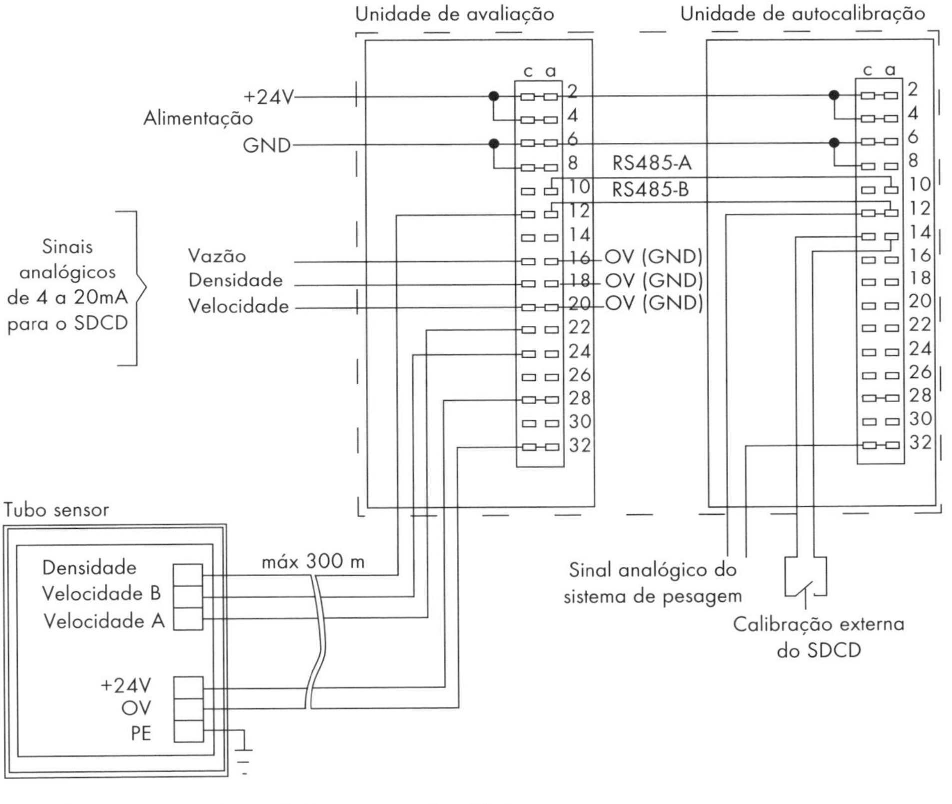

Figura 11.4 Equipamento desenvolvido e suas conexões elétricas.

Fonte: MOTTA et al., 2011b.

Desse modo, a unidade de autocalibração (Figura 11.4) faz com que o sinal de vazão do instrumento seja igual ao sinal de vazão das células de carga somente se o vaso estiver estável, ou seja, sem vazamento de nitrogênio pelas válvulas prato ou de alívio, dentre outras condições – descritas no item 11.5.

Essa calibração só pode ser feita quando o SDCD detecta que o sistema de injeção está estável. Nesse instante, o SDCD envia um sinal de disparo para o instrumento aceitar a calibração externa que, por sua vez, altera o fator de correção da densidade de fluxo automaticamente, obtendo então um novo fator de calibração que depende da densidade, umidade e outras características físico-químicas variáveis de acordo com a natureza dos carvões moídos.

Para o bom fluxo do transporte pneumático (TP) é importante que a umidade do carvão seja menor que 2%, segundo Cai (2009). Motta e Souza (2009) descrevem um método de controle da umidade do carvão pulverizado por meio da adição controlada de ar da atmosfera no fluxo de gases das moagens com a finalidade de diminuir a recirculação de vapor-d'água.

11.5 ALGORITMO DE AUTOCALIBRAÇÃO DESENVOLVIDO

O sinal de vazão de carvão do instrumento desenvolvido é calibrado em tempo real seguindo um algoritmo lógico de autocalibração realizado pelo SDCD e pela unidade auxiliar de autocalibração apenas se as quatro condições a seguir forem atendidas:

- O vaso está na fase de injeção.
- Primeira autocalibração da fase de injeção atual.
- Peso do vaso menor que 8 t.
- Desvio do controlador de vazão principal menor que ±5% por mais que 1 min.

A autocalibração fornece um novo fator de correção para a medição de densidade, fazendo com que o produto área × densidade × velocidade – na Equação (11.1) – corresponda, naquele instante, à vazão de carvão medida pela célula de carga, ou seja:

$$Ms(t) = V_Z(t) \tag{11.2}$$

Para que isso aconteça, a unidade de autocalibração ajusta o valor de Ds(t) automaticamente de acordo com o sinal de gatilho programado no SDCD.

11.6 GERAÇÃO DO SINAL DE FALHA DE FLUXO DE CARVÃO

O sinal de falha de fluxo de carvão na linha de transporte pneumático principal é usado para a desabilitação temporária da purga automática das lanças de injeção, pois, em caso contrário, estas são acionadas para purga automática desnecessariamente, como descrito no Capítulo 5.

Os detectores de fluxo de carvão respondem à falha de fluxo de carvão colocando a linha em purga para a desobstrução do entupimento. A válvula de carvão é fechada e a de nitrogênio, aberta. Esta ação é conhecida como purga automática e tem a função de tentar desobstruir a lança de injeção.

Porém, os detectores de fluxo de carvão, além de detectar os sólidos de carvão aglutinados na tubulação sem fluxo (lança entupida), infelizmente também detectam a passagem de somente nitrogênio, o que ocorre durante a falha de fluxo de carvão advinda, por exemplo, de um alto vazamento de nitrogênio no vaso.

Assim, quando havia uma falha de fluxo de carvão na linha principal, isso usualmente ocorria durante a troca de vasos e era agravada principalmente na intensidade e na ocorrência quando havia vazamentos nas válvulas de alívio e prato.

A Figura 11.5 ilustra três gráficos que mostram como o sinal de falha de fluxo de carvão na linha principal é gerado para desabilitar temporariamente os detectores de fluxo de carvão localizados no distribuidor após a válvula de carvão, evitando a queda de injeção (parada) por número mínimo de lanças.

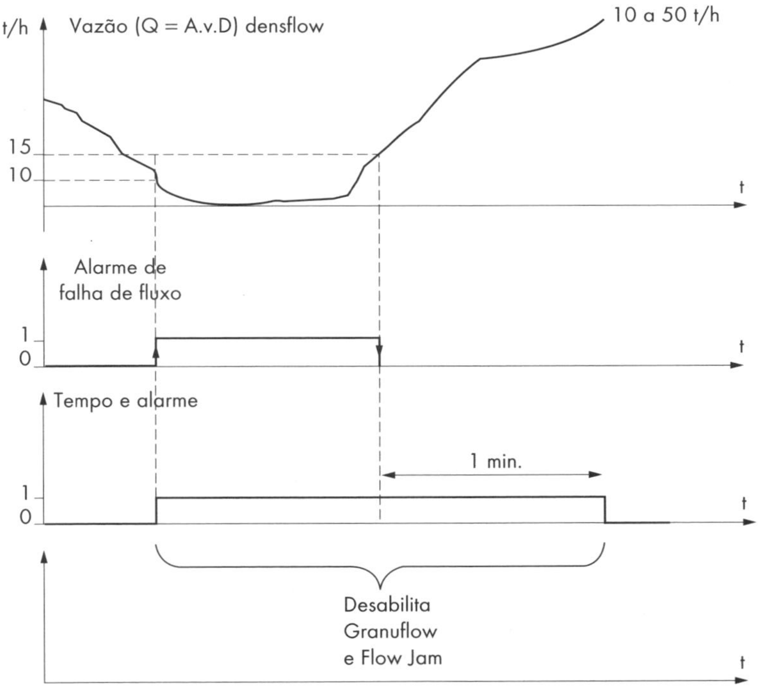

Figura 11.5 Sinal de falha de fluxo de carvão.

Fonte: MOTTA, 2011.

O primeiro gráfico ilustra a simulação de uma queda na vazão de carvão obtida pelo Densflow, novo sistema de medição de vazão de carvão pulverizado, cuja implantação é descrita neste livro.

Devido ao filtro de corte – a ser visto no Capítulo 15 –, o sinal de vazão das células de carvão não pode ser usado para essa finalidade.

Quando o valor de vazão é menor que 10 t/h, o alarme é gerado. Quando o sinal é maior que 15 t/h, o alarme de falha de fluxo de vazão é normalizado e uma temporização de 1 min é inicializada, como ilustra o segundo gráfico.

Finalmente, o último gráfico na Figura 11.5 representa o sinal de falha de fluxo de carvão sendo a combinação lógica do sinal de alarme e da temporização de 1 min. Esse tempo é necessário para que a linha principal de carvão encha novamente e os detectores de carvão após as válvulas do distribuidor não atuem desnecessariamente, ocasionando uma queda de injeção por número mínimo de lanças de injeção.

11.7 RESULTADOS DOS SINAIS OBTIDOS COM O DENSFLOW

A partir do medidor instalado na linha de injeção do AF3, pôde-se realizar um comparativo entre as duas formas agora existente de medição para a vazão dos finos de carvão na linha principal do transporte pneumático.

A Figura 11.6 ilustra os gráficos de tendência desenvolvidos para monitorar as variáveis do instrumento desenvolvido.

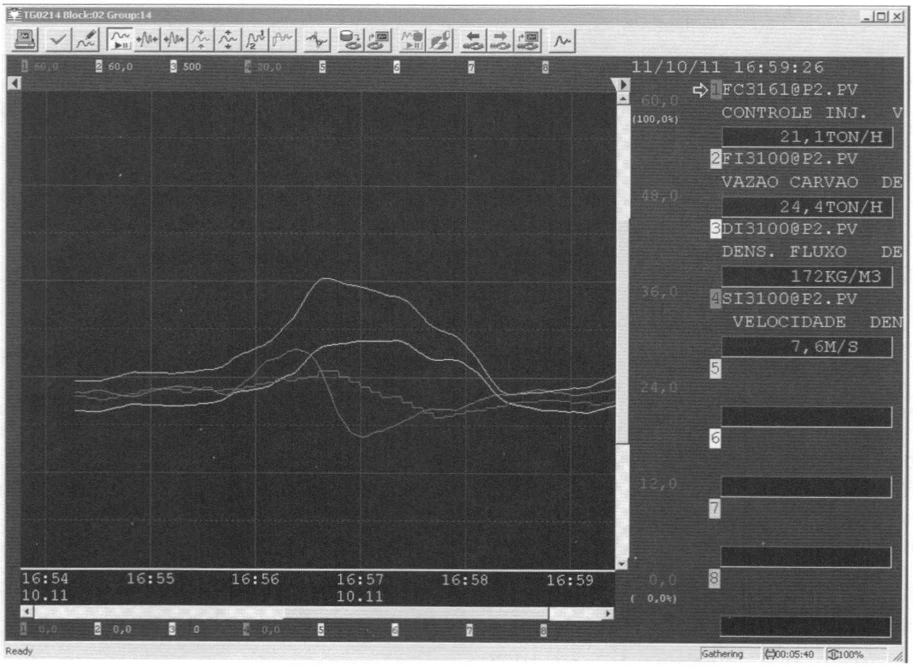

Figura 11.6 "Off set" entre as medições de vazão de carvão.

Fonte: MOTTA, 2011.

Notar o acompanhamento dos sinais de vazão medido pelas células de carga na linha 1 e o sinal de vazão de carvão medido pelo Densflow na linha 2 com um pequeno "off set" a ser zerado pela unidade de autocalibração.

A linha 3 representa a densidade de fluxo de carvão na linha principal em kg/m^3.

A linha 1 representa a velocidade das partículas de carvão na linha principal em m/s.

A Figura 11.7 ilustra o momento em que a autocalibração é ativada na rota ímpar do AF3.

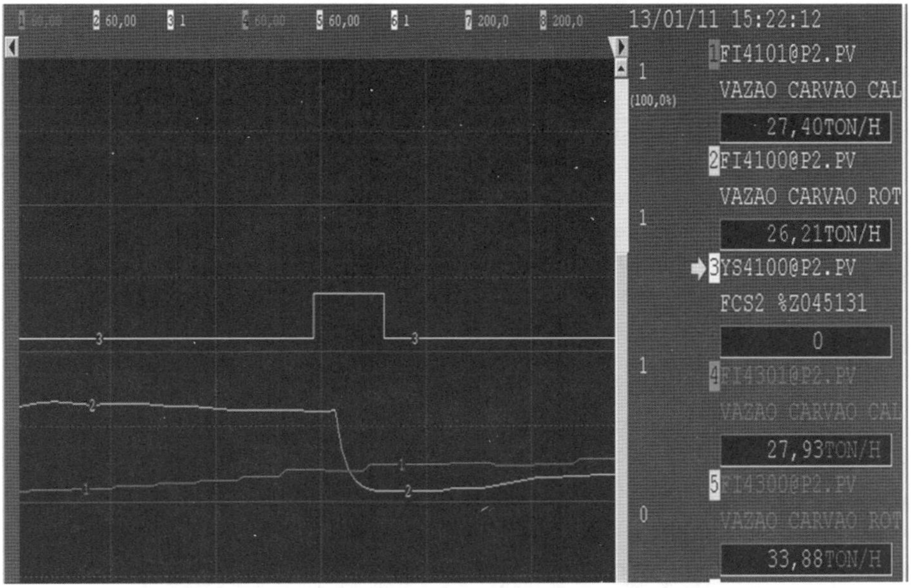

Figura 11.7 Tela típica da autocalibração do AF3.1 visualizada pelo operador.

Fonte: MOTTA, 2011.

A linha 1 indica a vazão de carvão obtida pelo sistema de pesagem convencional.

A linha 2 mostra o sinal de vazão de carvão obtido pelo Densflow que é ajustado após a transição de subida de nível lógico 0 para nível lógico 1 do sinal digital emitido pelo SDCD (linha 3) para que o Densflow efetue a autocalibração.

A Tabela 11.1 apresenta uma comparação entre a medição da vazão de carvão pelo sistema de pesagem baseado em células de carga e as medições realizadas pelo equipamento Densflow.

Tabela 11.1 Comparação entre as medições de vazão de carvão por célula de carga e por Densflow.

Técnica de medição da vazão de carvão	Vantagens	Desvantagens
Sistema de pesagem baseado em células de carga: $V_z(t)$	- O sistema de pesagem normalmente já vem incorporado no projeto de instrumentação básica da planta. - Sistema convencional de uso consagrado no mundo (Estado da arte). - Sistema de alta precisão e repetibilidade.	- Sofre interferência devido ao controle de pressão do vaso ou devido a vazamentos nas válvulas prato ou de alívio. - Requer filtro de software e média móvel para fornecer sinal estável de vazão de carvão. - Requer calibração com pesos-padrão.
Medição por vazão mássica de carvão pulverizado - Densflow: $Ms(t)$	- Não sofre interferências das variações de pressão no vaso, vazamentos e rigidez mecânica indevida. - Pode ser usado no controle da vazão de carvão principalmente em caso de reposição elevada de nitrogênio devido a vazamento crítico. - Fornece os sinais de velocidade e densidade de fluxo na linha principal usados para o ajuste do transporte pneumático e verificação dos modelos dinâmicos.	- Necessita de um segundo instrumento para calibração periódica. - Sofre uma pequena interferência devido à mudança nas características físico-químicas do carvão, como umidade, densidade e granulometria. - Equipamento sensível e necessita de um filtro de média móvel para ser posto em controle da vazão de carvão.

11.8 CONCLUSÕES SOBRE A NOVA MEDIÇÃO DE VAZÃO IMPLANTADA

O desenvolvimento do equipamento permitiu monitorar o sistema de medição de vazão por células de carga do PCI da CSN, melhorando significativamente o processo de transporte pneumático de carvão pulverizado, utilizando a velocidade e a densidade de fluxo em tempo real. Além disso, o novo sistema de medição de vazão proporcionou uma estabilidade no processo e também na relação da injeção de nitrogênio por carvão e maior eficiência energética com a diminuição do gasto de energia elétrica dos compressores e do nitrogênio específico na injeção.

Quando o vaso é pressurizado, seu peso aumenta ligeiramente, pois sofre as influências do peso do nitrogênio. Quando o vaso possui um vazamento elevado, existe uma perda de nitrogênio que afeta a linearidade do decréscimo do peso do vaso no tempo que, por sua vez, afeta a média móvel e gera um descontrole da taxa de injeção, sendo um dos principais problemas na estabilidade da vazão de carvão. Entretanto, sua suscetibilidade a defeitos do processo (vazamentos nas válvulas prato ou de alívio), a rápida resposta e a sensibilidade a defeitos do transporte pneumático levam a uma variação ainda maior no controle e, portanto, seu uso para controle primário (fonte primária de variável de processo para o controlador de vazão de carvão) foi descartado. É usado como redundância da medição e controle de vazão de carvão na linha principal de transporte pneumático, como será visto no Capítulo 14.

Com o auxílio de um instrumento industrial dedicado e estudado neste trabalho, pode-se obter com exatidão a velocidade dos sólidos e com precisão a densidade dos sólidos, quando bem calibrado. Assim, é possível validar na prática as relações das variáveis do transporte pneumático com a variação instantânea da vazão de carvão, obtendo uma maior relação sólido/gás, conhecida como parâmetro μ (kgCarvão/kgNitrogênio) (CASTRO; TAVARES, 1998). Isso proporciona um menor custo específico de nitrogênio e energia elétrica para a mesma taxa de injeção de carvão sem afetar a variação, podendo ser usado até como variável de controle (Capítulo 14). Isso nunca foi cogitado nem estudado por ninguém. Porém, uma pesquisa geral dos assuntos e temas relativos à injeção de carvão pulverizado foi relatada no trabalho de Motta e colaboradores (2011b).

Este capítulo descreveu o desenvolvimento, funcionamento e a instalação de um novo medidor de vazão de carvão especial e também a inserção no controle de novas variáveis de processo advindas desse medidor especial como alternativas no lugar da vazão obtida pelo sistema de pesagem convencional do vaso de injeção.

12

CAPÍTULO

Modelagem do transporte pneumático da estação de carvão pulverizado

12.1 OBJETIVOS DA MODELAGEM DO TRANSPORTE PNEUMÁTICO

Este capítulo modela estaticamente o transporte pneumático das estações de injeção de carvão pulverizado nos altos-fornos da CSN. Essa modelagem é útil para se determinar os valores estáticos de pressão de injeção, vazão de nitrogênio de transporte e fluidização do cone base do vaso de injeção que possuem o maior desempenho para aquele determinado ponto de operação regido pelo valor de referência (*set point*) demandado pelo alto-forno. Através desse modelo, as vazões do fluxo bifásico de carvão pulverizado e nitrogênio no processo são determinadas e, como resultado, uma posição inicial predeterminada na fase de injeção para a válvula de controle de fluxo de carvão é obtida e inserida em seu controle dinâmico.

O transporte do carvão pulverizado até o distribuidor é feito através de nitrogênio comprimido por uma tubulação com diâmetro externo de $3^{1/2}$" (DN 100) e diâmetro interno de 83 mm. Para uma operação bem-sucedida (SHAMLOU, 1988; WIRTH, 1983; BOHNET, 1983; KRAMBROCK, 1982) que não afete a uniformidade das chamas dos fornos, existem margens de valores de velocidades das partículas:

- Valor mínimo: inferior a 1 m/s.

Consequências da operação em valores mínimos.

- Entupimento na linha de transporte pneumático ou lança de injeção.
- Proporciona maior tempo de queima da partícula.
- Valor máximo: superior a 5 m/s.

Consequências da operação em valores máximos:

- desgaste da linha;
- requer mais energia para o transporte pneumático;
- degradação da partícula de carvão; dentre outros fatores.

A vazão e a velocidade de carvão pulverizado em cada ventaneira são parâmetros cruciais e influenciam na realização do transporte pneumático e na eficiência da combustão. O essencial para um transporte favorável é a velocidade. Ela deve sempre se manter em torno de um valor mínimo de segurança, para se obter uniformidade nas chamas e, assim, eficiência energética. Quando o transporte possui uma velocidade excessiva, ocorre um alto consumo de eletricidade, desgaste da tubulação e degradação das partículas. Isso influencia na eficiência da queima, pois altera o poder calorífico do carvão (XIAO-PING et al., 2009; CAI et al., 2009). Em contrapartida, a velocidade reduzida causa segmentação das partículas na tubulação, chegando até a um entupimento na lança de injeção, o que poderia causar uma explosão.

As vazões de nitrogênio e carvão pulverizado transportados pneumaticamente por tubulações são controladas por meio de lógica através do Sistema Digital de Controle Distribuído (SDCD) e pela intervenção dos atuadores de processo (no caso, as válvulas de controle de vazão e pressão).

Uma vez efetuado o modelo matemático que descreve o comportamento da estação de injeção, pode-se efetuar a análise do comportamento das quatro malhas de controle durante a fase de injeção. A partir disso, é possível avaliar o grau de acoplamento e interação entre as malhas de controle principais. Assim, pode-se projetar uma nova estratégia de controle que leve em consideração o desacoplamento entre as malhas de controle de vazão e pressão.

12.2 CONSIDERAÇÕES INICIAIS DE CONTORNO DO MODELO

As condições iniciais de contorno da modelagem para elaborar o modelo dinâmico do transporte pneumático efetuado pelo vaso de injeção, descritas de acordo com a Figura 12.1 durante a fase de injeção, são:

a) Válvula prato e válvula de alívio não vazam, ou seja, sem perda de pressão do vaso.
b) Não existe vazamento algum no vaso ou em sua tubulação de nitrogênio.
c) O volume inicial de nitrogênio e a pressão do vaso são constantes ao longo de toda a fase de injeção.
d) A válvula de controle de pressão (PCV) possui a mesma curva característica (C_V) que a válvula de controle de vazão (FCV-1).
e) A pressão do tanque de armazenagem de nitrogênio é constante (17 bar).
f) O valor de *set point* de vazão de carvão pedido pelo alto-forno é constante.

As condições A e B são semelhantes e pré-condições para a estabilidade do controle e do modelo para ensaios a respostas de mudanças em *set points*. Esses *set points* podem ser obtidos pelas equações a seguir que serão inseridas no modelo. Além disso, existe uma diferença entre a pressão de injeção e de transporte e a queda de pressão na linha, que é constante para uma vazão fixa.

Todas as condições de contorno da modelagem e as variáveis descritas anteriormente não foram consideradas nos trabalhos de Birk e Medvedev (1997) e Birk e colaboradores (2000). Além disso, não houve considerações sobre a vazão de transporte e sua influência na pressão diferencial do injetor. Tudo isso tornou necessário o desenvolvimento de um novo modelo em relação ao idealizado por Birk e colaboradores (1999) para descrever o comportamento do vaso de injeção e poder definir os melhores algoritmos e estratégias de controle para a vazão de carvão pulverizado na linha principal.

Para consulta na literatura de experiências práticas de nível industrial na redução da variabilidade de processos, destacamos os trabalhos de Silva e colaboradores (2005), Torres e colaboradores (2005), Torres e Hori (2005), e Dumont e colaboradores (2002); e principalmente o de Guimarães (2006), no qual são descritas plantas industriais com múltiplas malhas de controle acopladas.

A Figura 12.1 ilustra o desenho esquemático novo do vaso de injeção atual da CSN, objeto de modelagem deste trabalho. A modelagem é feita durante a fase de injeção, levando-se em consideração a queda de pressão da linha principal de injeção de $3^{1/2}$" devido ao carvão e ao nitrogênio, desde a saída do vaso até a lança de injeção de carvão. As perdas no distribuidor (D) são consideradas como se fossem mais uma curva de 90° no trajeto da linha principal.

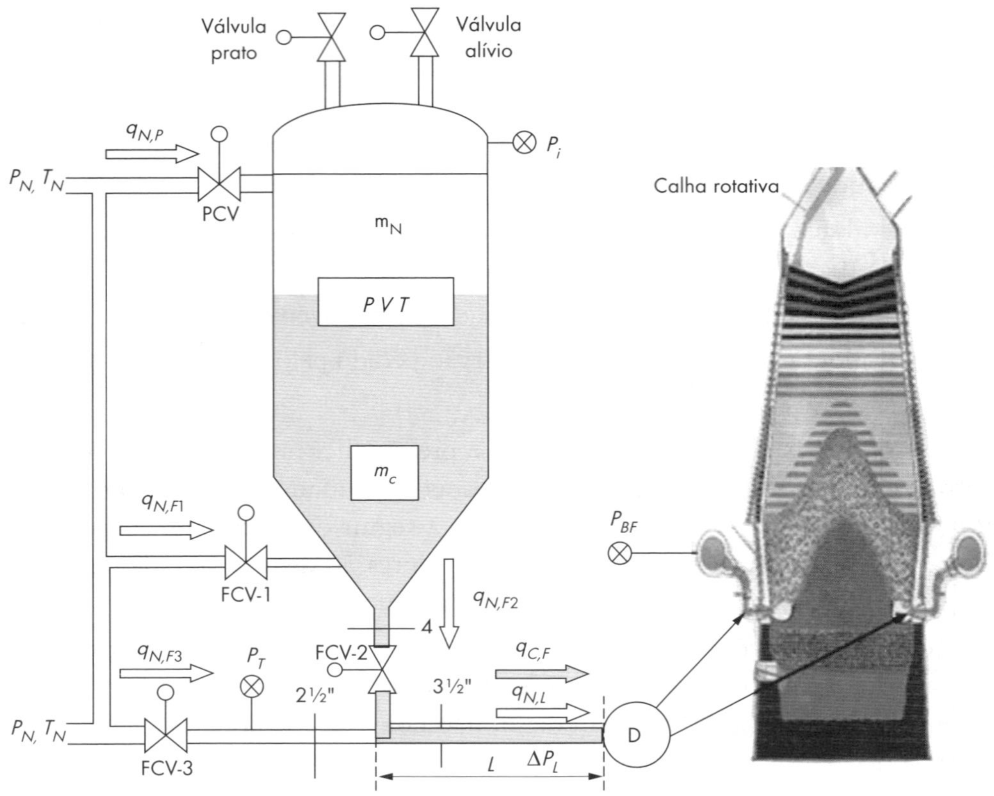

Figura 12.1 Desenho esquemático do novo modelo do vaso de injeção.

Fonte: MOTTA, 2011.

A Tabela 12.1 contém a nomenclatura usada na modelagem. Procurou-se preservar a mesma nomenclatura usada por Birk e colaboradores (1999), acrescentando as novas variáveis obtidas com o desenvolvimento da modelagem e inclusão das vazões de transporte e fluidização. Além disso, houve o levantamento das curvas características das válvulas de controle, e a inclusão das variáveis e parâmetros do transporte pneumático.

Tabela 12.1 Nomenclatura da modelagem do transporte pneumático da estação de carvão pulverizado.

Símbolo	Descrição	Detalhes
a	Área da restrição do Venturi	Área transversal mínima interna da válvula
L	Comprimento da linha principal	Comprimento desde o vaso até o alto-forno
D	Diâmetro interno da válvula dosadora (40 mm)	Característica construtiva do fabricante
x	Variável manipulada normalizada de 0 a 1	Comando de posição para a válvula
ZI	Posição atual da válvula dosadora em %	Medição do transdutor de posição
y	Distância de penetração dos círculos	Curva característica da válvula dosadora
P_I	Pressão interna do vaso de injeção	*Set point* em função da vazão de carvão
P_T	Pressão da linha principal de injeção	Pressão do transporte pneumático
P_N	Pressão de alimentação	Pressão da rede de nitrogênio = 17 bar
ΔP_L	Queda de pressão na linha principal	Perda de pressão durante a fase de injeção
P_D	Pressão na linha antes do distribuidor	Pressão do distribuidor de carvão
P_{AF}	Pressão de sopro da base do alto-forno	Pressão do Alto-Forno 3 da CSN = 4,2 bar
$F_{N,P}$	Vazão de nitrogênio através da PCV	Vazão volumétrica pela linha de pressão
$F_{N,F}$	Vazão de nitrogênio através da FCV1	Vazão de nitrogênio de fluidização no cone do vaso
$F_{N,C}$	Vazão de nitrogênio através da FCV2	Vazão de nitrogênio pela válvula dosadora
$F_{N,T}$	Vazão de nitrogênio através da FCV3	Vazão de nitrogênio de transporte ou arraste
ΔP_{FCV2}	Perda de carga através da FCV2	Queda de pressão da válvula dosadora
$F_{N,L}$	Vazão de nitrogênio através da linha de TP	Vazão total de nitrogênio na linha principal de TP
$q_{N,P}$	Vazão mássica de nitrogênio através da PCV	Volume inserido pelo controle de pressão
$q_{N,F}$	Vazão mássica de nitrogênio através da FCV1	Volume inserido pela linha de fluidização
$q_{N,C}$	Vazão mássica de nitrogênio através da FCV2	Volume de nitrogênio que passa pela dosadora
$q_{N,T}$	Vazão mássica de nitrogênio através da FCV3	Volume inserido no tubo injetor
$q_{N,L}$	Vazão mássica de nitrogênio pela linha principal	Vazão transporte + vazão de nitrogênio dosadora

(*continua*)

Tabela 12.1 Nomenclatura da modelagem do transporte pneumático da estação de carvão pulverizado. (*continuação*)

Símbolo	Descrição	Detalhes
$q_{C,F}$	Vazão mássica de carvão pela FCV2	Taxa de injeção de carvão no alto-forno
μ	Relação de kgCarvão/kgNitrogênio	Parâmetro do transporte pneumático
C	Velocidade das partículas de carvão	Parâmetro do transporte pneumático
ρ_{N2}	Densidade do nitrogênio na CNTP	$\rho_{N2} = 1{,}2527$ kg/m^3
ρ_c	Densidade do carvão pulverizado	$\rho_c = 550$ a 650 kg/m^3, dependendo do carvão
ρ_F	Densidade da mistura bifásica na linha TP	Sempre $\rho_F < \rho_c$
T_F	Temperatura final da mistura bifásica	Temperatura média do TP = 70 a 80 °C
T_C	Temperatura média dentro do filtro de mangas	Temperatura média do carvão = 80 a 90 °C
T_N	Temperatura do nitrogênio de alimentação	Temperatura do nitrogênio = 15 a 40 °C
D_F	Densidade de fluxo bifásico na linha TP	Densidade de fluxo na linha principal
D_L	Densidade específica de linha	Densidade de linha na tubulação TP
M	Número de válvulas de carvão abertas	Número de aberturas após o distribuidor
$Q1_{N,L}$	Vazão mássica de nitrogênio após o distribuidor	Vazão de nitrogênio total dividida por M
$Q1_{C,F}$	Vazão de carvão na linha após o distribuidor	Vazão de carvão na lança simples
$Q2_{N,L}$	Vazão mássica de nitrogênio após a bifurcação em Y	Vazão de nitrogênio total dividida por 2M
$Q2_{C,F}$	Vazão de carvão na lança após a bifurcação em Y	Vazão de carvão na lança dupla

12.3 DIAGRAMAS EM BLOCOS DOS MODELOS DINÂMICOS

O modelo do vaso de injeção nos fornece como variáveis de saídas principais do processo a taxa de injeção calculada e a posição prevista da válvula dosadora para que a estação de injeção forneça, naquelas mesmas condições, a vazão de carvão solicitada pelo alto-forno, sem distúrbios na troca de vasos.

O modelo do transporte pneumático fornece os parâmetros do transporte pneumático que auxiliam na melhoria da eficiência energética do processo, bem como na redução de sua variabilidade. Além disso, é possível obter a velocidade das partículas de carvão para que o transporte pneumático não atinja a velocidade crítica mínima de entupimento nas pontas das lanças de injeção.

A Figura 12.2 mostra o diagrama geral em blocos dos dois principais modelos desenvolvidos, tendo como base as variáveis da Tabela 12.1. As variáveis de entrada são obtidas pela taxa de injeção pedida pelo operador do alto-forno.

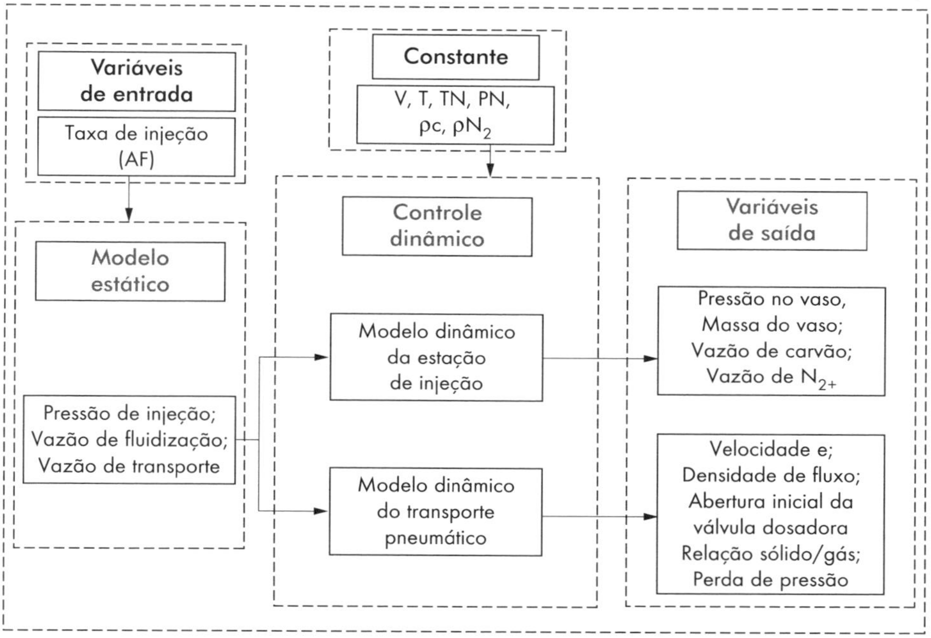

Figura 12.2 Diagrama em blocos do modelo matemático para o transporte pneumático do PCI.

Fonte: MOTTA, 2011.

As três malhas auxiliares do vaso possuem influências fortes e fracas sobre a malha principal, ou malha de controle de vazão de carvão. A pressão de injeção possui influência direta sobre a capacidade máxima de injeção, haja vista seu gráfico de *set point* que aumenta com o pedido de vazão de carvão. Porém, a pressão de injeção é influenciada indiretamente pela vazão de fluidização. Vazões altas de fluidização contribuem para a fluidez do carvão pela dosadora, mas também contribuem para o aumento e descontrole da pressão interna do vaso.

O *set point* de vazão de transporte ou arraste, por sua vez, diminui com o aumento da taxa de injeção para permitir um maior fluxo de gás-sólido pela válvula dosadora. Assim, pode-se dizer que a vazão de transporte contribui para a pressão diferencial entre linha e vaso. Quanto maior a pressão diferencial entre vaso e linha principal, maior é a capacidade de injeção do vaso em t/h.

12.4 RELAÇÃO ENTRE AS VARIÁVEIS DE PROCESSO

As relações entre as variáveis de processo primário do transporte pneumático da estação de injeção de carvão pulverizado são descritas nos itens a seguir. Elas compõem a modelagem estática do transporte pneumático realizada pelo processo para obter os valores de referência para as malhas de controle de acordo com a vazão de carvão demandada pelo alto-forno.

12.4.1 Pressão de injeção

A pressão de injeção é mantida em um valor constante durante a fase de injeção, sendo controlada por um controlador proporcional integral sem derivativo (PI), para que haja a menor variabilidade possível na vazão de carvão. O valor de referência (*set point*) do controle de pressão de injeção é determinado pela Equação (12.1):

$$P_I = P_{MÍN} + \frac{P_{MÁX} - P_{MÍN}}{C_{MÁX} - C_{MÍN}} \times (C_{REQU} - C_{MÁX}) \tag{12.1}$$

Onde:

$P_{MÁX}$: pressão máxima do vaso para 50 t/h = 13 bar;

$P_{MÍN}$: pressão mínima do vaso para 10 t/h = 9 bar;

$C_{MÁX}$: vazão máxima de injeção de carvão = 10 t/h;

$C_{MÍN}$: vazão mínima de injeção de carvão = 50 t/h;

C_{REQU}: vazão de injeção de carvão solicitada pelo alto-forno em t/h.

12.4.2 Vazão de nitrogênio de transporte ou vazão de arraste

O valor de referência (*set point*) do controle da vazão de transporte ou vazão de arraste é calculado pela Equação (12.2):

$$F_{N,T} = V_{MÍN} + \frac{V_{MÁX} - V_{MÍN}}{C_{MÁX} - C_{MÍN}} \times (C_{MÁX} - C_{REQU}) \tag{12.2}$$

Onde:

$V_{MÁX}$: vazão máxima de transporte do vaso para 10 t/h = 1400 m^3/h na CNTP;

$V_{MÍN}$: vazão mínima de transporte do vaso para 50 t/h = 800 m^3/h na CNTP.

12.4.3 Vazão de nitrogênio de fluidização

O *set point* do controle de vazão de nitrogênio de fluidização injetada no cone base do vaso é definido pela Equação (12.3):

$$F_{N,F} = V_{MÍN} + \frac{V_{MÁX} - V_{MÍN}}{C_{MÁX} - C_{MÍN}} \times (C_{REQU} - C_{MÁX}) \qquad (12.3)$$

Onde:

$V_{MÁX}$: vazão máxima de fluidização do vaso para 50 t/h = 600 m^3/h na CNTP;

$V_{MÍN}$: vazão mínima de fluidização do vaso para 10 t/h = 300 m^3/h na CNTP.

12.5 CURVAS CARACTERÍSTICAS DAS VÁLVULAS DE CONTROLE

As curvas características das válvulas de controle comuns de vazão e pressão de nitrogênio foram levantadas e inseridas no modelo. Segundo diversos fabricantes de válvulas de controle (FISHER CONTROLS, 1977; VALTEK, 1994), por exemplo, para uma válvula de controle qualquer, a área da seção transversal mínima de sua restrição é função de um sinal de entrada (saída do controlador), como descreve a Equação (12.4):

$$a = k\, g(u(t)) \qquad (12.4)$$

Onde:

k: fator de multiplicação (fator escalar);

g(u(t)): curva característica da válvula.

A vazão através de uma válvula de controle depende do tamanho da válvula, da queda de pressão sobre esta, da posição da haste e das propriedades do fluido, como ilustra a Equação (12.5):

$$F = C_V f_{(X)} \sqrt{\frac{\Delta P}{sp.gr.}} \qquad (12.5)$$

Onde:

F: vazão pela válvula em m^3/h na CNTP;

C_V: coeficiente de vazão (em função do tamanho da válvula);

x: posição da haste da válvula (fração da abertura total de 0 a 100%);

$f_{(x)}$: curva característica da válvula;

ΔP: queda de pressão sobre a válvula;

sp.gr.: gravidade específica em m/s^2.

A curva característica da válvula $f_{(x)}$ representa a variação da área da seção transversal (**a**) em função da posição (x) pedida pelo posicionador que recebe o sinal do controlador do SDCD. Assim, obtemos as equações (12.6) e (12.7) (SIGHIERI; NISHINARI, 1998):

$$f(x) = a \tag{12.6}$$

$$u_c = x \tag{12.7}$$

O fabricante da válvula pode trocar o formato do obturador e da sede; e ela ainda pode ser fabricada com diversos tipos de curvas características. As três curvas características mais comuns e suas respectivas equações (12.8), (12.9) e (12.10) são apresentadas a seguir.

$$\text{A - Linear} \Rightarrow f_{(x)} = x \tag{12.8}$$

$$\text{B - Raiz quadrada} \Rightarrow f_{(X)} = \sqrt{x} \tag{12.9}$$

$$\text{C - Igual Porcentagem} \Rightarrow f_{(X)} = \alpha^{x-1} \tag{12.10}$$

Os dados de placa das válvulas de controle de vazão de fluidização (FCV2), transporte (FCV3) e controle de pressão (PCV) do PCI foram levantados em campo e enviados ao fabricante Valtek (1994). Todas essas válvulas têm a curva característica de igual porcentagem com $\alpha = 16$. O fabricante forneceu uma fórmula prática de vazão para suas válvulas, um software de especificação e simulações, e também a curva característica de vazão para cada uma, conforme ilustra a Figura 12.3.

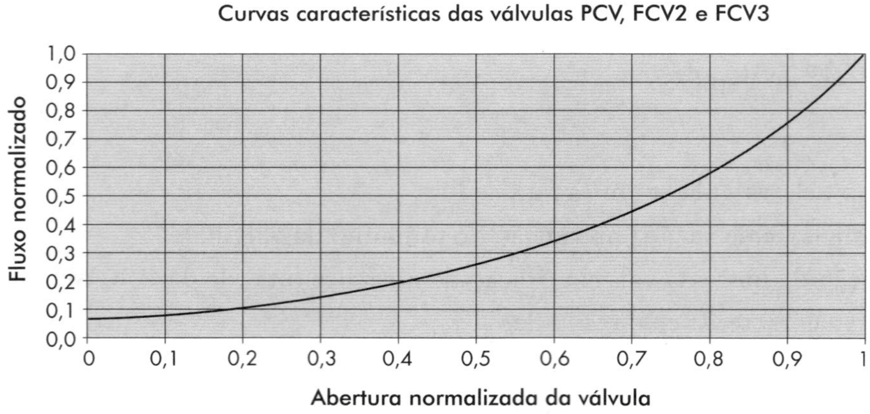

Figura 12.3 Curva característica das válvulas de controle PCV, FCV2 e FCV3.

Fonte: VALTEK, 1994.

A partir da curva característica das válvulas, podemos obter as equações que exprimem as vazões normalizadas de nitrogênio pelas três válvulas em função dos *set points* e das saídas (variáveis manipuladas) dos controladores proporcionais integrais derivativos (PID).

Porém, as curvas características das válvulas de controle de vazão de nitrogênio, a princípio, não são importantes para a modelagem, uma vez que o *set point* de vazão é sempre atendido.

A modelagem das válvulas de controle é importante somente para o caso da válvula de controle de pressão, na qual é interessante se conhecer a vazão de nitrogênio ($F_{N,P}$) introduzida no vaso, através da linha de controle de pressão, e também seu tempo de resposta dinâmica.

A válvula de controle de vazão (FCV1) e a válvula de controle de pressão (PCV) são iguais em dimensão (DN 50) e iguais em capacidade de vazão (mesmo C_V). Elas também têm a mesma curva característica de igual percentagem (=%) (KRAMBROCK, 1982) e com o mesmo $\alpha = 16$. Portanto, a vazão de nitrogênio através da PCV (F') pode ser estimada pela Equação (12.11), de acordo com Luyben (1973):

$$F' = C_V f(x)\sqrt{\Delta P} \tag{12.11}$$

Conforme o processo ilustrado na Figura 12.1, as válvulas têm a mesma curva característica, mesmas capacidades de vazão (C_V) e são aplicadas no mesmo ΔP entre o tanque de armazenagem e o vaso de injeção. Portanto, a relação (12.12) exclusiva dessa modelagem pode ser aplicada para se obter a vazão através da PCV, de acordo com Delmée (1983):

$$\frac{F}{F'} = \frac{f(x)}{f(x')} = \frac{\alpha^{u-1}}{\alpha^{u'-1}} \tag{12.12}$$

E, finalmente, a vazão $F_{N,P}$ é calculada de acordo com a expressão (12.13):

$$F_{N,P} = F_{N,F}\frac{\alpha^{U_P-1}}{\alpha^{U_F-1}} \tag{12.13}$$

A quantidade de nitrogênio que entra no vaso através da PCV é definida pela Equação (12.14):

$$q_{N,P} = F_{N,P}\rho_{N_2} \tag{12.14}$$

12.6 CURVA CARACTERÍSTICA DA VÁLVULA DOSADORA

A válvula dosadora FCV2, ou válvula de controle de vazão de carvão, é uma válvula especial de fabricação exclusiva da Claudius Peters. Ela e o vaso de injeção são os elementos fundamentais para a modelagem. Dentro de sua documentação, após consulta ao fabricante (WEBER; SHUMPE, 1995) e a experiência de Mills (2005), chegou-se à conclusão de que ela não possui uma curva característica de abertura percentual em função de sua posição definida. É necessário fazer seu levantamento para a modelagem completa do processo para servir de guia para a otimização do processo de transporte pneumático (TP) do carvão.

O orifício interno de passagem dosador possui 40 mm de diâmetro. Assim, a curva característica foi levantada variando a distância (d) de 1 em 1 mm, desde 0 até 40 mm, com o auxílio de interpolação gráfica da área comum de interseção entre os círculos, por meio do programa AutoCAD versão 2010.

Os estudos de superposição dos círculos representativos desse orifício com a placa de tungstênio de dosagem de 40 mm de diâmetro em função da distância de penetração da placa de controle no orifício da tubulação do injetor foram realizados para representar a curva característica da válvula dosadora.

A Figura 12.4 ilustra a simulação efetuada no avanço da válvula dosadora (em mm) e sua correspondente área de abertura conjunta entre a passagem da válvula e sua gaveta de atuação. A parte escura representa a interseção gerada entre o avanço da válvula dosadora e o orifício da tubulação.

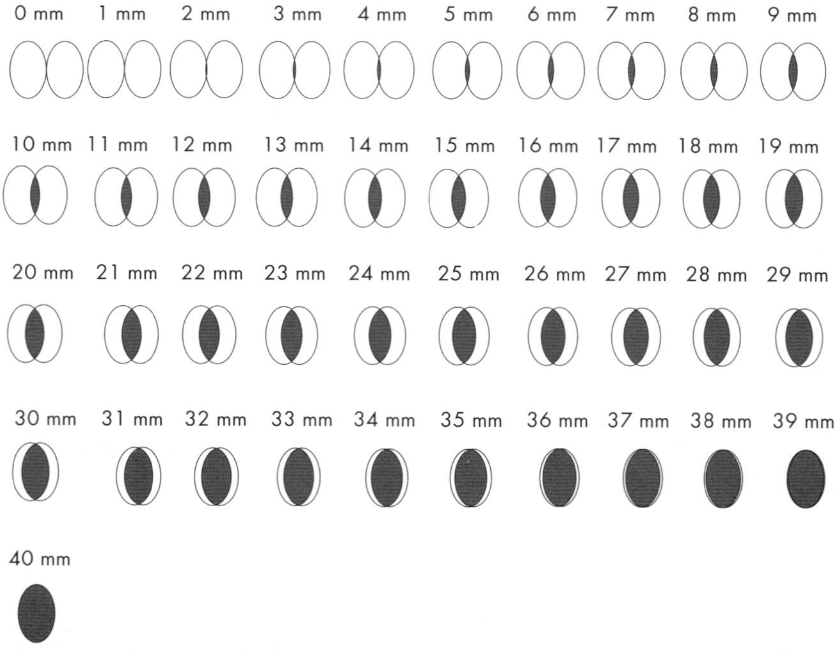

Figura 12.4 Região de interpolação das áreas gerada pelo avanço da válvula dosadora.

A Equação (12.15) obtém a distância (y) em mm de penetração da interseção dos círculos da válvula dosadora com o orifício da tubulação do injetor em função do transdutor de posição (ZI) da válvula dosadora:

$$y = \frac{D \times ZI}{100\%} \tag{12.15}$$

Onde:

D: diâmetro interno da válvula dosadora = 40 mm;

ZI: posição atual da válvula dosadora de 0 a 100%.

A distância (y) da Equação (12.15) é introduzida no modelo identificado para a área da válvula por unidade (0,00 a 1,00) em função do transdutor de posição (ZI) da válvula dosadora. Ao se obter a área da seção reta transversal em função da posição da válvula dosadora, pode-se determinar o coeficiente de Bernoulli para posterior cálculo da abertura inicial ótima.

A Equação (12.16) reproduz o modelo identificado pela curva da Figura 12.5 para a área (a) em unidade com o objetivo de facilitar os cálculos do coeficiente de Bernoulli. Os valores na Equação (12.16) são válidos para d > 6,4 mm ou ZI > 16%, e a unidade resultante é adimensional:

$$a = \frac{A\%}{100\%} = \frac{36{,}81y - 235{,}5}{100\%} \tag{12.16}$$

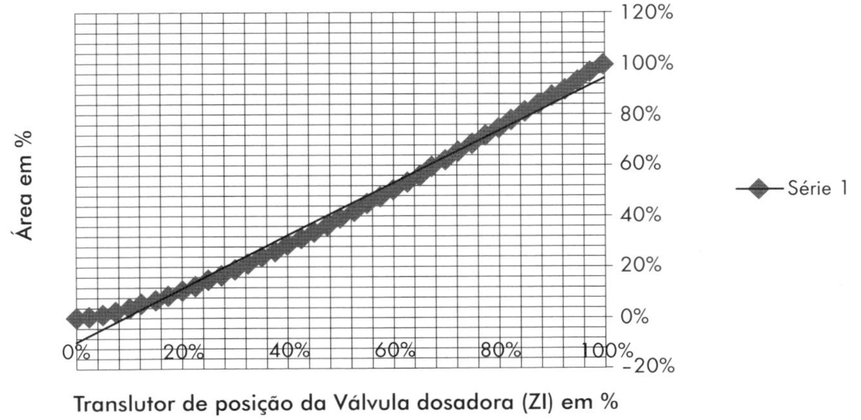

Figura 12.5 Curva característica da válvula dosadora.

Fonte: MOTTA, 2011.

A curva normalizada da área comum da superposição dos semicírculos do orifício e a placa dosadora em função de seu deslocamento milimétrico ou percentual de posição são ilustradas na Figura 12.5, sendo um gráfico extremamente útil para a modelagem proposta.

Nota-se que a variação de área comum é praticamente linear na faixa de 32% a 100%, com um alto coeficiente de correlação de 0,998. Essa é justamente sua melhor faixa de controle. Portanto, para efeitos de modelagem, pode-se considerar a válvula dosadora como sendo linear em toda a faixa de controle de interesse. As descobertas desses ajustes de saturação máxima e mínima do controlador de vazão de carvão permitem que o controlador trabalhe na faixa linear da válvula.

A estrutura principal da FCV2 do trabalho realizado por Birk e colaboradores (1999) possui uma composição diferente da válvula dosadora usada na CSN. Fica claro que não há uma coerência linear entre a válvula de abertura e a vazão mássica através da válvula de acordo com o visto na Equação (12.2), apesar da resposta linear de área transversal conjunta *versus* posição.

Mostraremos mais adiante que um modelo linear funciona suficientemente bem para essa válvula. Nos trabalhos já efetuados na modelagem descrita anteriormente para a válvula dosadora, descobriu-se que ela possui uma característica linear somente para valores acima de 32% de abertura.

A FCV2 também tem uma zona morta, que resulta do movimento da válvula gaveta. Para apertar a válvula deve-se transpor a abertura por completo e um pouco mais por motivo de segurança. No caso de um bom controle para a vazão de carvão, a não linearidade deve-se referir ao processo de injeção do vaso e não da válvula dosadora, pois se descobriu que ela possui característica linear somente acima de 30% de abertura. A não linearidade resultante não pode ser negligenciada no controle. Portanto, o controlador de vazão de carvão teve seus sinais das variáveis limitados entre 32% e 100% como resultado da pesquisa mostrada neste capítulo.

12.7 MODELO FÍSICO DO TRANSPORTE PNEUMÁTICO COM O VASO

O modelo físico determinístico do transporte pneumático com os vasos de injeção é realizado como se fossem tanques de pressão de armazenagem de 1ª ordem com sólidos ocupando o espaço físico de 25 m^3, parcialmente ocupado por carvão pulverizado.

As válvulas de controle de vazão e pressão de nitrogênio também não têm comportamento linear e sim quadrático, tal como visto no item 12.5. A área da válvula dosadora, por sua vez, possui um comportamento linear somente após 30% de abertura, porém, a não linearidade do modelo advém da raiz quadrada da diferença de pressão entre o vaso e a linha de transporte pneumático.

Outras não linearidades surgem na etapa de mistura durante a formação do transporte pneumático de duas fases gás-sólido, assim como a expansão dos gases e a influência da temperatura final da mistura bifásica carvão-nitrogênio.

Os fluxos de gás-sólido através da válvula dosadora seguem a lei fundamental de Bernoulli, de acordo com a qual o fluxo de um líquido incompressível (q) através de uma restrição pode ser obtido de um modo geral pela Equação (12.17):

$$q(p_1,p_2) = af_{Líq}(p_1,p_2) \stackrel{\Delta}{=} ka\sqrt{2\,\rho(p_1 - p_2)} \tag{12.17}$$

Onde:

p_1: pressão na entrada da restrição, ou pressão a montante;

p_2: pressão na saída da restrição, ou pressão a jusante, ou pressão do lado oposto;

ρ: densidade do fluido bifásico escoado;

a: área da seção transversal mínima da restrição da válvula de controle;

k: coeficiente de Bernoulli.

O carvão pulverizado pode ser considerado um fluido incompressível. Assim, para as análises a seguir, a vazão mássica de líquidos pode ser considerada igual à vazão mássica de sólidos, e a densidade será a do próprio carvão ($\rho_C = \rho$).

A pressão na entrada da restrição é a pressão do vaso, ou pressão de injeção (P_I). Na saída da válvula dosadora, tem-se a pressão de transporte, ou pressão da linha principal (P_T). Ao utilizarmos a lei de Bernoulli com as variáveis do processo no modelo, obtemos a Equação (12.18):

$$q_{C,F} = af_{Carvão}(p_1,p_2) \stackrel{\Delta}{=} ka\sqrt{2\rho_C(P_I - P_T)} \tag{12.18}$$

Onde:

$q_{C,F} = V_Z(t)$ = vazão de carvão em t/h pela válvula dosadora;

P_I: pressão de injeção do vaso em bar;

P_T: pressão de transporte, ou pressão na linha principal, em bar;

ρ_C: densidade do carvão pulverizado em kg/m^3;

a: área da seção transversal da válvula dosadora normalizada.

Pelo princípio da conservação da massa, a vazão de carvão na linha principal ($q_{C,L}$) é igual à vazão de carvão através da válvula dosadora, conforme a igualdade (12.19):

$$q_{C,L} = q_{C,F} \tag{12.19}$$

A vazão volumétrica de carvão na linha principal ($F_{C,L}$) pode ser obtida pela Equação (12.20):

$$F_{C,L} = \frac{q_{C,L}}{\rho_C} \tag{12.20}$$

Para determinar o fluxo de gás nitrogênio que passa através da válvula dosadora ($q_{N,C}$), deve-se levar em consideração a compressibilidade do gás.

A Equação (12.21) expressa o fluxo mássico de um gás ideal que passa através da válvula dosadora:

$$q_{N,C} = q(p_1,p_2) = af_{Gás}(p_1,p_2) \stackrel{\Delta}{=} ka\sqrt{2\rho_{NV}(p_I - p_T)} \tag{12.21}$$

Onde:

ρ_{NV}: densidade do nitrogênio para as condições de pressão e temperatura do vaso (P_I e T_F).

A densidade real do nitrogênio nas condições do processo é dada pela Equação (12.22) e seu resultado é mostrado vaso a vaso na Figura 12.10.

$$\rho_{NV} = \frac{P_I T_o \rho_{N2}}{\rho_C T_F Z} \tag{12.22}$$

Onde:

P_I: pressão de nitrogênio dentro do vaso na CNTP obtida por medição de instrumento;

T_o: temperatura na CNTP = 273 K;

ρ_o: pressão na CNTP = 1 atm;

Z: fator de compressibilidade do nitrogênio = 0,9998;

ρ_{N2}: densidade do nitrogênio na CNTP = 1,2527 kg/m^3;

T_F: temperatura final do fluxo bifásico de carvão e nitrogênio em K.

Ao considerarmos que a pressão do vaso é mantida constante durante a fase de injeção, o valor de $q_{N,C}$ pode ser obtido pelo balanço de massa do vaso de injeção de acordo com os fundamentos do Capítulo 6, obtendo-se a Equação (12.23):

$$q_{N,C} = q_{N,P} + q_{N,F} - \frac{q_{C,L}}{\rho_C}\rho_{NV} \tag{12.23}$$

Nota-se que a soma das vazões de entrada de nitrogênio pelas válvulas de pressão e fluidização é maior que a saída de nitrogênio através da válvula dosadora por causa da reposição do volume de carvão injetado e da manutenção da pressão do vaso.

Considerando que o volume inicial de nitrogênio gasto na fase de pressurização do vaso é mantido constante ao longo de toda a fase de injeção e aplicando a lei de conservação de massa, obtemos a vazão mássica total de nitrogênio através da linha de transporte pneumático principal por meio da Equação (12.24):

$$q_{N,L} = q_{N,T} + q_{N,C} \quad (12.24)$$

12.8 PARÂMETROS CARACTERÍSTICOS DO TRANSPORTE PNEUMÁTICO

Os principais parâmetros usados na definição de um transporte pneumático de materiais sólidos granulados em fase densa, segundo Mills (2005) e Silva (2005), são:

a) relação sólido/gás $\mu > 5$;

b) densidade de fluxo;

c) velocidade das partículas de carvão $C < 10$ m/s.

Esses são os principais parâmetros que diferenciam o transporte pneumático de fase densa do de fase diluída. No transporte pneumático em fase diluída, a velocidade é alta, o que leva a um maior desgaste da tubulação quando comparado com o da fase densa. Além disso, a eficiência energética do transporte em fase densa é maior, pois carrega mais sólidos com a mesma quantidade de gás.

12.8.1 Relação sólido/gás

A relação sólido/gás, conhecida como parâmetro μ, é uma grandeza adimensional definida pela Equação (12.25). Essa equação descreve a relação mássica entre o carvão e o nitrogênio que o transporta na linha principal.

$$\mu = \frac{S}{G} \quad (12.25)$$

Onde

S: quantidade de carvão em kg;

G: quantidade de nitrogênio em kg.

A Equação (12.19) pode ser decomposta em termos de medições de vazões mássicas horárias de carvão e nitrogênio, como ilustra a Equação (12.26):

$$\mu = \frac{S'}{G'} \quad (12.26)$$

Onde

S': vazão mássica de carvão em kg/h;

G': vazão mássica de nitrogênio em kg/h.

A Equação (12.19) também pode ser decomposta em termos de medições de vazões mássicas de carvão obtidas pelo algoritmo da média móvel do decréscimo do peso do vaso no tempo, descrito anteriormente, e das medições volumétricas de nitrogênio na linha principal, como ilustra a Equação (12.27):

$$\mu = \frac{\text{Vazão de Carvão}}{\rho_{N_2} \times \text{Vazão Volumétrica de } N_2} = [\frac{\frac{t}{h}}{\frac{kg}{m^3}\frac{m^3}{h}}] = \quad (12.27)$$

$$[\frac{t \times 1000}{kg}] = [1], \text{ admensional}$$

E, finalmente, a relação sólido/gás (μ) na linha principal de transporte pneumático no modelo pode ser expressa pela Equação (12.28):

$$\mu = \frac{q_{C,L}}{q_{N,L}} \quad (12.28)$$

Na pior condição, a vazão de nitrogênio através da PCV é zero, e a relação sólido/gás é a máxima ilustrada na Figura 12.10 e conforme a Equação (12.29):

$$\mu_{Máx} = \frac{q_{C,L}}{q_{N,T} + q_{N,F}} \quad (12.29)$$

12.8.2 Densidade de fluxo e densidade de linha

A densidade de fluxo também é um importante parâmetro do transporte pneumático para representar um número entre o zero e a máxima densidade com a tubulação preenchida totalmente com sólidos.

Quando a densidade de fluxo é zero, isso geralmente significa que não há sólidos sendo levados pelo transporte pneumático, ou seja, somente vazão de nitrogênio de transporte, ou ainda sem vazão alguma de gases ou sólidos.

Já quando a densidade é máxima e a velocidade é zero, isso pode significar que toda a tubulação de transporte pneumático está entupida. As densidades típicas de carvão pulverizado analisadas nos laboratórios da CSN apresentam valores entre 550 kg/m³ e 650 kg/m³, tipicamente de 610 kg/m³, conforme ilustra a Figura 12.10.

A densidade de um fluxo bifásico em uma tubulação de transporte de carvão pulverizado sendo transportado por nitrogênio foi desenvolvida com base na modelagem de transporte pneumático.

A Equação (12.30) apresenta a definição de densidade de fluxo de transporte pneumático de carvão pulverizado:

$$D_F(t) = \frac{q}{V_T} \tag{12.30}$$

Onde:

$D_F(t)$: densidade de fluxo na linha principal em kg/m^3;

q: quantidade de carvão mais quantidade de nitrogênio em kg;

V_T: volume de carvão mais volume de nitrogênio em m^3.

A Equação (12.31) aplica os dados do modelo desenvolvido para o cálculo da densidade de fluxo em tempo real pelo SDCD na linha.

$$D_F(t) = \frac{q_{C,L} + q_{N,L}}{F_{C,L} + F_{N,L}} = \frac{q_{C,F} + q_{N,L}}{\frac{q_{C,L}}{\rho_C} + \frac{q_{N,L}}{\rho_{NT}}} \tag{12.31}$$

Onde:

$q_{C,L}$: vazão de carvão na linha principal;

$q_{N,L}$: vazão de nitrogênio de transporte mais vazão de nitrogênio através da válvula dosadora;

ρ_c: densidade do carvão pulverizado;

ρ_{NT}: densidade do nitrogênio desnormalizado para as condições do processo.

A densidade real do nitrogênio nas condições do processo das tubulações de transporte principal é dada pela Equação (12.32), conforme Enomoto e Matsuda (1986):

$$\rho_{NT} = \frac{P_T T_o \rho_{N2}}{\rho_C T_F Z} \tag{12.32}$$

Onde:

P_T: pressão de nitrogênio de transporte na CNTP obtida por medição de instrumento.

Levando em consideração a densidade real do nitrogênio no processo, a definição de μ na Equação (12.26) associada à Equação (12.32) pode ser usada na dedução da Equação geral (12.33) para a densidade de fluxo na linha de transporte:

$$D_F(t) = \frac{\mu + 1}{\dfrac{\mu}{\rho_C} + \dfrac{P_o T_F Z}{P_T T_o \rho_{N2}}} \quad (12.33)$$

O sistema de medição de vazão de carvão pulverizado descrito no Capítulo 6 mede diretamente a densidade de fluxo. Portanto, é usado para validar esse parâmetro calculado pela modelagem do transporte pneumático da estação de injeção de carvão pulverizado.

A densidade de linha é outro parâmetro do transporte pneumático necessário no dimensionamento de tubulações e determinação do coeficiente de atrito para o cálculo da perda de carga na tubulação.

A Equação (12.34) aplica os dados do modelo desenvolvido para o cálculo da densidade de linha em tempo real pelo SDCD:

$$D_L(t) = \frac{q_{C,L} + q_{N,L}}{AL} \quad (12.34)$$

Onde:

A: área da seção reta transversal de cada tubulação de transporte pneumático;

L: unidade de comprimento linear da tubulação = 1 m.

Os resultados dos modelos de densidades de linha em tempo real ao longo das tubulações de transporte pneumático com diferentes diâmetros e ramificações são mostrados nas Figuras 12.11 e 12.12.

12.8.3 Temperatura final do fluxo bifásico

A temperatura do carvão influencia sua combustibilidade. Quanto mais quente, mais rápida e eficiente é a sua queima (MOTTA, 2011). Ela também influencia sua fluxabilidade devido à umidade intrínseca, o que pode facilitar ou dificultar o transporte pneumático. Quanto mais úmido, pior é a fluxabilidade do carvão e, portanto, maior a variabilidade e dificuldade no controle de vazão de carvão, seja ele global ou individual (CAI et al., 2009).

A máxima umidade permitida para transporte, segundo Cai e colaboradores (2009), é de 6%. As moagens de carvão geralmente produzem um carvão pulverizado com umidade que varia de 0,8% a 2%, dependendo da época do ano. Para as estações chuvosas como o verão, a umidade atinge seus maiores níveis.

O trabalho de Motta e Souza (2009) descreve um instrumento de última geração de medição em tempo real da umidade do carvão pulverizado produzido. É utilizado para ajustar os parâmetros operacionais da moagem de carvão de forma a produzir o carvão pulverizado com a menor umidade possível na CSN. É comprovado que quanto menor for a umidade do carvão pulverizado, melhor será sua fluxabilidade e, portanto, menor será sua variabilidade na vazão.

Um dos principais fatores que afetam a umidade do carvão pulverizado é a sua temperatura de produção logo após a saída do moinho (ISHII, 2000; NIPPON STEEL CORPORATION, 1995). Além disso, a temperatura do carvão também afeta sua combustibilidade (MOTTA, 2011).

Alguns projetos de melhoria de planta de PCI incluem o revestimento com isolante térmico do silo de armazenagem de carvão pulverizado, de forma a preservar sua temperatura. Outros projetos preveem o preaquecimento do carvão pulverizado na linha de transporte principal através de trocadores de calor.

São usados também equipamentos desgaseificadores logo após o pré-aquecimento para a eliminação de umidade residual em um outro vaso de injeção do tipo distribuidor receptor.

A temperatura final do fluxo bifásico de carvão pulverizado e nitrogênio na tubulação de transporte pneumático principal (T_F) também pode ser usada para determinar e avaliar a eficiência de combustão no Raceway do alto-forno. A temperatura final calculada é usada, por exemplo, na determinação teórica da densidade de fluxo na linha principal, como na Equação (12.30), e é usada em muitas outras equações dos modelos dinâmicos do transporte pneumático e da estação de injeção.

De acordo com Mills (2005), o modelo térmico é baseado na lei do balanço de energia. Portanto, o modelo para a temperatura final do fluxo bifásico do transporte pneumático é descrito pela Equação (12.35):

$$T_F(t) = \frac{q_{C,L} C_C T_C + q_{N,L} C_N T_N}{(q_{C,L} + q_{N,L}) C_C} \qquad (12.35)$$

Onde:

C_C: calor específico do carvão = 1,3 kcal/(h.m.°C);

C_N: calor específico do nitrogênio = 1 kcal/(h.m.°C);

T_N: temperatura do nitrogênio da estação de abastecimento em °C;

T_C: temperatura média do carvão produzido no filtro de mangas em °C;

T_F: temperatura final da mistura carvão-nitrogênio = 70 °C a 80 °C.

Os valores típicos da temperatura do carvão na saída do filtro de mangas vão de 90 °C a 93 °C e dependem fundamentalmente da temperatura de saída de moinho e do filtro de mangas que é ajustada pelo operador entre 95 °C e 97 °C.

Estima-se que o carvão pulverizado produzido perde cerca de 10 °C durante seu período de armazenagem no silo de finos.

A temperatura do nitrogênio, por sua vez, é muito similar à temperatura ambiente, variando de 15 °C a 45 °C, conforme a hora do dia ou da noite e a estação do ano. A Equação (12.35) foi incluída nos cálculos realizados pelo SDCD em tempo real.

A Figura 12.6 ilustra uma imagem térmica do injetor de carvão (T) localizado logo abaixo da válvula dosadora. Nota-se a temperatura do nitrogênio em um dia quente de verão de 39,9 °C. As imagens térmicas obtidas validam o modelo da temperatura final proposto pela Equação dinâmica (12.35).

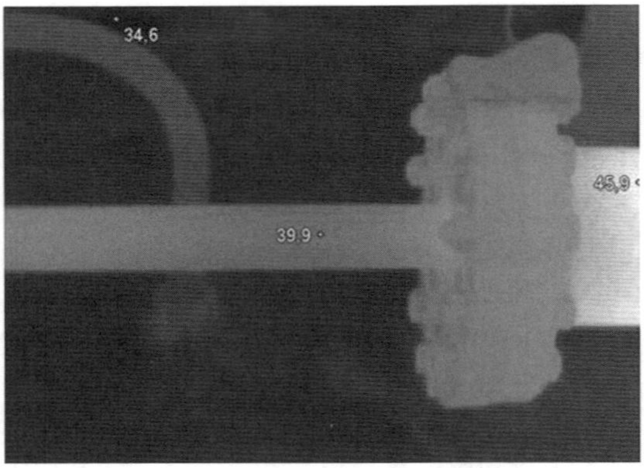

Figura 12.6 Imagem térmica do nitrogênio no injetor da linha de transporte principal.

Fonte: MOTTA, 2011.

A Figura 12.7 reproduz a imagem térmica do fluxo bifásico carvão-nitrogênio na linha de transporte principal, na qual se pode ver a temperatura final de 78 °C.

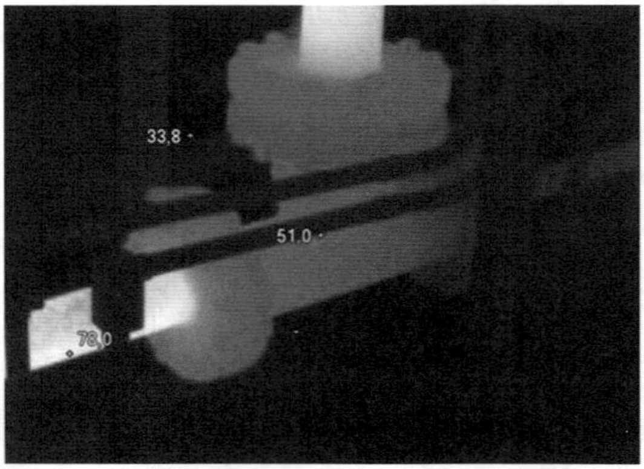

Figura 12.7 Imagem térmica do fluxo bifásico na linha de transporte principal.

Fonte: MOTTA, 2011.

12.8.4 A velocidade das partículas de carvão

De acordo com Assis (1993), Motta (2011) e Nora (2009), se a velocidade da partícula é menor do que 2 m/s, o risco de entupimento devido à coqueificação do carvão aumenta principalmente na ponta da lança de injeção, onde são verificados e retirados pelo operador da sala de corridas do alto-forno cilindros de coque de até 50 mm de comprimento e diâmetro igual ao interno da lança de injeção. Esse é um dos principais problemas de uma planta de PCI.

Como o transporte pneumático é realizado através de uma linha principal até o distribuidor e então conduzido por linhas de transporte individuais até a lança de injeção ou até a bifurcação em "Y" da lança dupla de injeção, as velocidades e vazões em cada ponto de restrição da linha de transporte pneumático devem ser analisadas.

A velocidade do fluido bifásico (C) em m/s é definida nesta modelagem pela Equação (12.36), na qual as vazões mássicas de carvão e nitrogênio são somadas e então divididas pela densidade de fluxo:

$$C = \frac{F}{A} = \frac{q/\rho}{A} = \frac{\frac{(q_{C,L} + q_{N,L})}{\rho_F}}{A} \tag{12.36}$$

Onde:

F: vazão volumétrica de carvão mais vazão de nitrogênio em m^3/s;

A: área da seção reta transversal da tubulação pneumática em questão em m^2.

A densidade do fluxo bifásico (ρ_F) em kg/m^3 é calculada em tempo real pelo SDCD com o auxílio da Equação (12.37):

$$\rho_F(t) = \frac{q_{C,L}\rho_C + q_{N,L}\rho_{N2}}{(q_{C,L} + q_{N,L})} \tag{12.37}$$

12.9 MODELO DE PERDA DE CARGA DO TRANSPORTE PNEUMÁTICO

O desenho, trajeto e projeto da linha de transporte pneumático (TP) são de importância fundamental para o diagrama de queda de pressão por comprimento de linha, como nos exemplos de Mills (2005) e Silva (2005).

Portanto, o diagrama isométrico ou croqui da tubulação do TP com os diâmetros internos das linhas principais e ramais e bifurcações tem de ser levantado e conhecido. Essas medidas de projeto serão utilizadas no cálculo do comprimento equivalente da tubulação na determinação do modelo de perda de carga, ou perda de pressão ao longo das tubulações do TP.

Esse conhecimento necessário pode ser resumido em:

- comprimento da linha na horizontal e na vertical;
- número de curvas de 45° e 90°;
- diâmetros internos das tubulações de transporte.

Assim, o comprimento equivalente da tubulação para o modelo de perda de carga é calculado pela Equação (12.38):

$$L_E = h + 2v + N_{45}b_{45} + N_{90}b_{90} \quad (12.38)$$

Onde:

h: comprimento total da tubulação na horizontal em m;

v: comprimento total da tubulação na vertical em m;

N_{45}: número de curvas de 45°;

b_{45}: comprimento equivalente da curva de 45° = 0,2 m;

N_{90}: número de curvas de 90°;

b_{90}: comprimento equivalente da curva de 90° = 1,5 m.

A Tabela 12.2 ilustra os dados dimensionais obtidos dos desenhos das linhas de transporte pneumático para os Altos-Fornos 2 e 3, e para o Alto-Forno 3 são destacadas as rotas distintas ímpar (AF3.1) e par (AF3.2).

De maneira geral, a queda de pressão em N/m² calculada no modelo do perfil de pressão ao longo da tubulação pneumática em tempo real realizada no SDCD usa a Equação (12.39) conhecida como equação de Darcy, segundo Mills (2005):

$$\Delta P_L = \left(\frac{4f}{L_E} + \sum k \right) + \rho_F C^2 \quad (12.39)$$

Onde:

f: coeficiente de fricção das tubulações e ramais, de acordo com Mills (2005), f = 0,005;

k: coeficiente de queda de pressão através das curvas de 45° e 90° de acordo com a Tabela 12.2 (MILLS, 2005; SILVA, 2005);

C: velocidade do fluxo bifásico calculada pela Equação (12.36) em m/s;

ρ_F: densidade do fluxo bifásico calculada pela Equação (12.37) em kg/m³;

L_E: comprimento equivalente da tubulação calculada pela equação (12.38) em m.

Tabela 12.2 Levantamento de dados da linha de transporte pneumático.

Rede de finos de carvão e nitrogênio do PCI ao distribuidor do AF2				
Trecho reto total	404457	mm		
Trecho horizontal	385627	mm	95,34	%
Trecho vertical (+)	18830	mm	4,66	%
Peças especiais	**Peça**	**Quantidade**	**K**	**TOTAL**
	Curva 45°	18	0,15	2,7
	Curva 90°	1	0,6	0,6
Rede de finos de carvão e nitrogênio do PCI ao distribuidor do AF3				
Rota de injeção AF3.1				
Trecho reto total	148093	mm		
Trecho horizontal	126072	mm	85,13	%
Trecho vertical (+)	22021	mm	14,87	%
Peças especiais	**Peça**	**Quantidade**	**K**	**TOTAL**
	Curva 45°	12	0,15	1,8
	Curva 90°	1	0,6	0,6
Rota de injeção AF3.2				
Trecho reto	131293	mm		
Trecho horizontal	109272	mm	83,23	%
Trecho vertical	22021	mm	16,77	%
Peças especiais	**Peça**	**Quantidade**	**K**	**TOTAL**
	Curva 45°	10	0,15	1,5
	Curva 90°	1	0,6	0,6

Assim, a queda de pressão (ΔP_L) calculada pelo modelo dinâmico da Equação (12.39) é comparada com a medida em tempo real na linha de transporte principal para efeitos de comprovação e validação do modelo de queda depressão.

Portanto, a perda de carga medida (ΔP_M) é calculada pela Equação (12.40):

$$\Delta P_M = P_T - P_D \tag{12.40}$$

Onde:

ΔP_M: cálculo da queda de pressão na linha principal em bar;

P_T: pressão de transporte medida por instrumento antes do injetor de carvão em bar;

P_D: pressão do fluxo bifásico antes do distribuidor estático de carvão em bar.

Para adequar e comprovar o modelo matemático do perfil de queda de pressão na tubulação, foi instalado mais um transmissor de pressão na curva de 90° que se encontra estrategicamente bem antes do distribuidor.

Não encontramos na literatura estudos sobre o desenvolvimento semelhante que aborda essa medição prática em linha industrial, tal como obtido através da implantação de um medidor especial desenvolvido na CSN em conjunto com a empresa Emerson Process, especializada em instrumentação dedicada.

As vantagens da implementação da medição de pressão manométrica inserida na curva de 90° da linha principal do transporte pneumático antes do distribuidor de carvão são:

a) Melhoria do intertravamento de pressão diferencial entre o PCI e o alto-forno.

b) Avaliação do grau de entupimento do distribuidor de carvão.

c) Determinação do melhor ponto de operação para a pressão de injeção do vaso.

Além disso, o intertravamento de segurança de pressão diferencial proporcionado pelo novo transmissor previne o arrebentamento dos tubos flexíveis de aço das lanças de injeção nas salas de corridas dos altos-fornos.

A Figura 12.8 ilustra o transmissor de pressão manométrico com flange de 6" e selo remoto estendido de 150 mm. Pode ser usado para validar os cálculos efetuados pelos modelos matemáticos descritos neste capítulo, com o auxílio do modelo de queda de pressão na linha principal.

Figura 12.8 Transmissor de pressão especial para o transporte pneumático.

Fonte: MOTTA, 2011.

O diagrama de pressão usa as principais medições de pressão do processo:

- pressão de abastecimento da estação de injeção (P_N);
- pressão do vaso de injeção (P_I);
- pressão na linha de transporte (P_T);
- pressão na curva de 90° antes do distribuidor (P_D);
- pressão de sopro do alto-forno (P_{AF}).

Os diagramas de pressão do transporte pneumático mostram os resultados e modelam as quedas de pressão graficamente ao longo da linha principal e de suas derivações.

A queda de pressão ao longo da linha de transporte pneumático é usada nas ordenadas do diagrama de estado, conforme Assis (1993) e, especialmente, Nora (2009), Chatterjee (1995) e Delmée (1993). Portanto, esse fenômeno deve ser conhecido para evitar entupimentos ao longo do trajeto do transporte pneumático.

A Figura 12.9 ilustra os resultados obtidos para o diagrama de pressão em tempo real comparado com o valor calculado pelo modelo descrito a seguir.

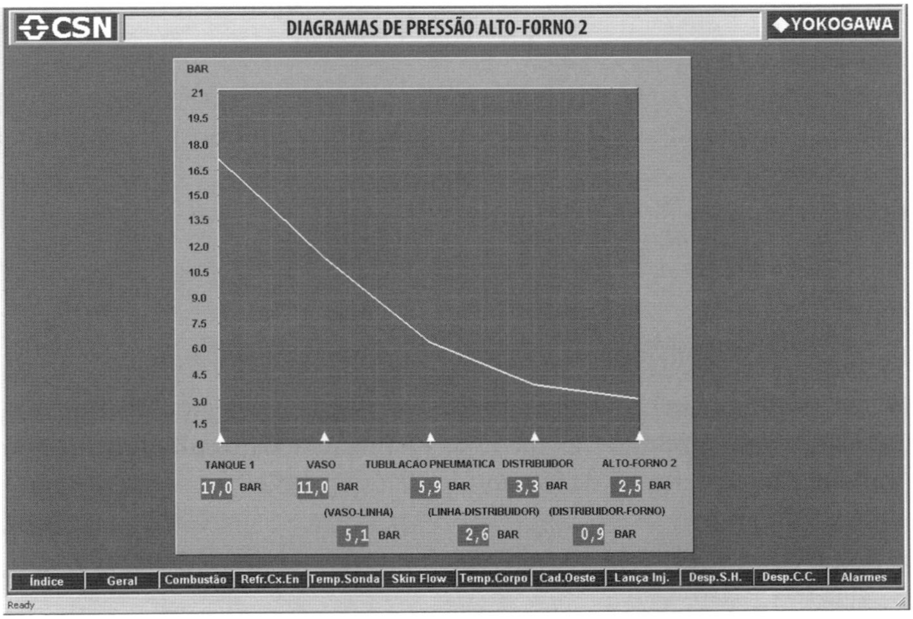

Figura 12.9 Perfil de pressão ao longo das linhas do transporte pneumático.

Fonte: MOTTA, 2011.

12.10 MODELO DINÂMICO DO TRANSPORTE PNEUMÁTICO

Apresentamos a seguir as matrizes de representação do modelo dinâmico em equações de estados dos parâmetros e variáveis dinâmicas do transporte pneumáticas obtidas através de equações do estado físico.

As matrizes de excitação e de estado são descritas na Equação matricial (12.41):

$$\dot{x} = \begin{bmatrix} \dot{x}_1 \\ \dot{x}_2 \\ \dot{x}_3 \\ \dot{x}_4 \end{bmatrix} = \begin{bmatrix} 0 & 0 & q_{C,L} & 0 \\ \dfrac{q_{N,P}}{F_{C,L}+F_{N,L}} & \dfrac{q_{N,F}}{F_{C,L}+F_{N,L}} & -\dfrac{q_{C,L}}{F_{C,L}+F_{N,L}} & \dfrac{q_{N,T}}{F_{C,L}+F_{N,L}} \\ \dfrac{q_{N,P}}{A} & \dfrac{q_{N,F}}{A} & \dfrac{q_{C,L}}{A} & \dfrac{q_{N,T}}{A} \\ \psi\rho_F \dfrac{q_{N,P}^{\,2}}{A^2} & \psi\rho_F \dfrac{q_{N,F}^{\,2}}{A^2} & \psi\rho_F \dfrac{q_{C,L}^{\,2}}{A^2} & \psi\rho_F \dfrac{q_{N,T}^{\,2}}{A^2} \end{bmatrix} \times \begin{bmatrix} x_1 \\ x_2 \\ x_3 \\ x_4 \end{bmatrix} + \begin{bmatrix} 1 \\ 1 \\ 1 \\ 1 \end{bmatrix} \times \begin{bmatrix} U_P & U_F & U_c & U_T \end{bmatrix} \tag{12.41}$$

A matriz de saída (12.42) representa as principais variáveis do transporte pneumático como resultado da modelagem dinâmica do transporte pneumático:

$$y = \begin{bmatrix} y_1 \\ y_2 \\ y_3 \\ y_4 \end{bmatrix} = \begin{bmatrix} 1 & 1 & 1 & 1 \end{bmatrix} \times \begin{bmatrix} x_1 \\ x_2 \\ x_3 \\ x_4 \end{bmatrix} = \begin{bmatrix} V_Z(t) \\ D_F(t) \\ C(t) \\ \Delta P_L(t) \end{bmatrix} \tag{12.42}$$

A matriz de erro (12.43) é efetuada no SDCD em tempo real e contém a comparação tempo a tempo das medidas efetuadas e os resultados dos modelos para validar e interpretar os dados obtidos:

$$\varepsilon = \begin{bmatrix} \varepsilon_1(t) \\ \varepsilon_2(t) \\ \varepsilon_3(t) \\ \varepsilon_4(t) \end{bmatrix} \tag{12.43}$$

E, finalmente, os modelos dinâmicos desenvolvidos para o transporte pneumático efetuado pelas estações de injeção de carvão pulverizado são ilustrados na Figura 12.10.

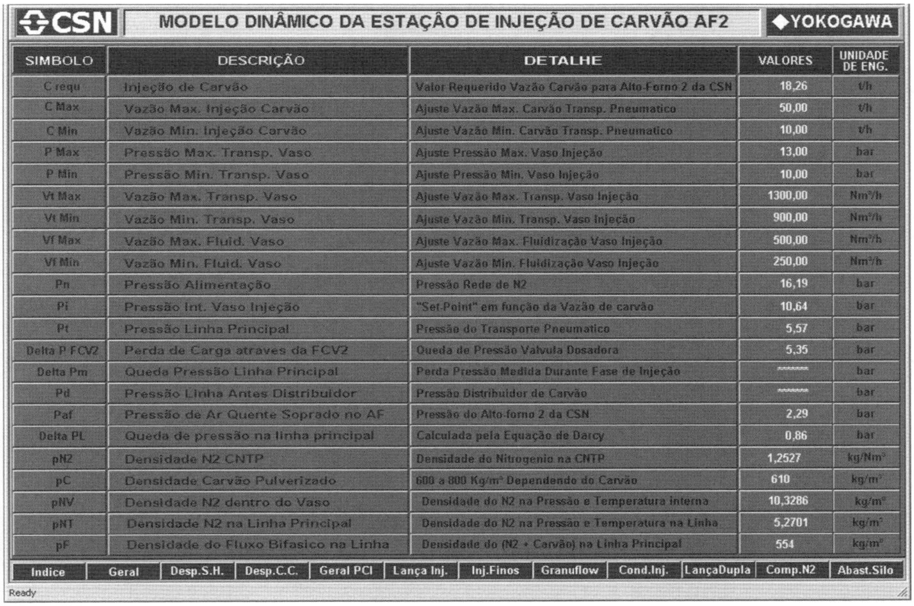
CSN | MODELO DINÂMICO DA ESTAÇÂO DE INJEÇÃO DE CARVÃO AF2 | YOKOGAWA

SIMBOLO	DESCRIÇÃO	DETALHE	VALORES	UNIDADE DE ENG.
C requ	Injeção de Carvão	Valor Requerido Vazão Carvão para Alto-Forno 2 da CSN	18,26	t/h
C Max	Vazão Max. Injeção Carvão	Ajuste Vazão Max. Carvão Transp. Pneumatico	50,00	t/h
C Min	Vazão Min. Injeção Carvão	Ajuste Vazão Min. Carvão Transp. Pneumatico	10,00	t/h
P Max	Pressão Max. Transp. Vaso	Ajuste Pressão Max. Vaso Injeção	13,00	bar
P Min	Pressão Min. Transp. Vaso	Ajuste Pressão Min. Vaso Injeção	10,00	bar
Vt Max	Vazão Max. Transp. Vaso	Ajuste Vazão Max. Transp. Vaso Injeção	1300,00	Nm^3/h
Vt Min	Vazão Min. Transp. Vaso	Ajuste Vazão Min. Transp. Vaso Injeção	900,00	Nm^3/h
Vf Max	Vazão Max. Fluid. Vaso	Ajuste Vazão Max. Fluidização Vaso Injeção	500,00	Nm^3/h
Vf Min	Vazão Min. Fluid. Vaso	Ajuste Vazão Min. Fluidização Vaso Injeção	250,00	Nm^3/h
Pn	Pressão Alimentação	Pressão Rede de N2	16,19	bar
Pi	Pressão Int. Vaso Injeção	"Set-Point" em função da Vazão de carvão	10,64	bar
Pt	Pressão Linha Principal	Pressão do Transporte Pneumatico	5,57	bar
Delta P FCV2	Perda de Carga atraves da FCV2	Queda de Pressão Valvula Dosadora	5,35	bar
Delta Pm	Queda Pressão Linha Principal	Perda Pressão Medida Durante Fase de Injeção	*******	bar
Pd	Pressão Linha Antes Distribuidor	Pressão Distribuider de Carvão	*******	bar
Paf	Pressão de Ar Quente Soprado no AF	Pressão do Alto-forno 2 da CSN	2,29	bar
Delta PL	Queda de pressão na linha principal	Calculada pela Equação de Darcy	0,86	bar
pN2	Densidade N2 CNTP	Densidade do Nitrogenio na CNTP	1,2527	kg/Nm^3
pC	Densidade Carvão Pulverizado	600 a 800 Kg/m^3 Dependendo do Carvão	610	kg/m^3
pNV	Densidade N2 dentro do Vaso	Densidade do N2 na Pressão e Temperatura interna	10,3286	kg/m^3
pNT	Densidade N2 na Linha Principal	Densidade do N2 na Pressão e Temperatura na Linha	5,2701	kg/m^3
pF	Densidade do Fluxo Bifasico na Linha	Densidade do (N2 + Carvão) na Linha Principal	554	kg/m^3

Indice | Geral | Desp.S.H. | Desp.C.C. | Geral PCI | Lança Inj. | Inj.Finos | Granuflow | Cond.Inj. | LançaDupla | Comp.N2 | Abast.Silo

Ready

Figura 12.10 Modelos dinâmicos do transporte pneumático.

Fonte: MOTTA, 2011.

12.11 DIAGRAMAS DAS VELOCIDADES DO TRANSPORTE PNEUMÁTICO

O diagrama das velocidades e vazões ao longo das linhas de transporte pneumático com diferentes diâmetros internos é de importância fundamental para a determinação dos estados de transporte e evitar entupimentos em lanças.

Usando a equação da continuidade e o número de lanças injetando em tempo real (obtido pelo limite de aberto das válvulas de carvão do distribuidor), pode-se montar o diagrama das velocidades das partículas de carvão ao longo de toda a tubulação de transporte pneumático. Observa-se que os diâmetros internos das tubulações de transporte pneumático diminuem e as derivações se multiplicam.

A Equação (12.44) calcula a vazão de carvão na linha após o distribuidor, sendo um modelo para lança simples e para lança dupla de injeção com tubos de ¾" externo em Schedule 160 (diâmetro interno = 15,7 mm):

$$Q1_{C,L} = \frac{q_{C,L}}{A_1 M} \tag{12.44}$$

Onde:

$q_{C,L}$: vazão de carvão na linha principal antes do distribuidor;

M: número de válvulas de carvão abertas após o distribuidor em tempo real;

A_1: área da seção reta transversal da lança simples (d = 15,7 mm).

A Equação (12.45) calcula a vazão de nitrogênio na linha após o distribuidor, sendo um modelo para lança simples e para lança dupla de injeção com tubos de ¾" externo em Schedule 160 (diâmetro interno = 15,7 mm):

$$Q1_{N,L} = \frac{q_{N,L}}{A_1 M} \tag{12.45}$$

A Equação (12.46) calcula a vazão de carvão na linha após o distribuidor, sendo um modelo para lança simples e para lança dupla de injeção com tubos de ¾" externo em Schedule XXS, ou seja, padrão de tubos conhecido como "Extra Extra Strong" (diâmetro interno = 11,7 mm):

$$Q2_{C,L} = \frac{q_{C,L}}{2A_2 M} \tag{12.46}$$

Onde:

A_2: área da seção reta transversal da lança Schedule XXS (d = 11,7 mm).

A Equação (12.47) calcula a vazão de nitrogênio na linha após o distribuidor, sendo um modelo para lança simples e para lança dupla de injeção com tubos de ¾" externo em Schedule XXS (diâmetro interno = 11,7 mm):

$$Q2_{N,L} = \frac{q_{N,L}}{2A_2 M} \tag{12.47}$$

A modelagem descrita nessas equações foi implementada em tempo real no SDCD de maneira contínua, conforme ilustra a Figura 12.7, inicialmente para a lança de injeção simples com tubos de Schedule 160 (d = 15,7 mm). Nota-se que as variáveis de entrada são as vazões de carvão e nitrogênio.

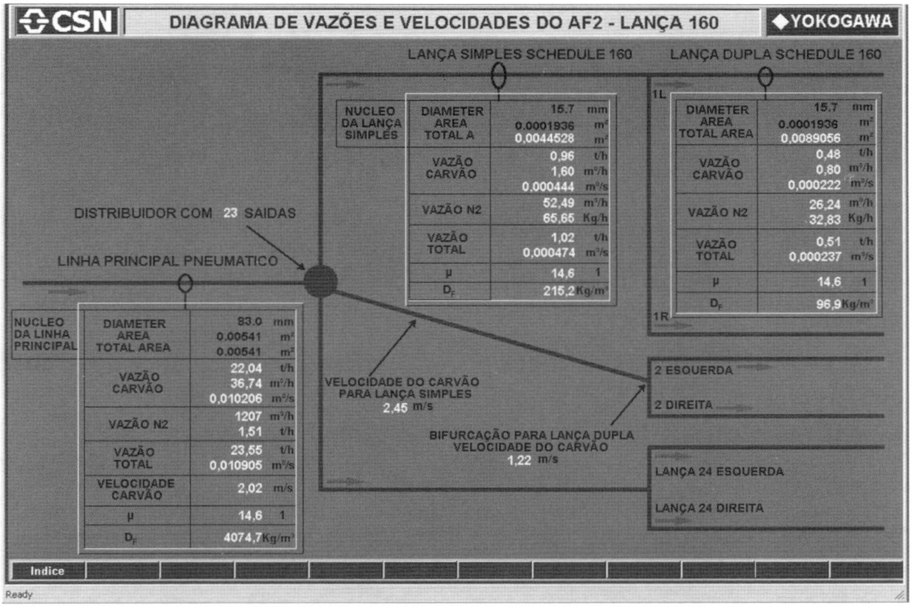

Figura 12.11 Modelo de velocidade para lança de injeção simples (Schedule 160).

Fonte: MOTTA, 2011.

Observa-se que a velocidade da partícula na lança dupla usando tubos Schedule 160 é menor que 2 m/s, o que aumenta a probabilidade de entupimentos de lança devido à mudança de estado do transporte de fase densa para rolhas ou dunas, conforme visto no Capítulo 2.

A densidade de fluxo e a relação sólido/gás se mantêm constantes ao longo das tubulações pneumáticas de diâmetros diferentes e com diversas ramificações. A densidade de linha ou kg de sólido por volume linear da tubulação, por sua vez, cai à medida que a vazão é dividida.

Para evitar velocidades críticas menores que 2 m/s ou até próximas de 1 m/s obtidas nas simulações de uma planilha do Excel, especialmente para vazões de carvão menores que 20 t/h, foi especificada uma nova lança de injeção com diâmetro interno menor que 11,7 mm (Schedule XXS), de modo que o transporte pneumático não seja alterado de forma significativa e que não haja risco de entupimento devido às vazões e velocidades de transporte pneumático baixas.

A principal função da lança dupla de carvão é promover o espalhamento das partículas sólidas na zona de combustão, melhorando o contato com as moléculas de oxigênio, acelerando a reação de combustão e, por fim, melhorando a taxa de substituição de coque por carvão, de acordo com Guimarães e colaboradores (2010) e Nippon Steel Corporation (1995) e, principalmente, Oliveira e colaboradores (2008).

Isso tudo tem de ser realizado de tal forma que não haja grandes modificações no transporte pneumático e, principalmente, um consumo elevado de gás de transporte (N_2), o que poderia ultrapassar a capacidade dos compressores, além da inserção de gás inerte no alto-forno, aumentando o volume de gás.

Efetuando os cálculos de áreas internas das lanças Schedule 160 e Schedule XXS, nota-se que a soma das duas áreas das seções retas transversais da lança dupla com diâmetros internos de 11,7 mm equivale a apenas 10% a mais da área equivalente de uma lança simples Schedule 160, ou seja, possuem praticamente a mesma área.

A Figura 12.12 ilustra o digrama de vazões e velocidades do transporte pneumático efetuado para lança dupla com tubo de diâmetro externo de ¾" no padrão Schedule XXS.

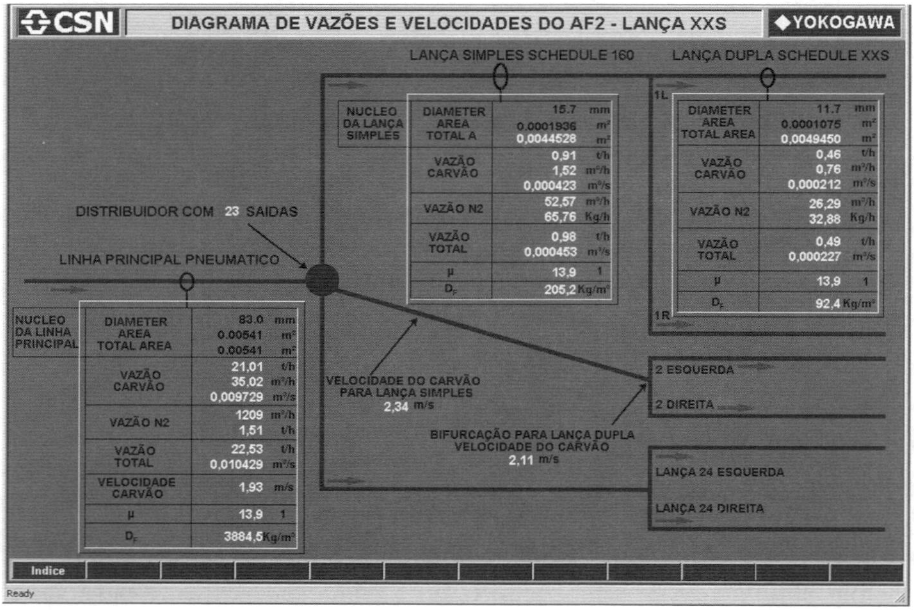

Figura 12.12 Modelo de velocidade para lança de injeção dupla (Schedule XXS).

Fonte: MOTTA, 2011.

As duas modelagens de velocidade executadas pelo SDCD, uma direta ($V_Z(t)/A$) e outra indireta (ΔP_L), podem ser comparadas com o valor medido pelo Densflow. Deve-se escolher o modelo ou medição que fornece o maior valor de velocidade ou velocidades acima de 2 m/s por questões de segurança, com o objetivo principal de mitigar os entupimentos das lanças de injeção.

12.12 VALIDAÇÕES E RESULTADOS DOS MODELOS

As validações e os resultados dos modelos dinâmicos do transporte pneumático podem ser entendidos com o diagrama em blocos da Figura 12.13.

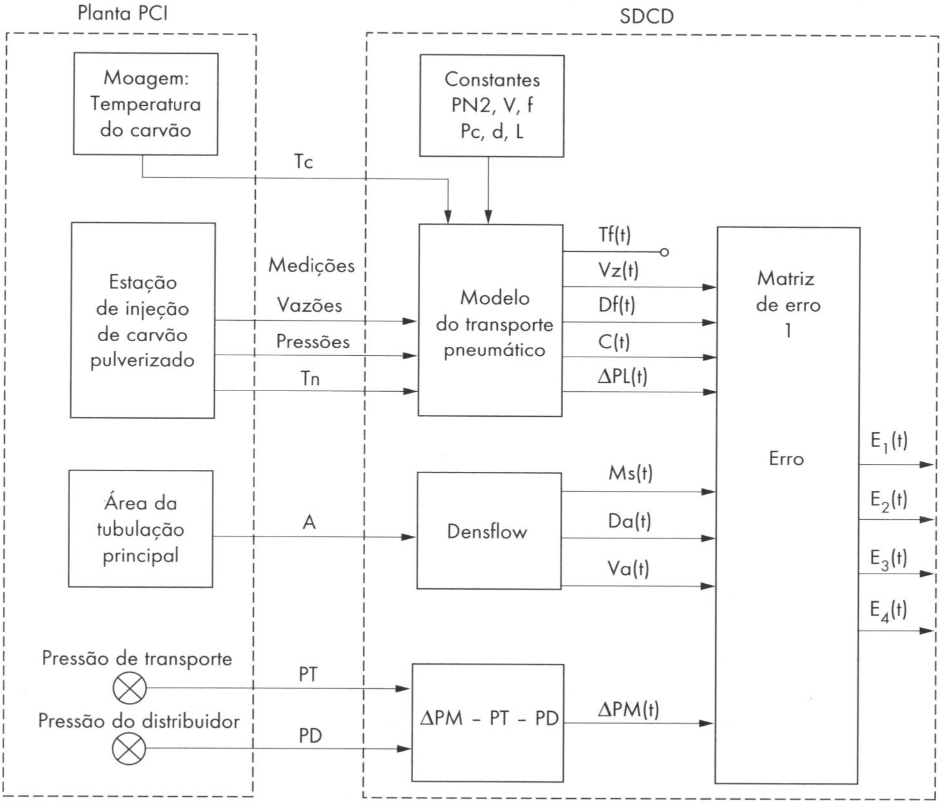

Figura 12.13 Diagrama em blocos para verificar os modelos desenvolvidos.

Fonte: MOTTA, 2011.

O diagrama em blocos para verificar os modelos desenvolvidos é dividido em duas áreas delimitadas por linhas tracejadas: a Planta PCI e o SDCD.

Os modelos para a temperatura final do fluxo bifásico, a vazão de carvão, a densidade de fluxo, a velocidade e a queda de pressão na linha principal são efetuados no SDCD, onde existe a entrada de dados, das constantes e das medições de instrumentação em tempo real usadas nos modelos dinâmicos do transporte pneumático.

Os sinais de instrumentação adicionais do Densflow e dos transmissores de pressão de transporte e pressão do distribuidor são usados para validar os modelos de comportamento do transporte pneumático.

A Figura 12.14 contém os resultados dos modelos comparados em tempo real com as medições efetuadas pelo SDCD.

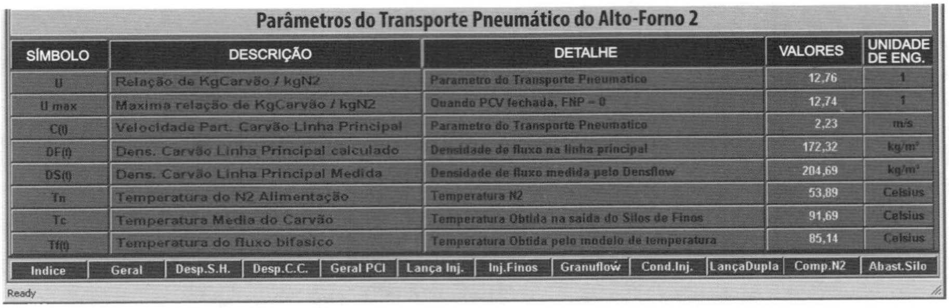

Parâmetros do Transporte Pneumático do Alto-Forno 2

SÍMBOLO	DESCRIÇÃO	DETALHE	VALORES	UNIDADE DE ENG.
U	Relação de KgCarvão / kgN2	Parametro do Transporte Pneumatico	12,76	1
U max	Maxima relação de KgCarvão / kgN2	Quando PCV fechada, FNP = 0	12,74	1
C(t)	Velocidade Part. Carvão Linha Principal	Parametro do Transporte Pneumatico	2,23	m/s
DF(t)	Dens. Carvão Linha Principal calculado	Densidade de fluxo na linha principal	172,32	kg/m³
DS(t)	Dens. Carvão Linha Principal Medida	Densidade de fluxo medida pelo Densflow	204,69	kg/m³
Tn	Temperatura do N2 Alimentação	Temperatura N2	53,89	Celsius
Tc	Temperatura Media do Carvão	Temperatura Obtida na saida do Silos de Finos	91,69	Celsius
Tf(t)	Temperatura do fluxo bifasico	Temperatura Obtida pelo modelo de temperatura	85,14	Celsius

Indice | Geral | Desp.S.H. | Desp.C.C. | Geral PCI | Lança Inj. | Inj.Finos | Granuflow | Cond.Inj. | LançaDupla | Comp.N2 | Abast.Silo

Ready

Figura 12.14 Resultados dos modelos do transporte pneumático do Alto-Forno 2.

Fonte: MOTTA, 2011.

A Figura 12.15 contém os gráficos de tendência com as velocidades do fluxo bifásico calculadas pelo modelo e a medida da velocidade pelo Densflow.

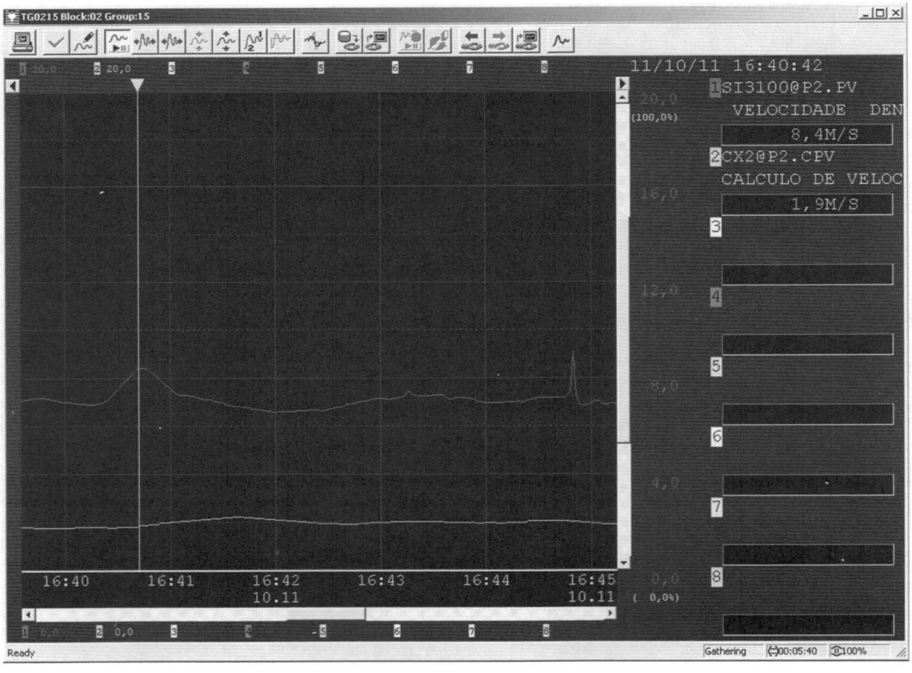

Figura 12.15 Resultados das velocidades do transporte pneumático do Alto-Forno 2.

Fonte: MOTTA, 2011.

A Figura 12.16 complementa a Figura 12.15 para a coleta de dados e interpretação dos sinais de erro obtidos. Nota-se que as variações de velocidade do processo são sentidas tanto pelo modelo como pelo Densflow, porém, com amplitudes proporcionais (4:1) e atrasos conhecidos (média móvel de 1 min).

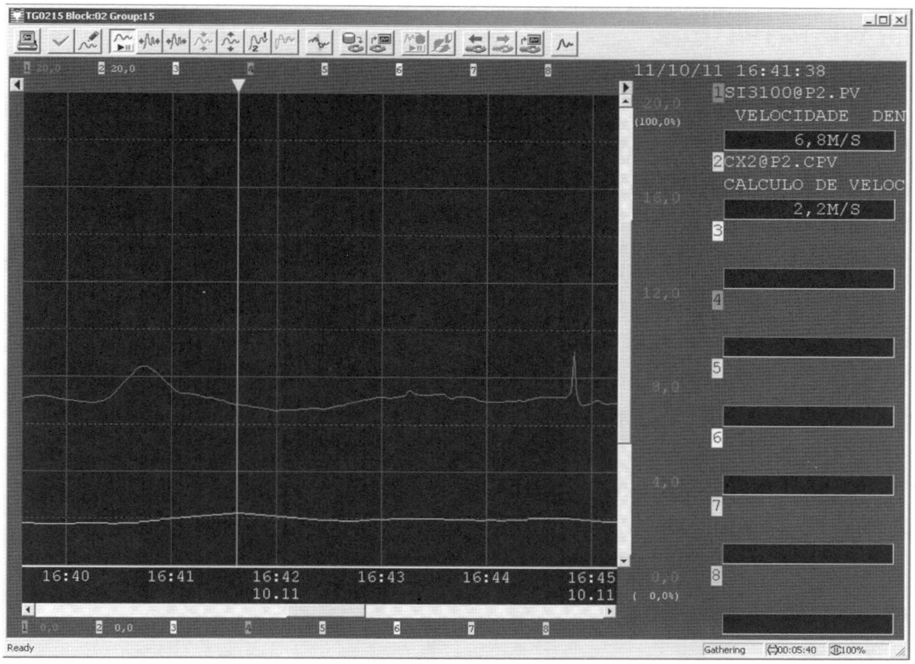

Figura 12.16 Atraso de tempo e redução de amplitude entre os modelos de velocidade e o Densflow.

Fonte: MOTTA, 2011.

12.13 CONCLUSÕES DA MODELAGEM DO TRANSPORTE PNEUMÁTICO

A princípio, as demais variáveis de processo do vaso de injeção, como pressão de injeção, de transporte e fluidização, são irrelevantes para o alto-forno. Pode-se desprezar ou piorar o controle da pressão do vaso e da vazão de fluidização em prol de uma maior estabilidade da vazão de carvão pulverizado, ou seja, o desempenho dessas malhas pode até piorar, desde que seja comprovado o ganho na estabilidade da vazão de carvão na linha principal.

A tubulação principal de transporte pneumático de finos de carvão e nitrogênio obteve uma dilatação de 0,25% em sua área interna e a lança de injeção também obteve uma dilatação de 0,25% em sua área interna, tanto com a lança simples Schedule 160 como na lança dupla Schedule XXS, devido ao aumento de temperatura na tubulação. Com isso, o aumento do diâmetro mostrou-se insignificante em relação à perda de velocidade do material na tubulação.

Os modelos desenvolvidos fornecem a relação sólido-gás, a densidade de fluxo e a linha, temperatura e velocidade das partículas, que são úteis na determinação dos estados do transporte pneumático. Estes, por sua vez, são fundamentais para evitar os entupimentos nas lanças e nas tubulações em geral, conforme orienta Wirth (1983).

Os modelos dinâmicos do transporte pneumático são úteis e essenciais para ajuste, desempenho e monitoramento do transporte pneumático de carvão pulverizado em fase densa por nitrogênio pressurizado, evitando o **entupimento da linha principal de injeção e das lanças de injeção** e consequentemente a redução de produção do alto-forno.

Este estudo é fundamental para a implantação da lança dupla, pois especifica uma nova lança de injeção a ser usada na lança dupla sem que haja aumento de vazão no nitrogênio de transporte, fluidização e aumento na pressão de injeção do vaso.

O tamanho da nova lança dupla foi definido por questões de padronização, ou seja, o Schedule XXS serve para compensar a elevada perda de carga e velocidade causada pela bifurcação em "Y", o que pode levar ao entupimento das lanças de injeção, principalmente nas pontas, onde a temperatura alta da chama e a velocidade dos sólidos baixa aumentam a chance de coqueificação do carvão.

13

CAPÍTULO

Modelagem dinâmica da estação de carvão

13.1 OBJETIVOS DO MODELO DINÂMICO DA ESTAÇÃO DE INJEÇÃO

O modelo dinâmico é o primeiro passo para se implementar um controle de vazão de carvão baseado em técnicas modernas, como o controle adaptativo.

Neste capítulo, deseja-se modelar somente a fase de injeção do vaso visando obter as vazões do fluxo bifásico de carvão pulverizado e nitrogênio na linha principal, bem como uma saída predeterminada para a válvula de controle de fluxo de carvão, ou válvula dosadora. No modelo dinâmico desenvolvido para o vaso de acordo com os conceitos de modelagem de sistemas dinâmicos vistos em Souza e Pinheiro (2008), Aguirre (2007) e Luyben (1973), as fases de pressurização e alívio não interessam, visto que o alvo principal é a estabilidade da vazão de carvão pulverizado na linha principal. Essa estabilidade foi obtida não apenas por novos controladores, mas também por novas estratégias de controle lógico, como a nova sequência dos vasos, comportamento durante a troca dos vasos, e a implementação de novas estratégias e válvulas nas malhas de controle para a pressão e fluidização.

No trabalho de Johansson (1999), a intenção, além do controle e estabilidade da vazão de carvão, era o controle da pressão de injeção e a avaliação dos vazamentos. O comportamento dos vazamentos não é uma ciência exata, sendo um fenômeno aleatório e caótico, e, portanto, de modelagem impraticável, pois não segue uma lei clara de funcionamento.

Nesse desenvolvimento, obtém-se um modelo dinâmico 4×4 com detalhes do transporte pneumático para melhor representação do processo com equações de estado abrindo caminho para a implementação do controle moderno no lugar do controle clássico com o controlador proporcional integral derivativo (PID) disponível no Sistema Digital de Controle Distribuído (SDCD).

Um ponto em comum entre este estudo e os trabalhos de Birk (1999) é que a variável de processo importante é a vazão de carvão pulverizado na linha principal. Do ponto de vista do alto-forno, a princípio, essa é a única variável de interesse. Existem outras secundárias, como a velocidade das partículas, a umidade e a vazão de nitrogênio que entra na geração de gás do alto-forno, o que pode atrapalhar sua permeabilidade e rendimento, porém, ainda são irrelevantes em relação à constância da vazão de carvão.

A princípio, as demais variáveis de processo do vaso de injeção, como pressão de injeção, pressão de transporte e fluidização, são irrelevantes para o alto-forno. Assim, pode-se desprezar ou piorar o controle da pressão do vaso e da vazão de fluidização em prol de uma maior estabilidade da vazão de carvão pulverizado, ou seja, o desempenho dessas malhas pode até piorar desde que haja ganho comprovado na estabilidade da vazão de carvão na linha principal. O alto-forno só "enxerga" a vazão de carvão pulverizado, seja ela horária (t/h) ou mássica (t).

Por fim, neste capítulo analisaremos a interação entre as variáveis geradas pela modelagem de transporte pneumático do Capítulo 12 com as variáveis dinâmicas usadas no controle do processo propriamente dito.

13.2 CONSIDERAÇÕES INICIAIS DA MODELAGEM DINÂMICA

Os vasos de injeção de carvão pulverizado podem ser modelados como se fossem tanques pressurizados e o princípio da conservação da massa pode ser usado como descreve Thomas (1999). Porém, nem o vaso nem as quatro válvulas de controle têm um comportamento linear de fácil modelagem, como foi experimentado por Birk e colaboradores (1999).

O vaso que se encontra na fase de injeção recebe vazão de nitrogênio pela linha de controle de pressão e pela linha de controle de vazão do anel de fluidização. Além disso, ele possui um peso de carvão inicial ganho na fase de carregamento e um volume de nitrogênio inicial ganho nas fases de pré-pressurização e pressurização rápida que serão negligenciados nesta modelagem, pois a esta interessa somente a fase de injeção.

O modelo da Figura 12.1 mostrado no capítulo anterior leva em consideração as novas fases de espera despressurizada e pré-pressurização dos ciclos da injeção que foram implementadas pela CSN. Além disso, as próprias melhorias da Claudius Peters (WEBER; SHUMPE, 1995) mudaram o processo do vaso de injeção, a instrumentação e as estratégias das malhas de controle de forma significativa com o passar dos anos e ao longo de várias plantas de sistema de injeção de carvão pulverizado (PCI), desde 1997, ano da inauguração na CSN.

Isso pede que sejam consideradas no modelo diversas variáveis novas, como o controle de vazão de fluidização do cone base do vaso de injeção, o controle do *set point* de pressão de injeção, e, finalmente, o controle do *set point* de injeção.

Em complementação, foram adicionadas outras variáveis disponíveis do sistema de injeção para uma modelagem mais completa possível:

a) Velocidade do carvão, densidade de fluxo e vazão na linha principal.
b) Temperatura do carvão e do nitrogênio da rede de alimentação.
c) Vazões de fluidização, transporte e pressão.
d) Curva característica da válvula dosadora e demais válvulas de controle.
e) Densidade do carvão e do nitrogênio.
f) Perda de carga ocasionada pelo transporte pneumático na linha principal.
g) Pressão do ar soprado do alto-forno.

As condições de contorno da modelagem e as variáveis descritas não foram consideradas no modelo 2×2 de Birk (BIRK, 1999; BIRK; MEDVEDEV, 1997; BIRK et al., 2000). Além disso, não houve considerações sobre a vazão de transporte e sua influência na pressão diferencial do injetor.

Tudo isso torna necessário o desenvolvimento de um novo modelo para descrever o comportamento do vaso de injeção e poder inferir e deduzir os melhores algoritmos e estratégias de controle, como fizeram Johansson e Medvedev (2000).

A nova modelagem leva em consideração a queda de pressão da linha principal de injeção devido ao carvão e ao nitrogênio, desde a saída do vaso até a lança de injeção de carvão.

A Tabela 13.1 contém uma nomenclatura adicional à Tabela 12.1 usada na modelagem do transporte pneumático. Procurou-se preservar a mesma nomenclatura usada por Johansson e Medvedev (2000), acrescentando as novas variáveis obtidas com o desenvolvimento da modelagem e inclusão das vazões de transporte e fluidização.

Tabela 13.1 Nomenclatura da modelagem dinâmica da estação de carvão pulverizado.

Símbolo	Descrição	Detalhe
U_P	Sinal de controle para PCV	Válvula de controle de pressão de injeção
U_F	Sinal de controle para FCV1	Válvula de controle de vazão de fluidização
U_C	Sinal de controle para FCV	Válvula dosadora de carvão pulverizado
U_T	Sinal de controle para FCV2	Válvula de controle de vazão de transporte
V	Volume interno do vaso de injeção	Constante em 25 m^3
V_n	Volume de nitrogênio dentro do vaso	Peso de nitrogênio sobre sua densidade
V_C	Volume de carvão dentro do vaso	Peso de carvão sobre sua densidade
p(t)	Pressão dinâmica do vaso em bar	Pressão atual do vaso de injeção
m(t)	Massa dinâmica de carvão e nitrogênio no vaso, em t, igual a W	Peso atual do vaso de injeção = W
$m_n(t)$	Peso atual de nitrogênio do vaso de injeção	Volume de nitrogênio vezes sua densidade = W_N
$m_C(t)$	Peso real de carvão dentro do vaso	Peso de carvão real dentro do vaso = W_C
$m_P(t)$	Vazão mássica de nitrogênio pela PCV	Vazão de nitrogênio estimada vezes sua densidade
$m_F(t)$	Vazão mássica de nitrogênio pela FCV	Vazão de nitrogênio medida vezes sua densidade
q(t)	Vazão de carvão na linha principal em t/h	Variável de interesse do controle principal
n(t)	Vazão de nitrogênio na linha principal em m^3/h na CNTP	Variável de interesse para o transporte pneumático

13.3 MODELAGENS INDIVIDUAIS DOS EQUIPAMENTOS DE CONTROLE

O controle de vazão de carvão e pressão dos vasos de injeção envolve, a princípio, dois acionadores: a válvula de controle de pressão (PCV) e a válvula de controle de vazão (FCV). A PCV é uma válvula-padrão, ao passo que a FCV é um projeto especial da Claudius Peters. Ambas as válvulas têm um controle de posição bem definido, com erro de apenas 2% a 3%.

Pode-se assumir que o controle de posição tem um desempenho suficientemente rápido e preciso. Mais adiante, o desempenho dessas malhas internas é considerado ser proporcional.

Como a FCV é uma válvula especial projetada pela Claudius Peters que não possuía curva característica de vazão conhecida mesmo pelo fabricante; a curva característica da válvula dosadora localizada logo abaixo do vaso de injeção, cuja função é regular a vazão de carvão, foi levantada.

13.3.1 Sensores e a nova instrumentação dedicada

Como a planta toda é constituída de muitos processos que funcionam separadamente, em parte sem conhecimento dos outros processos, eles interferem um no outro. Além disso, muitas partes da planta são mecanicamente acopladas, por exemplo, os vasos de injeção são acoplados à linha de injeção de carvão, que resulta em erros na medição, os quais não podem ser desprezados.

Por esse motivo, tem de se analisar quais sinais são utilizáveis para identificar o processo e como são obtidos. O processo de injeção da estação do PCI tem essencialmente oito sinais de entrada:

- pressão do vaso de injeção;
- pressão na linha de nitrogênio;
- peso do vaso de injeção de carvão;
- pressão na linha de injeção de carvão;
- vazão de nitrogênio de fluidização;
- vazão de nitrogênio de transporte;
- pressão e temperatura do nitrogênio de alimentação;
- temperatura do carvão medida na saída do filtro de mangas.

Ao sistema original do fabricante foram incluídos:

- pressão do transporte pneumático antes do distribuidor;
- vazão, velocidade e densidade obtidas pelo Densflow.

Essas novas variáveis são essenciais para o ajuste do transporte pneumático que tem grande influência sobre a variabilidade da vazão de carvão pulverizado.

13.3.2 Controle de vazão de nitrogênio de fluidização do cone base do vaso

A Figura 13.1 ilustra o diagrama em blocos da malha de controle de vazão de nitrogênio de fluidização no cone base do vaso de injeção modelada e identificada em S, usando-se o método de resposta ao degrau de Ziegler-Nichols exposto em Perry e Green (1984).

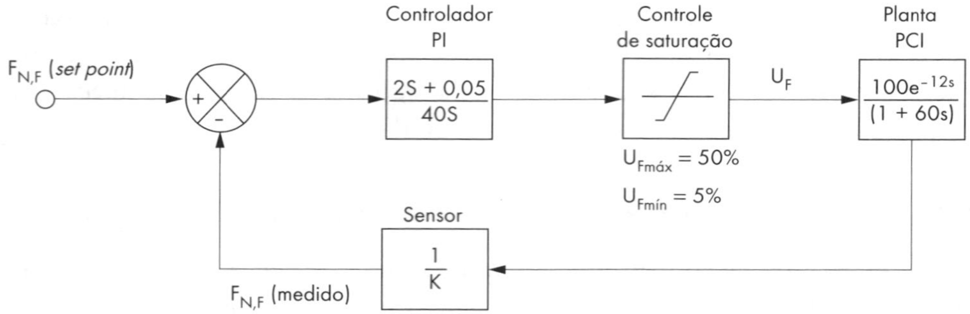

Figura 13.1 Diagrama da malha de controle de vazão de fluidização modelada em S.

Fonte: MOTTA, 2011.

Onde:

$U_{Fmín} = 5\%$, pois a medição de vazão se apaga para valores menores;

$U_{Fmáx} = 60\%$, pois a máxima vazão de fluidização necessária para o transporte pneumático é atendida na maior vazão de carvão (50 t/h).

13.3.3 Controle de vazão de nitrogênio de transporte da linha principal

A Figura 13.2 ilustra o diagrama em blocos das malhas de controle de vazão de nitrogênio de arraste ou transporte injetado na linha principal de transporte pneumático.

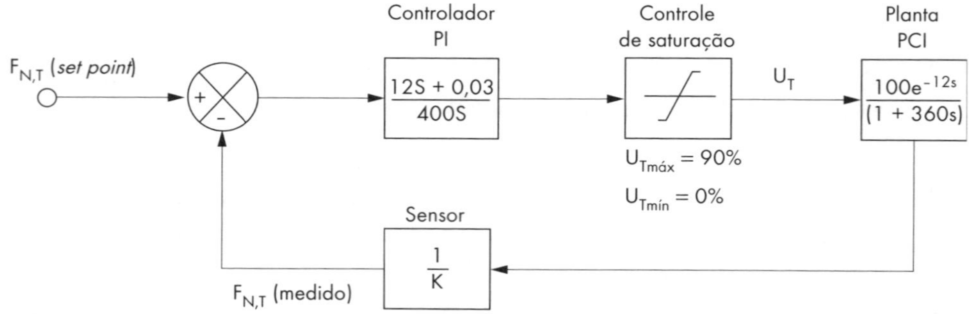

Figura 13.2 Diagrama das malhas de controle de vazão de nitrogênio de transporte.

Fonte: MOTTA, 2011.

O controle de saturação que limita a variável manipulada do controlador foi ajustado de acordo com as seguintes razões:

- $U_{Tmín} = 0\%$, pois a válvula é do tipo falha abre. Portanto, em 0%, obtém-se a maior vazão de nitrogênio de arraste usada principalmente para refrigerar os mangotes de injeção de carvão em caso de queda de injeção.
- $U_{Tmáx} = 90\%$, pois para valores maiores a medição de vazão falha e ocorre o descontrole e a parada de injeção.

13.3.4 Controle de pressão do vaso de injeção

O controlador de pressão está localizado no SDCD e fisicamente próximo dos vasos de injeção de carvão. O tempo do ciclo para a malha de pressão é de 10 s. O controlador utilizado é um controlador proporcional integral sem derivativo (PI) quase contínuo, com um tempo de integração de 5 s e um ganho de 5.

O ganho aumentou como resultado de recomendações dos pré-estudos realizados por Motta (2011). Foi mostrado anteriormente que um ganho maior que 3 aumenta o desempenho do controlador.

Os parâmetros PID dos principais controladores da estação de injeção foram implementados nas telas gráficas do processo para o acompanhamento de dados.

A Figura 13.3 ilustra o diagrama da malha de controle de pressão do vaso.

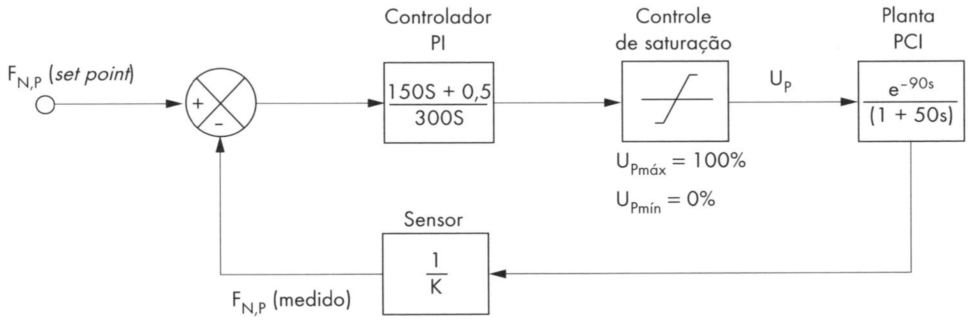

Figura 13.3 Diagrama da malha de controle de pressão do vaso.

Fonte: MOTTA, 2011.

Não há limites de saturação para a variável manipulada do controlador de pressão, o que permite que sua válvula opere em toda a faixa possível do controle.

Portanto:

- $U_{Pmín} = 0\%$, menor valor do posicionador da válvula;
- $U_{Pmáx} = 100\%$, maior valor possível.

13.3.5 Controle da vazão mássica na linha principal

Como a vazão mássica não pode ser medida, a unidade de controle utiliza a perda mássica do vaso de injeção de carvão durante a fase de injeção como sinal de entrada. Esse é o estado da arte e era a mesma técnica utilizada na CSN. Agora, tem-se também o medidor de vazão mássica na linha principal para aferir e comparar os modelos propostos para o controle avançado. A perda mássica é então derivada em primeira ordem e é utilizada para se obter a vazão instantânea de carvão.

O sinal resultante é então passado por um filtro passa-baixas (média móvel) e limitado a um desvio máximo com referência ao *set point* para reduzir o ruído que foi intensificado por causa da diferenciação. Um filtro de limitação da derivada pelo desvio máximo de *set point* foi implantado de forma gradual.

O controlador é do tipo PI contínuo com constante de integração de 20 repetições/min e um ganho proporcional de 75. Esse controlador era PID originalmente, também com parâmetro D zerado, e foi aprimorado para o tipo PI Hold. Esse tipo de PID com algoritmo moderno está disponível no SDCD Yokogawa, e são mais adequadas as correções do processo em vista de seu tempo morto de controle e dos resultados práticos obtidos pelos gráficos dos analisadores de variação.

A Figura 13.4 ilustra o diagrama em blocos da malha de controle de vazão de carvão pulverizado na linha principal modelada e identificada em S.

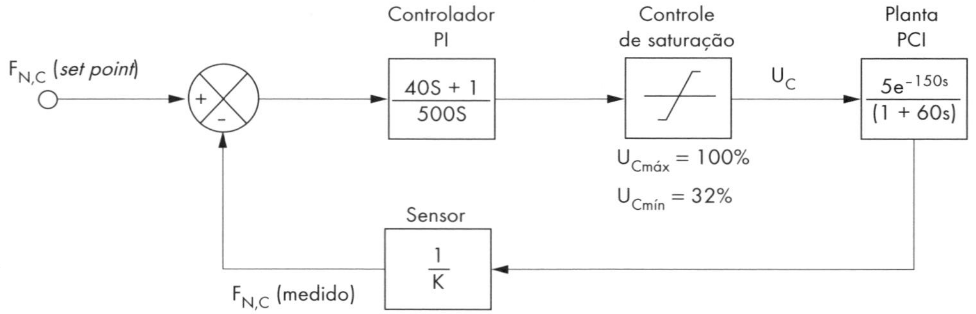

Figura 13.4 Diagrama em S da malha de vazão de carvão.

Fonte: MOTTA, 2011.

Onde:

- $U_{Cmáx}$ = 100%, para garantir a máxima capacidade de injeção durante toda a faixa de resposta linear da válvula dosadora;
- $U_{Cmín}$ = 32%, valor mínimo que garante uma curva de resposta com característica linear para a válvula dosadora durante a fase de injeção. Fora da fase de injeção, $U_{Cmín}$ = 0%, para garantir o fechamento da válvula dosadora e a vedação do vaso.

Pode-se observar que os limites de saturação para a variável manipulada do controlador de vazão de carvão permitem que sua válvula opere somente na faixa linear de controle, ou seja, de 32% a 100% conforme curva da válvula dosadora.

Os controladores de vazão de carvão são sintonizados para cada vaso de injeção. Em geral, os parâmetros PI são iguais, porém, para alguns vasos são ligeiramente modificados em função dos resultados obtidos. Essa operação é mais intuitiva do que comprovada.

O Capítulo 3 mostra como formar dados estatísticos desse processo estocástico para efetuar a verificação e validação das novas filosofias e algoritmos de controle de processo para as estações de injeção de carvão pulverizado.

Além disso, a unidade de controle possui uma compensação do valor do *set point* para compensar os erros na vazão mássica computada. A perda mássica do vaso de injeção de carvão real é comparada com a perda mássica ideal. Através dessa diferença, um fator de compensação é computado. Esse fator é usado como ajuste fino do *set point* de vazão de injeção, atua entre ±200 e ±1000 kg e constitui um dos desenvolvimentos apresentados no próximo capítulo.

Uma análise do desvio da vazão mássica mostra que o controlador vigente não consegue zerar o erro do controle. Isso também é sustentado quando se observa o desvio da perda mássica através da perda mássica ideal do vaso de injeção de carvão.

13.4 MODELO FÍSICO NÃO LINEAR DE QUATRO DIMENSÕES

Com a finalidade de encontrar um modelo físico não linear de quatro dimensões para fornecer as bases de um novo controlador de vazão de carvão, é necessário que se tenha um modelo dinâmico do processo contemplando as variáveis do transporte pneumático. Neste item, o modelo físico não linear do processo na fase de injeção é unido aos modelos dinâmicos do transporte pneumático do Capítulo 12.

O modelo físico do vaso de injeção de carvão é o processo comum de tanque pressurizado. O modelo da Figura 13.5 finalmente ilustra a união do modelo dinâmico não linear de quatro dimensões com os modelos do transporte pneumático.

Os sinais de entrada no modelo dinâmico são: U_P, U_F, U_C e U_T. As saídas são: pressão no vaso (**p**), massa ou peso de carvão atual no vaso (**m**), vazão de carvão de saída (**q**) e vazão de nitrogênio de transporte na linha principal após o injetor (**n**).

As mudanças de temperatura do nitrogênio não foram consideradas no modelo dinâmico desenvolvido por Johansson e Medvedev (2000), de modo que a temperatura final (T_F) foi considerada constante. Nesse novo modelo, as temperaturas do carvão e do nitrogênio não são constantes e sim variáveis de entrada do modelo.

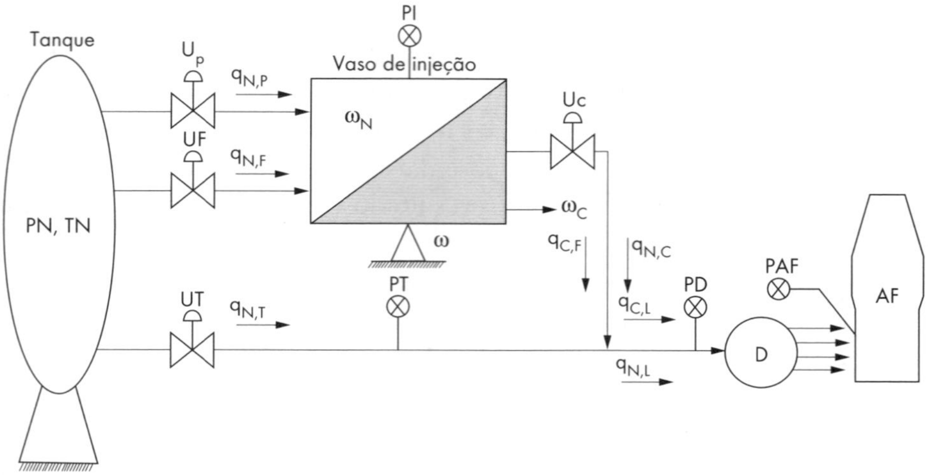

Figura 13.5 Modelo dinâmico não linear com os modelos do transporte pneumático.

Fonte: MOTTA, 2011.

Para isso, uma temperatura resultante da mistura de nitrogênio e carvão tem de ser calculada e inserida como variável de entrada novíssima do modelo que passa a ter a dimensão 4×4, contemplando a vazão de nitrogênio de fluidização e na linha principal do transporte pneumático, após o injetor da válvula dosadora.

A elevada temperatura do carvão (80 °C) e a razão das massas (o carvão é cerca de quinhentas vezes mais denso do que o nitrogênio) fazem com que a densidade do nitrogênio a 25 °C diminua após sua entrada no vaso, devido à expansão dos gases.

Em geral, as vazões mássicas através das três válvulas de controle, no caso do PCI da CSN, podem ser escritas pelas equações (13.1), (13.2) e (13.3):

$$\dot{m}_P = k_P \cdot g_{PCV_p}(p_N, p_I) . g_{PCV_u}(u_p) \tag{13.1}$$

$$\dot{m}_F = k_F \cdot g_{FCV1_p}(p_N, p_I) . g_{FCV1_u}(u_F) \tag{13.2}$$

$$\dot{m}_C = k_C \cdot g_{FCV}(p_I, p_T) . g_{FCV_u}(u_C) \tag{13.3}$$

Onde:

$g_{PCV_p}(p_N, p_I) . g_{PCV_u}(u_p)$ são as funções não lineares da válvula de controle de pressão (PCV);

$g_{FCV1_p}(p_N, p_I) . g_{FCV1_u}(u_F)$ são as funções não lineares da válvula de controle de vazão de fluidização (FCV1);

$g_{FCV}(p_I, p_T) . g_{FCV_u}(u_C)$ são as funções não lineares da válvula dosadora de controle de vazão de carvão (FCV).

Essas funções dependem do projeto das válvulas. Porém, como detalhe exclusivo da estação de injeção do PCI da CSN, em que a válvula de pressão e fluidização são idênticas, tem-se a igualdade (13.4):

$$g_{PCV_p}(p_N, p_I) = g_{FCV1_p}(p_N, p_I) \tag{13.4}$$

Portanto, para o caso em especial da estação de injeção da CSN, é possível inferir a vazão de nitrogênio que passa pela válvula de controle de pressão (PCV) e alimenta o topo do vaso de injeção. Normalmente, os projetos das estações de injeção da Claudius Peters não possuem uma medição de vazão pela linha de controle de pressão do vaso de injeção.

Essa vazão se soma à vazão de fluidização no cone base do vaso que também influencia a pressão final do vaso de injeção e deve ser considerada nesse novo modelo mais avançado e completo, sendo mais adequado para as atuais configurações de estação de injeção de carvão pulverizado da Claudius Peters – de acordo com o novo projeto descrito em Weber e Shumpe (1995).

Como não é somente o carvão pulverizado que passa pela FCV, uma segunda vazão de nitrogênio deve ser definida. No modelo desenvolvido por Weber e Shumpe (1995), assumiu-se que o valor dessa vazão deveria ser zero. Além disso, a vazão mássica do carvão resultante da variação do peso de carvão pulverizado é negligenciada no modelo principal. Neste estudo consideramos esse o principal item de controle do processo.

O balanço mássico e sua derivação no tempo resultam na Equação (13.5):

$$m = m_N + m_C = m_P + m_F + m_C \tag{13.5}$$

Derivando membro a membro, obtém-se a Expressão (13.6):

$$\dot{m} = \dot{m}_P + \dot{m}_F + \dot{m}_C \tag{13.6}$$

Monta-se um sistema de duas equações a duas incógnitas (13.7) em tempo real para a determinação do peso de carvão e do peso de nitrogênio em função da pressão do vaso e de seu peso atual do vaso [m(t)]:

$$\begin{cases} m = m_N + m_C \\ V = V_N + V_C \end{cases} \tag{13.7}$$

O peso atual real de carvão pode ser determinado pela Equação (13.8), conhecendo-se o peso atual e a pressão do vaso:

$$m_C = \frac{m\rho_C - 25\rho_C\rho_{NV}}{\rho_C - \rho_{NV}} \tag{13.8}$$

O peso do nitrogênio é obtido pela solução do sistema (13.7) e os resultados dos modelos de balanço de massa e volume para os vasos 1 e 2 de injeção do Alto-forno 2 (AF2) da CSN são apresentados na Figura 13.6.

PI	Pressão de Injeção Medida	Variavel de Processo Medida Pelo Transmissor	10,57	6,57	bar
mtj	Massa Total Dentro Vaso	Massa de Carvão + Massa de Nitrogênio	12629	1775	kg
VN	Volume N2 dentro Vaso	Volume de Nitrogênio fora da CNTP	4,37	22,46	m³
VC	Volume Carvão dentro Vaso	Volume de Carvão Atual	20,63	2,54	m³
mC	Massa Carvão dentro Vaso	Peso Carvão Carregado no Vaso	12586	1551	kg
mN	Massa N2 dentro Vaso	Peso N2 dentro Vaso	43,52	223,78	kg

Figura 13.6 Resultados dos modelos de balanço de massa e volume para os vasos 1 e 2 de injeção do AF2.

Fonte: MOTTA, 2011.

Para um gás ideal, tem-se a Expressão (13.9):

$$p \cdot V_N = (m_P + m_F) R_N T \tag{13.9}$$

Assumindo que a temperatura interna do vaso (T) não varia no tempo, ou seja, $\frac{\partial T}{\partial t} = 0$.

A derivada do balanço de massa no tempo resulta na Equação (13.10):

$$\dot{p} \cdot V_N + p \cdot \dot{V}_N = (\dot{m}_P + \dot{m}_F) R_N T \tag{13.10}$$

Introduzindo o balanço de volume constante do vaso ($V = 25\ m^3$) e sua derivada, obtém-se a Equação (13.11):

$$V_N = V - V_C = V - \frac{m_C}{\rho_C} \tag{13.11}$$

Como o volume interno do vaso é constante, a Equação (13.11) se transforma na Equação (13.12), onde a derivada do volume de nitrogênio é proporcional à vazão de carvão:

$$\dot{V}_N = -\frac{\dot{m}_C}{\rho_C} \tag{13.12}$$

A Equação (13.12) comprova que a perda de volume ou massa de carvão no tempo (vazão de carvão na linha principal) é igual à vazão de entrada de nitrogênio no vaso pelo controlador de pressão (PCV) somada à vazão de fluidização através da válvula de controle FCV1, de acordo com os conceitos do Capítulo 12.

Para a taxa de carvão na linha, o valor pode ser obtido pela derivada do peso do vaso no tempo, assumindo que a reposição de nitrogênio é constante e que não há perda de nitrogênio pelo vaso. Assim, o nitrogênio que entra no vaso mantém sua pressão constante e, portanto, o volume de nitrogênio no interior do vaso de injeção permanece constante, conforme a Equação (13.13):

$$q(t) = \frac{dm_C(t)}{dt}, \text{ ou seja } q(t) = q_{C,L} = \dot{m}_C \tag{13.13}$$

A Equação (13.10) pode ser, então, reescrita como a Equação (13.14):

$$\dot{p} \cdot V_N = (\dot{m}_P + \dot{m}_F)R_N T - p \cdot \dot{V}_N \tag{13.14}$$

Isolando a variável de interesse, obtém-se a Equação (13.15):

$$\dot{p} = \frac{(\dot{m}_P + \dot{m}_F)R_N T - p \cdot \dot{V}_N}{V_N} \tag{13.15}$$

E, finalmente, a derivada da pressão no tempo pode ser escrita conforme a Equação (13.16):

$$\dot{p} = \frac{R_N \cdot T \cdot (k_p \cdot g_{PCV_p}(p_N, p_I) \cdot g_{PCV_u} + k_F \cdot g_{FCV_1}(p_N, p_I) \cdot g_{FCV_u}) - p \cdot \frac{k_C}{\rho_c} \cdot g_{FCV_p}(p_I, p_T) \cdot g_{FCV_u}(u_C)}{V - \frac{m_c}{\rho_C}} \tag{13.16}$$

Como as funções da válvula g_{PCV_p}, g_{PCV_u} e g_{FCV_p}, g_{FCV_u} são desconhecidas e não podem ser tiradas das planilhas existentes, devem ser identificadas através do processo de dados. Além disso, os fatores k_C, k_P, k_F e k_N têm de ser determinados através do processo de aquisição de dados.

As matrizes de representação do modelo dinâmico em equações de estados dos parâmetros e variáveis dinâmicas do transporte pneumático obtidas através de equações do estado físico são descritas a seguir.

O modelo de espaço de estado 4 × 4 não linear para o processo de injeção é definido selecionando:

$\mathbf{u} = [\mathbf{u}_P, \mathbf{u}_F, \mathbf{u}_C, \mathbf{u}_T]^T$: como vetor de entrada;

$\dot{\mathbf{x}} = [\dot{\mathbf{p}} \quad \dot{\mathbf{m}} \quad \dot{\mathbf{q}} \quad \dot{\mathbf{n}}]^T$: como vetor do estado;

$\mathbf{y} = [\mathbf{p} \quad \mathbf{m} \quad \mathbf{q} \quad \mathbf{n}]^T$: como vetor de saída.

No modelo e no processo observa-se que a válvula de controle de vazão de transporte FCV2 comandada pela variável manipulada U_T não influencia na massa do vaso desde que a pressão deste seja maior que a pressão da linha de transporte. Portanto, obtém-se a Equação (13.17):

$$\dot{X}_4 = F_{N,T}(U_T) \tag{13.17}$$

As matrizes de excitação e de espaço de estados são descritas na Equação matricial (13.18):

$$\dot{x} = \begin{bmatrix} \dot{x}_1 \\ \dot{x}_2 \\ \dot{x}_3 \\ \dot{x}_4 \end{bmatrix} = \begin{bmatrix} \dfrac{\dot{m}_P R_N T - p \cdot \dot{V}_N}{V_N} & \dfrac{\dot{m}_F R_N T - p \cdot \dot{V}_N}{V_N} & 0 & 0 \\ m_p & m_F & m_C & 0 \\ 0 & 0 & \dot{m}_C & 0 \\ F_{N,P} & F_{N,F} & \rho_{NV} \dfrac{-\dot{m}_C}{\rho_C} & F_{N,T} \end{bmatrix} \times \begin{bmatrix} x_1 \\ x_2 \\ x_3 \\ x_4 \end{bmatrix} + \begin{bmatrix} 1 \\ 1 \\ 1 \\ 1 \end{bmatrix} \times \begin{bmatrix} U_P & U_F & U_c & U_T \end{bmatrix} \tag{13.18}$$

A matriz de saída (13.19) representa as principais variáveis do transporte pneumático como resultado da modelagem dinâmica do transporte pneumático:

$$y = \begin{bmatrix} y_1 \\ y_2 \\ y_3 \\ y_4 \end{bmatrix} = \begin{bmatrix} 1 & 1 & 1 & 1 \end{bmatrix} \times \begin{bmatrix} x_1 \\ x_2 \\ x_3 \\ x_4 \end{bmatrix} = \begin{bmatrix} p(t) \\ m(t) \\ q(t) \\ n(t) \end{bmatrix} \tag{13.19}$$

Essa abordagem mais completa para o modelo dinâmico da estação de injeção de carvão pulverizado não foi encontrada na literatura de controle de processos pesquisada até 2014, sendo uma das principais contribuições para a elaboração e implementação de técnicas de controle avançado e moderno de processos para a redução da variabilidade da vazão de carvão.

O modelo corrige as vazões horárias de nitrogênio em Nm^3/h para vazões mássicas de nitrogênio em t/h em função de sua pressão e temperatura calculada pelo modelo de temperatura final visto no Capítulo 12. Os valores são somados de acordo com o balanço de massa e mostrados na tela gráfica do SDCD em tempo real.

A Figura 13.7 ilustra a união dos resultados dos modelos do transporte pneumático, sendo considerados no balanço de volume e massa do modelo dinâmico com as principais variáveis de controle do vaso de injeção.

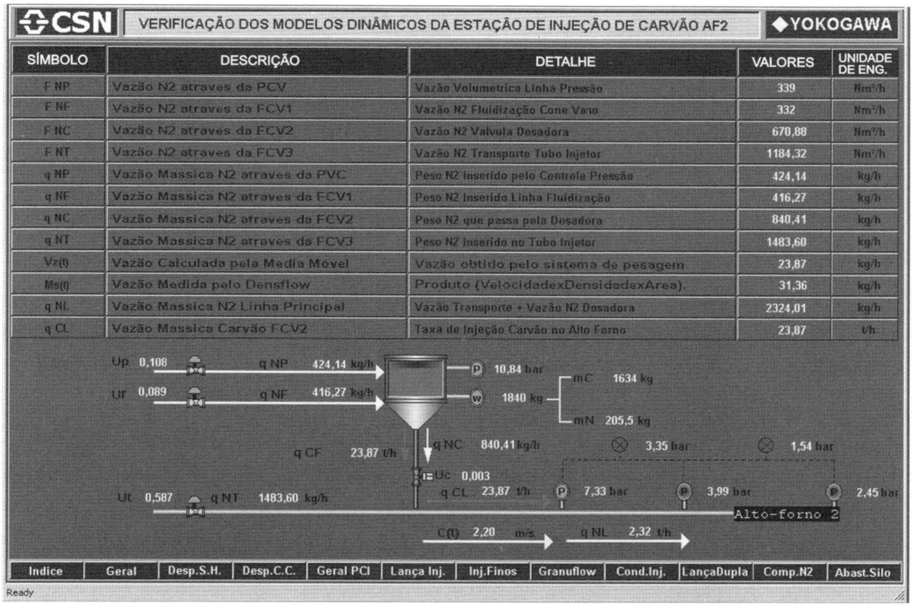

Figura 13.7 Variáveis do transporte pneumático e o balanço dinâmico de volume e massa.

Fonte: MOTTA, 2011.

A Figura 13.7 apresenta os valores dinâmicos dos controladores e também o vetor de entrada – $\mathbf{U} = [U_P, U_F, U_C, U_T]^T$ – e as variáveis de processo descritas. Observa-se o diagrama de queda de pressão ao longo da linha de transporte pneumático principal, desde o vaso até o AF2.

13.5 CONCLUSÕES DA MODELAGEM DINÂMICA

A dissertação de mestrado (BIRK, 1999) e os artigos correlacionados (BIRK; MEDVEDEV, 1997; BIRK et al., 2000) que foram analisados forneceram a base para a elaboração de um modelo mais completo para o controle da vazão de injeção de carvão pulverizado. A análise e a simulação de sistemas dinâmicos baseadas em Birk e colaboradores (1999) estão direcionadas para a interpretação, modelagem e simulação do comportamento das variáveis de processos no tempo.

As ferramentas do controle estatístico do processo são de fundamental importância para a análise do processo que envolve partes determinísticas aliadas a resultados estocásticos que devem ser considerados aparas da análise do desempenho do controle do processo, tal como aborda Motta e colaboradores (2003). O controle estatístico do processo fornece parâmetros para se analisar a variação em tempo real da taxa de injeção de carvão pulverizado para os altos-fornos.

A matemática e os métodos avançados da engenharia do controle moderno para sinais discretos (PHILLIPS; NAGLE, 1995) fornecem as equações e diferenças para os controladores modernos do tipo MIMO (sistema de múltiplas entradas e múltiplas saídas) como opção mais coerente para um controle de processos analisado neste capítulo. Maiores detalhes sobre esses trabalhos foram relatados em Motta (2011) e publicados em Motta e colaboradores (2011a).

14 CAPÍTULO

Estratégias de controle para a vazão de carvão

14.1 ESTRATÉGIAS DE CONTROLE ADOTADAS NO PCI

Este capítulo é o principal deste livro sobre controle de processos de injeção e transporte pneumático de PCI, pois finalmente mostra as ações efetivas no controle para a estabilidade da vazão de carvão da estação de injeção. Analisamos as estratégias de controle adotadas para reduzir a variabilidade da vazão de carvão pulverizado em curto e em longo prazo, descrevendo e discutindo seus resultados.

14.2 DESCRIÇÃO DO CONTROLE DA INJEÇÃO DE CARVÃO

O valor de referência da vazão de injeção do controlador da válvula de dosagem era obtido pelo operador por uma seleção entre dois modos (em t/h ou em g/Nm^3) com base no sinal de vazão de sopro dos altos-fornos. No primeiro modo, o operador entra diretamente com o valor desejado em t/h. No segundo modo, o operador entra com a taxa de injeção em g/Nm^3 nas condições normais de temperatura e pressão (CNTP) e o *set point* da vazão de injeção em t/h é calculado em função do valor da vazão de ar soprado. Esses dois modos de controle de *set point* da vazão de injeção de carvão não eram suficientes para a estabilidade operacional do alto-forno.

No modo de taxa de injeção em g/Nm^3, ou seja, em função da vazão de ar quente soprado no alto-forno, quando a vazão de ar quente é reduzida, a taxa de injeção de carvão diminui proporcionalmente. Isso quer dizer que a vazão do ar soprado influencia na variação de vazão de carvão por apresentar oscilações naturais ou ainda devido à manobra e à equalização de regeneradores, uma vez que o enriquecimento de oxigênio afeta a produção de ferro-gusa.

Portanto, foram inseridas três novas estratégias de regulação, nas quais a influência dos modos de controle do pedido da vazão de carvão pulverizado influencia em sua variabilidade.

A variabilidade da vazão de carvão conforme apresentada na Equação (3.1) depende não somente da constância da variável de processo, mas também do pedido de injeção feito pelo operador (ajuste do *set point* de taxa de injeção)!

Em contrapartida, a vazão de ar soprado muda com as condições operacionais do alto-forno e pelas equalizações periódicas dos regeneradores. Sempre que um regenerador equalizava a pressão de ar soprado, a cada 50 min, ocorria uma grande variação na injeção.

Como a variação da vazão de ar soprado interfere na taxa de injeção de carvão, o erro na resposta do sistema de controle ficava amplificado, pois as duas malhas operavam em cascata. A Figura 14.1, descrita em Carvalho e Motta (2005), ilustra os dois modos de controle de *set point* originais que são o estado da arte e foram previstos no descritivo funcional de engenharia básica do fornecedor do processo PCI.

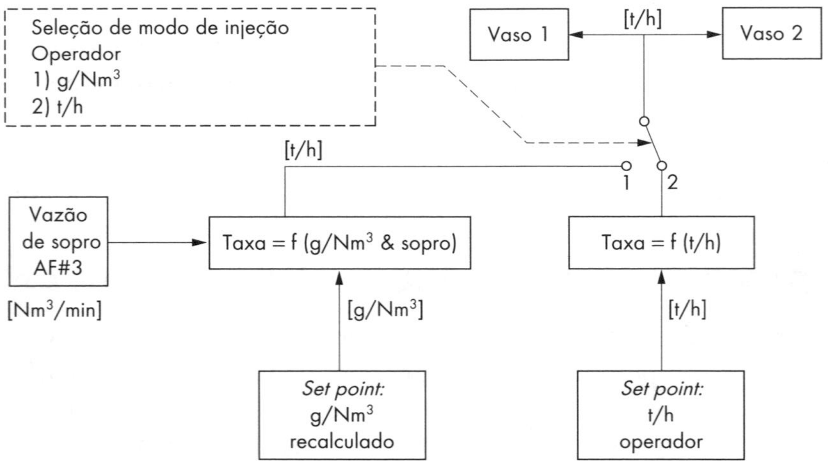

Figura 14.1 Controle do *set point* de injeção (dois modos sem rastreamento).

Fonte: CARVALHO; MOTTA, 2005.

De acordo com a Figura 14.1, quando o valor de referência é feito para a vazão de carvão (primeiro modo), o sistema de controle não atua em cascata, utiliza apenas o valor inserido pelo operador. Todavia, quando é ativado o segundo modo, ou seja, a taxa de injeção, as malhas de controle ficam em cascata e a vazão de carvão é atualizada o tempo todo. Assim, se o operador voltar para o primeiro modo com um valor qualquer, haverá uma descontinuidade brusca no processo, o que causa instabilidade operacional.

A Figura 14.2 ilustra o diagrama esquemático do controle do valor pedido de *set point* de injeção para evitar variações bruscas entre as trocas de modos de injeção.

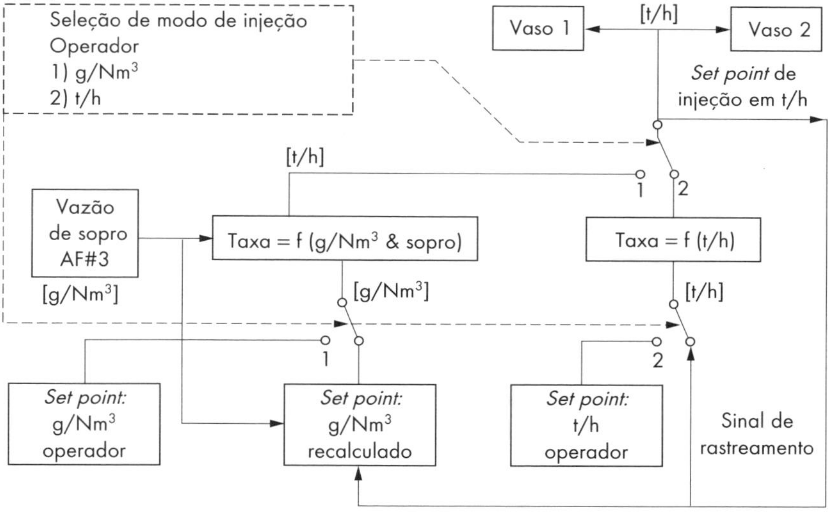

Figura 14.2 Controle do *set point* de injeção (dois modos com rastreamento).

Fonte: CARVALHO; MOTTA, 2005.

Deve-se notar que a alteração na malha de controle atualiza o valor existente de referência calculado internamente a partir da taxa de injeção em g/Nm^3 na CNTP em relação ao valor pedido pelo operador em t/h quando muda do segundo para o primeiro modo de controle e vice-versa.

Para que o processo passasse a independer dos valores introduzidos pelo operador subitamente, foi desenvolvida uma malha de controle de modo a alterar o valor anterior para o desejado de forma gradativa.

O Sistema Digital de Controle Distribuído (SDCD) do fabricante Yokogawa (1995) possui como instrumento-padrão um limitador de velocidade de mudança de variável de processo. Foi configurado e implantado após a geração do *set point* em t/h, de tal modo a variar suavemente o pedido do controlador de vazão e fornecer um tempo suficiente para o ajuste do processo sem causar grandes variações no percentual da vazão de carvão.

A Figura 14.3 ilustra o funcionamento do bloco de instrumento limitador de velocidade de valor definido de vazão de carvão (SV) e seus parâmetros de ajuste (Dmp e Dmn).

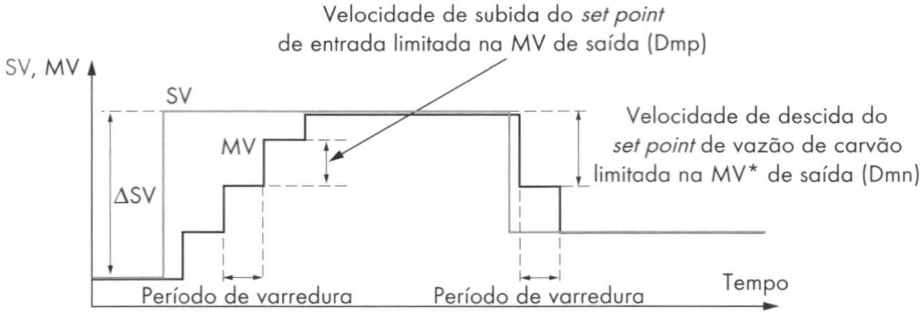

Figura 14.3 Bloco do instrumento VELLIM do SDCD Yokogawa. *MV: variável manipulada.

Fonte: YOKOGAWA, 1995.

O controle da limitação da variação do *set point* de vazão reduz a variação percentual de injeção, pois fornece um maior tempo para a repercussão das ações de controle. A função faz com que a variação do *set point* do controlador de vazão de carvão aconteça em degraus limitados de 3,6 t/h a cada minuto. Portanto, as mudanças bruscas de *set point* feitas pelo operador são gradualmente inseridas no controle, o que evita grandes variações e descontrole na vazão de carvão pulverizado.

14.3 PRODUÇÃO INSTANTÂNEA DE FERRO-GUSA DO ALTO-FORNO

O cálculo da produção instantânea de ferro-gusa do alto-forno é utilizado na malha de controle para que seu valor de referência da vazão de carvão pulverizado fique vinculado com a taxa de produção instantânea de ferro-gusa do alto-forno, ou seja, a vazão de carvão passou a depender do ritmo de carga e produção dos altos-fornos. Esse sistema adicional de controle representa o terceiro modo de operação, identificado como "**Seleção de Injeção PCR**".

Para que o SDCD do sistema de PCI pudesse executar o controle de injeção de carvão por parcela de carvão da taxa de combustível para se fabricar uma tonelada de ferro-gusa (PCR), foi necessário desenvolver um novo sinal via o controlador lógico programável (PLC) do alto-forno para representar o ritmo de produção atual ou instantâneo. Para tanto, produziu-se um novo algoritmo para gerar um sinal analógico confiável de controle. Em seguida, esse sinal foi enviado para o SDCD do PCI.

A Figura 14.4 ilustra a tela principal de operação do Alto-Forno 3 (AF3) da CSN.

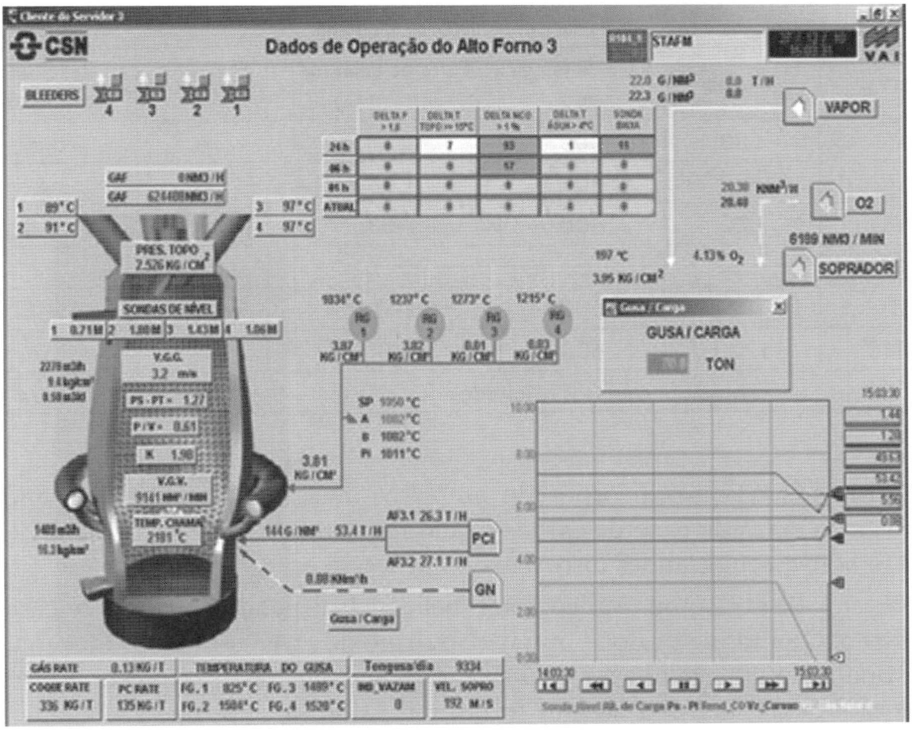

Figura 14.4 Tela de operação principal do AF3 e a relação gusa/carga.

Fonte: MOTTA, 2011.

O valor estimado da produção diária de 9334 t/dia é mostrado ao centro e embaixo. O campo de entrada onde se ajusta o valor da relação gusa/carga, por exemplo, em 70 t, é mostrado à direita.

A relação gusa/carga define a quantidade de material ferrífero, por exemplo, sínter, hematita ou pelota de cada carga carregada no topo, sendo uma variável de controle do leito de fusão. O operador precisa inserir, reinserir e atualizar essa variável toda vez que muda o leito de fusão.

Esse campo foi criado exclusivamente para a implantação do modo de injeção por PCR descrito neste livro, visto que este valor pode variar de acordo com a produção programada para o alto-forno.

A Tabela 14.1 apresenta um exemplo típico da aquisição de dados e o modo como o cálculo da produção instantânea do alto-forno foi desenvolvido.

Na Tabela 14.1, os intervalos de tempo entre duas cargas consecutivas ΔTi e ΔTj ($j = i + 1$) são armazenados em memória do tipo FILO composta de dez amostras ($i = 1$ a 9 e $j = 2$ a 10). A base de tempo adotada foi de 600 s e foi escolhida em função do ritmo de carregamento normal do alto-forno.

Tabela 14.1 Exemplificação do cálculo do ritmo de produção do alto-forno.

Intervalo	Tempo em s	Base de tempo em s	Fator de adianto/ atraso [1]	Carga base	Resultados na FILO
ΔT1	580	600	0,966	6	6,32
ΔT2	600	600	1,000	6	6
ΔT3	620	600	1,033	6	5,8
...	...	...	...	...	...
ΔT9	1199	600	~ 0,5	6	~ 3
ΔT10	1200	600	0	6	0
Média móvel dos resultados da FILO					6,04

Para cada ΔTi, foi incorporado um filtro de saturação para determinar o tempo gasto em cada ciclo de carga, o qual foi limitado entre 300 e 1200 s para que não houvessem grandes distúrbios no processo.

O fator de atraso ou avanço, da Tabela 14.1, depende do ritmo de carga do alto-forno. Quando seu valor é unitário, o ritmo de carga está na produção nominal estipulada pelo cálculo do leito de fusão. Se o carregamento está acelerando devido à descida de carga no alto-forno, seu valor é menor que a unidade. Se o carregamento atrasa, o tempo gasto para o ciclo de carga fica elevado, o que atrasa a produção e reduz seu valor médio.

A média móvel dos resultados da memória tipo FILO mostrada na parte inferior da Tabela 14.1 é multiplicada pela relação gusa/carga de modo a se obter a produção horária ou por minuto ou por segundo.

A detecção do intervalo entre cargas é feita através da transição de um dos dois últimos bits menos significativos do contador do ciclo de carga, o qual é reiniciado diariamente às zero hora.

No SDCD do PCI, por sua vez, o operador entra com o valor desejado da injeção em PCR, ou seja, em quilograma (kg) de carvão por tonelada (t) de ferro-gusa produzido para gerar o *set point* de vazão de carvão pulverizado em t/h para o controlador de vazão principal da válvula de dosagem baixa do vaso de injeção.

14.4 CONTROLE DA VAZÃO PELO RITMO DE CARGA DO ALTO-FORNO

O controle da vazão de carvão por ritmo de carga do alto-forno ou *set point* vinculado ao ritmo de carregamento do alto-forno introduz um novo modo de controle para determinar o valor de referência (*set point*) de injeção de carvão pulverizado.

A Figura 14.5 ilustra a nova forma de controle desenvolvida para o ajuste do *set point* de injeção. Possui três modos de seleção com rastreamento entre eles.

Existe uma chave seletora de software com um (1) e três (3) posições onde se pode escolher um dos três modos de injeção desejado.

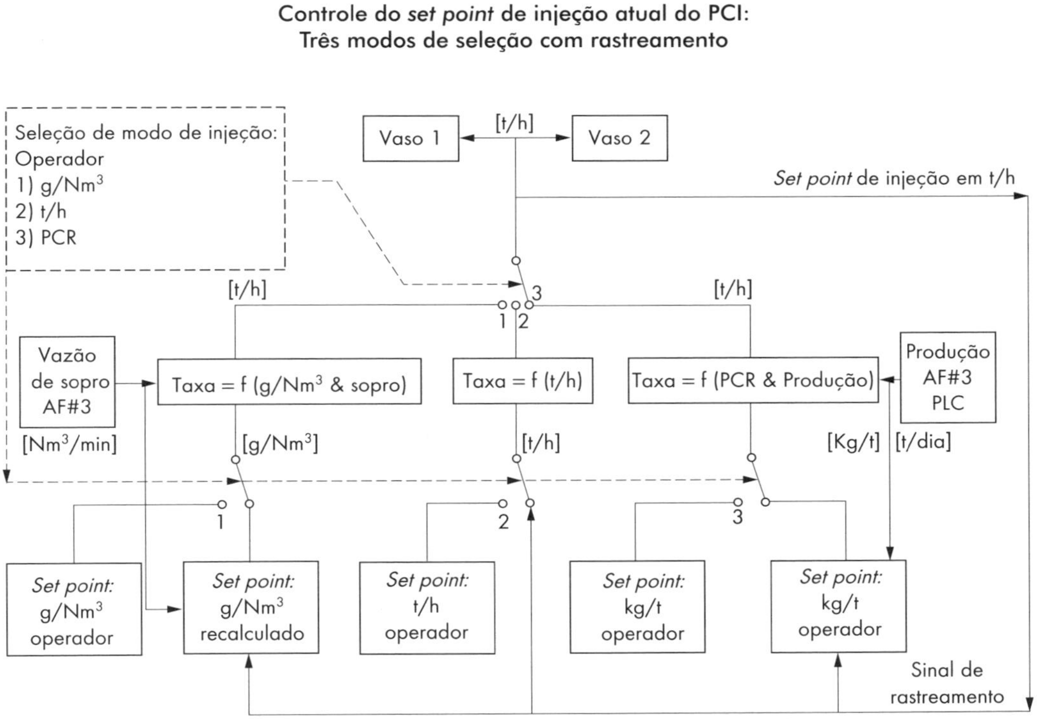

Figura 14.5 Controle do *set point* de injeção (três modos com rastreamento).

Fonte: CARVALHO; MOTTA, 2005.

Além disso, para evitar o distúrbio conhecido como *bump* entre as trocas dos modos de injeção, foi criado um rastreamento com cálculo inverso para as três opções, para que a troca seja *bump less*, ou seja, não traga perturbações ao sistema de controle de injeção por desatualização dos *set points* em relação aos outros modos de injeção.

Para a implantação desse novo modo de controle do valor do *set point* da vazão de carvão pulverizado injetado, os operadores de alto-forno e os supervisores foram treinados a voltar para o controle de injeção em g/Nm³ na CNTP em algumas situações especiais:

a) Parada de injeção prolongada por defeito na estação de injeção.

b) Parada do carregamento do alto-forno por mais de 15 min.

c) Queda do motosoprador por defeito ou falta de energia elétrica da geração.

d) Parada de alto-forno ou redução da vazão de ar quente soprado.

Quando a regularidade do carregamento das cargas do alto-forno enfornadas é retomada, o operador pode voltar com o controle de injeção para o modo PCR, ou seja, em kg/t. Como a produção calculada do alto-forno é computada em seis amostras a cada 10 min, é necessário pelo menos 1 h de carregamento normal do alto-forno antes de retornar o controle novamente de g/Nm^3 para kg/t.

14.5 IMPLANTAÇÃO DE BANDA MORTA VARIÁVEL NO CONTROLADOR

A ação de banda morta em um controlador é uma função não linear que elimina a ação de controle enquanto o desvio permanece dentro de uma faixa aceitável para o controle do processo.

Para o controle da variação da vazão de carvão pulverizado, se o erro está dentro da faixa aceitável pelo processo (< ±5%), não há razão para modificar os controladores em busca da utopia de erro 0%.

Descrevemos neste livro a implementação de um cálculo variável para o ajuste contínuo da banda morta do controlador (DB) de vazão de carvão pulverizado de modo a estabilizar a malha de controle. Se o erro percentual estiver abaixo de 3%, a variável manipulada ficará congelada, ou seja, permanecerá com o mesmo valor enquanto o desvio for menor que o ajuste da banda morta.

Esse cálculo é efetuado a todo instante e ajustado nos controladores. A DB de 3% do *set point* de vazão de carvão em valores absolutos é calculada no SDCD de acordo com a Equação (14.1):

$$DB = 0,03\ C_{REQU} \tag{14.1}$$

Portanto, se DV ≤ DB, ou seja, se o desvio instantâneo do controlador de vazão de carvão for menor que o valor absoluto da faixa morta configurada automaticamente pela Equação (14.1), o controlador permanecerá com a saída congelada até que o desvio seja maior que o aceitável.

A equipe de engenheiros metalúrgicos dos altos-fornos da CSN definiu diversas zonas de variação percentual da vazão de carvão para classificar, de modo geral, o desempenho do controle de processo, conforme visto no Capítulo 3. A essa classificação foi adicionada uma faixa estreita de ±3% em que o controle é considerado excelente e não há razão para distúrbios e correções da malha de controle de vazão de carvão no processo em busca da utopia do erro 0% ou inexistente.

A Tabela 14.2 indica as considerações gerais sobre o desempenho dos controladores de vazão de carvão de acordo com a classificação adotada na CSN e com a implantação da banda morta na faixa em que o controle é considerado excelente.

Tabela 14.2 Classificação da grandeza do desvio na vazão de carvão pulverizado.

Variação percentual da vazão de injeção: classificação do desempenho do controle da vazão de carvão pulverizado	Faixa do desvio percentual aceitável	Ação do controlador
Excelente	-3% ≤ DV% ≥ 3%	Congelado DV% < DB%
Ótimo	5% ≥ DV% > 3% ou -5% ≥ DV < -3%	Ação PI
Regular	10% ≥ DV > 5% ou -10 ≥ DV% < -5%	Ação PI
Ruim	15% ≥ DV% > 10% ou -15% ≤ DV% < -10%	Ação PI
Péssimo	-15% > DV% > 15%	Ação PI + saturação no cálculo da vazão

Observa-se que a ação do controlador proporcional integral derivativo (PID) é inibida se o desvio percentual é menor que a banda morta percentual. Na realidade, o controlador recebe esses valores em termos absolutos e, portanto, o valor absoluto da banda morta é variável, ao passo que o valor percentual é constante.

Na prática, os valores de desvio padrão observados para o processo das estações de injeção oscilam entre 1,8 e 2,2 t/h, ou seja, a média é de 2 t/h, independentemente da vazão de carvão média.

Se a vazão média for de 20 t/h, em 66% do tempo de injeção os valores ficarão entre 18 t/h e 22 t/h, considerando 2 t/h de desvio padrão e 10% de variação percentual de injeção. E em 99% do tempo, esse valor ficará em 3δ (3 desvio padrão), ou seja, 6 t/h, o que significa uma variação de 14 t/h a 26 t/h, ou seja, de até 30% de variação máxima ou variação de pico.

Porém, o desvio percentual ou variação de injeção percentual cai à medida que se aumenta a vazão média de carvão pulverizado. Na prática, o desvio padrão se mantém praticamente constante em cerca de ±2 t/h.

Se a vazão média aumenta de 20 t/h para 60 t/h, em 66% do tempo de injeção, os valores ficam entre 58 t/h e 62 t/h, o que significa apenas 3,3% de variação percentual de injeção. E em 99% do tempo de injeção, o valor da vazão fica entre 54 t/h e 66 t/h, ou seja, apenas 10% de variação instantânea de pico na vazão de carvão.

Portanto, a variação de carvão percentual é inversamente proporcional à vazão de carvão pedida pelo alto-forno, pois o desvio padrão dos controladores é praticamente constante.

A Equação (14.2) retrata, de modo geral, um dos fundamentos principais do livro:

$$DV\% \sim \left.\frac{1}{Vz(t)}\right|_{\delta = \text{constante}} \quad (14.2)$$

Onde:

DV%: variação percentual da vazão de carvão;

$V_Z(t)$: vazão de carvão pulverizado na linha principal;

δ: desvio padrão da vazão de carvão.

A principal meta dos engenheiros de controle de processo de sistemas de injeção e carvão pulverizado é reduzir a variação percentual de injeção através da minimização do desvio padrão dos controladores de vazão de carvão, uma vez que a variação percentual é um valor absoluto e o desvio padrão é relativo.

Conclui-se a partir dos gráficos estatísticos de variabilidade que quanto maior a vazão de carvão demandada pelo alto-forno, mais estável será a combustão do carvão e menor será a variabilidade percentual de vazão de carvão.

Portanto, a variabilidade percentual da vazão de carvão da planta PCI é inversamente proporcional ao PCR, ou seja, quanto maior a vazão de carvão em t/h demandada pelo alto-forno, menor será o tempo em que a vazão permanece fora das zonas de controle aceitáveis pela cinética das reações de combustão no Raceway.

14.6 FILTROS PARA O CONTROLE DE VAZÃO DE CARVÃO

Os filtros desenvolvidos para o controle da vazão de carvão basicamente limitam o valor da variável de processo dentro de margens de valores aceitáveis e eliminam valores altos devidos a erros nos valores derivativos do sistema de pesagem, segundo o cálculo da Equação (6.1).

Caso haja um vazamento de grandes proporções nas válvulas prato ou de alívio, as válvulas de pressurização rápida e de pressurização do anel de fluidização são abertas durante a fase de injeção para repor a pressão de nitrogênio perdida.

Durante essa reposição, um volume imenso de nitrogênio sem controle é inserido durante a fase de injeção, o que causa um grande distúrbio no processo. O efeito faz com que a medição de vazão de carvão caia, tendendo a zero devido ao acréscimo de peso em vez de decréscimo de peso. Isso faz com que o controlador proporcional integral sem derivativo (PI) de vazão abra a válvula dosadora até 100% para que o pedido de vazão de carvão seja atendido. Com isso, a perda de nitrogênio ou passagem preferencial de nitrogênio pela válvula dosadora aumenta mais ainda, perpetuando a reposição de nitrogênio, o que causa um grande distúrbio na vazão de carvão.

Para evitar esse fenômeno agravado pelo controle clássico do PI, o cálculo da vazão foi congelado enquanto o comando da válvula de pressurização rápida estiver aberto. Assim, a posição da válvula dosadora é mantida em uma posição fixa, sendo a última posição do controle antes da reposição de nitrogênio em abundância pela válvula de pressurização rápida. Quando a pressão do vaso é normalizada, o temporizador de 6 s da média móvel tem sua contagem liberada.

No retorno, o cálculo da média móvel é liberado, mas com filtro de saturação de ±15% do valor de *set point*, para valores entre 20 t/h e 50 t/h, de acordo com a Equação (14.3):

$$S\% = \text{Saturação} = \pm 15\%\ C_{REQU} \tag{14.3}$$

Nesse filtro, os valores calculados pelos algoritmos de vazão [F(t)] são limitados à faixa de 0,85 a 1,15 vezes o valor do *set point* do controlador de vazão de carvão.

Somente após a implementação desses dois filtros foi possível minimizar a variação da vazão de carvão, estabilizar a posição da válvula dosadora e conseguir o menor desvio padrão da variável de processo.

A implantação desse filtro ainda necessitou de uma implementação que tornasse o filtro menos destorcido com relação ao real valor da vazão de carvão.

Portanto, caso o *set point* seja menor que 20 t/h, os limites de saturação do filtro são elevados ao quadrado, ou seja, de 0,7225 a 1,3225, de acordo com a Equação (14.4):

$$S\%^2 = \text{Saturação}^2 = -27{,}75 \text{ a } 32{,}25\% \tag{14.4}$$

Assim, a faixa do filtro de saturação da vazão de carvão (PV) é expandida elevando-se ao quadrado para que a saturação do filtro interfira no controlador de vazão para valores menores que 20 t/h. Os filtros de variáveis de processo são de uso polêmico, mas necessário, pois eliminam interferências e ruídos de diversas naturezas, como:

- interferências eletromagnéticas nos instrumentos;
- interferências do processo;
- erros de medição devido ao método de aquisição da variável de processo;
- ruídos inerentes à medição e ao processo.

Os filtros são necessários para o tratamento dos sinais de instrumentação usados no controle de processos. Possuem diversas funções e parâmetros que eliminam e minimizam o ruído presente na variável de processo obtida pelo instrumento; neste caso, pelo sistema de pesagem e pelo algoritmo do cálculo da vazão de carvão pela média móvel. De maneira geral, os filtros mitigam os ruídos indesejáveis de uma variável de processo que perturbam a estabilidade do sistema inadequadamente.

Somente após a implantação dos filtros contra o efeito da pressurização rápida e com os limites de saturação da variável de interesse [F(t)], o controle de vazão instantâneo do carvão pulverizado minimizou a distribuição gaussiana dos histogramas de variabilidade, ficando menos dispersa, e o desvio padrão diminuiu de 2,2 t/h para 2 t/h, em uma mesma vazão média.

O interessante no resultado da implementação do filtro de saturação foi a redução da dispersão gaussiana da variação percentual instantânea de carvão sem perturbar o funcionamento da malha de controle em longo prazo (IE – integral do erro).

O valor da variável de processo do desvio acumulado em longo prazo na malha de controle da integral do erro absoluto permanece dentro da faixa de –200 kg a +200 kg, na qual não há correção do *set point* requerido pelo alto-forno e o valor pedido em longo prazo possui um erro menor que 0,1% em relação ao valor da quantidade de carvão integrada pelo mesmo medidor.

Esse erro não considera a reposição do volume de carvão pelo volume de nitrogênio em cerca de –2,5%, conforme comprovado no Capítulo 10.

As filtragens de saturação são extremamente úteis nos seguintes casos:

- perda de pressão elevada do vaso de injeção com abertura na válvula de pressurização e congelamento da média móvel;
- vazamentos nas válvulas prato e de alívio;
- durante o período de 30 s na troca de vasos de injeção;
- possíveis erros de software, não descritos e determinados, gerados durante o algoritmo de cálculo da vazão.

Enfim, o filtro de saturação regressivo serve para mitigar os ruídos e para o controle geral da vazão de carvão pulverizado. Os valores de ±15% para saturação são variáveis de acordo com a vazão de carvão pedida (SV). Os valores maiores que 15% não se mostram tão eficazes para mitigar a dispersão gaussiana dos histogramas de variação de injeção da Figura 3.1.

Os valores menores que 15% eliminam a análise da dispersão, o que pode comprometer o real controle. Testes com valores de até 12% tiveram maiores sucessos, porém, o limite ficou estabelecido em 15% devido à influência na análise do critério de variação da vazão de carvão. Isso tem sido mantido nesse patamar desde a sua criação, uma vez que os valores menores são injustos e os valores maiores diminuem o desempenho da filtragem dos sinais.

A Figura 14.6 ilustra a evolução do valor percentual de corte do filtro de saturação do valor calculado de F(t) de acordo com a Equação (3.1), influenciando no resultado final de $V_Z(t)$ da Equação (3.2) que é usado como variável de processo do controlador principal de vazão de acordo com o progresso do valor de vazão de carvão.

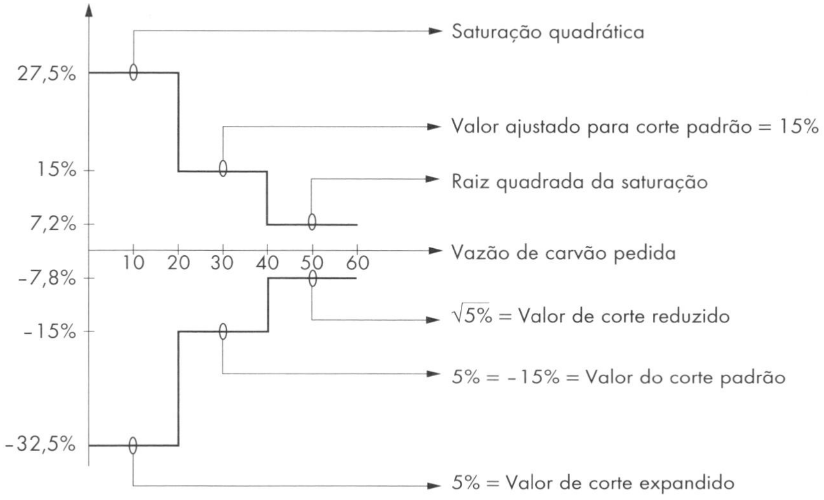

Figura 14.6 Variação do valor de corte do filtro de saturação.

Fonte: MOTTA, 2011.

Observa-se na Figura 14.6 que o filtro de saturação possui valor de corte variável para não influenciar na medição de vazões de carvão para valores menores que 20 t/h e aumentar seu desempenho e ação para valores maiores que 40 t/h.

O filtro mostra-se eficiente no controle, porém, não detecta falhas de fluxo de carvão que ocorrem durante a troca de vasos ou grandes vazamentos nas válvulas prata e de alívio durante a fase de injeção. Para detectar a falha de fluxo de carvão, com desabilitação temporária dos detectores de fluxo de carvão localizados após as válvulas de carvão do distribuidor, foi implementado o sinal de falha de fluxo de carvão obtido pelo Densflow.

De posse de outra medição de vazão que não possui influência do filtro de saturação, pode-se manter o controle de vazão principal estável e não deixar que as linhas de injeção de carvão após o distribuidor sejam levadas para purga de nitrogênio por detecção falsa de entupimento de lança de injeção.

Portanto, a medição de vazão do Densflow possui funções complementares na estratégia de controle da variabilidade não só na linha geral, mas também na lança, pois evita a purga de nitrogênio desnecessária devido à detecção de falta de fluxo de sólidos por causa da falha na vazão de carvão (só passa nitrogênio), ao passo que não existe detecção de falha de fluxo de carvão devido a possível entupimento.

14.7 A ABERTURA INICIAL DA VÁLVULA DOSADORA NA INJEÇÃO

A abertura inicial da válvula dosadora após a troca de vasos no início da injeção é um dos pontos cruciais para minimizar a variação de injeção instantânea em curto prazo.

A lógica original de projeto do fornecedor Claudius Peters definia que a posição da abertura inicial da válvula dosadora no início da fase de injeção devia ser a cópia memorizada do último valor da posição do controle no final da fase de injeção do ciclo anterior.

A Figura 14.7 ilustra as variáveis de processo principais dos vasos de injeção do Alto-Forno 2 durante sua troca. Para essa simulação real, o controle de posição inicial da válvula dosadora foi desligado momentaneamente e os parâmetros (P = 120 e I = 20) do controlador do tipo PI Hold, disponível no SDCD Yokogawa, foram alterados, de modo a diminuir o tempo de resposta do controle e provocar uma oscilação inicial. Essa oscilação atípica do sistema de controle nos primeiros 10 min de injeção após a troca, entre 10h20 e 10h30, provoca uma variação na vazão de carvão para o alto-forno.

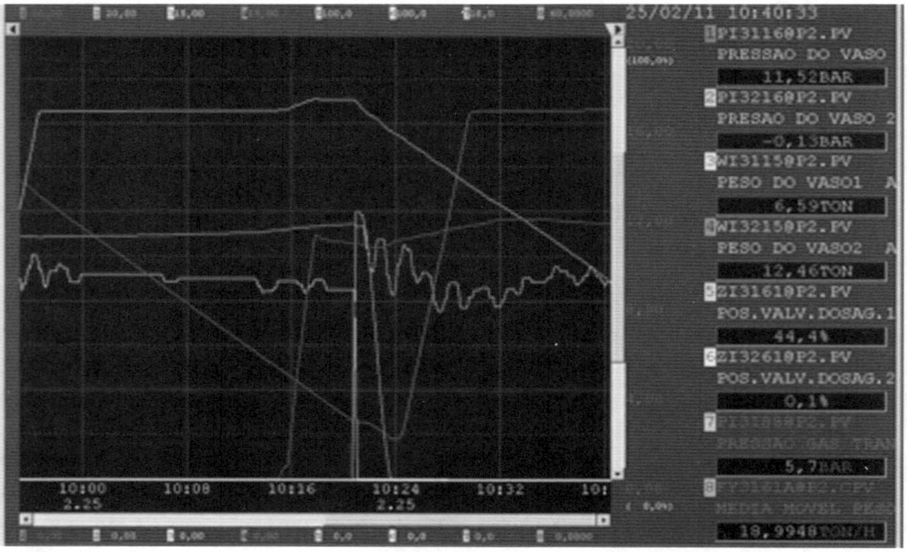

Figura 14.7 Variação da posição da válvula dosadora com o peso do vaso de injeção.

Fonte: MOTTA, 2011.

Observamos na Figura 14.7 o peso, a pressão e as posições finais e iniciais da válvula dosadora dos vasos 2 e 1, respectivamente. A posição inicial certa da válvula dosadora e uma diminuição da dinâmica do controle eliminaram esse comportamento de variação oscilatória na vazão de carvão após a troca de vasos.

Pode-se verificar que à medida que o carvão do vaso é injetado, a válvula dosadora vai se fechando, independentemente da vazão de carvão solicitada. Na nova estratégia de controle descrita neste livro, a abertura inicial da válvula dosadora é o **segredo** para minimizar a variabilidade da vazão de carvão, alcançando patamares de 80% de acerto na faixa ótima de ±5% e desvio padrão de até 1,5 t/h.

Em seguida, um temporizador de 30 s equivalente à metade da média móvel foi usado para manter o controlador em modo manual, ou seja, parado, com a válvula dosadora estacionada para se efetuar uma limpeza de dados no início da fase de injeção, após toda a troca de vasos. Logo depois, o controlador é liberado automaticamente para efetuar o controle da vazão de carvão durante o restante da fase de injeção.

A Figura 14.8 ilustra os resultados dos cálculos inversos das posições ótimas de abertura inicial das válvulas dosadoras dos vasos 1 e 2.

CSN — CÁLCULO DA ABERTURA INICIAL DA VÁLVULA DOSADORA — YOKOGAWA

SÍMBOLO	DESCRIÇÃO	DETALHE	VALORES		UNIDADE DE ENG.
			VASO 1	VASO 2	
Zi	Posição da Valvula Dosadora	Med. Obtida pelo Indicador de Posição da Area	52,90	0,00	%
d	Diam. Restrição Valvula Dosadora	Med. Obtida Pelo Desenho confirmada em Area	21,16	0,00	mm
a	Area Restrição Valvula Dosadora	Area Transversal Min. Int. Valvula	0,44	0,00	mm^2
k	Constante de Calculo Vazão	Constante Bernoulli	241905	0	t/[h*m²*bar]

Figura 14.8 Cálculo inverso da posição ótima de abertura inicial da válvula dosadora.

Fonte: MOTTA, 2011.

Para o cálculo inverso da posição ótima de abertura inicial da válvula dosadora, os valores da constante de Bernoulli (Figura 14.8) e da pressão do distribuidor são armazenados a cada fase de injeção de acordo com o algoritmo a seguir:

– Vaso no início da injeção (12 > W > 10 t)?

&

– Controle de vazão estável? (DB% < 5%)?

} Armazena a constante de Bernoulli e da pressão do distribuidor para o cálculo inverso da abertura inicial ótima da válvula dosadora.

A constante de Bernoulli varia entre 200 e 300 k durante a fase de injeção estável. A Equação (14.5) reproduz o modelo efetuado em tempo real no SDCD para o cálculo da constante de Bernoulli do vaso 1 (k_1) da Figura 14.8 em $t/(h.m^2.bar)$:

$$k_1 = \frac{q_{C,F}}{a_1\sqrt{2\rho_F(P_I - P_T)}} \tag{14.5}$$

Onde:

$q_{C,F} = V_Z(t)$ = valor atual da vazão de carvão em t/h vindo da média móvel;

P_I: valor atual da pressão de injeção em bar;

P_T: valor atual da pressão de transporte em bar;

ρ_F: densidade do fluxo bifásico atual em kg/m^3;

a_1: área atual da dosadora do vaso 1 em mm^2.

A pressão do distribuidor (P_D) tem seu valor típico para cada vazão de carvão e depende de fatores como o comprimento das linhas após o distribuidor, da pressão do ar soprado, diâmetros internos das linhas e das vazões do fluxo bifásico.

Entretanto, a pressão do distribuidor depende essencialmente se há lança simples ou duplas e do número de lanças injetando (válvulas de carvão abertas no distribuidor), o qual pode variar ao longo do tempo.

Para obter a abertura ideal, pode-se substituir $q_{C,F}$ por C_{REQU} na Equação (14.5), a densidade do carvão pela densidade do fluxo bifásico calculada na Equação (14.8), e a pressão de injeção calculada pela Equação (14.1). E, finalmente, obtém-se a Equação (14.6) para o cálculo da abertura ideal da válvula dosadora, produto nobre deste desenvolvimento matemático:

$$a_1 = \frac{C_{REQU}}{k_1\sqrt{2\rho_F(P_I - P_T)}} \tag{14.6}$$

Onde:

C_{REQU}: valor pedido para a vazão de carvão;

P_I: valor do *set point* de pressão de injeção;

ρ_F: densidade de fluxo bifásico;

k_1: constante de Bernoulli armazenada durante sua última fase de injeção.

A pressão de transporte é obtida pela pressão do distribuidor armazenada durante sua última fase de injeção com o auxílio da Equação (14.7):

$$P_T = \Delta P_L - P_D \tag{14.7}$$

Onde:

ΔP_L: valor esperado para a queda de pressão na linha principal;

P_D: valor armazenado da pressão do distribuidor no início da injeção;

P_T: valor esperado da pressão de transporte para as condições ajustadas do transporte pneumático.

O valor esperado para a queda de pressão na linha principal de transporte é obtido conforme a Equação (14.8), conhecida com equação de Darcy:

$$\Delta P_L = \left(\frac{4f}{L_E} + \sum k \right) + \rho_F C^2 \tag{14.8}$$

Onde:

ρ_F: densidade de fluxo bifásico;

L_E: comprimento equivalente da linha de transporte;

C: velocidade esperada para o fluxo bifásico.

Uma vez obtida a área ótima de abertura (a_1) da restrição da válvula dosadora e aplicando as equações (14.5) e (14.6) de forma inversa, obtém-se a posição de abertura inicial ideal (ZI ótima) que é o produto final da modelagem.

Esse valor é calculado em tempo real no SDCD e é colocado na estratégia de controle para se obter uma troca de vasos com as mínimas perturbações possíveis na vazão de carvão.

14.8 MALHA DE CONTROLE DE VAZÃO EM LONGO PRAZO

A variabilidade da quantidade de carvão injetada ao longo do tempo é de suma importância para o balanço de massa e combustíveis do alto-forno de acordo com seu leito de fusão programado.

Portanto, apesar da variação percentual ser notada visualmente em gráficos de tendência, não se observa a variação na quantidade integrada do erro entre o valor de referência (*set point*) e o valor medido (PV). O Capítulo 10 apresenta as integrações periódicas da vazão de carvão instantânea efetuadas em longo prazo, nas quais pode-se visualizar os resultados das medidas efetuadas. É importante que esse erro seja o menor possível, com valores típicos menores que ±200 kg no período de 8 h, ou seja, não mais que ±250 kg/h de erro na quantidade de carvão para uma vazão de 25 t/h horária injetada, o que representa a tolerância média de somente ±1% de erro desejável pelo alto-forno.

A integral do erro do controlador de vazão contém esse desvio acumulado em longo prazo, e essa malha de controle de vazão de carvão em longo prazo implantada corrige o desvio de carvão. Uma vez que o processo de injeção é contínuo, a integral do erro (IE) tem de ser definida durante o período de amostragem, ou seja, periodicamente. Isso é feito para se ter um número que relacione todos os erros do controlador da vazão de injeção ao longo do intervalo de amostragem (8 h).

O valor da IE é conhecido como desvio acumulado em longo prazo e é usado para fazer o ajuste fino dos parâmetros dos controladores de vazão e pressão do vaso de injeção. O valor da IE foi calculado no SDCD e inserido no controle para definir a correção necessária no valor de referência (*set point*) final das estações de injeção de carvão pulverizado. Tem o objetivo de corrigir o desvio negativo ou positivo em longo prazo e também efetua o acompanhamento diário do desempenho das malhas de controle através de sua variabilidade.

O valor de referência é apresentado por uma determinada vazão de carvão a ser inserida no forno pelo vaso que é definida pelo operador e fica na faixa de 10 t/h a 50 t/h. Para a faixa de erro típica entre 2% e 5%, ou seja, erro da vazão de 200 kg/h a 2500 kg/h, será permitido um desvio máximo da IE de ±200 kg, não havendo correção no *set point*.

A correção ocorre quando a IE fica nas seguintes faixas:

- 200 kg (2%) < IE < 1000 kg (10%);
- –1000 kg (–10%) < IE < –200 kg (–2%).

Com base na IE, o fator de correção do *set point* em longo prazo fica, portanto, definido simplesmente da seguinte forma:

- Erro de 2%: multiplica-se o valor de *set point* por 0,98.
- Erro de –2%: multiplica-se o valor de *set point* por 1,02.
- Erro de 10%: multiplica-se o valor de *set point* por 0,90.
- Erro de –10%: multiplica-se o valor de *set point* por 1,10.

Para valores de IE intermediários aos limites entre –2% e –10% e entre 2% e 10%, a correção é linear, respectivamente, de 1,02 a 1,10 e de 0,98 a 0,90.

Essa malha de controle garante que o desvio máximo acumulado em tempo real não ultrapasse o valor de 800 kg. No caso de os valores de IE serem superiores/inferiores a esses valores máximos e mínimos de desvio acumulado em longo prazo, o fator de correção permanecerá fixo em 0,9 ou 1,1. No caso de o IE superar 1000 kg, foi desenvolvido um alarme que informa ao operador a necessidade de intervenção no processo para identificar a causa do desvio e efetuar as correções necessárias em campo.

A Equação (14.9) ilustra o novo critério de avaliação e ajuste do controle desenvolvido com base na IE e no tempo de amostragem (T) do processo contínuo, como no caso do PCI, ou em bateladas, como no caso exemplo da EDG (Estação de dessulfuração de gusa em carro torpedo) da CSN:

$$IE = \int_0^T (SP - PV)dt \quad (14.9)$$

Onde:

T: intervalo de integração;

IE: integral do erro durante o intervalo de integração.

O número desenvolvido, IE periódico – Equação (14.9) –, é conhecido como desvio acumulado em longo prazo e é usado para se fazer o ajuste fino dos parâmetros dos controladores de vazão e pressão do vaso de injeção.

O valor da IE é calculado no SDCD e inserido no controle do *set point* final das estações de injeção de carvão pulverizado. Tem o objetivo de corrigir o desvio negativo ou positivo em longo prazo e também acompanhar diariamente o desempenho das malhas de controle através de sua variabilidade.

Uma malha de controle de ajuste fino do *set point* faz parte de um dos principais itens de controle de processo: injeção precisa em longo prazo. Tem o objetivo de garantir uma correção que ocorre em longo prazo de até ±1000 kg. Nesse ponto, um alarme será acionado para informar ao operador a necessidade de intervenção no processo, "Reset" do alarme ou até a diminuição da vazão de carvão.

A Figura 14.9 ilustra a ação dessa malha de controle, na qual observamos o desvio acumulado em tempo real, as faixas de limite de atuação e o *set point* de vazão de injeção de carvão em que se pode ver sua influência.

A Figura 14.10 ilustra a ação dessa malha de controle na correção do *set point* de vazão de injeção de carvão em que se pode ver sua influência.

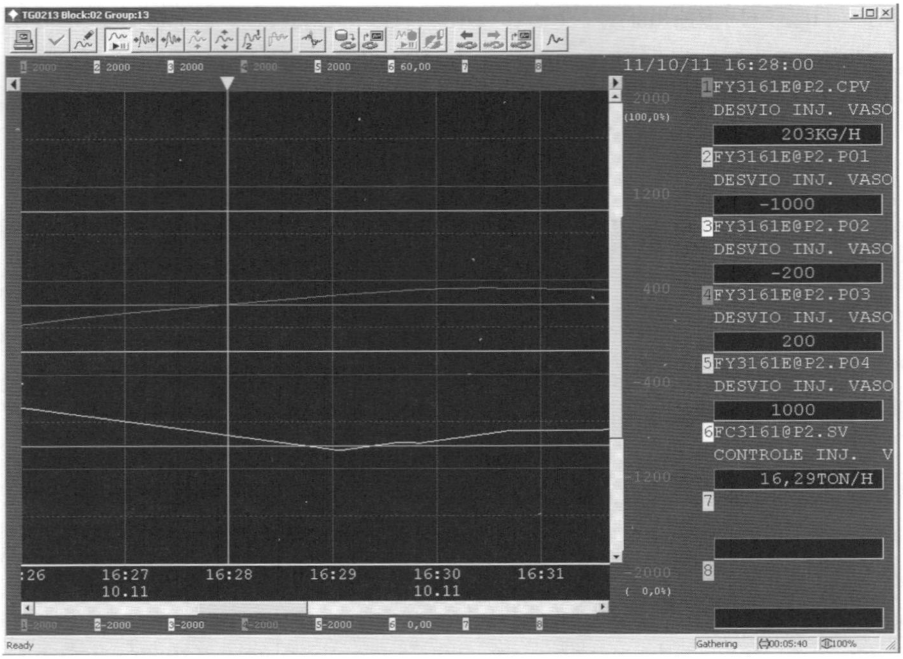

Figura 14.9 Desvio de injeção acumulado e as faixas de controle.

Fonte: MOTTA, 2011.

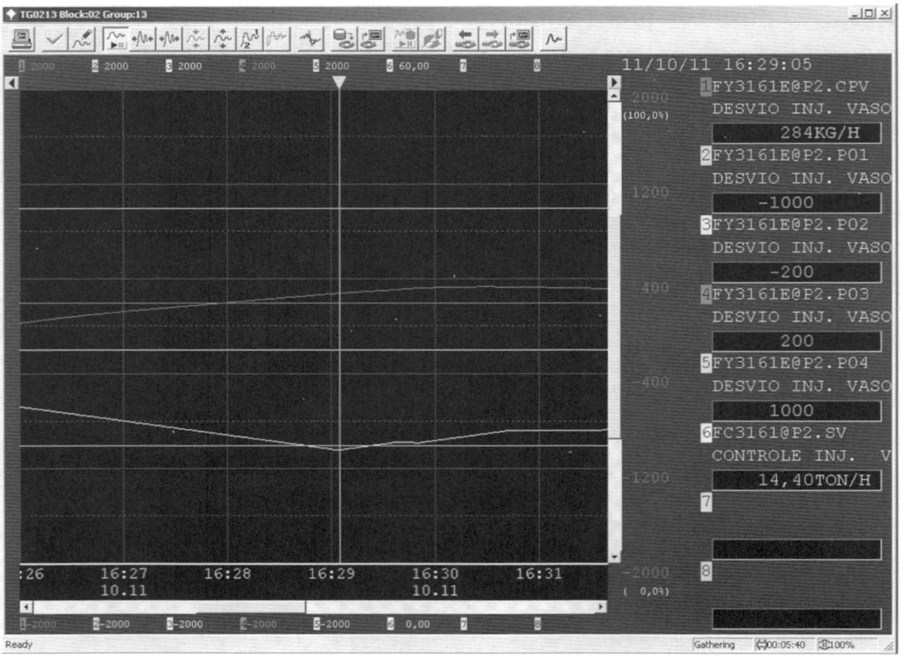

Figura 14.10 Influência do desvio de injeção acumulado no valor de *set point* de vazão de carvão.

Fonte: MOTTA, 2011.

E, finalmente, a Figura 14.11 ilustra o final da ação dessa malha de controle, na qual se pode observar que o valor do *set point* de vazão de injeção de carvão é corrigido em função de seu valor.

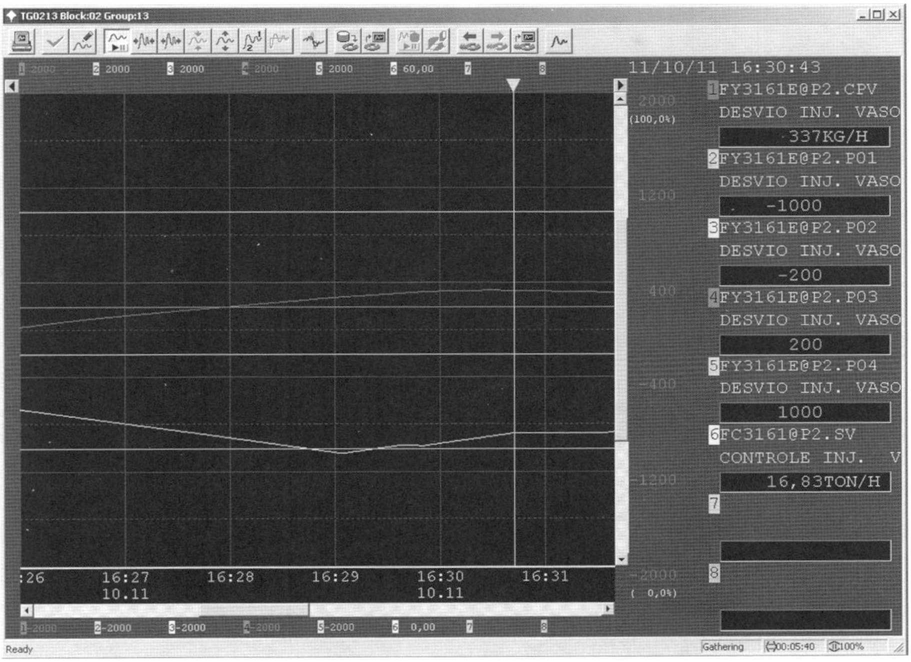

Figura 14.11 Valor de *set point* de vazão de carvão retornando ao normal.

Fonte: MOTTA, 2011.

14.9 A NOVA MALHA DE CONTROLE PARA A VAZÃO INSTANTÂNEA

No sistema de injeção de carvão pulverizado fabricado pela Paul Wurth (2010), o controle da vazão global de carvão é realizado por uma malha de controle composta por uma válvula especial (Grisko) e um medidor de vazão mássica de correlação cruzada: Densflow da SWR ou Granucor da Thermo Ramsey.

A Figura 14.12 ilustra uma proposta de malha de controle de vazão desenvolvida para planta PCI da CSN. Ela é baseada em células de carga junto com o Densflow, ou seja, leva vantagem de cada medição em cada situação do processo.

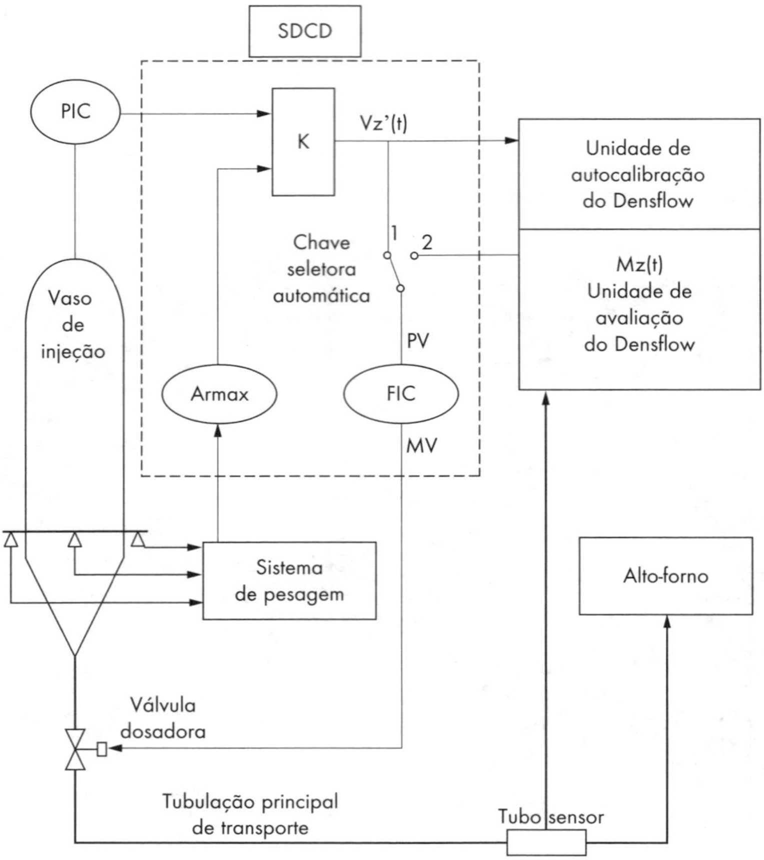

Figura 14.12 A nova malha de controle de vazão.

Fonte: MOTTA, 2011.

O sinal de vazão de carvão do Densflow [Ms(t)] também é usado para fornecer um controle secundário e auxiliar durante a troca de vaso.

Uma chave seletora automática de software de um polo e duas posições, ou seja, 2 × 1 – com duas entradas e uma saída – pode efetuar a troca da variável de processo para o controlador de vazão de carvão (FIC) durante os seguintes eventos e situações singulares do processo:

- Troca de vaso (1 min a cada 20 min).

Ou

- Abertura da válvula de pressurização rápida durante a fase de injeção.

Ou

- Falha no sistema de pesagem.

Essa seleção de variáveis de processo foi realizada com sucesso no sistema de injeção de titânio e pó de coletor no AF3 da CSN, como será visto no Capítulo 15.

Entretanto, a maior utilidade comprovada do sinal de vazão mássica do Densflow é a detecção da falha de fluxo de carvão na linha principal de transporte e a consequente desabilitação temporária dos detectores de carvão da linha (Granuflow) ou dos detectores de carvão da bifurcação da lança dupla (FlowJam).

Com essa implementação, evita-se a purga automática do distribuidor e a atuação desnecessária das válvulas de carvão e de nitrogênio, cuja oscilação provocava o entupimento de lanças, com acúmulo de cilindros sinterizados de carvão obstruindo especialmente a ponta da lança de injeção. Essa foi a maior contribuição prática do equipamento Densflow para o processo de injeção de carvão pulverizado.

15 CAPÍTULO

Resultados e conclusões sobre as estratégias de controle para a injeção em altos-fornos

15.1 RESULTADOS DAS ESTRATÉGIAS DE CONTROLE IMPLANTADAS

Os resultados obtidos dos ajustes, filtros, controle por PCR (*pulverized coal injection rate*) e demais dispositivos de controle podem ser comparados, pois no sistema de injeção de carvão pulverizado (PCI) em estudo há duas estações de injeção do Alto-Forno 3 (AF3) que contêm equipamentos diferentes, mas com processos similares. A estação AF3.1 possui média de 35,92 t/h e a estação AF3.2 possui 35,95 t/h. O controle da estação de injeção AF3.2 está melhor do que a da estação AF3.1, pois possui um desvio padrão menor. As barras dos histogramas, a média da vazão de carvão e a integral de erro (IE) acumulada também confirmam esse fato.

Quando ocorre um problema de controle do vaso de injeção, como vazamentos e falhas no sistema hidráulico das válvulas de dosagem de carvão, ou ainda no sistema de transporte pneumático, vazão e pressões de controle, a vazão final de carvão pulverizado na linha principal para o alto-forno é afetada. A faixa boa cai para cerca de 40% a 55% do valor total do tempo amostrado.

Um dispositivo avançado de medição mássica de vazão de carvão com correlacionador matemático e uma unidade de autocalibração foi especialmente projetado e instalado nas tubulações de transporte principal das três estações de injeção de carvão pulverizado da CSN (AF3-1, AF3-2 e AF2).

Novas malhas de controle avançadas e adicionais foram implementadas para a estabilidade da vazão de carvão pulverizado. Portanto, agora a planta PCI toma vantagem de cada medida de vazão de carvão e escolhe a melhor delas para cada situação do processo, visando ao melhor controle de vazão possível.

As ações de controle desenvolvidas para maior estabilidade da vazão de carvão proporcionada pelas variações suaves nos *set points* de pressão de injeção, cujo *set point* está em cascata com o pedido do *set point* da vazão de carvão do controlador principal, diminuíram a variabilidade da vazão na linha principal.

A limitação de velocidade de mudança no *set point* de vazão de injeção trouxe estabilidade adicional para todas as outras três malhas de controle do vaso de injeção que também estão em cascata com o *set point* de vazão de injeção em t/h.

O controle de correção de *set point* do controlador de vazão de carvão em longo prazo e a correta medição da vazão de carvão proporcionaram o acerto estequiométrico das reações de redução, obtendo maior estabilidade térmica e confiabilidade no valor montante injetado de carvão em longo prazo nos altos-fornos da CSN. A estabilidade térmica proporcionada pelo PCI levou a uma maior estabilidade operacional do processo metalúrgico, com menor desvio padrão de silício na produção de ferro-gusa. O desvio padrão caiu de 2,5 t/h para 2 t/h e o acerto na faixa ótima, de 60% para 70%, sendo este o principal resultado das ações descritas neste livro de controle de processos de sistemas de injeção de carvão pulverizado.

Ao alterar a lógica de intertravamento das válvulas automáticas de fechamento de fluidização, conseguiu-se que os filtros fluidizadores não entupissem de carvão. Assim, não houve mais registros de entupimento nas linhas de vazão de fluidização, as quais são essenciais para o bom desempenho do transporte pneumático de carvão pulverizado para os altos-fornos.

A precisão da estabilidade da taxa de injeção melhora substancialmente na ausência de grandes perturbações nos controles de pressão, fluidização e fluxo de carvão durante o período de injeção.

O controle de correção de *set point* em longo prazo pelo valor da IE proporcionou maior estabilidade térmica e acerto na quantidade do carvão injetado no período de 8 h, reduzindo o erro de 1% para 0,1% no desvio acumulado.

15.2 CONCLUSÕES SOBRE A INJEÇÃO POR RITMO DE CARGA

O novo modo de injeção em PCR permite que o operador ajuste o valor desejado de PCR em quilograma (kg) por tonelada (t) de ferro-gusa produzido. O pedido da taxa de injeção foi vinculado com o ritmo de produção de gusa do forno em t/min, além de se efetuar o rastreamento entre os *set points*. Houve maior estabilidade no nível térmico do forno em função da injeção de carvão (balanço de energia) estar em cascata com o ritmo de produção. Os resultados dos desvios padrão de teor de silício e enxofre observados na qualidade do ferro-gusa produzido com esse controle são menores.

Como resultado para a fase seguinte do processo (aciaria), a estabilidade operacional é obtida através de um controle mais preciso da qualidade do ferro-gusa para a produção de aço com o mais baixo nível de inclusões, ou seja, aumento de qualidade. O volume de escória foi reduzido nos conversores da aciaria, o que resultou em um ataque menor aos refratários e consequentemente no aumento do tempo entre os reparos e de sua vida útil.

A redução da quantidade de poder calorífico exigida contribuiu diretamente para a estabilidade térmica, que transforma esse efeito em aumento de produtividade e redução do valor do desvio padrão do silício no ferro-gusa.

Com base nos resultados operacionais obtidos, podemos mencionar os pontos positivos dessa implementação descritos no trabalho de Nolde e colaboradores (1999):

- Aumento na qualidade do ferro-gusa com diminuição do desvio de silício e enxofre.
- Maior agilidade operacional e facilidade de controle térmico do alto-forno.
- Melhor combustão do carvão causada pela menor divergência da quantidade injetada *versus* pedida.
- Modo preciso e avançado para estabilizar a operação do alto-forno.

A variação da taxa de carregamento do alto-forno é menor do que a variação da vazão de sopro, o que contribui para a diminuição da variabilidade da vazão de carvão na linha principal de injeção. A maior contribuição desse controle em modo cascata é a manutenção térmica do alto-forno de acordo com o andamento de sua produção.

Normalmente, poucos sistemas de automação e controle modernos contêm as funções ou blocos de software já incorporados para o cálculo da média e do desvio padrão. Mesmo no caso do moderno Sistema Digital de Controle Distribuído (SDCD) Centum CS do fabricante Yokogawa do PCI, foi necessário desenvolver algoritmos de média acumulativa, pois esses equipamentos são para controle do nível 1 (chão de fábrica) (CARVALHO; FERNANDES, 1986) e não são apropriados para modelagem de processos e cálculos matemáticos, conhecida como nível 2 da pirâmide de automação. Então, os algoritmos desenvolvidos têm de ser úteis, práticos e de simples processamento para se justificarem.

15.3 RESULTADOS NA DIMINUIÇÃO DA VAZÃO DE CARVÃO

Este estudo também teve o objetivo de obter a vazão de carvão instantânea, a velocidade das partículas e a densidade de fluxo, fornecendo mais parâmetros do transporte pneumático do sistema de injeção. Este instrumento permitiu o desenvolvimento do atual sistema de vazão por células de carga, que calcula a vazão através da média móvel da taxa de decréscimo do peso do vaso.

Assim, a quantidade de sólidos foi aumentada em relação à quantidade de gás de transporte (kgCarvão/kgNitrogênio), economizando nitrogênio para a mesma taxa de injeção e mantendo a estabilidade da vazão com base nos fundamentos de Mills (2005), Silva (2005) e Perry e Green (1984).

Este livro permitiu sedimentar conhecimentos computacionais e matemáticos avançados para a modelagem e simulação das malhas de controle dos sistemas de injeção, permitindo testar os diversos algoritmos de controladores disponíveis em Yokogawa (1995), e novas estratégias e filosofias de automação e controle, como:

- controlador proporcional integral derivativo (PID);
- controlador proporcional integral sem derivativo (PI) com retenção (Hold) ou com sintonia automática;
- espera despressurizada dos vasos de injeção;
- pressurização do vaso de injeção com baixa pressão;
- controle de pressão dos vasos de injeção.

Os modelos dos controladores disponíveis foram simulados e o de melhor resultado foi implementado no SDCD do PCI da CSN para sua validação. No SDCD, foi configurado um analisador em tempo real com diversos índices clássicos e modernos para a avaliação do desempenho de malhas de controle.

Alguns estudos (SILVA et al., 2005; TORRES et al., 2005; TORRES; HORI, 2005; DUMONT et al., 2002) foram reconhecidos pela comunidade científica para as simulações e experiências práticas decorrentes das modelagens e fenômenos propostos por este livro e de fácil implementação em outros PCI já implantados no mundo pela Claudius Peters.

Esta obra mostra diversas implementações de sucesso em PCI, como o sistema de avaliação em curto e longo prazos através de gráficos de tendência e histogramas probabilísticos registrando os resultados da variação instantânea de carvão. Isso nunca havia sido feito por pesquisador algum, e não foi encontrado na literatura de controle de processos. No sistema implantado, os desvios percentuais instantâneos ficam normalmente inferiores a 5% durante pelo menos 80% do tempo de amostragem.

Para avaliar a variabilidade da vazão de carvão, foi desenvolvida uma ferramenta em tempo real para análise e coleta de dados estatísticos e históricos para comparação e análise das novas estratégias e lógica de controle apresentadas neste livro.

Após a consagração das novas estratégias lógicas do processo e os modelos dinâmicos do processo, outros tipos de controladores modernos, como MIMO, PID, LQG, Feed Forward, dentre outros, que são baseados neste estudo preliminar, poderão ser implantados, analisados, implementados e seus resultados, com base no critério de análise predefinido, discutidos e avaliados.

A Figura 15.1 ilustra o controle moderno proposto para a continuação deste trabalho, no qual o modelo dinâmico completo elaborado neste livro é usado.

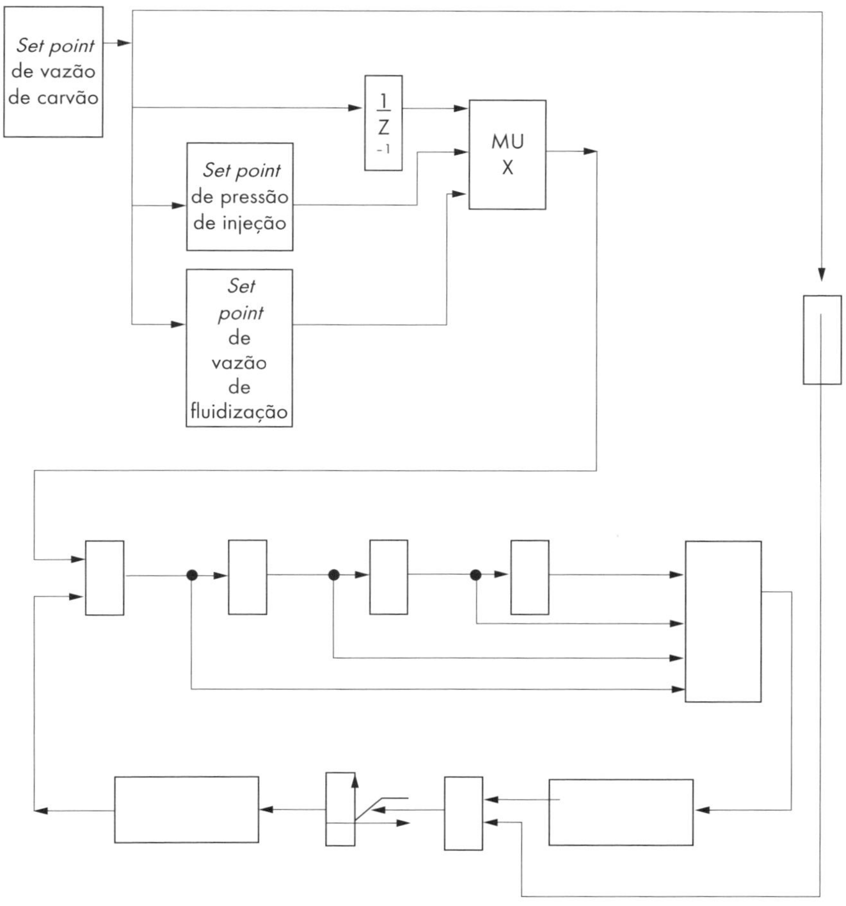

Figura 15.1 Diagrama em blocos para o controle moderno proposto para a planta PCI.

Fonte: MOTTA, 2011.

O controle estatístico do processo oferece diversas ferramentas para o acompanhamento do desempenho de malhas de controle em geral. Porém, para cada tipo de aplicação industrial deve-se levar em conta os parâmetros e níveis de desvio padrão a serem atingidos. As novas técnicas de controle descritas neste livro proporcionaram a redução na variabilidade da vazão de carvão na linha principal e de transporte pneumático, comprovada pela diminuição do desvio padrão médio de 2,5 t/h para 1,8 t/h.

15.4 RESULTADOS NOS INTERTRAVAMENTOS DE SEGURANÇA

O sistema de injeção por lança dupla proporcionou diversos estudos extras descritos neste livro com destaque para essa tecnologia e seus riscos inerentes. De posse desse conhecimento, foi realizada a lógica de intertravamento da vazão do tubo reto e dos detectores de fluxo de carvão.

Outro ponto foi a minimização da sinalização dos entupimentos de lança, os quais tinham como causa somente falhas de injeção e não reais entupimentos de carvão sinterizado na ponta da lança. Isso causava também a parada de injeção em razão do número mínimo de lanças, pois frequentemente o Granuflow retirava a lança de injeção desnecessariamente. A especificação de uma nova lança de injeção com diâmetro interno menor e mesmo diâmetro externo (Schedule 160 para Schedule XXS) para a lança dupla foi um dos resultados deste livro.

Outras ações ainda serão implantadas e outras dependem de uma avaliação mais criteriosa do ponto de vista do custo *versus* benefício. Nem sempre compensa investir em um equipamento melhor se o problema que ele soluciona é tolerável.

Os principais ganhos no processo das estações de injeção foram:

- Intertravamento de pressão diferencial de fluxo de carvão e pressão de base do ar quente soprado para o alto-forno.
- Eliminação de tubo reto e algaraviz cheio de carvão na parada do alto-forno.
- Reconhecimento da validade do sinal de vazão de ar quente soprado.
- Número de atuações dos detectores de fluxo de carvão.
- Parada de injeção rápida e parada lenta por vazão de ar soprado baixa ou vazão de nitrogênio de transporte.
- Menor tempo de pressurização do vaso, o qual caiu de 170 s para 130 s. Em consequência, sobra mais tempo para o vaso carregar e se preparar para o novo ciclo de injeção.
- Maior tempo de vida útil das válvulas prato e de alívio com a espera despressurizada.
- Maior eficiência energética com a pré-pressurização dos vasos de injeção.

15.5 RESULTADOS DAS MODELAGENS

As medições dos parâmetros do transporte pneumático, como densidade e velocidade, foram realizadas com a ajuda de um medidor de sólidos instalado na linha principal e seus resultados foram usados para as validações do modelo do transporte pneumático. Os valores obtidos comprovam o acerto da modelagem e contribuem para a eficiência e melhoria do processo de transporte de carvão pulverizado em fase densa com o menor uso possível de gás de transporte.

A estabilidade da vazão de carvão injetado no alto-forno foi obtida não só por otimizações, mas também por novas estratégias de controle. O ajuste das vazões do transporte pneumático e fluidização dos vasos, a nova sequência dos vasos de injeção, o comportamento da vazão de carvão durante a troca dos vasos e a implementação de novas estratégias para a sequência e as malhas de controle do processo proporcionaram uma diminuição do desvio padrão da vazão de carvão.

Essa modelagem procurou abranger não só o vaso de injeção, mas também todo o processo de injeção, desde a estação, passando pelos distribuidores e chegando até o alto-forno.

Os modelos propostos são mais atuais, exibem variáveis de saída do transporte pneumático e da variabilidade e apresentam mais detalhes do que os modelos desenvolvidos por Birk e colaboradores (1999), até então estudados.

Os muitos resultados das simulações de processo efetuadas com o modelo proposto para a estação de injeção coincidem e se aproximam dos valores encontrados na prática do dia a dia do processo e das variáveis manipuladas dos controladores PID do SDCD.

O primeiro passo para qualquer desenvolvimento de controlador dedicado, estratégia de controle nova, ou nova implementação de processo, tem de ser o desenvolvimento da ferramenta de análise e diagnóstico da variável de processo principal.

16 CAPÍTULO

Sistema de injeção de titânio do Alto-Forno 3 da CSN

16.1 INTRODUÇÃO

O Alto-Forno 3 (AF3) da Companhia Siderúrgica Nacional (CSN) iniciou sua terceira campanha no dia 7 de agosto de 2001. A região localizada na base do alto-forno é chamada cadinho e sua finalidade é armazenar, por um período de tempo controlado, o ferro-gusa e a escória. Essa região é altamente crítica para a operação do equipamento, pois o contato permanente do fluxo de ferro-gusa líquido a torna altamente suscetível aos desgastes. A construção do cadinho é realizada de modo a minimizar esse efeito, utilizando-se blocos de carbono de alta resistência em suas paredes internas. Assim, o cadinho determina a vida útil de um alto-forno.

A preservação dos blocos do cadinho com titânio é de vital importância, visto que existem diversos riscos da não monitoração, como: identificação de possíveis pontos quentes; desgaste acentuado dos blocos de carbono, por temperatura elevada; rompimento do cadinho com vazamento de gusa líquido e consequente risco de atingir pessoas e grandes danos ao equipamento; e parada operacional do AF3 por longo período. O sistema de injeção de titânio possibilita a mitigação dos pontos quentes, preservando o cadinho e estendendo a campanha do alto-forno.

O sistema de injeção de titânio mostrou sua funcionalidade e aplicação na injeção de ilmenita, pó de coletor, plástico e outros sólidos granulados injetados nas ventaneiras do AF3 através de um novo sistema de automação, incluindo: controlador lógico programável (PLC), balança de pesagem, novas malhas de controle inéditas. Trata-se de um processo inédito nas Américas. Com esse desenvolvimento, a vida útil do cadinho do AF3 da CSN poderá ser expandida, elevando sua atual campanha para mais de vinte anos.

16.2 DESCRIÇÕES FUNCIONAIS DO PROCESSO DE INJEÇÃO

A descrição funcional dos processos industriais de transporte pneumático, equipamentos típicos, das técnicas de controle de processo e instrumentação da injeção de combustíveis alternativos como gás natural, óleo e, principalmente, o carvão pulverizado é realizada por Castro e Tavares (1998).

A injeção de materiais provenientes de despoeiramento, pó de coletor de alto-forno, plástico granulado, moinha de coque e outros resíduos siderúrgicos em forma de pó em altos-fornos é descrita em detalhes em Assis (1993)

A história do titânio no alto-forno, o carregamento de titânio pelo topo – e a vantagem da injeção de titânio pela ventaneira com relação ao carregamento pelo topo –, assim como a aplicação prática da injeção pontual e a injeção distribuída de titânio são descritos em vários artigos recentes como alternativa econômica para a expansão da vida útil dos altos-fornos, dentre os quais se cita Ishii (2000).

Adquirir e instalar um microssistema de injeção de materiais pulverizados a base de óxido de titânio em altos-fornos constitui hoje uma necessidade para mitigar pontos quentes no cadinho e expandir sua vida útil.

A CSN não possui uma máquina capaz de injetar materiais pulverizados e granulados como sintetizados e concentrados de titânio em determinados pontos de seu AF3. Foram pesquisados diversos sistemas de injeção de diversos fabricantes do mundo, entre os quais se destacam duas empresas muito bem conhecidas no mercado internacional, como Weber e Shumpe (1995) e Mills (2005). Porém, o equipamento de Weber e Shumpe (1995) foi escolhido pela CSN por possuir melhor desempenho devido à larga experiência mundial preliminar em injeção em altos-fornos e por não possuir partes mecânicas (como válvulas rotativas) na malha de controle de vazão, o que torna o sistema de injeção mais robusto, confiável e estável como um todo.

Inicialmente, o objetivo era projetar um sistema de injeção de titânio que tivesse retorno econômico com a injeção de materiais combustíveis alternativos mesmo quando da não necessidade de injeção de titânio. A Figura 16.1 ilustra o sistema de injeção de titânio projetado e suas quatro linhas de transporte pneumático para injeção nas lanças do AF3 da CSN.

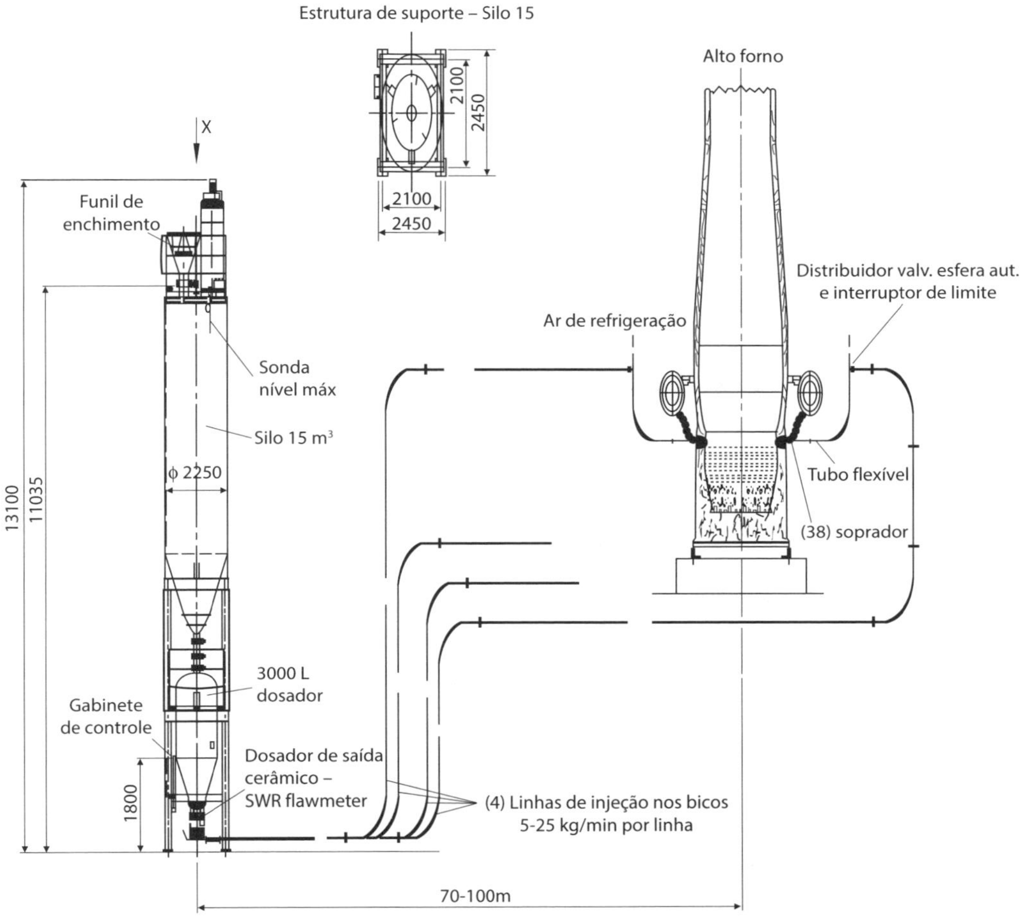

Figura 16.1 Sistema de injeção de titânio no AF3 da CSN.

Fonte: MOTTA, 2011.

16.3 ESTUDOS E EXPERIÊNCIAS PRELIMINARES

Uma pesquisa em nível mundial foi realizada para procurar as usinas siderúrgicas que já tivessem alguma experiência na injeção de combustíveis alternativos e titânio, principalmente o pó de coletor e o Rutilit, o que formaria um sistema de realimentação, tornando o alto-forno economicamente mais eficiente.

A usina sueca da SSAB (Swedish Steel) na cidade de Luleo foi a empresa encontrada até então que mais avançou na experiência com injeção de pó de coletor e sua alta abrasividade quando conduzido por transporte pneumático.

A Figura 16.2 ilustra o desgaste causado pelo pó de coletor.

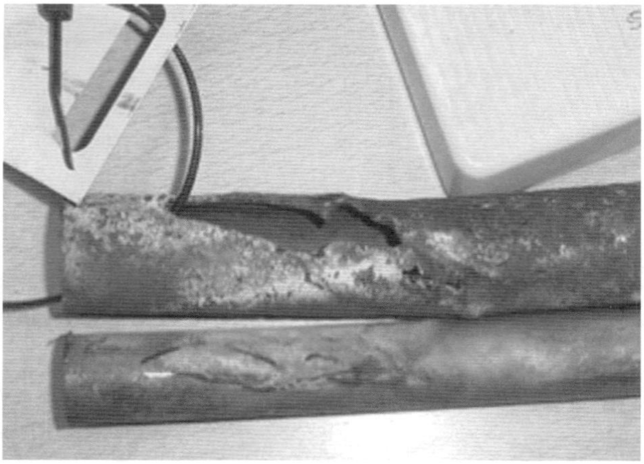

Figura 16.2 Desgaste na lança de injeção provocado pelo pó de coletor.

Fonte: MOTTA, 2011.

A Figura 16.3 ilustra o dano e o desgaste causados pela alta abrasão do pó de coletor durante as tentativas de injeção prolongada (> 3 meses).

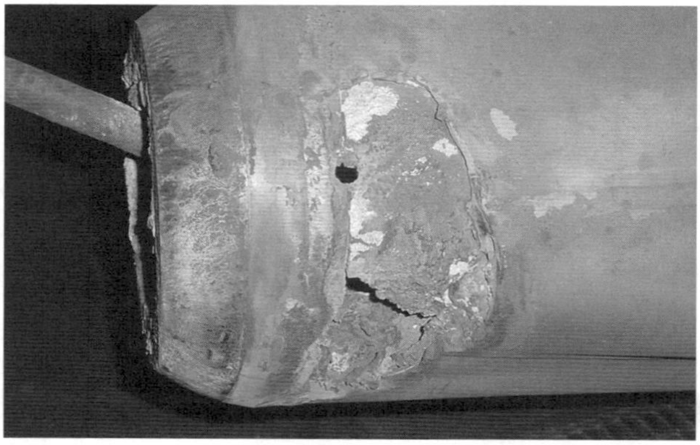

Figura 16.3 Dano causado na ventaneira por injeção de pó de coletor.

Fonte: MOTTA, 2011.

Os diversos materiais pulverizados utilizados na injeção em altos-fornos também foram analisados (ASSIS, 1993) com o objetivo de reduzir o consumo de coque, assim como os fornecedores de máquinas de transporte pneumático com experiência de injeção em altos-fornos que possuíssem a mais avançada tecnologia para a distribuição uniforme e o controle seguro da injeção sem utilizar válvulas rotativas ou outros equipamentos que apresentam alto desgaste na presença de transporte pneumático de materiais abrasivos.

16.4 DESENVOLVIMENTO E CONSTRUÇÃO DO SISTEMA

Os principais equipamentos que compõem o sistema de injeção de titânio são: silo de armazenagem, funil de abastecimento, linha de abastecimento, válvula antiexplosão, canhões de choque de ar, filtros e exaustor de despoeiramento, sondas de nível, cone de fluidização, vaso de injeção, válvulas de fechamento e controle, mangueiras flexíveis de curvas de cerâmica, sistemas de controle e instrumentação dedicada à detecção de fluxo de sólidos etc.

16.4.1 Disposição dos equipamentos na sala de corridas

O duto de descarte de entulho e sujeira do piso da sala de corridas do AF3 da CSN, conhecido também como "bota-fora", sua falta de uso, a proximidade com o alto-forno e sua disposição estratégica com acesso de carregamento por ponte rolante existente e caminhão proporcionaram o local ideal para a instalação do sistema de injeção de titânio.

A Figura 16.4 ilustra o sistema de injeção de titânio montado na CSN.

Figura 16.4 Sistema de injeção de titânio do AF3 da CSN.

Fonte: MOTTA, 2011.

16.4.2 Utilização de ativos e recursos existentes

A utilização de ativos existentes é uma das premissas de nossa empresa e a base do bom senso econômico de qualquer projeto novo de engenharia. Para isso, lançou-se mão do uso do duto de descarte para a instalação do sistema de injeção de titânio, conforme ilustra a Figura 16.5.

Figura 16.5 Instalação modular na sala de corridas do AF3 da CSN.

Fonte: MOTTA, 2011.

As utilidades necessárias para a instalação do sistema são listadas a seguir e foram, na medida do possível, aproveitadas de ativos existentes, como gaveta elétrica reserva e trecho de nitrogênio de alta pressão.

a) Nitrogênio de alta pressão (28 bar) com redução para 12 bar.
b) Energia elétrica de 440 Vca trifásica do CCM do AF3.
c) Montagem de sistema elétrico com transformador de 20 kVA.
d) Tomadas de serviço de 440 Vca para máquina de solda, iluminação etc.
e) Quadro de disjuntores para a alimentação do painel do PLC.

Foi instalado também um sistema de distribuição elétrico local com transformador, quadro de disjuntores para iluminação e tomadas de serviço para máquina de solda e, principalmente, tomada para caminhão "suga pó" em caso de desmonte do injetor para limpeza do sistema.

16.4.3 Construção civil em geral

Para a construção civil do sistema, foram realizados a sondagem do terreno e também os cálculos de dimensionamento das fundações para a máxima carga prevista, de acordo com o volume do silo mais vaso e levando em conta o material de maior densidade, ou seja, o Rutilit F85, com cerca de 1,5 t/m^3.

Parte do final da linha férrea 6 sob o duto de descarte foi desativada e seu batente férreo, descolado para antes do sistema de injeção de titânio. As colunas existentes da linha foram usadas para a montagem de um escudo refratário devido à proximidade com o fluxo de gusa da bica basculante. Por cima do escudo refratário, foi construído um escudo de placas metálicas de 19,4 mm, em caso de vazamento de ferro-gusa na linha férrea 5.

Além disso, foram construídos um sistema de escoamento de água pluvial e uma vala em todo o redor do sistema para escoamento em caso de rompimento de tubulação de granulação ou outro grande vazamento de água.

16.4.4 Silo de armazenagem

O silo de armazenagem pode ser abastecido por meio do caminhão pressurizado ou pela ponte rolante existente da sala de corridas norte. É integrado ao vaso de injeção e ao sistema de dosagem dentro da estrutura suporte comum.

Seus principais dados técnicos são:

- Capacidade do silo de material: ~16 m^3.
- Diâmetro aproximado: 2250 mm.
- Altura cilíndrica: ~5000 mm.
- Altura do cone: 1200 mm.
- Altura do solo até o topo do silo: ~11000 mm.
- Peso total: ~5 t.

O silo possui um dispositivo de segurança de sub e sobrepressão ajustável, funil de abastecimento com tela e faca, válvula borboleta de 12" na saída do silo com atuador pneumático, válvula direcional e chaves de fim de curso, além de uma sonda de nível cheio para proteção contra transbordo e outra sonda de nível vazio para reabastecimento do silo de armazenagem.

Outro equipamento importante no topo do silo de armazenagem é o filtro com exaustor que permite uma retenção de materiais com resíduos menores que 20 mg/Nm^3, de acordo com a legislação ambiental. O filtro possui um módulo de controle integrado independente que permite a operação automática:

- Material da carcaça do filtro: aço inoxidável.
- Área de superfície do filtro: aproximadamente 17 m^2.
- Limpeza: pulsação de nitrogênio.
- Linha de nitrogênio: ½ ", 6 bar.
- Peso total: aproximadamente 87 kg.
- Tensão de controle: 24 Vcc.
- Energia elétrica para o exaustor: 1,1 KW/460 Vca/60 Hz/trifásico.

16.4.5 Vaso de injeção

O vaso possui quatro linhas de saída independentes para injeção, com válvulas de controle e fechamento, sistema de pesagem e estrutura suporte. Essa estrutura é projetada para suportar e apoiar o vaso de 3000 L sobre três células de carga.

Os dados técnicos do vaso de injeção são:

- Volume do vaso de injeção: 3000 L.
- Máxima pressão de operação: 10 bar g.
- Máxima temperatura: –10 °C a + 120 °C.
- Conexão para nitrogênio de alimentação: 2×2"/DN 50"/mm.
- Pressão da rede de nitrogênio de alta: 28 bar g.
- Vazão do material: 5 kg/min a 25 kg/min (para cada linha).
- Pressão de trabalho do vaso: 6 bar g a 8 bar g.
- Pressão de trabalho (cada injetor): 5 bar g a 7 bar g.
- Consumo médio durante a injeção: 1Nm^3/min a 3 Nm^3/min (para cada linha).
- Área de instalação no solo: 2,5 × 2,5 m.
- Altura da estação de injeção: 4,6 m.
- Peso total aproximado: 1,5 t.

Os principais equipamentos acessórios do vaso de injeção são:

1) Uma válvula borboleta de abastecimento do vaso DN 200 com atuador eletropneumático e com chaves limites de fim de curso.
2) Duas válvulas de segurança que abrem em 10 bar g.
3) Transmissor de pressão com *display* de cristal líquido para medir a pressão dentro do vaso.
4) Um manômetro Wika do tipo diafragma no topo do vaso.
5) Sonda de nível alto como proteção contra transbordo. Os valores de nível mínimo e máximo para novo carregamento são feitos pelo sistema de pesagem.
6) Válvula de alívio (Ball Valve da Cera System) DN 50 para despressurização do vaso dentro do silo e armazenagem.
7) Quatro saídas de injeção com Ceramic Ball Valve 1"-1"-1" para controle da vazão de sólidos mais a válvula manual de manutenção.
8) Cone de fluidização feito de aço inoxidável permeável (longo tempo de vida) para fluidizar toda a região dentro do vaso para se obter a menor variação de vazão dos sólidos injetados.

9) Sistema de pesagem composto de três células de carga montadas com kits de sinais elétricos de segurança e aterramento com precisão de +/– 0,05% integrado ao painel de controle.

16.4.6 Sistemas de controle, detecção e medição de vazão de sólidos

A medição de vazão de sólidos é baseada em duas fontes de variável de processo que podem ser escolhidas pelo operador através de uma chave seletora descrita no item 16.4.2. Sua aplicação depende também do material a ser injetado:

1) Medição por célula de carga: descrita em detalhes no Capítulo 5.
2) Medição por Densflow: descrita em detalhes no Capítulo 8.

O controle da vazão é efetuado através de uma válvula gaveta especial do tipo disco deslizante com todos os internos de cerâmica. Possui um posicionador e transdutor de posição para visualizar o funcionamento.

A detecção de vazão é realizada pelos instrumentos FlowJam, cujo princípio de funcionamento é o radar Doppler em micro-ondas, e vêm sendo largamente utilizados na lança dupla de injeção de carvão pulverizado e em substituição ao Granuflow, já obsoletos, conforme análise de Johansson e Medvedev (2000).

Existe um desenvolvimento inédito realizado por Motta (2011) que é a auto-calibração simultânea dos equipamentos Densflow para mais de uma linha de injeção, o que evita o descontrole da injeção e o acúmulo de material no tubo reto e algaraviz, o que pode levar a uma explosão do conjunto porta-vento e a uma parada de emergência do alto-forno, conforme detalhado em Birk (1999).

16.4.7 Linhas de transporte pneumático

As linhas de transporte pneumático são feitas com tubos especiais no diâmetro externo de 1 ¼" no Schedule XXS ou "Extra Strong" para aumentar sua durabilidade em relação à abrasão dos materiais sólidos a serem transportados.

As curvas têm o raio alongado de 250 mm para diminuir a perda de carga e revestimento interno em cerâmica (óxido de alumínio) para evitar furos devido à excessiva abrasão dos materiais a serem transportados. Cada curva possui em sua saída uma extensão reta de 300 mm para eliminar o desgaste em uma tubulação normal que é conectada à curva. As curvas com revestimento interno em cerâmica, cimento ou alumina têm de ser projetadas caso a caso, o que torna o projeto personalizado.

Além disso, as linhas foram aterradas eletricamente para garantir a ausência de eletricidade estática, o que poderia causar centelhas, choques e explosões. Isso tem de ser feito flange a flange devido à isolação elétrica provocada pela junta de papelão hidráulica que une os flanges. Esse é um dos modos de se eliminar a eletricidade estática gerada pelo atrito do transporte de sólidos na tubulação metálica.

Outro ponto forte do equipamento Stein são as mangueiras flexíveis de cerâmica especiais para a injeção de sólidos. São usadas para isolar o peso do vaso de injeção da linha de transporte, além da injeção na sala de corridas propriamente dita. Elas também foram utilizadas em nosso sistema de injeção de carvão pulverizado devido à alta durabilidade.

16.4.8 Sistemas de purga individual das linhas de injeção

A utilização da detecção de vazão de sólidos pelos FlowJam S é útil não somente para indicar fluxo, mas também para executar a rotina de purga automática das lanças descrita a seguir, também inédita e de grande resultado prático no dia a dia da injeção de materiais pulverizados no alto-forno.

A Figura 16.6a ilustra o sistema de purga e limpeza automática das lanças implantado pela Stein a pedido da CSN, resultado da experiência prática abordada no Capítulo 7. A Figura 16.6b mostra por outro ângulo a linha de alimentação geral de nitrogênio, as válvulas eletropneumáticas de purga, as linhas de transporte pneumático, as curvas de cerâmica e os detectores de fluxo de sólidos logo após a injeção da purga.

Figura 16.6a Purga das linhas.

Figura 16.6b Detectores de fluxo.

Fonte: MOTTA, 2011.

16.4.9 Sistemas de controle e instrumentação

O PLC utilizado foi o modelo ControlLogix 5000 L73 de última geração do fabricante Rockwell Automation. Em seu bastidor de módulos foram configurados em especial dois cartões dedicados à comunicação Ethernet de alta velocidade (10 Mbits/s), sendo um para a comunicação com o painel local de operação e o outro para a comunicação com o Sistema SCADA existente para a operação remota pela sala de controle do AF3.

Os instrumentos utilizados possuem em geral indicação local em *display* de cristal líquido para visualização da variável de processo.

O sistema de pesagem utilizado é do fabricante Sartorious e possui a precisão de 1 kg em uma escala de 0 a 6000 kg, sendo suficiente para garantir a precisão do controle de vazão através da média móvel.

O sistema possui também quatro Densflow colocados em cada linha de injeção para o controle igualitário ou distribuído ponderadamente das vazões.

16.5 ESTRATÉGIAS E DIAGRAMAS DE CONTROLE

As estratégias de intertravamento e sequenciamento do sistema, assim como os diagramas de controle das vazões e processo em geral são uma combinação dos equipamentos e tecnologia da empresa Stein e da experiência da CSN na injeção de carvão pulverizado descrita neste livro.

16.5.1 Intertravamento para habilitar a injeção no alto-forno

O intertravamento para habilitar a injeção no alto-forno foi baseado nos sinais de vazão de sopro mínima para garantir a queima dos sólidos injetados e a pressão diferencial entre a pressão de transporte pneumático e a pressão base do sopro para garantir a injeção, ou seja:

$$\text{Injeção habilitada se: } \left\{ \begin{array}{c} \text{Vazão} > 4000 \text{ m}^3/\text{min} \\ \& \\ (\text{Pressão de transporte} - \text{Pressão de sopro}) > 0{,}5 \text{ bar} \end{array} \right.$$

A Figura 16.7 ilustra a tela principal do painel de controle do sistema de injeção de titânio, na qual se pode ver os principais equipamentos e a condição de injeção do alto-forno com o sinal de injeção habilitada.

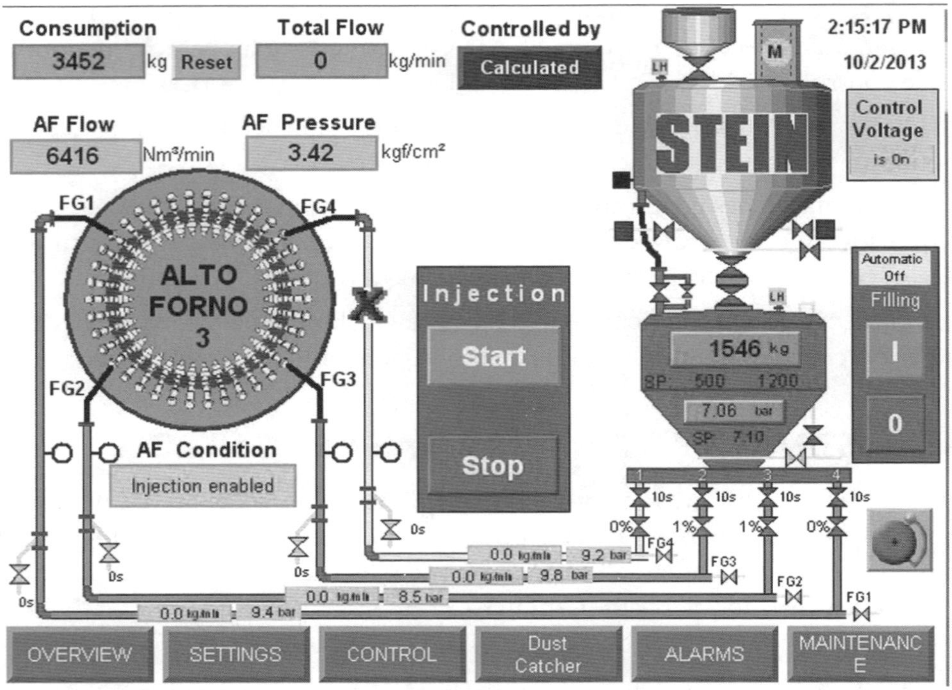

Figura 16.7 Painel de controle do sistema de injeção de titânio.

Fonte: MOTTA, 2011.

16.5.2 Chave seletora para o controle de vazão

Na Figura 16.8, no centro e acima, pode-se ver a chave seletora de software de duas posições, na qual se pode selecionar a variável de processos da taxa de injeção dos controladores de vazão entre a medição por célula de carga ou o controle de vazão pelo instrumento dedicado – Densflow com autocalibração, conforme desenvolvido e visto no Capítulo 8.

16.5.3 Controles de vazão individual ou multiponto

O sistema de controle pode ser individual ou multiponto, isto é, pode-se injetar de uma a quatro lanças simultaneamente, quando então o controle por Densflow é utilizado para assegurar a distribuição uniforme de materiais injetados nos algaravizes, evitando seu entupimento e o consequente risco de explosão, como relatado no Capítulo 6. Nota-se que as técnicas de PCI foram aplicadas neste projeto.

A Figura 16.8 ilustra o "Faceplate" dos controladores de vazão das válvulas de dosagem de cerâmica localizadas no cone base do vaso de injeção.

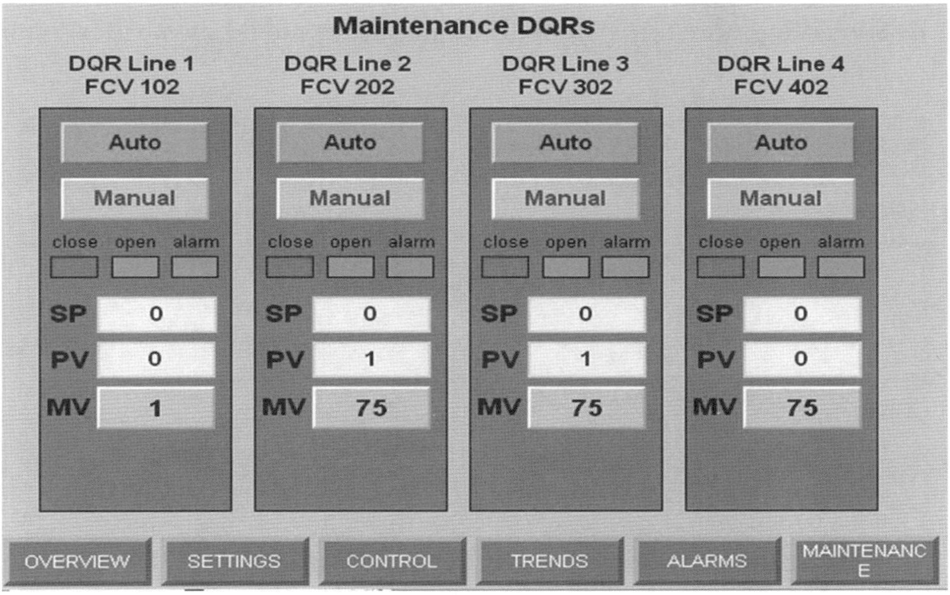

Figura 16.8 "Faceplate" dos controladores de vazão de sólidos.

Fonte: MOTTA, 2011.

16.5.4 Controles de operação do sistema implantado

A Figura 16.9 ilustra a tela com os controles de operação do sistema, na qual se pode escolher entre a língua inglesa e a portuguesa.

Os controles efetuados pela tela gráfica de operação da Figura 16.9 são:

a) **Consumption Total**: valor acumulado do material de injeção ao longo da vida da máquina.

b) **Control Voltage**: indica se o PLC e os instrumentos estão alimentados e se as chaves de emergência não estão pressionadas.

c) **Pressure Setpoint**: o *set ponit* de pressão de injeção do vaso pode ser ajustado entre 5 bar a 10 bar de maneira manual ou automática.

d) **Automatic Refilling**: chave seletora para o abastecimento automático do vaso de injeção em caso de peso mínimo, o que faz com que o sequenciamento seja cíclico.

e) **Weight Setpoint**: pode-se ajustar o peso mínimo a partir do qual o abastecimento será realizado e o peso máximo com que o vaso será abastecido.

f) **Injection Start delay time**: atraso de tempo para a partida do sistema.

g) **FlowJam Auto Purge**: habilita a purga automática de cada umas das linhas de injeção com base no sinal do instrumento FlowJam de detecção de fluxo de sólidos.

h) **Mixing**: liga o misturador do silo de abastecimento.

i) **Silo Filling**: abre/fecha a válvula de abastecimento do silo abaixo do funil.

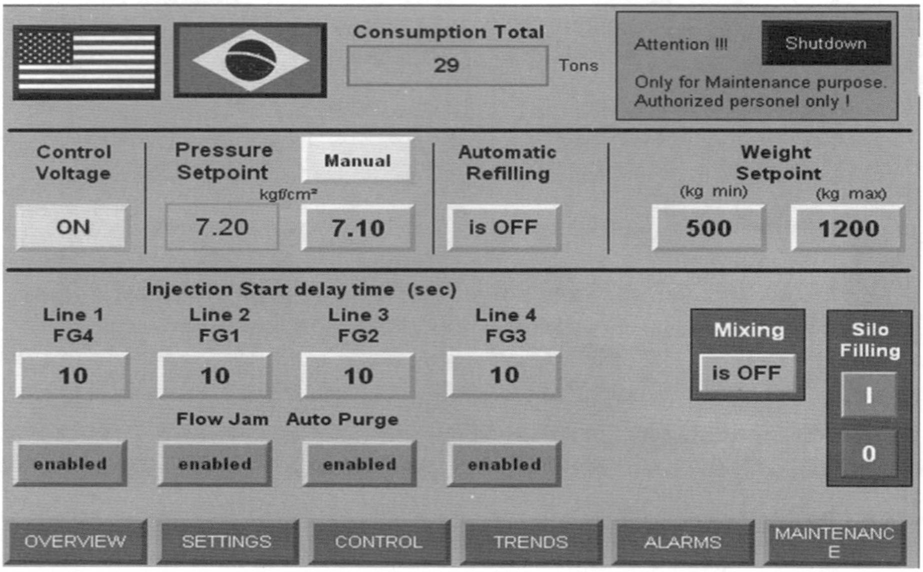

Figura 16.9 Controles de operação do sistema.

Fonte: MOTTA, 2011.

16.6 PARTIDA E COMISSIONAMENTO DO SISTEMA

16.6.1 Dificuldades iniciais encontradas

As principais dificuldades foram a obstrução dos injetores e o entupimento das linhas de transporte devido a corpos estranhos e de granulometria inadequada, pois o funil de abastecimento possuía somente uma grade de 50 × 50 mm.

Além disso, o funil possuía um diâmetro muito pequeno para descarregar o *big bag* de 500 kg. Esses problemas foram solucionados com uma peneira de malha de 5 × 5 mm dentro do funil de abastecimento e a extensão circular de sua aba.

16.6.2 Materiais injetados

Os pré-requisitos físicos para a injeção de materiais sólidos são:

a) Granulometria = 100% < 2 mm.

b) Umidade < 2%.

Os materiais testados no sistema de injeção durante o período de setembro de 2013 até março de 2014 são descritos a seguir.

A) Rutilit F85

Algumas empresas, como a Ishii (2000), injetam esse material via PCI ou em pontos definidos (Hot Spot) ou de forma distribuída. Foram adquiridas 160 t desse produto em abril de 2011, porém, a tentativa de injeção desse material ocorreu somente em abril de 2013. O produto se estragou devido à unidade e à alta compactação.

Depois de armazenado durante dois anos, quando prensado pela mão, aglutina e forma compactações, como o cimento velho, que não são destruídas pelo fluxo de gás nitrogênio. Portanto, o superfino úmido (umidade > 6%) provoca compactação no injetor e entupimento das linhas de transporte, o que impossibilita sua injeção. A Figura 16.10 ilustra esse problema.

Figura 16.10 Rutilit F85 com alto índice de umidade.

Fonte: MOTTA, 2011.

B) Ilmenita

A ilmenita, ou titânio natural, foi o primeiro material a ser testado com sucesso por causa de sua característica física – com umidade e granulometria ideal. É possível injetar com certa facilidade. Essa aplicação é feita atualmente nos AF3 das usinas da CSN de Volta Redonda (RJ) e da Usiminas, em Ipatinga (MG).

C) Pó de coletor

O pó de coletor tem boas propriedades de transporte pneumático, porém, é um material extremamente abrasivo. Para essa injeção, é necessário um maior investimento financeiro (projeto de transporte pneumático do coletor até a máquina de injeção) e lança de injeção especial revestida internamente com cerâmica.

É o único material que sensibilizou o instrumento Densflow, tornando o sistema de injeção de titânio promissor para a injeção de pó de coletor de grande abundância com características físicas próprias e propriedades químicas de alto interesse para a reinjeção no alto-forno, fechando a ideia do projeto para o uso do sistema de injeção quando não há pontos quentes no cadinho.

D) Plástico granulado

O plástico granulado já é utilizado no Japão e na Europa em larga escala com o objetivo de reduzir os aterros sanitários urbanos para lixo doméstico, para o consumo de coque, ganhos ambientais e possíveis créditos de carbono.

Para essa aplicação, é necessário fazer a transformação do plástico reciclado em pequenas porções (granulado). Para o teste foram utilizados 250 kg de grão de plástico do tipo canela.

E) Grafite

O grafite siderúrgico é um material gerado nas estações de dessulfuração de gusa. Possui características físico-químicas de interesse para a injeção no alto-forno.

F) Carvão vegetal

O carvão vegetal de eucalipto, entre outras biomassas, como o bagaço de cana, possui grande oferta na região.

G) Moinha de coque

A moinha de coque é gerada no pátio de matérias-primas pelo equipamento Britador de Coque e possui alta taxa de substituição de coque quando injetado.

16.7 TRANSPORTADOR DE PÓ DE COLETOR

A Figura 16.11 ilustra o sistema de transporte de pó de coletor implantado no AF3 com a finalidade de abastecer o sistema de injeção de titânio e eliminar sua ociosidade quando não há pontos quentes no cadinho. Ou seja, mais uma garantia do investimento realizado no sistema dedicado de injeção de materiais granulados e pulverizados.

Pode-se ver o cone de fluidização que foi implantado logo após a válvula automática de 12" da saída de emergência da tremonha principal do coletor de pó

(Balão de pó). Em seguida, há uma linha de abastecimento de 8" com duas válvulas automáticas de tipo borboleta para alimentar o vaso de transporte com volume interno de 2000 L.

Esse sistema inédito de realimentação positiva de matéria-prima permite uma maior eficiência energética do alto-forno e uma descarga contínua do coletor de pó de modo automático. Além disso, tem-se um novo destino para o pó de coletor que é composto basicamente de 35% de carbono, 35% de ferro e 30% de sílica.

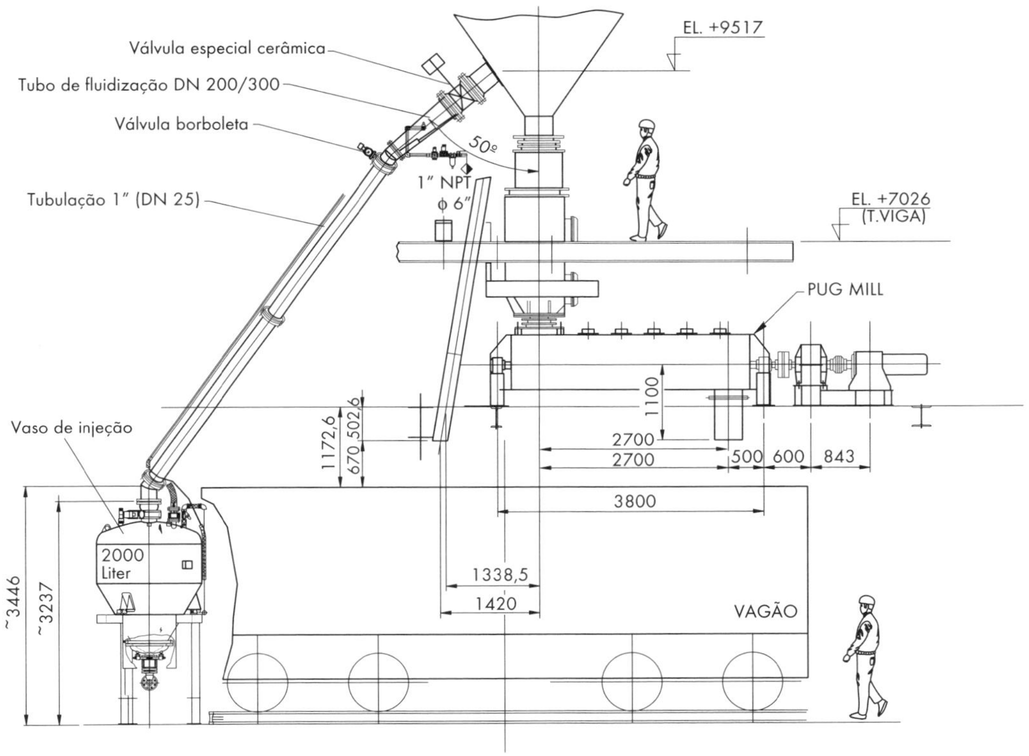

Figura 16.11 Sistema de transporte de pó de coletor.

Fonte: MOTTA, 2011.

A Figura 16.12 ilustra a tela gráfica de operação do sistema de transporte de pó de coletor alimentando o silo de armazenagem do sistema de injeção de titânio. A alimentação do vaso de transporte pode ser em manual ou em automático com partidas e paradas, respectivas. Acima e ao centro, observa-se o contador do número de ciclos de transporte e também a quantidade transportada de modo integrado (acumulada) com seu botão de "Reset" para zerar essa medição.

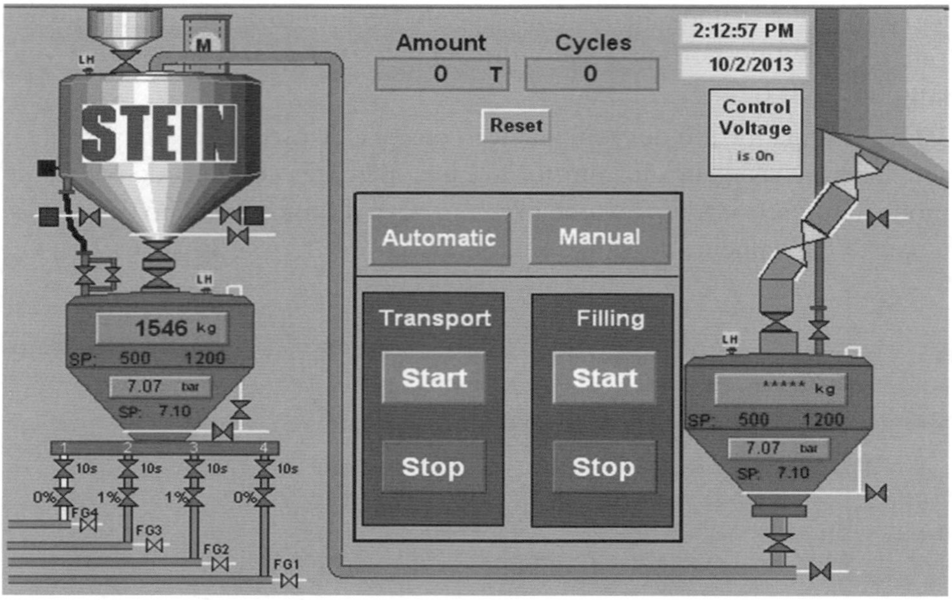

Figura 16.12 Transportador de pó de coletor.

Fonte: MOTTA, 2011.

Descarga e injeção contínua de pó de coletor em altos-fornos consiste no uso de transportador pneumático de pó, peneiras, válvulas de controle de vazão de nitrogênio de transporte independentes ligadas a uma injetor especial de cerâmica instalado na linha de transporte pneumático principal do PCI (fluxo de carvão pulverizado) com medição e controle das pressões concorrentes dos fluxos de pó de coletor e de carvão pulverizado para permitir a injeção antes do distribuidor de carvão pulverizado.

O sistema de descarga e injeção contínua de pó de coletor em alto-forno evita essa recirculação de matérias-primas e reduz a emissão de particulados para a atmosfera. O sistema mistura o pó com o fluxo de carvão pulverizado utilizando um equipamento especial (curva de cerâmica injetora com transmissor de pressão), o que possibilita a injeção segura de pó de coletor no alto-forno sem seus efeitos abrasivos de destruição das linhas de transporte pneumático, lanças de injeção e ventaneiras. Além disso, os intertravamentos de segurança de vazão mínima e máxima de tubo reto da planta PCI, vistas nos Capítulos 7, 8 e 9, são efetivos para o bloqueio dos riscos às variações da injeção e entupimentos, permitindo total segurança operacional.

A principal vantagem do sistema de descarga e injeção contínua de pó de coletor em altos-fornos desenvolvido é permitir a realimentação de matérias no alto-forno, diminuindo seus custos operacionais em relação à logística de transporte e de tratamento do pó. Trata-se de um resíduo industrial que após coletado do processo não é mais recirculado e manuseado no pátio de matéria-prima. Sua aplicação reduz os custos de produção, pois, além do reaproveitamento do carvão não queimado no alto-forno, permite a redução da circulação do minério de ferro. Um de seus principais ganhos é na redução do transporte do material de volta ao pátio de matérias primas. O sistema reduz essa circulação desnecessária de matéria-prima, diminuindo os custos de transporte e logística operacional para o tratamento do resíduo. Em relação aos usuais e convencionais sistemas de descarga de pó de coletor em bateladas, o sistema permite a redução de rejeitos industriais do alto-forno a partir do confinamento do pó, reduzindo as emissões e agressões no meio ambiente.

16.8 INJEÇÃO DE PÓ DE COLETOR NO ALTO-FORNO 3

Devido à elevada abrasividade do pó de coletor, foram desenvolvidas novas técnicas de controle de processo e equipamentos na CSN, os quais são descritos a seguir. Trata-se de uma curva de cerâmica injetora especial com transmissor de pressão, internos de cerâmica e válvula de injeção para misturar o pó de coletor com o fluxo de carvão pulverizado do PCI projetados geometricamente de modo a se ter o menor desgaste com a maior mistura possível.

Os principais objetivos da curva de cerâmica injetora são:

a) Proporcionar a injeção segura de pó de coletor com o auxílio dos intertravamentos e equipamentos existentes do PCI.

b) Diluir o pó de coletor para reduzir sua abrasividade.

c) Distribuir o pó de coletor de forma constante no alto-forno, proporcionando o equilíbrio entre o pó de coletor gerado e o injetado.

d) Proporcionar ponto de injeção de catalisadores de combustão, como moinha de coque e Thermact (Acelerador de combustão do carvão pulverizado).

e) Injetar titânio de forma uniforme ao redor de todas as ventaneiras do alto-forno para tratamento em longo prazo.

A Figura 16.13 ilustra o injetor especial desenvolvido e projetado especialmente para a injeção de pó de coletor e outros aditivos.

A curva de 90° original da linha de 4" do transporte pneumático principal do PCI e aço carbono foi substituída por uma curva de cerâmica com grau circular adoçado. Antes do injetor de pó de coletor ("Dust"), existe uma válvula manual de cerâmica e um transmissor de pressão do fluxo de carvão antes do distribuidor. Essa informação de pressão é utilizada para ajustar a pressão do nitrogênio de transporte do sistema de injeção de titânio que tem de ser pelo menos 0,5 bar maior para que o pó de coletor seja mistura dentro desse tubo com o fluxo de carvão.

O tubo injetor é um dispositivo para injeção de materiais pulverizados ou granulados diversos (tais como o pó de coletor, plástico, titânio, ilmenita, cal, carbureto de cálcio, magnésio, Rutilit, Thermact, minério de ferro, moinha de coque, carvão vegetal, entre outros) dentro do fluxo principal contínuo de carvão mineral ou vegetal pulverizado em altos-fornos, termoelétricas a carvão, fornos a arcos, carro torpedo, fornos de cal e panelas de dessulfuração ou outras plantas similares.

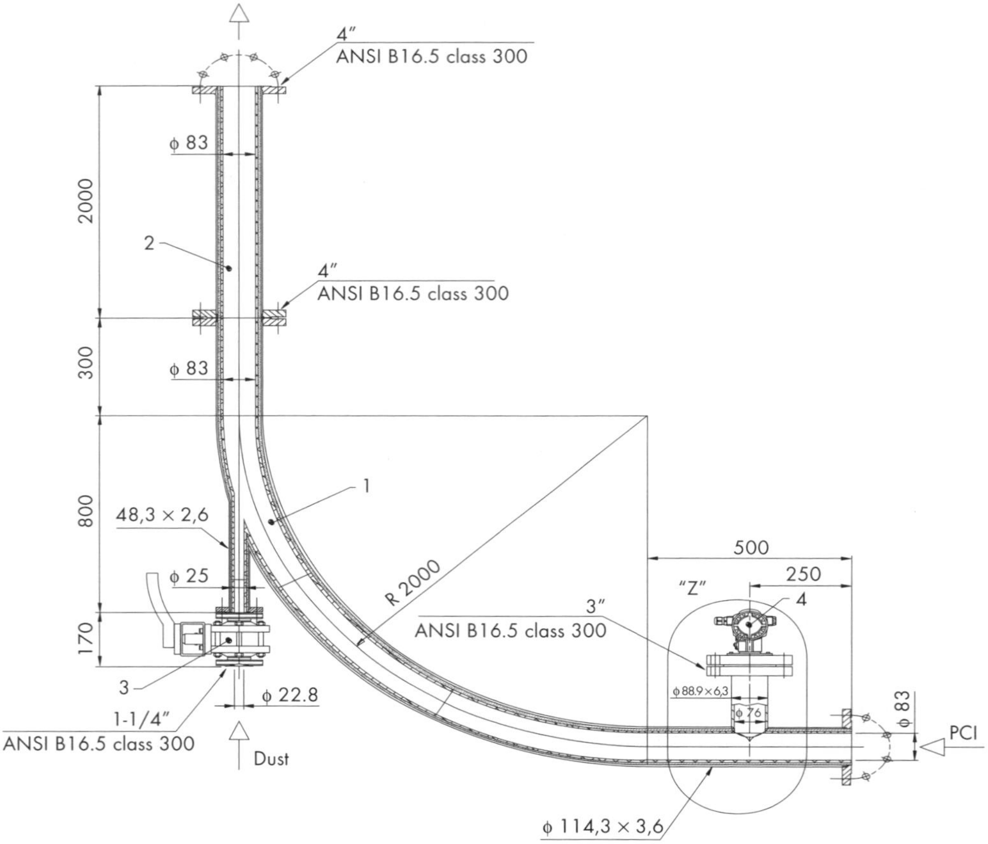

Figura 16.13 Curva de cerâmica injetora de pó de coletor no PCI.

Fonte: MOTTA, 2011.

O fluxo de material sólido secundário de menor proporção é misturado utilizando o sistema de injeção de titânio no Alto-Forno 3 para que a diluição no fluxo principal primário de carvão pulverizado seja inserida no tubo injetor antes do distribuidor do PCI (sistema de injeção de carvão pulverizado). Isso permite a injeção segura de pó de coletor e controle de seus efeitos abrasivos no transporte pneumático de sólidos, tornando viável e segura sua injeção conjunta com o fluxo principal de carvão pulverizado.

Atualmente, existem dois dispositivos (Figura 16.13) que se encontram em funcionamento no Alto-Forno 3 da CSN desde o ano de 2014. Eles estão instalados em série nas duas linhas principais das rotas de lanças pares e ímpares do Alto-Forno 3 da CSN e realizam a mistura de dois fluxos de sólidos, chamados de fluxo principal e fluxo secundário, em uma curva de cerâmica onde o fluxo secundário advindo das linhas de transporte pneumático do sistema de injeção de titânio é inserido na tangente da curva do fluxo principal de carvão pulverizado antes do tubo reto final no tubo injetor.

A técnica necessita que a pressão do gás de transporte do fluxo secundário, proveniente de um sistema de injeção com transporte pneumático, seja maior que a pressão do fluxo do transporte pneumático do material primário, proveniente de um sistema de injeção de maior grandeza, para propiciar uma diferença de pressão com consequente fluxo de injeção total somado para o alto-forno. A injeção é realizada na linha tangente da curva longa de cerâmica no ponto de inserção da válvula manual para que a mistura dos dois materiais transportados seja o mais homogênea possível, devido a turbulência máxima gerada no centro do fluxo principal. O trecho reto de cerâmica após a curva permite que os fluxos se misturem e que não haja os efeitos abrasivos nas paredes internas do tubo de trecho reto até que o fluxo dos sólidos se torne laminar novamente.

O transmissor de pressão a jusante da curva mede a pressão do fluxo principal de carvão pulverizado. Essa variável de processo é usada para o intertravamento de pressão diferencial (típicamente ajustado 0,2 bar) entre o fluxo de carvão e a pressão de sopro de base do alto-forno, garantindo que haja segurança da injeção de carvão no alto-forno ou em plantas e sistemas similares.

O efetivo técnico diferencial do método, da técnica e do dispositivo alcançados é a possibilidade de misturar pós diferentes antes do distribuidor de carvão do PCI, proporcionando homogeneidade à mistura, aproveitando todos os intertravamentos de segurança existentes e, principalmente, com a mitigação dos efeitos abrasivos do pó secundário por causa da sua diluição no fluxo do pó primário de menor abrasão característica.

16.9 RESULTADOS DO SISTEMA DE INJEÇÃO DE TITÂNIO

O sistema de injeção de titânio está disponível para operação na CSN e apresentou os resultados esperados para uma máquina de injeção de sólidos granulados e pulverizados em geral. A seguir são descritos os resultados obtidos e as conclusões sobre o sistema implantado.

Os instrumentos especiais de medição de vazão de sólidos em transporte pneumático vistos no Capítulo 7 e a detecção de fluxo de sólidos vista no Capítulo 8 apresentaram comportamentos diferentes em razão do material transportado e em função dos entupimentos, conforme ilustra a Tabela 16.1.

Tabela 16.1 Comportamento dos instrumentos em função do material.

Material	Sucesso de injeção	Detecção FlowJam	Medição Densflow
Ilmenita	Sim	Sim	Não
Rutilit F85	Não	Não	Não
Plástico	Sim	Sim	Não
Pó de coletor	Sim	Sim	Sim

Portanto, o correto funcionamento do controle de vazão multiponto depende do funcionamento do aparelho de medição de vazão de sólidos (Densflow) que, por sua vez, depende do material a ser transportado.

Os sistemas de medição de vazão de sólidos funcionaram bem somente para pó de coletor devido à característica ferromagnética e dielétrica do material transportado. O controle simultâneo das quatro linhas de injeção funciona somente com pó de coletor, ou seja, o controle de vazão independente depende do material.

O sistema de injeção de materiais granulados e pulverizados, o transportador de pó de coletor e sua descarga contínua, assim como o injetor de cerâmica, são tecnologias desenvolvidas, aplicadas e consagradas na CSN. O sistema de injeção, o processo de transporte pneumático e injeção de pó de coletor de alto-forno, e sua descarga contínua são tecnologias patenteadas e de propriedade intelectual do autor deste livro.

16.10 CONCLUSÕES FINAIS

Neste livro, obteve-se uma melhora da vazão de carvão com o auxílio de novas estratégias de controle, a princípio, e novos instrumentos para a validação dos modelos e a definição de um critério de medida do desempenho dos controladores.

Esta obra reúne todos os problemas, temas centrais e questões importantes relacionadas com os sistemas de injeção de carvão pulverizado em altos-fornos. Os diversos modelos dinâmicos elaborados para controle, ajuste e monitoração possibilitaram uma nova visão do processo, admitindo novas estratégias de controle e variáveis de interesse no transporte pneumático e, finalmente, a diminuição da variabilidade da vazão de carvão pulverizado na linha principal.

17

CAPÍTULO

Desenvolvimento das estações de dessulfuração em carro torpedo da CSN

17.1 INTRODUÇÃO

A planta de dessulfuração de gusa em carros torpedos da CSN possui duas estações (A e B) de injeção de CaC_2 (carbeto de cálcio ou carbureto), com capacidade máxima de 100 kg/min cada. O processo de dessulfuração se dá entre os altos-fornos e a aciaria. As estações de injeção do agente dessulfurante podem reduzir o teor de enxofre do gusa de 0,040 para 0,012%, aproximadamente, durante um período de 20 a 25 minutos. Este artigo é a versão final do trabalho "Evolução do transporte pneumático nas estações de dessulfuração em carro torpedo da CSN", de Motta et al. (2006).

A taxa de injeção tem que ser o mais constante e precisa possível, porque a quantidade variável de agente dessulfurante injetada dificulta a cinética das reações e, com isso, pode desperdiçar um certo volume de agente ou ocorrer a falta deste, conforme demonstrado por Takano (1997) em "Termodinâmica e cinética no processo de dessulfuração de ferro e aço".

As estações de injeção contêm basicamente um vaso de injeção de 4,4 m^3 cuja pressão de trabalho é de 4,2 bar e a capacidade é de 3,2 t de CaC_2. A pressão de injeção menor que 5 bar e a relação sólido/gás (μ) de 3 a 10 caracterizam o transporte pneumático como fase diluída. Existem duas malhas de controle: vazão de nitrogênio de transporte e taxa de injeção, cujo princípio de controle é baseado na velocidade de uma válvula de dosagem do tipo rotativa de passagem horizontal. Essa válvula gera manutenção semestral, pois as palhetas originais do rotor foram substituídas por borrachas em virtude da obsolescência de seus sobressalentes. Além disso, tal como comentado por Silva (2005) em *Transporte Pneumático*, na p. 93, sempre existe uma passagem entre o corpo e o rotor da válvula, e sua aplicação deve se limitar a sistemas de transporte pneumático de no máximo 1 bar de pressão. Essa é a principal causa do excesso de consumo de agente dessulfurante: vazamento do agente pela válvula rotativa.

17.2 OBJETIVOS

Em função da necessidade constante de reduzir custos mantendo-se a mesma produtividade, concebeu-se um novo sistema de transporte pneumático, baseado nas experiências e nas soluções práticas adotadas por Motta et al. (2000) em "Expansão da capacidade nominal de injeção da planta PCI da CSN de 40 para 50 t/h" e nos modelos descritos por Assis (1993). O novo modelo de transporte pneumático em fase diluída para a injeção de agente dessulfurante, descrito neste trabalho, surgiu a partir de experiências e aprendizados adquiridos ao longo da vivência industrial na CSN com outros processos de transporte pneumático estudados, em que, para tal, passou-se a utilizar uma válvula tipo disco deslizante e revestimentos internos em cerâmica para controlar a taxa de injeção sem sofrer tanta abrasão do agente dessulfurante. Aliada a essa nova válvula altamente resistente, tem-se a pressurização do vaso com o objetivo de criar um diferencial de pressão, visando a eliminar o controle pela válvula rotativa. Nesse novo sistema, implantaram-se uma melhor fluidização do vaso e um controle automatizado de todo o processo do sistema de injeção. Com a substituição da válvula rotativa, eliminou-se também seus problemas potenciais descritos no item 17.4 a seguir.

O desenvolvimento realizado modificou o sistema de transporte pneumático com o auxílio de duas novas malhas de controle relativas a pressurização e fluidização do vaso de injeção. Na base do vaso de injeção, foi adicionado um cone de fluidização com malha de controle de vazão. O elemento de controle da taxa de injeção (válvula rotativa) utilizado anteriormente foi substituído pela válvula especial de cerâmica do tipo disco deslizante com acionamento pneumático inteligente e transdutor de posição, que tem por finalidade monitorar o funcionamento da válvula com o auxílio do supervisório do processo.

17.3 DESCRIÇÃO DO SISTEMA DE TRANSPORTE PNEUMÁTICO ORIGINAL

A Figura 17.1 a seguir ilustra o diagrama de processo e instrumentação do projeto original, que funcionou entre 1981 e 2005.

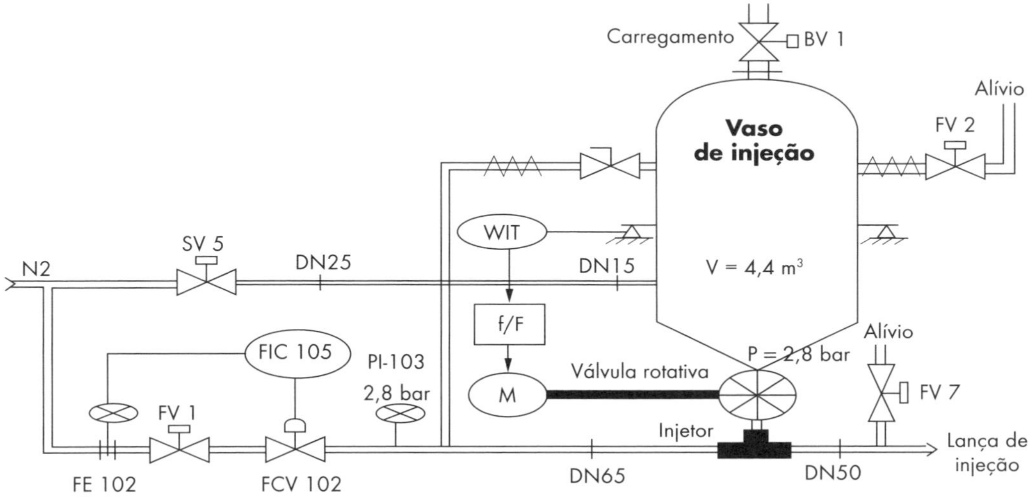

Figura 17.1 Diagrama de processo original da EDG.

Inicialmente, o vaso de injeção aliviado é carregado com agente dessulfurante através da válvula borboleta de carregamento BV 1. Quando o carro torpedo carregado de gusa líquido está posicionado para dessulfuração, a altura de banho do gusa é medida e o operador inicia o processo. Em sequência, a válvula FV 1 é aberta e o vaso de injeção é pressurizado com a mesma pressão de transporte medida por PI 103.

Quando a lança toca a altura de banho e aciona o limite de altura, o motor é ligado e a válvula rotativa começa a girar dosando a taxa de injeção. Durante esse período de dessulfuração, o operador diminui manualmente o *set point*, ou ajuste da malha de vazão de transporte, FIC 105 de 500 para 300 Nm^3/h.

Quando o peso injetado atinge o peso programado pelo operador, o motor é desligado e a válvula rotativa para de girar. O operador, então, sobe a lança e recoloca manualmente o *set point* de vazão de transporte de 300 para 500 Nm^3/h, liberando o carro torpedo em seguida. Nesse instante, a pressão do vaso e da linha de injeção é aliviada para o silo através de FV 2 e FV 7, e o vaso pode ser carregado novamente através da válvula BV 1, para um novo ciclo.

Os flanges da válvula rotativa são retangulares, existindo, então, uma transição de circular para retangular na base do vaso de injeção. No flange retangular de saída da válvula rotativa, existe um injetor em forma de "Y" ou "T", em que os sólidos são misturados e arrastados pela vazão de transporte até a lança de injeção mergulhada no gusa do carro torpedo.

17.4 PROBLEMAS POTENCIAIS DO SISTEMA ORIGINAL

Os principais problemas do controle de injeção de agente dessulfurante são:

a) Injeção acima do pedido de agente dessulfurante em virtude de falta de vedação, desgaste e ineficiência da válvula rotativa (vida útil de dois a oito meses).
b) Imprecisão para atingir o pedido de taxa de injeção desejado no início da injeção por elevado tempo de amortecimento da malha de controle de taxa de injeção.
c) Elevada taxa de injeção de agente no início da dessulfuração causando *splash*, ou projeção de gusa através da boca do torpedo.
d) Desvio percentual alto entre o dessulfurante comprado e o consumido (injetado).
e) Formação de vazios ou engaiolamentos na base do vaso de injeção e no rotor da válvula rotativa, que, por sua vez, incrementava a rotação ao máximo e, quando o material voltava a fluir, desabava, ocorrendo *overshoot* com *splash* e desperdício de material, além de perturbação da constância da cinética das reações, tal como descrito (2).
f) Risco de acidente com pessoas e equipamentos, em função do descontrole operacional.

17.5 MALHAS DE CONTROLE DO SISTEMA ORIGINAL

As duas malhas de controle do sistema original são descritas a seguir.

17.5.1 Controle e cálculo da vazão de agente dessulfurante

O cálculo da vazão de agente dessulfurante é baseado no decréscimo do peso do vaso de injeção no tempo. Esse peso é obtido pela balança do vaso de injeção WIT, em tempo real. A cada 5 s, o peso atual é subtraído do peso anterior e colocado numa pilha de dados de doze elementos. Essa pilha é do tipo *first in last out* (FILO), ou seja, o primeiro dado que entra na pilha é o último que sai. Isso descreve um histórico dos últimos 60 s de injeção. A média desses doze elementos móveis, conhecida como média móvel, é usada como variável de processo PV do controlador de taxa de injeção FIC 107.

Pode-se notar que o atraso capacitivo de ≅ 38 s (63,2% de 60 s) dessa malha de controle reside no cálculo da taxa de injeção com o auxílio da média móvel. Na verdade, a curva de evolução do atraso é por rampa escalonada com passos de 5 s, na qual a constante de tempo (atraso inicial) pode ser traduzida em pelo menos 40 s.

Normalmente, o operador pode selecionar um *set point* de injeção de agente dessulfurante de 30 kg/min a 60 kg/min, de acordo com o teor de enxofre de chegada do carro torpedo.

A variável manipulada MV do controlador FIC 107 é usada para aumentar ou diminuir a frequência de acionamento do inversor do motor da válvula rotativa, conforme ilustrou a Figura 17.1.

17.5.2 Controle da vazão de transporte

A malha de controle de vazão de transporte FIC 105 proporciona o arraste de agente dessulfurante para o carro torpedo, bem como a refrigeração da lança. Uma falha nesse controle pode ocasionar o entupimento da linha de transporte até a lança ou até a perda desta. A vazão de transporte provoca uma pressão negativa no injetor em relação ao vaso de injeção, arrastando os sólidos do vaso para a lança de injeção.

17.6 DESCRIÇÃO DO SISTEMA DE TRANSPORTE PNEUMÁTICO IMPLANTADO

A Figura 17.2 a seguir ilustra o diagrama de processo e instrumentação aprimorado e implantado em setembro de 2005. A tela do supervisório é semelhante.

Foi implantado no supervisório "RSView32", para cada nova malha de controle, um "Faceplate" do controlador. O "Faceplate" possui campos de entrada para *set point*, botões de comando manual e automático, além de gráficos de barra para simbolização de PV, SV, MV e FV ("Feedback Value" para o transdutor de posição).

17.6.1 Controle de pressão do vaso de injeção (PIC 104)

O controle de pressão no vaso é efetuado pela malha PIC 104. O transmissor de pressão PI 104, do tipo selo diafragma, foi instalado no topo do vaso e possui faixa de medição de 0 a 10 bar. A válvula de controle de pressão de 1" PCV 104 possui um posicionador pneumático perfazendo a malha de controle.

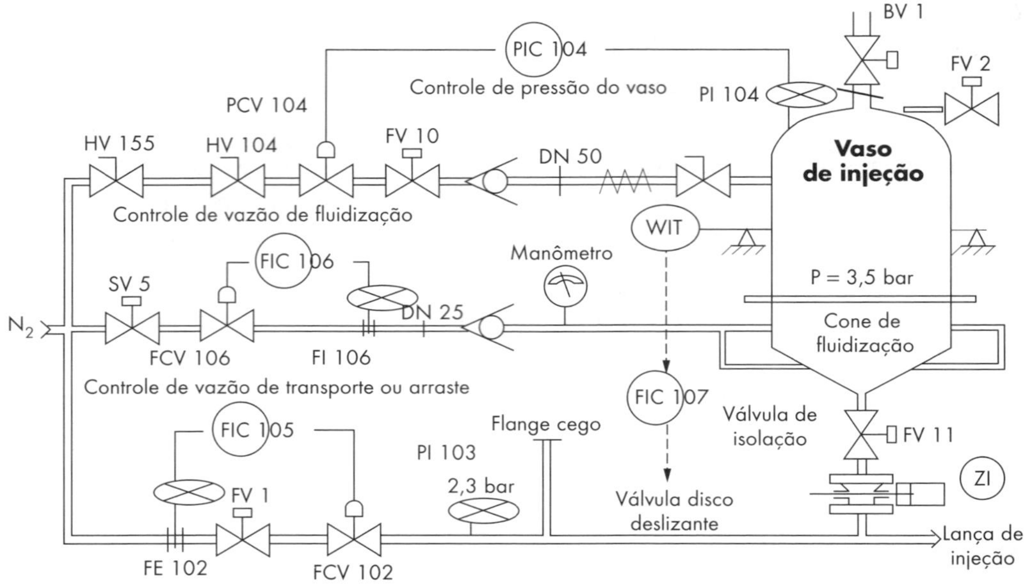

Figura 17.2 Diagrama de processo e instrumentação desenvolvido.

O *set point* de pressão de injeção é constante e foi definido em 3,5 bar, ligeiramente maior que a pressão da linha, visando a garantir a fluidez dos sólidos transportados pela linha de arraste até a lança de injeção. Em série com a linha, temos uma válvula de retenção de 2" dupla portinhola para evitar fluxo reverso de gases e invasão indesejável de pó para dentro da tubulação de pressurização.

A instalação do transmissor de pressão do vaso PI 104 permite também incluir e aprimorar o intertravamento de segurança da válvula de carregamento BV 1. Ela só abre caso a pressão seja menor que 0,3 bar. Essa proteção contra sobrepressão evita que a junta flexível de alimentação do vaso seja danificada.

O controle de pressão não funciona de forma linear, pois o vaso praticamente não perde pressão com o passar da injeção. Assim, a válvula de controle de pressão só abre no início da etapa de pressurização ou caso a pressão seja menor que o *set point* durante a etapa de injeção. Portanto, o controle desempenhado pela válvula é do tipo "on-off", com valor de ganho alto para o controlador PID.

A válvula PIC 104 foi retirada do processo e o controle de pressão do vaso passou a ser feito somente pela válvula FV 10, conforme ilustra a Figura 17.3.

O peso do vaso de injeção é acrescido de 20 kg a 30 kg, aproximadamente, durante a pressurização com nitrogênio. Isso corresponde ao peso do volume aproximado de 18,44 Nm^3 de N_2 (4,4 m^3 de N_2 a 25 °C pressurizado a 3,5 bar, sendo δN_2 = 1,2527 kg/Nm^3), ou seja, 23 kg.

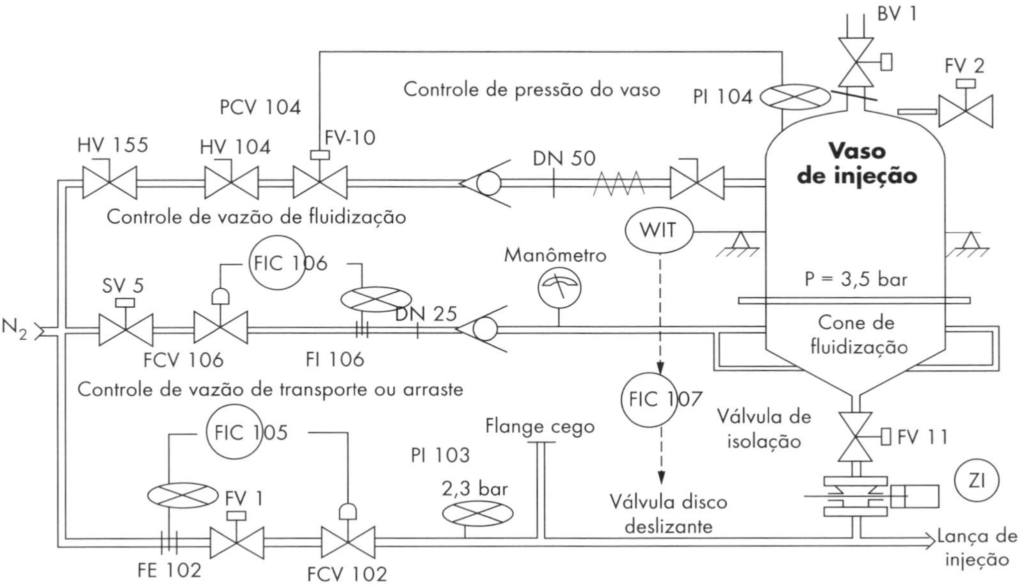

Figura 17.3 Diagrama de processo e instrumentação final.

17.6.2 Cone de fluidização e o injetor

A válvula rotativa e o injetor original foram retirados. A base do vaso de injeção teve sua transição de circular para retangular retirada. Para suprir a transição e proporcionar uma fluidização eficiente na base, foi projetado um cone de fluidização e um novo injetor com transição circular em vez de retangular, eliminando assim as turbulências internas no fluxo por geometrias complexas.

A fluidização da base do vaso de injeção diminui a densidade dos sólidos misturados ao nitrogênio. Aliada a essa região de baixa densidade está a vazão de arraste, que provoca uma diferença de pressão negativa entre o vaso e o injetor. Isso faz fluir por transporte pneumático o agente dessulfurante de dentro do vaso para a lança de injeção, através da linha de transporte, conforme ilustra a Figura 17.4 adiante.

Na linha de controle de vazão de fluidização, temos em série os seguintes equipamentos: válvula de fechamento SV 5, medidor tipo vórtex FI 106, válvula de controle FCV 106 e uma válvula de retenção para impedir ou minimizar o retorno indesejável de pó na linha de fluidização.

Esta linha termina no anel de fluidização. Esse, por sua vez, tem por função equalizar as pressões de abastecimento das bases dos seis bicos de fluidização com uma pressão constante, medida pelo manômetro em 4,5 bar. Essa pressão tem que ser superior à pressão do vaso para garantir a vazão de fluidização para seu interior. Assim, a linha de fluidização foi alimentada por uma tubulação exclusiva de 1" com N_2 de alta pressão, 7 bar, e o *set point* de injeção foi definido em 3,5 bar. Os bicos acomodam e envolvem os filtros de bronze sinterizado, que servem para impedir a entrada de pó na linha de fluidização e permitir a passagem do gás de fluidização em fluxo contrário, alimentando o interior do vaso e efetuando a fluidização em sua base.

17.6.3 Válvula automática de isolamento do vaso: FV 11

A válvula de fechamento tipo esfera FV 11, localizada entre o cone de fluidização e a válvula tipo disco deslizante, garante o isolamento do vaso de injeção em relação à linha, ao carro torpedo e ao processo em geral. Essa função permite que o corte da injeção de agente dessulfurante ocorra com precisão, sem deixar escapar nem mesmo 1 kg do total injetado além do pedido pelo operador. Essa é uma das vantagens do novo sistema, pois não há mais passagem de material além do pedido.

Esta válvula possui como intertravamento de segurança a diferença de pressão entre o vaso PI 104 e a linha PI 103. Este diferencial de pressão tem que ser maior do que 0,8 bar para que abra e menor do que 0,5 bar para que feche. Dessa maneira, nunca haverá refluxo de gases para dentro do vaso, assegurando sua operação. Entre esta válvula e o cone de fluidização, foi instalada uma válvula manual tipo borboleta, para propósitos de manutenção e contingência, para esvaziamento do vaso caso necessário.

O isolamento do vaso proporcionado por FV 11 permite que a válvula tipo disco deslizante seja deixada aberta, numa posição inicial conhecida, para um bom resultado no controle. Após 30 s de injeção inicial e da abertura de FV 11, o controlador PID da taxa de injeção FIC 107 é passado automaticamente de manual para automático, iniciando seu controle. Nesse instante, o *set point* do controlador de vazão de transporte FIC 105 é passado de 500 para 300 Nm^3/h, visando a diminuir o *splash* no carro torpedo e acelerando o acerto dos demais controladores PID do vaso de injeção, tal como descrito nos artigos (4) e (5).

A válvula de isolamento permite também que o carro torpedo seja liberado logo após a finalização do período de dessulfuração, pois o alívio da linha por FV 7 é imediato. Uma vez que a linha esteja aliviada, a lança pode ser erguida em segurança e o carro torpedo liberado para o ciclo do gusa com 2 min de antecipação. O vaso, por sua, vez pode ser aliviado vagarosamente por FV 2 sem atrasar o ciclo dos demais carros torpedos.

17.6.4 Controle de vazão de fluidização: FIC 106

O controle PID de vazão de fluidização é efetuado pela malha FIC 106. O transmissor de vazão do tipo vórtex FI 106 possui faixa de medição de 0 Nm^3/h a 100 Nm^3/h. A válvula de controle de vazão de 1" FCV 106 possui um posicionador pneumático perfazendo a malha de controle. O *set point* de operação é constante e foi definido inicialmente em 15 Nm^3/h. Este valor garante a fluidização do cone e não interfere no controle de pressão do vaso. Porém, o parâmetro *low-cut* do transmissor vórtex define uma vazão mínima em 11,6 Nm^3/h, o que é muito próximo ao *set point*, provocando apagamentos no sinal de vazão e, por consequência, ruídos na malha de controle. Para eliminar tal efeito, foi incrementado o *damping*, ou filtro de amortecimento, do transmissor de 4 para 15 s. O *set point* foi ligeiramente aumentado para 20 Nm^3/h, distanciando do valor de *low-cut*.

O controlador foi projetado inicialmente para manter uma vazão constante para os copos fluidizadores do cone do vaso de injeção a fim de estabilizar a fluidez dos sólidos. Após sua implantação, percebemos que, na abertura de SV 5, a vazão era imensa e sem controle, perturbando o controlador da taxa de injeção e provocando um aumento indesejado na pressão do vaso e perturbações na taxa de injeção.

O problema foi corrigido passando o controlador FIC 106 de manual para automático de acordo com a abertura de FV 11. Assim, quando a injeção termina, a válvula FV 11 é fechada e o controlador FIC 106 passa de automático para manual automaticamente, preservando sua última posição de controle. Isso evita o surto em excesso de fluidização no início da injeção, contribuindo para a diminuição do *overshoot* e o tempo de amortecimento do principal controlador PID do processo, o controlador de taxa de injeção FIC 107. Quando FV 11 abre no início da injeção, o controlador FIC 106 é automaticamente passado de manual para automático, garantindo uma vazão constante e estável para o cone de fluidização. Porém, para diminuir o tempo de pressurização do vaso, a SV 5 passou a abrir junto com a FV 11, com o controlador FIC 106 em manual e MV = 100%. Isso diminui o tempo de pressurização de 2 min 20 s para 1 min. Quando a pressão de injeção é alcançada, o controlador é colocado em manual com MV = 20%, ou seja, perto da posição final de controle, e SV 5 é fechada. Quando o período de injeção se inicia, o controlador é passado para automático novamente.

Em outros sistemas de injeção de agente dessulfurante, tal como o da CST, o controle de fluidização do cone é por pressão em vez de vazão. Nesse caso, a pressão de fluidização é ajustada num valor ligeiramente maior do que a pressão de injeção do vaso. Isso garante que sempre haverá fluxo para o interior do vaso. Contudo, caso haja uma variação de pressão no vaso, a vazão de fluidização se altera, influenciando a taxa de injeção. O manômetro colocado no anel de fluidização registra 4,5 bar para vazão de 20 Nm^3/h e pressão de injeção de 3,5 bar.

17.6.5 Válvula especial de controle da vazão de agente dessulfurante

Foi especificada e escolhida uma válvula especial com as seguintes características:

- revestimento interno de cerâmica para garantir um tempo de vida extenso;
- acionamento pneumático visando à economia de energia elétrica, rapidez e precisão no controle final;

- transmissor de posição de retorno "Feedback" para monitorar o funcionamento da válvula via PLC, controlador lógico programável do processo da Allen Bradley®;
- características construtivas adequadas para precisão no controle de vazão de sólidos: a área circular do orifício de controle é delimitada por um disco cerâmico.

A Figura 17.4 a seguir ilustra a montagem realizada na base do vaso de injeção para realizar a nova forma de controle:

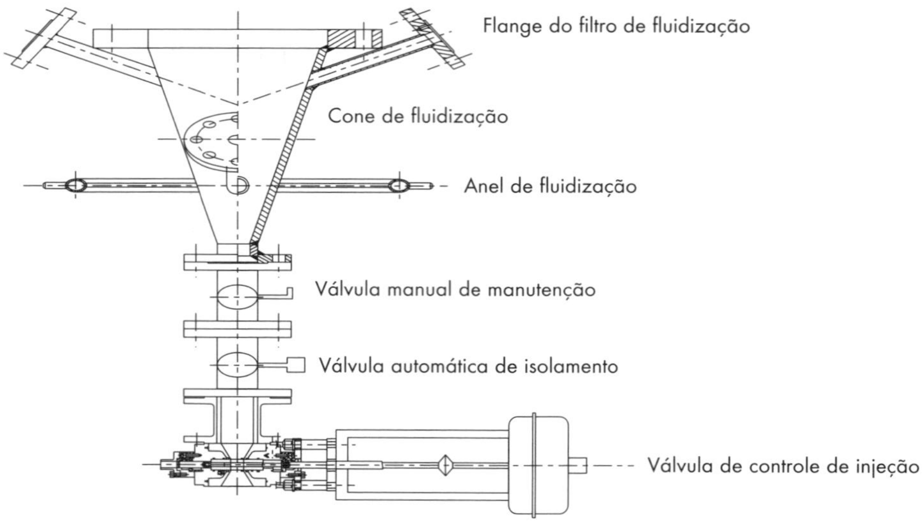

Figura 17.4 Montagem dos equipamentos na base do vaso de injeção.

A válvula especificada junto ao fornecedor CERA System® possui 2" de diâmetro de flanges e 1" de orifício interno de controle (DN50/DN25/DN50), disco de cerâmica tipo guilhotina para controle, revestimento interno todo em cerâmica, posicionador pneumático inteligente com filtros, manômetros e transmissor de posição de retorno.

A saída máxima do controlador de injeção, $MV_{máx}$, foi limitada em 60% para evitar entupimento da linha de injeção, visto que seu sinal de controle se situa em torno de 30%. Da mesma maneira, para evitar ausência total de pó na linha e limitar o total fechamento da válvula, a $MV_{mín}$ foi definida em 15%.

Além disso, foi incorporada uma faixa morta de controle "Dead Band" de ±1 kg/min correspondente ao valor máximo de erro no qual o controlador mantém sua saída paralisada ou MV constante. A faixa morta funciona como um filtro para os ruídos da média móvel, desprezando variações insignificantes ao processo.

Isso conduz a uma maior estabilidade da taxa de injeção, proporcionando uma reação mais constante de dessulfuração no carro torpedo, independentemente do pequeno erro.

17.7 CRITÉRIO DE AVALIAÇÃO DOS DOIS SISTEMAS DE CONTROLE

O processo de dessulfuração por bateladas do carro torpedo pode ser ilustrado pela Figura 17.5 a seguir:

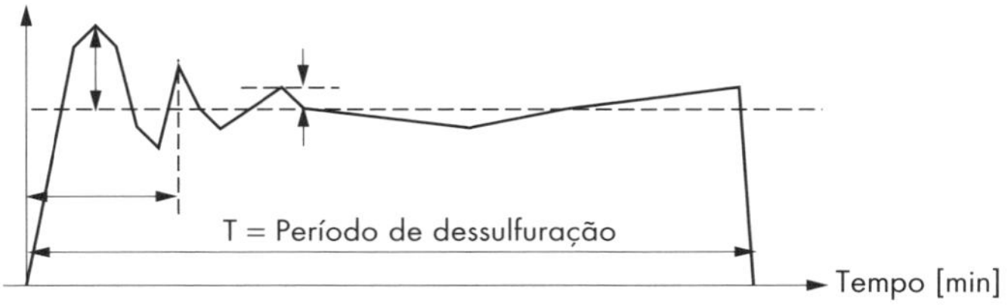

Figura 17.5 Dessulfuração típica de um carro torpedo.

Na Figura 17.5, pode-se ver o valor ajustado para a taxa de injeção *set point* e a taxa de injeção real PV durante o período de dessulfuração do torpedo. Quanto menor o erro (diferença entre o SP e a PV do controlador), melhor será a dessulfuração. Idealmente, o valor do erro é zero, ou seja, SP = PV todo o tempo.

Para uma comparação imparcial do desempenho dos dois sistemas de transporte pneumático, rotativa *versus* disco deslizante, foi implementado um algoritmo de cálculo do IAE – Integral do Erro Absoluto, parâmetro usado para medir o desempenho de controle de processos tal como citado em Valdman (1992), *Dinâmica e controle de processos*. A Equação (17.1) a seguir ilustra o cálculo da área do erro absoluto, IAE, para processos contínuos:

$$IAE = \int |(SP - PV)| dt[kg] \tag{17.1}$$

Entretanto, uma vez que o processo é por bateladas, a integral tem que ser definida durante o período de dessulfuração do torpedo. Isso é feito para se ter um número que relacione todos os erros do controlador de taxa de injeção ao longo do intervalo de dessulfuração, que pode ser variável, de acordo com o teor de enxofre do ferro-gusa a ser dessulfurado. A Equação (17.2) ilustra o critério de avaliação baseado em IAE e no tempo de dessulfuração, T, do processo em bateladas da EDG da CSN:

$$IAE = \frac{1}{T} \int_0^T |(SP - PV)| \, dt[kg/\text{min}] \tag{17.2}$$

Esse número *IAE* foi inserido na planilha de resultados de dessulfuração para acompanhamento diário dos resultados. Isto visa a buscar os melhores parâmetros de controle através de um histórico estatístico, bem como comparar o controle do transporte pneumático efetuado pela válvula rotativa com o efetuado pela válvula tipo disco deslizante. Os valores típicos obtidos ao longo da experiência de três meses são mostrados na Tabela 17.1, a seguir:

Tabela 17.1 Valores de *IAE* para a EDG da CSN.

Resultado	Rotativa	Disco deslizante
Faixa do *IAE* médio	De 40 a 50	De 30 a 40
IAE médio	44 kg/min	35 kg/min

17.8 COMPARAÇÃO ENTRE OS SISTEMAS DE TRANSPORTE PNEUMÁTICO

A Tabela 17.2 ilustra uma comparação mais ampla das principais diferenças características, vantagens e desvantagens entre os dois sistemas:

Tabela 17.2 Quadro comparativo válvula rotativa *versus* válvula tipo disco deslizante.

Item	Sistema de transporte pneumático	
1) Projeto	Nippon Steel Confab	CSN
2) Data	1981	2005
3) Capacidade de injeção	20 a 100 kg/min	20 a 100 kg/min
4) Número de malhas de controle	2	4
5) Válvula de controle de injeção	Rotativa	Disco deslizante
6) Consumo de energia elétrica	3,6 kW	0 kW
7) Tempo de vida médio da válvula	6 meses	5 anos* (Nota 1)
8) Sobrepasso inicial ou *overshoot*	150%	65%
9) Tempo de amortecimento	6 min	3 min
10) Desvio padrão de injeção	±5 kg/min	±3 kg/min
11) Consumo específico de $CaCO_2$	2,99 kg/tg	2,92 kg/tg
12) Eficiência de dessulfuração - K	0,3063	0,3100
13) Pressão de injeção	2,8 kgf/cm^2	3,5 bar
14) Pressão de transporte	2,8 kgf/cm^2	2,3 bar
15) Vazão de transporte	300 Nm^3/h	300 Nm^3/h
16) Relação μ = sólido/gás	5 a 10	5 a 10
17) Tempo de pressurização	1 min	1 min
18) Tempo de alívio da linha	2 min	10 s
19) *IAE* médio	48 kg/min	35 kg/min

17.9 INTERFERÊNCIAS NO PROCESSO E IMPLANTAÇÃO DE FILTROS PARA ELIMINAÇÃO DE RUÍDOS

A principal interferência foi gerada na balança após a pressurização do vaso de injeção. Durante a injeção de agente dessulfurante, o valor da balança subitamente aumentava em cerca de 200 kg, e o valor totalizado injetado se tornava negativo. Além disso, a interferência causa oscilação na taxa de injeção, que é calculada pela média móvel do decréscimo do peso do vaso no tempo.

As causas fundamentais desse descontrole são, principalmente:

- aumento de peso proporcional à introdução do volume de nitrogênio de pressurização;
- interferências mecânicas;
- ruídos elétricos nas células de carga;
- variação brusca e incoerente do sinal de peso da balança.

As interferências mecânicas detectadas foram o suporte do atuador da válvula tipo disco deslizante, que apoiava o vaso de injeção contra o solo, e um dos quatro tirantes de regulagem de equilíbrio do vaso, que estava tensionado.

Os ruídos elétricos das células de carga foram eliminados com o auxílio de capacitores eletrolíticos e de cerâmica introduzidos em paralelo com a alimentação e sinal da ponte de Wheatstone das células de carga.

O primeiro filtro de *software* foi introduzido no transmissor de peso das células de carga. Dentre seus parâmetros está o tamanho da pilha de dados da média móvel no valor de 64 unidades de memória, que reproduzem os últimos 3 s do peso real da balança. O tamanho da pilha foi aumentado para 128 unidades de memória, reproduzindo os últimos 6 s e visando a eliminar picos no valor do peso da balança.

No *software* do PLC, foi introduzido um segundo filtro após o cálculo da taxa de injeção, visando a limitar este sinal dentro de uma janela coerente de 0,7 a 1,3 vez o valor de *set point* de injeção introduzido antes da média móvel. Isso ameniza a variação instantânea da taxa de injeção provocada pela variação incoerente, estabilizando o controlador FIC 107 e a posição da válvula tipo disco deslizante.

O terceiro filtro de *software* foi introduzido para que o sinal totalizado injetado nunca seja negativo. Caso o cálculo do totalizador de injeção seja menor do que zero por outras causas, o valor é forçado a zero.

17.10 INFLUÊNCIA DA GEOMETRIA DO CONE DE FLUIDIZAÇÃO

A geometria do cone de fluidização influencia no controle da taxa de injeção de agente dessulfurante. O primeiro cone foi imaginado reto e nas dimensões da válvula rotativa, pois, se as modificações não funcionassem, seria fácil voltar ao projeto original. Ele proporciona uma rápida e fácil conexão entre a base do vaso e o flange do injetor da linha de transporte e possui quatro fluidizadores perpendiculares à superfície do cone.

Uma segunda evolução foi o cone abaulado, que possui um volume duas vezes maior que o do cone reto, aliado ao aumento do número de bicos fluidizadores de quatro para oito. Além disso, eles foram inseridos tangencialmente à superfície do cone, proporcionando um ciclone rotativo no interior do cone.

A Figura 17.6 ilustra a montagem efetuada:

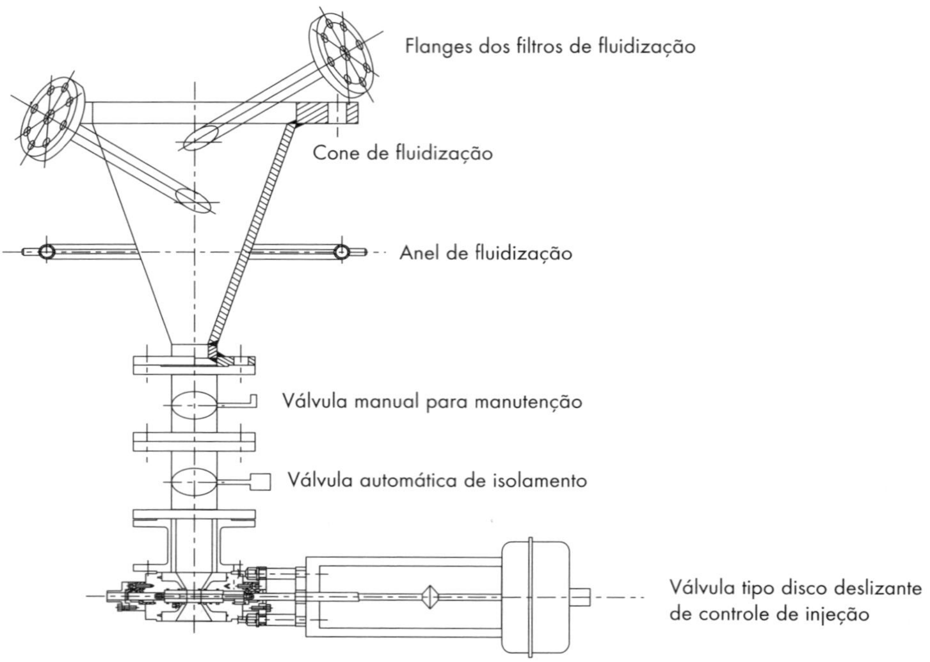

Figura 17.6 Montagem do cone abaulado na base do vaso de injeção.

Os resultados finais podem ser comparados entre os três sistemas, tal como ilustra a Tabela 17.3 a seguir:

Tabela 17.3 Influência da geometria do cone no controle da taxa de injeção.

Sistema	Faixa do *IAE* [kg/min]	*IAE* médio [kg/min]	Quantas vezes melhor?	Quantos % melhor?
Rotativa (referência)	De 40 a 50	48,1	1	0%
Cone reto	De 30 a 40	35,5	1,35	26,1%
Cone abaulado	De 20 a 30	26,8	1,79	44,28%

17.11 CONCLUSÕES

Dentre as vantagens do novo sistema está, principalmente, a redução dos custos com energia elétrica e manutenção decorrente da desativação de partes mecânicas móveis (corrente, coroa, pinhão, redutora, motor, inversor etc.). Além disso, o tempo de vida da válvula de controle de injeção foi aumentado em até dez vezes, reduzindo as paradas de emergência e possibilitando menor custo de manutenção.

O novo sistema de controle e transporte pneumático com a válvula tipo disco deslizante mostrou-se mais rápido, eficiente e preciso do que o baseado na velocidade de rotação da válvula rotativa. O erro absoluto do controlador de taxa de injeção, *IAE*, provou que o sistema de controle pela válvula tipo disco deslizante é, em média, 25% (44/35) mais confiável e melhor do que o controle da válvula rotativa.

Outra vantagem em termos de controle está na redução do sobrepasso inicial da taxa de injeção de 150 para 65%, o que possibilitou redução no tempo de amortecimento da malha, atingindo o pedido final de taxa de injeção na metade do tempo do controle anterior.

As melhorias efetuadas no controle, principalmente com a implantação da válvula de isolamento FV 11, proporcionaram um menor consumo específico de agente dessulfurante, que diminuiu de 2,99 kg/tg para 2,92 kg/tg, ou seja, em média 0,07 kg/tg de redução. Como consequência, o fator K, que mede a eficiência de dessulfuração, subiu de 0,3063 para 0,3100 em média.

O tempo menor de alívio da linha de injeção proporcionou a redução do tempo de ciclo dos carros torpedos em 2 min. Como, durante todo o dia, circulam cerca de 60 torpedos nas estações A e B, isso totaliza um ganho de 120 min no ciclo diário de tempo dos carros torpedos da CSN e permite, assim, um ganho de três ciclos extras diários.

18

CAPÍTULO

Sistema de injeção de cal para dessulfuração de ferro-gusa em carro torpedo

18.1 INTRODUÇÃO

O Capítulo 17 mostrou o desenvolvimento dos vasos de injeção com troca da válvula rotativa por válvula dosadora de cerâmica, e o Capítulo 18 mostrará a implantação do sistema de injeção de cal com os vasos E e F, bem como os novos modos de dessulfuração dupla e multi-injeção, além da coinjeção já existente.

Os novos sistemas de injeção de cal para dessulfuração de ferro-gusa em carro torpedo da CSN apresentam uma solução para o transporte do material particulado em um sistema de injeção automatizado e trazem contribuição para:

- sistemas de transporte pneumático;
- curvas, bifurcações e válvulas com cerâmica adequadas ao processo abrasivo;
- sistemas de automação integrados à planta atual.

18.1.1 Fundamentos

Os fundamentos básicos para entendimento deste capítulo são:

a) **Dessulfuração:** Pré-refino do ferro-gusa. Objetiva a diminuição dos índices de enxofre contidos no ferro-gusa. Processo que ocorre diretamente no carro torpedo.

b) **Agentes dessulfurantes:** São os compostos de óxidos e carbonatos de cálcio utilizados no processo de dessulfuração.

c) **Estação de dessulfuração de gusa:** Setor da CSN responsável pelo processo de dessulfuração, seja em carro torpedo ou panela de aço.

d) **Transporte pneumático:** Sistema de transporte de materiais sólidos por uma tubulação. Pode utilizar vaso de pressão, realiza o transporte por diferença de pressão e possui baixo nível de controle.

e) **Sistema de injeção:** Equipamento com sistema de transporte pneumático para injetar materiais pulverizados no carro torpedo ou na panela de aço. Possui um determinado nível de automação, controle e confiabilidade, além de equipamentos adequados à abrasão.

f) **Carro torpedo:** Vagão ferroviário em forma de torpedo revestido internamente com refratário, para o transporte de ferro-gusa entre os altos-fornos e a aciaria.

18.1.2 Histórico das estações de dessulfuração de gusa em carro torpedo da CSN

- **1981:** Construção da EDG pela Nippon Steel: moagem de carbureto, estações A e B e vasos de injeção A, B, C e D.
- **1996:** Desativação da moagem de carbureto.
- **2000:** Construções das estações C e D pela Daniele Corus com troca do sistema de controle (PLC).
- **2007:** Desenvolvimento dos vasos de injeção com troca da válvula rotativa por válvula dosadora de cerâmica.
- **2014:** Implantação do sistema de injeção de cal com os vasos E e F.
- **2015:** Novos modos de dessulfuração: dupla e multi-injeção.

18.2 DESCRIÇÃO DO PROCESSO

A Figura 18.1 ilustra a tela gráfica de operação do processo de transporte pneumático de agente dessulfurante (por exemplo, carbureto de cálcio, cal etc.) e reagente (por exemplo, borra, magnésio etc.), composto basicamente de quatro vasos de injeção com duas linhas distintas (A e B) para abastecer quatro estações de dessulfuração (A, B, C e D).

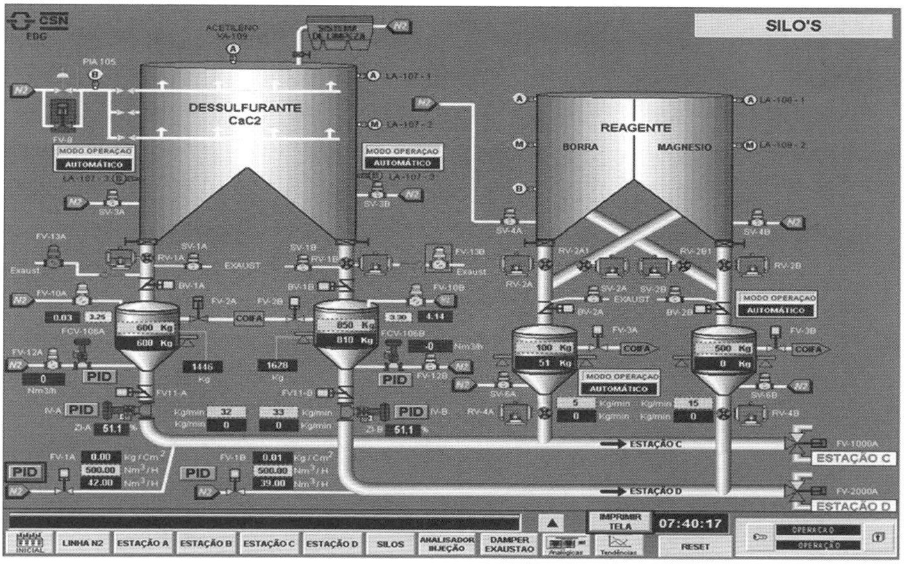

Figura 18.1 Transporte pneumático de agente dessulfurante.

A Figura 18.2 ilustra a estação de dessulfuração D, com duas lanças de injeção (D1 e D2), sendo abastecida por vasos de injeção com carbureto de cálcio (dessulfurante) e vaso de injeção de magnésio (reagente).

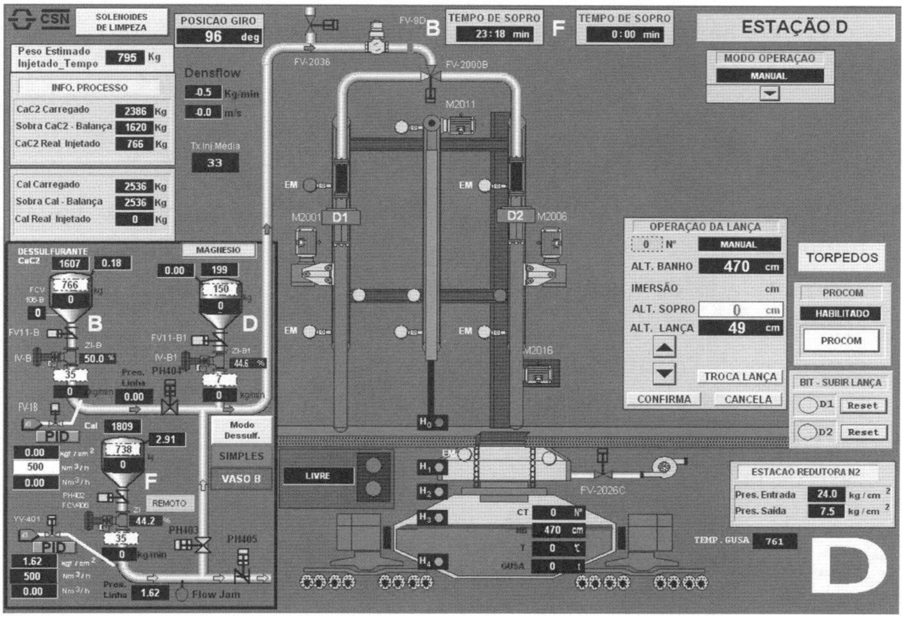

Figura 18.2 Processo de dessulfuração em carro torpedo.

A Figura 18.3 ilustra o silo de armazenagem da EDG e o vaso de transferência para o silo de armazenagem sobre os vasos de injeção A e B da Figura 18.1.

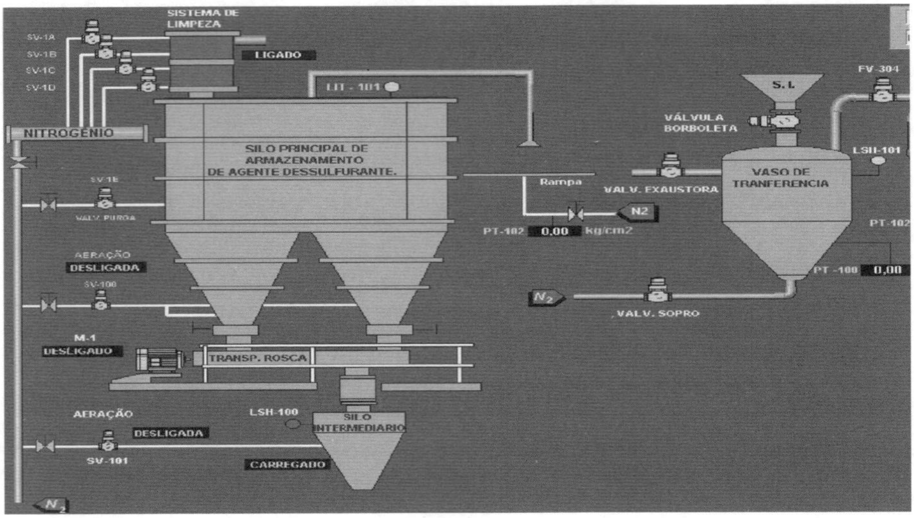

Figura 18.3 Processo de armazenagem de agente dessulfurante.

18.3 CONSIDERAÇÕES PARA DESSULFURAÇÃO EM CARRO TORPEDO

Atualmente, existem diversas siderúrgicas que utilizam a cal como agente dessulfurante.

18.3.1 Considerações práticas do processo

- O processo de dessulfuração, atualmente, gasta em média de 20 a 25 minutos;
- a quantidade de agente CaC_2 empregado em cada dessulfuração é de aproximadamente 1 t para a faixa de 250 t a 300 t de ferro-gusa;
- o número de sistemas de injeção é insuficiente para atender às quatro estações de dessulfuração de forma simultânea ou atender a emergências;
- a EDG não possui sistemas reservas para atender a uma emergência em caso de falha.

18.3.2 Considerações econômicas do processo

- O uso do carbureto de cálcio para dessulfuração representa alto custo para o processo, pois existem opções de agentes de menor custo;

- a relação de custo do carbureto de cálcio para a cal é de aproximadamente 1 para 2;
- a proporção do uso do CaO na dessulfuração é de aproximadamente 1,8 vez maior que a dessulfuração com CaC_2.

A Tabela 18.1 ilustra a relação de custo dos agentes dessulfurantes, na qual nota-se que o custo da tonelada de cal é cerca de 60% menor que o custo da tonelada de carbureto de cálcio no ano de 2015, apesar de o carbureto ser mais eficiente no processo de dessulfuração, necessitando de menor quantidade de material ou sendo mais adequado para a fabricação de aço especial por conseguir um menor teor de enxofre final no ferro-gusa.

Tabela 18.1 Custo específico de agente dessulfurante no ano de 2015.

Agente dessulfurante	Preço [R$/t]	Eficiência de dessulfuração
Carbureto de cálcio	R$ 2.400,00	Ótima
Cal	R$ 1.400,00	Boa
Magnésio	R$ 5.000,00	Excelente

A Figura 18.4 ilustra o diagrama de causa e efeito da deficiência do processo de dessulfuração, em que se nota a deficiência e a falta de equipamentos adequados ao transporte pneumático e obsolescência em geral.

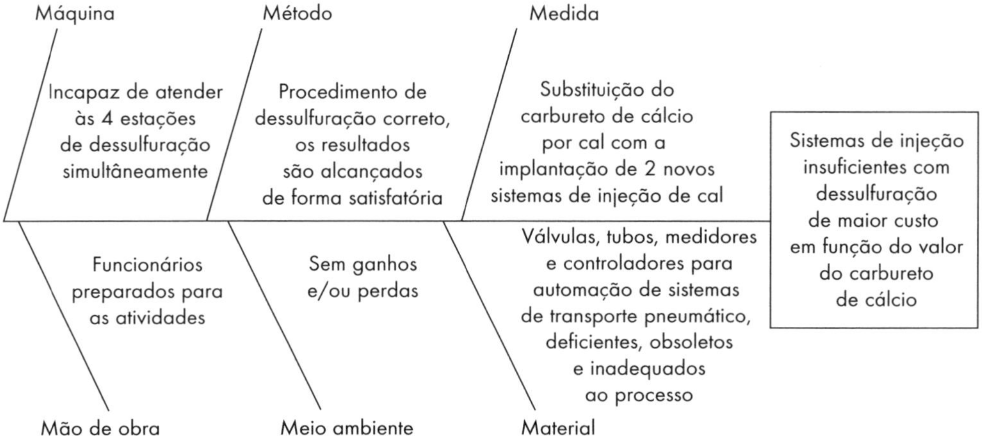

Figura 18.4 Diagrama de causa e efeito da deficiência do processo.

18.4 DESENVOLVIMENTOS DOS NOVOS SISTEMAS DE INJEÇÃO DE CAL

18.4.1 Plano de ação

- Implantação de dois novos sistemas de injeção pelo método de transporte pneumático, utilizando vasos de pressão (denominados E e F);
- integração da cal ao processo de dessulfuração junto com o carbureto de cálcio e o magnésio como agente dessulfurante.

18.4.2 Proposta inovadora

Sistema de dessulfuração de ferro-gusa em carro torpedo com vasos de injeção em paralelo com malhas de controle de vazão de nitrogênio independentes e linhas de transporte pneumático (LTP) com rotas alternativas e intercambiáveis.

A Figura 18.5 ilustra um sistema moderno de dessulfuração típico com quatro vasos de injeção em série com a linha de transporte pneumático do fabricante Stein.

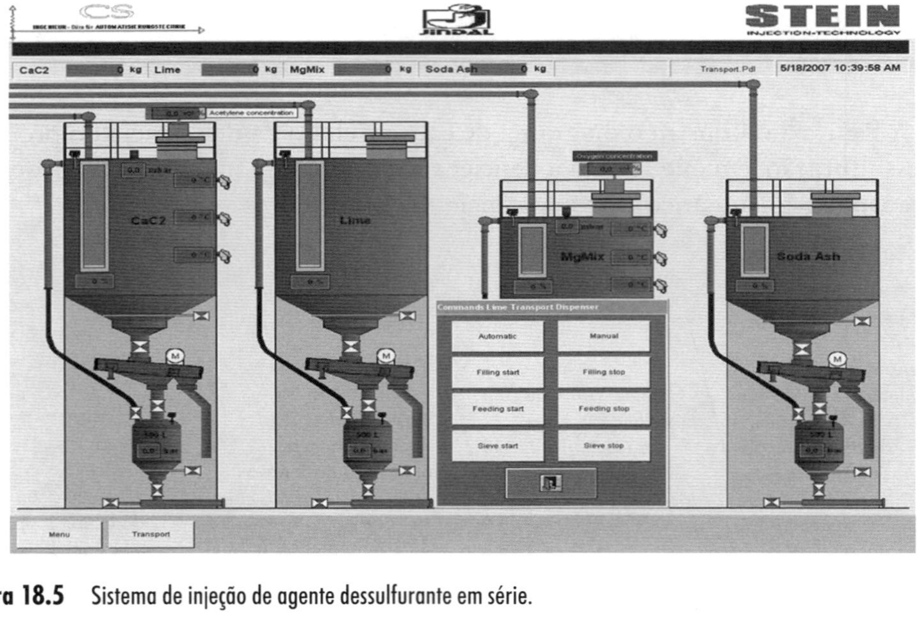

Figura 18.5 Sistema de injeção de agente dessulfurante em série.

A Figura 18.6 ilustra a malha de controle de vazão de transporte, em que se tem um transmissor de vazão, uma válvula de controle FCV e um controlador FIC dentro do PLC. Essa vazão de nitrogênio é aplicada na entrada do injetor de material, logo abaixo da válvula de dosagem para a linha de transporte pneumático.

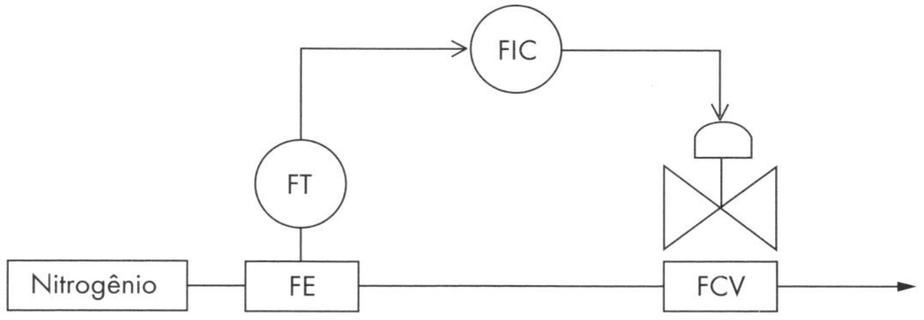

Figura 18.6 Malha de controle de nitrogênio ou arraste.

No caso de vasos em série, essa malha é única. No caso de vasos em paralelo, existe uma linha de nitrogênio de transporte individual para cada vaso de injeção.

18.4.3 Sistemas com vasos de injeção em série ou paralelo?

Quais são as vantagens e as desvantagens do sistema de vasos de injeção em série? Os vasos de carbureto e magnésio atuais estão em série para efetuar a coinjeção.

A Tabela 18.2 ilustra uma comparação entre sistemas de dessulfuração em série e em paralelo, na qual se nota que as vantagens técnicas de cada configuração de transporte pneumático são sempre associadas a um custo maior.

Tabela 18.2 Comparação entre sistemas de dessulfuração série e paralelo.

Características	Vasos de injeção em série	Vasos de injeção em paralelo
Equipamentos	Exige menos equipamentos com lógica de programação simples (mais barato)	Exige duas válvulas de vazão de transporte, bifurcação e lógica de programação mais elaborada
Interferência na implementação	Com interferência no processo	Sem interferência no processo
Tecnologia	Tecnologia usual e consagrada com várias plantas de dessulfuração	Não existem casos de plantas de dessulfuração com vasos em paralelo em função do maior gasto de implantação
Layout físico	Silos e vasos de injeção alinhados na mesma direção longitudinal	Silos e vasos de injeção desalinhados ou em disposição única

18.4.4 Perguntas a se fazer

Após comparar as vantagens e as desvantagens de cada configuração, algumas questões são levantadas:

1) Qual dos sistemas nos atende melhor? Os novos vasos de cal em série ou em paralelo com a linha de transporte pneumático com os vasos de carbureto?
2) Por que optamos pelos vasos de injeção em paralelo com a linha de transporte pneumático, já que é uma tecnologia não usual, isto é, nova e diferente, além do maior custo de implantação?
3) Por que não fazer a implementação dos vasos de injeção em série levando a linha de transporte pneumático até o prédio da moagem (vasos de injeção de cal)?

18.4.5 Respostas

1) O sistema de injeção de vasos em paralelo permite a inclusão do novo sistema de injeção de cal no processo sem causar distúrbio ao sistema de injeção de carbureto existente.
2) O sistema de vasos em paralelo com a LTP permite o modo de dessulfuração dupla, ou seja, de quatro carros torpedos simultaneamente, duplicando a capacidade de dessulfuração das EDG.
3) Por possuírem linhas de transporte pneumático e válvulas de vazão de nitrogênio de transporte independentes antes das válvulas da bifurcação de cerâmica, a seleção dos vasos em modo de dessulfuração simples permite ao operador selecionar o vaso de injeção de cal ou carbureto, disponibilizando o outro vaso para manutenção. Caso fosse em série com a linha, isso não seria possível.

18.5 DIAGRAMAS DE PROCESSO E INSTRUMENTAÇÃO DESENVOLVIDOS

A Figura 18.7 ilustra o diagrama de processo e instrumentação das estações de dessulfuração, no qual se pode ver os quatro vasos existentes (A, B, C e D) e os dois novos vasos de injeção de cal (E e F) que foram adicionados ao processo.

A Figura 18.8 ilustra a instrumentação típica do sistema de injeção de cal.

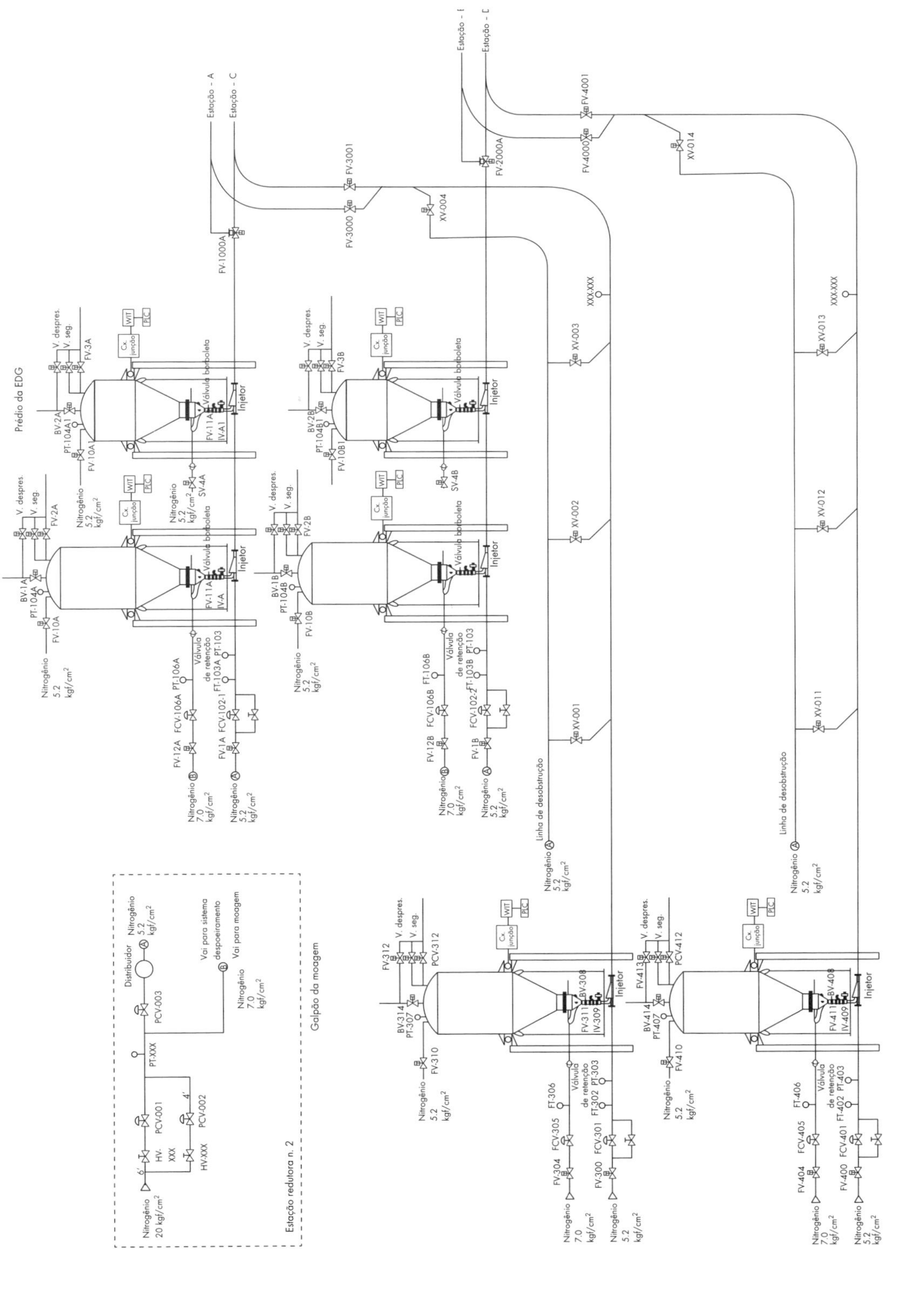

Figura 18.7 Sistema de injeção de cal inserido no processo de dessulfuração.

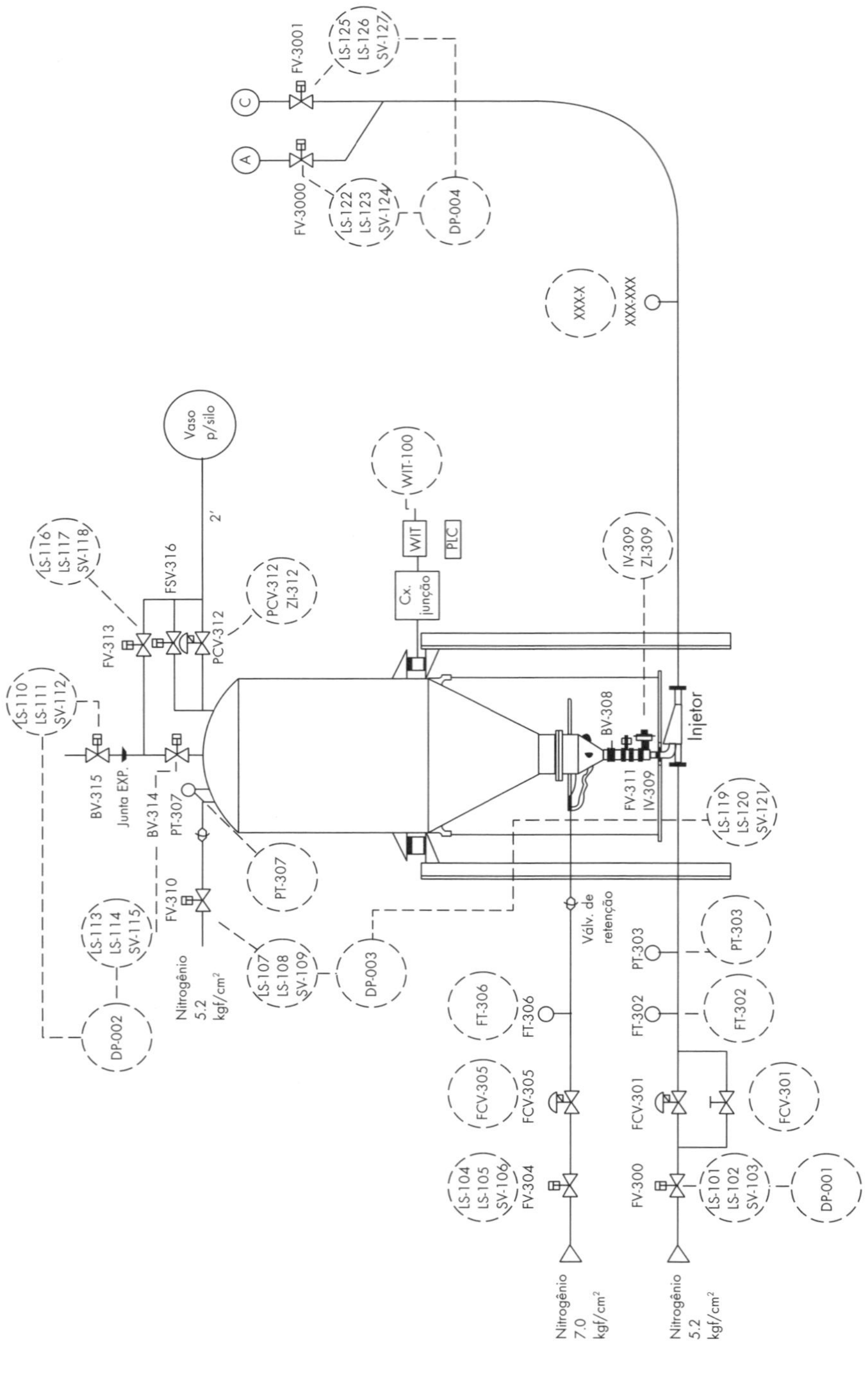

Figura 18.8 Instrumentação típica de um vaso de injeção.

A Figura 18.9 ilustra um exemplo de vaso de transporte (não é de injeção) de cal com seus equipamentos típicos:

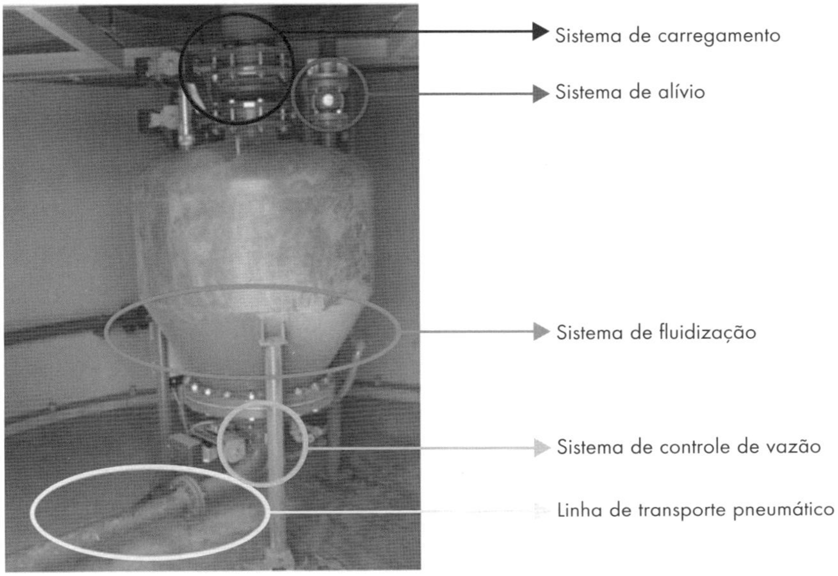

Figura 18.9 Equipamentos típicos de um vaso de injeção de cal.

Para implementação dos novos vasos de injeção de cal, foi necessário um *upgrade* na arquitetura de automação, tal como abaixo.

a) Troca da CPU do PLC.
b) Troca dos cartões da rede ControlNet®.
c) Lançamento de cabos coaxiais de rede e homologação.
d) Redundância da rede e redundância das CPU.
e) Troca do supervisório do RSView32 para o FTView.
f) Nova rede Ethernet com cartões de fibra óptica.

A Figura 18.10 ilustra a tela gráfica de operação desenvolvida para o sistema de injeção de cal junto com a bifurcação e as válvulas de cerâmica, que podem direcionar a rota do transporte pneumático para quaisquer umas das quatro estações de dessulfuração.

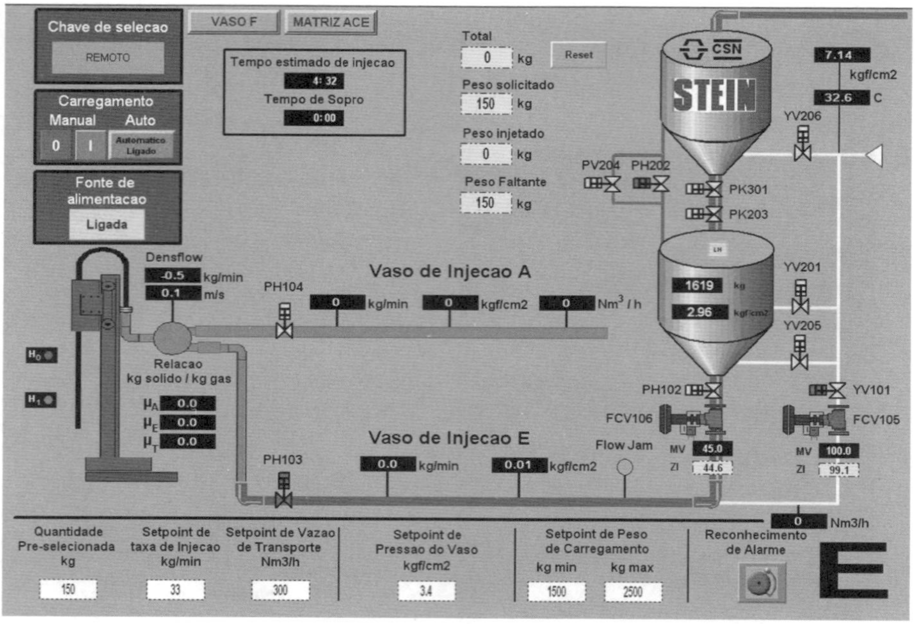

Figura 18.10 Operação do sistema de injeção de cal.

A Figura 18.11 ilustra a vista do topo dos dois vasos de injeção de cal, bem como as duas tremonhas do silo de armazenagem existente. Foram confeccionados dois flanges de transição de quadrado para redondo, onde o cone de fluidização é acoplado.

Figura 18.11 Topo dos vasos de injeção.

Logo abaixo do cone de fluidização, pode-se observar uma válvula manual tipo gaveta com volante e as duas válvulas automáticas tipo borboleta para o carregamento do vaso. Ao lado, tem-se a válvula de alívio de cerâmica de alta durabilidade.

Na Figura 18.12, pode-se observar também as válvulas da linha de carregamento do vaso de injeção. Nota-se ainda o duplo sistema de válvulas de alívio de segurança, exigência da norma NR-13. Todos os vasos têm que possuir certificados de calibração de válvulas de segurança e manômetros guardados no prontuário.

Figura 18.12 Duplo sistema de alívio de segurança.

Além disso, é necessário:

- inspeções internas e externas periódicas conforme categoria do vaso (por exemplo, o vaso categoria 1 exige inspeção externa anual e interna a cada 3 anos);
- teste hidrostático.

A Figura 18.13 ilustra a configuração dos equipamentos logo na saída do vaso de injeção. Tem-se, da esquerda para a direita, o injetor em série com o redutor de DN80 para DN50 com revestimentos internos de cerâmica, a mangueira de cerâmica com acopladores, o transmissor de pressão da linha de transporte pneumático para detecção de entupimentos e, finalmente, o início da linha de transporte pneumático.

A mangueira isola o vaso para que a medição de peso do vaso pelas balanças não sofra interferência mecânica, o que afetaria o controle da taxa de injeção, conforme mostrado nos capítulos anteriores. Toda a tubulação e o vaso são aterrados no flange para evitar eletricidade estática e rompimento da tubulação com arco voltaico.

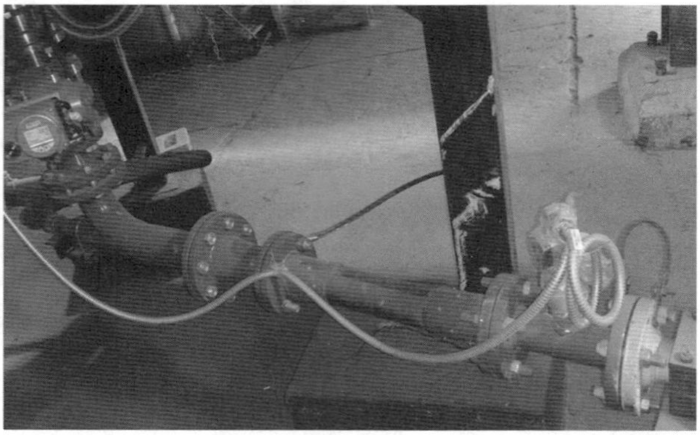

Figura 18.13 Linha de transporte pneumático principal.

A Figura 18.14 ilustra a chegada da tubulação de transporte pneumático com as curvas de cerâmica de 2" provenientes dos dois novos vasos de injeção de cal.

Figura 18.14 Curvas de cerâmica nas linhas de transporte pneumático.

A Figura 18.15 ilustra a chegada da tubulação de transporte pneumático com as curvas de cerâmica de 2" provenientes dos dois novos vasos de injeção de cal.

Figura 18.15 Bifurcação e válvulas de cerâmicas nas linhas de transporte pneumático.

A Figura 18.16 ilustra a união das tubulações de transporte pneumático com os injetores dos vasos de carbureto de cálcio. Pode-se ver a chegada da tubulação de transporte pneumático com as curvas de cerâmica de 2" provenientes dos vasos de injeção de cal.

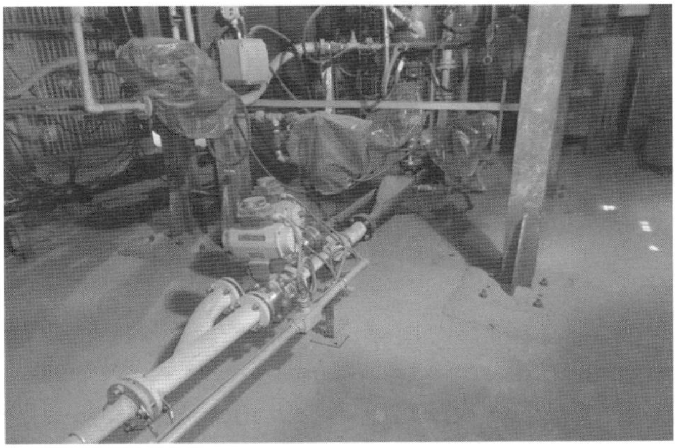

Figura 18.16 Junção dos vasos de cal e carbureto.

A Figura 18.17 ilustra a tela gráfica de operação com os três gráficos.

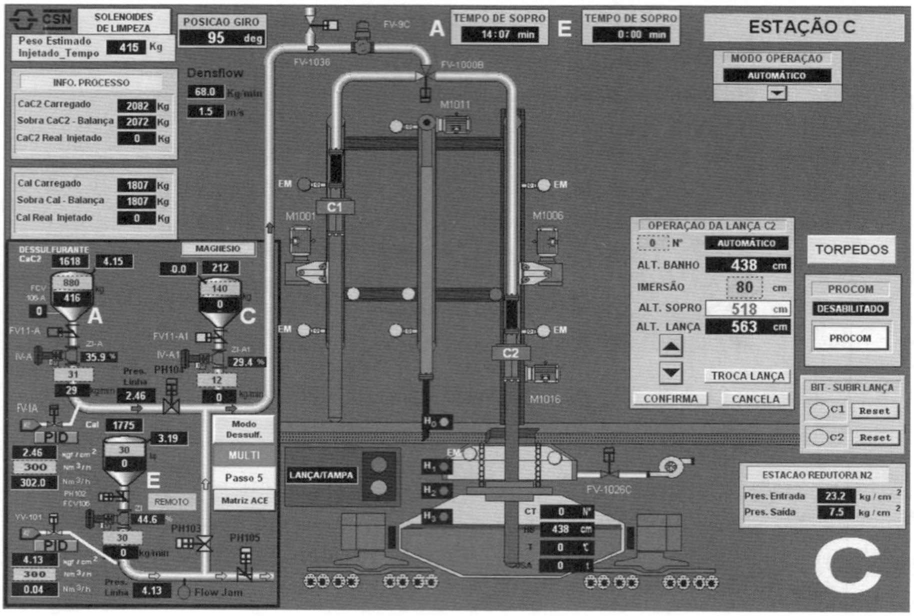

Figura 18.17 Processo com sistema de cal inserido em paralelo.

18.6 MODOS DE DESSULFURAÇÃO DESENVOLVIDOS

O operador pode escolher agora, por meio de uma chave seletora, o modo de dessulfuração da estação dentre três modos distintos.

18.6.1 Modo simples

Neste modo, o operador pode escolher por meio de uma chave seletora, conforme ilustra a parte superior da Figura 18.18, entre o sistema atual de injeção de carbureto/magnésio ou o sistema novo de injeção de cal/magnésio.

No caso da Figura 18.18, o modo de injeção escolhido é o modo simples, e o vaso selecionado é o vaso B. Neste caso, a válvula da bifurcação PH 404 é aberta e as válvulas PH 403 e PH 405 são fechadas. Se o vaso de injeção escolhido for o vaso de cal (Vaso F), a válvula PH 403 é fechada, a válvula PH 404 é aberta e a válvula PH 405 continua fechada.

Figura 18.18 Chave seletora do modo de dessulfuração.

18.6.2 Modo duplo

Neste modo, a linha de transporte pneumático terá sua rota alterada automaticamente, direcionando o sistema de injeção de carbureto/magnésio para as estações A e B e os novos sistemas de injeção de cal/magnésio para as estações C e D. Somente neste caso, a válvula PH 405 é aberta e a válvula PH 403 é fechada, desconectando as rotas de transporte pneumático dos vasos de injeção. A válvula PH 404 da saída do vaso B é mantida aberta, conforme ilustra a Figura 18.19.

A Figura 18.20 ilustra as rotas de transporte pneumático para dessulfuração dupla. As alternativas das rotas das linhas de transporte pneumático são escolhidas automaticamente em função do modo de dessulfuração. Nesta seleção de dessulfuração dupla, pode-se dessulfurar quatro carros torpedos simultaneamente, duplicando a capacidade de dessulfuração das estações.

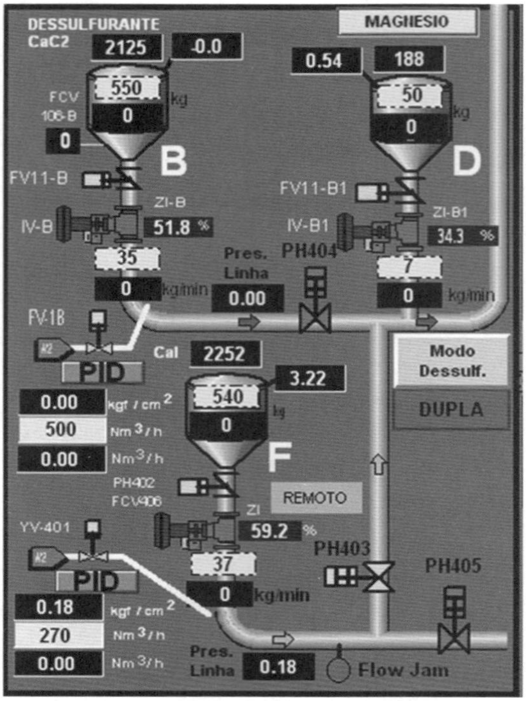

Figura 18.19 Modo de dessulfuração duplo.

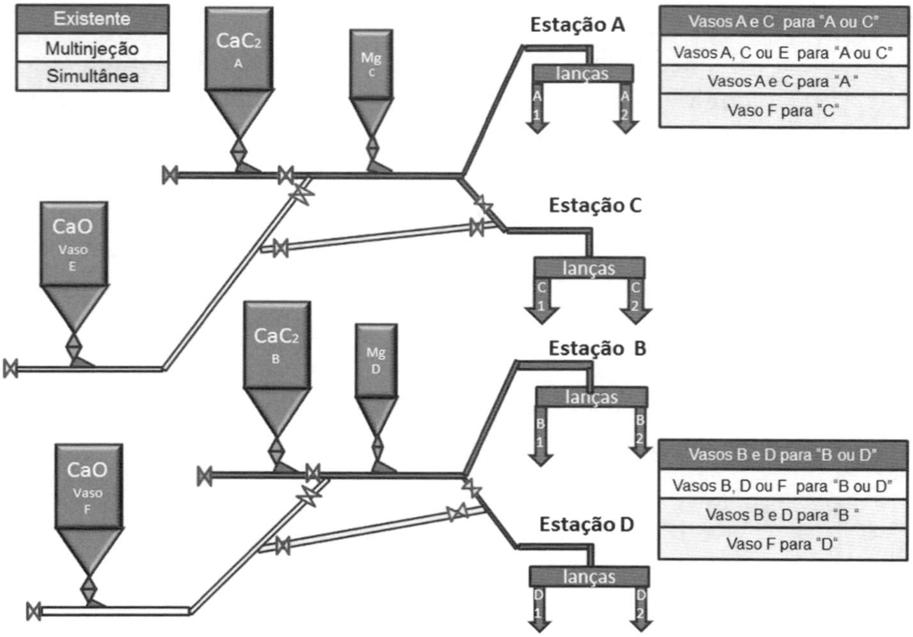

Figura 18.20 Alternativas automáticas das rotas de transporte pneumático.

18.6.3 Modo multi-injeção

O modo multi-injeção pode ser selecionado pela chave da Figura 18.21.

Figura 18.21 Modo de dessulfuração multi-injeção.

Neste modo, podem-se selecionar os materiais, suas ordens (sequência), suas quantidades, suas taxas de injeção e as respectivas vazões de transporte por meio de uma matriz de programação, conforme ilustra a Figura 18.22.

É possível a configuração de cinco passos de multi-injeção de materiais distintos (colunas do Material 1) ou coinjetados (colunas do Material 2). Pode-se programar para a coinjeção de magnésio com carbureto de cálcio ou magnésio com cal, conforme o teor de enxofre no ferro-gusa.

Tem-se a matriz de entrada e a matriz ativa. Quando todas as regras da matriz são respeitadas, o botão "Download" da matriz de entrada para a matriz ativa é habilitado.

As regras para *download* de matriz de entrada para ativa são:

a) A quantidade de material de passo tem que ser menor do que 2.800 kg.

b) A taxa de injeção tem que estar entre 30 kg/min e 70 kg/min.

c) A vazão de N_2 tem que estar entre 200 Nm^3/h e 500 Nm^3/h.

d) A somatória das quantidades de materiais de mesmo passo tem que ser menor do que 2.800 kg;

e) A sequência dos passos da matriz para o número de passos é definida pelo operador.

f) O tempo estimado de dessulfuração não pode ser maior que 100 min.

g) Os mesmos materiais não podem ser selecionados no mesmo passo.

h) Após iniciada a injeção, a sequência da matriz ativa não pode ser alterada. Os valores de *set point* poderão ser alterados com a multi-injeção ativa.

i) Após iniciada a injeção, o *download* tem que estar inativo.

j) O material Mg só pode ser selecionado a partir da segunda coluna para a coinjeção.

k) Ao selecionar Mg, o campo de entrada de vazão de nitrogênio será preenchido com zero.

l) A somatória da vazão de nitrogênio tem que ser menor do que 500 m^3/h quando houver cal e carbureto selecionados nas primeiras e segundas colunas.

m) O *download* da matriz de entrada na matriz ativa só é permitido se a multi-injeção estiver escolhida.

n) Calcular e tentar manter relação gás/sólidos.

o) Não é permitida a seleção do mesmo material como primeiro e segundo elementos na matriz num mesmo passo.

p) Para cada passo, será calculado o tempo previsto para término de injeção.

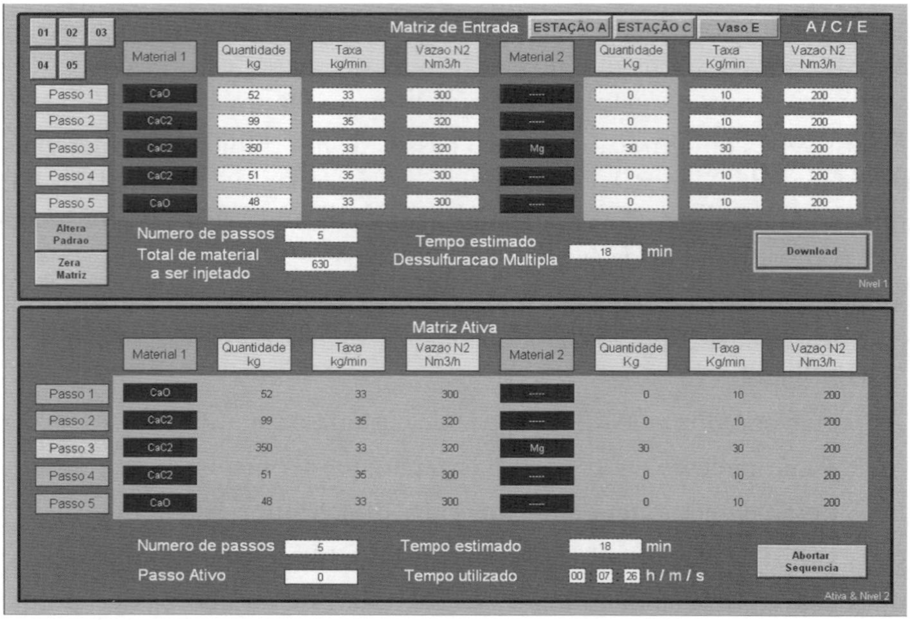

Figura 18.22 Matriz de programação da multi-injeção.

18.7 RESULTADOS PRELIMINARES

- O novo sistema de injeção de Cal está em uso desde 20 de dezembro de 2014 no modo simples, com treinamento e uso por todos os operadores;
- o modo de multi-injeção entrou em operação em 30 de janeiro de 2015, com treinamento ministrado a todos os operadores. Foram executados testes de interface com o modelo desenvolvido no nível 2 da camada de automação;
- o modo de dessulfuração duplo tem previsão de funcionamento a partir do mês de dezembro de 2015.

18.7.1 Teste de coinjeção de carbureto e cal

A Figura 18.23 ilustra dois gráficos de tendências de variáveis importantes do processo. O gráfico da parte de cima ilustra o comportamento das taxas de injeção de cal (linha mais clara) e carbureto (linha média escura) em kg/min. O gráfico de tendência de baixo ilustra as vazões de nitrogênio de transporte em Nm^3/h dos vasos de cal e carbureto, respectivamente, nas mesmas cores. Agora, pode-se ver a coinjeção de cal e carbureto, sendo possível pela nova configuração do sistema de injeção e transporte pneumático.

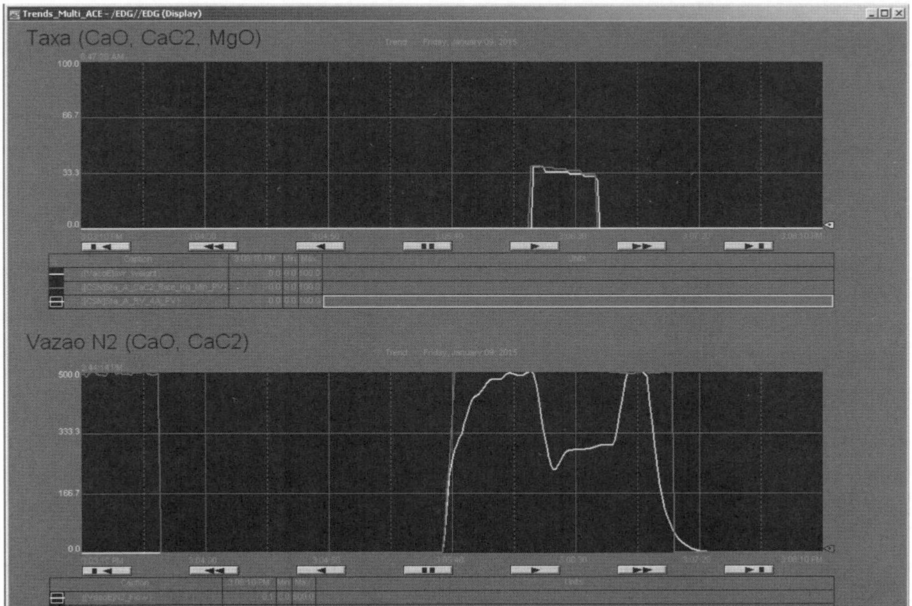

Figura 18.23 Coinjeção de carbureto e cal.

18.7.2 Teste multi-injeção de carbureto, cal e magnésio

A Figura 18.24 ilustra as taxas de injeção de cal (linha mais clara), carbureto (linha média escura) e magnésio (linha escura) acima e, logo abaixo, os gráficos de tendência das vazões de nitrogênio de transporte. Pode-se ver os cinco passos distintos da multi-injeção de cal, carbureto e magnésio (coinjeção com carbureto).

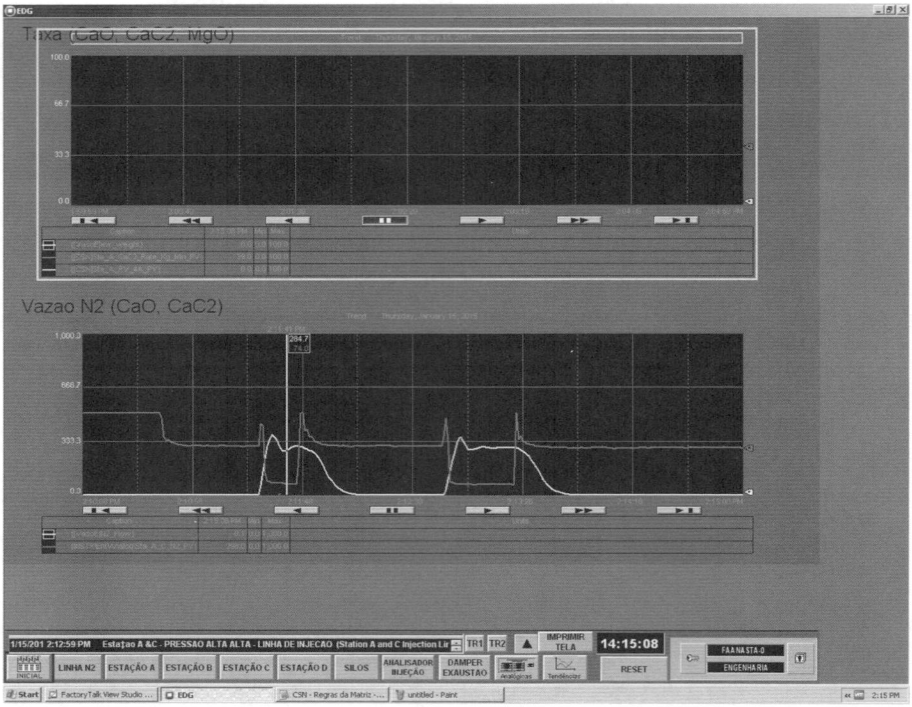

Figura 18.24 Multi-injeção de cal, carbureto e magnésio.

18.8 CONCLUSÕES

O principal diferencial do sistema de dessulfuração de ferro-gusa em carro torpedo com vasos de injeção em paralelo, desenvolvido pelo autor na CSN, em relação aos sistemas convencionais de dessulfuração de ferro-gusa em carro torpedo com vasos de injeção em série é a maior disponibilidade dos equipamentos e a possibilidade de coinjeção de diversos agentes dessulfurantes, tais como cal, magnésio e carbureto, ao mesmo tempo, além da duplicação da capacidade de dessulfuração das estações.

18.8.1 Conclusões sobre os modos de dessulfuração desenvolvidos

O desenvolvimento do sistema de injeção de cal e a sua integração ao processo de dessulfuração em carro torpedo ocorreram em etapas, que, na verdade, são os desenvolvimentos graduais de cada modo de dessulfuração. As vantagens de cada modo foram obtidas passo a passo para não causar interferência na produção industrial e são descritas de forma resumida a seguir:

1) **Modo simples:** Permitiu a seleção alternativa de dois sistemas (vasos) de injeção a serem utilizados no processo, com a vantagem de se poder prestar manutenção com segurança em um dos sistemas (vasos).
2) **Modo duplo:** Permitiu a dessulfuração simultânea de quatro carros torpedos, duplicando a capacidade de dessulfuração das estações pela duplicidade dos vasos e das válvulas de transporte pneumático e pela seleção automática da rota do transporte pneumático.
3) **Modo multi-injeção:** Permitiu a injeção e a mistura de diversos agentes dessulfurantes simultaneamente ou em sequência, de acordo com a programação de uma matriz, maximizando a eficiência de dessulfuração com o menor custo possível. Além disto, a matriz permite selecionar a taxa de injeção, a vazão de transporte e a quantidade a ser injetada em cada passo da sequência.

18.8.2 Conclusões sobre o sistema instalado

O sistema escolhido do fabricante Stein mostrou ser robusto e versátil, além de possuir uma grande credibilidade no mercado internacional com mais de 1.800 instalações conhecidas.

- As quatro estações operam de forma individual, possibilitando o aumento da capacidade do número de dessulfurações.
- Com estes dois novos sistemas, a EDG passa a possuir sistemas alternativos em caso de falha, gerando confiança e disponibilidade do processo.
- A integração de um novo agente ao processo de dessulfuração, com um melhor custo benefício, resulta em economia para o processo de aproximadamente 18%.
- O tempo mínimo de retorno do investimento, *payback*, ficou em cerca de quatro anos com TIR de 17%.
- Utilizou-se um ativo existente subutilizado (silo de armazenagem).

18.8.3 Conclusões sobre a inclusão do novo sistema no processo

O sistema de injeção de cal e seu silo de armazenagem forneceram à CSN a possibilidade de usar o agente dessulfurante mais adequado ao processo, visando a maximizar a produção de aço especial. O silo de armazenagem de cal permitiu ao processo a seleção de um novo agente de dessulfuração de menor custo.

Referências bibliográficas

AGUIRRE, L. A. **Introdução à identificação de sistemas:** técnicas lineares e não lineares aplicadas a sistemas reais. 3. ed. Belo Horizonte: Editora UFMG, 2007.

ALLI, F. Development of a measurement system of blast flow rate in the tuyeres of ArcelorMittal Joao Monlevade blast furnace. In: 38° SEMINÁRIO DE REDUÇÃO DE MINÉRIO DE FERRO E MATÉRIAS-PRIMAS, ABM – Associação Brasileira de Metalurgia, Materiais e Mineração, set. 2008, São Luís.

ASSIS, P. S. (org.). **Injeção de materiais pulverizados em Altos Fornos**. São Paulo: Associação Brasileira de Metalurgia e Materiais (ABM), 1993.

BIRK, W. **Multivariable control of a pneumatic conveying system.** 1999. Licentiate thesis, Luleå Tekniska Universitet – Institutionen för Systemteknik, Suécia, 1999.

BIRK, W.; JOHANSSON, A.; JOHANSSON, R.; MEDVEDEV, A. Implementation and industrial experiences of advanced control and monitoring in coal injection. **Control Engineering Practice**, v. 8, 2000, p. 327-335.

BIRK, W.; JOHANSSON, A.; MEDVEDEV, A. Model-based control for a fine coal injection plant. **IEEE Control System Magazine**, v. 19, n. 1, Feb. 1999, p. 33-43.

BIRK, W.; MEDVEDEV, A. Pressure and flow control of a pulverized coal injection vessel. In: INTERNATIONAL CONFERENCE ON CONTROL APPLICATIONS – IEEE, Oct. 5-7 1997, Hartford. **Proceedings of the 1997 IEEE International Conference on Control Aplications**, p. 127-132.

BLEVINS, T. L.; MCMILLAN, G. K.; WOJSZNIS, W. K.; BROWN, M. W. **Advanced Control Unleashed: plant performance management for optimum benefit.** ISA – The Instrumentation, Systems, and Automation Society, 2002.

BOHNET, M. Fortschritte bei der Auslegung pneumatischer Förderanlagen. **Chemie Ingenieur Technik**, v. 55, n. 7, 1983, p. 524-539.

BORTONI, E. C.; SOUZA, Z. **Instrumentação para sistemas energéticos e industriais.** Itajubá: Novo Mundo, 2006.

BUSSAB, W. O.; MORETTIN, P. A. **Estatística básica.** 4. ed. São Paulo: Atual Editora, 1987.

CAI, L.; XIAOPING, C.; CHANGSUI, Z.; WENHAO, P.; PENG, L.; CHUNLEI, F. Flow characteristics and dynamic behavior of dense-phase pneumatic conveying of pulverized coal with variable moisture content at high pressure. **Korean Journal of Chemical Engineering**, v. 26, n. 3, May 2009, p. 867-873.

CARVALHO, A. J. C.; FERNANDES, E. A. Aplicações de sistemas distribuídos de controle digital – SDCD. In: 6º CONGRESSO BRASILEIRO DE AUTOMÁTICA, Belo Horizonte, 1986.

CARVALHO, M. A.; MOTTA, R. S. N. Blast furnaces pulverized coal injection rate control development linked to production rhythm. In: 5th EUROPEAN COKE AND IRONMAKING CONGRESS, June 12-15, 2005, Stockholm. **Proceedings**, v. 1.

CASTRO, L. F. A.; TAVARES R. P. **Tecnologia de fabricação de ferro-gusa em altos-fornos.** Belo Horizonte: Editora da Escola de Engenharia – UFMG, 1998.

CASTRO, S. M. **Pressurização do anel de fluidização dos vasos de injeção de carvão pulverizado.** Monografia de Graduação, Universidade Federal Fluminense, Volta Redonda, jul. 2008.

CHATTERJEE, A. Injection in blast furnaces. **Steel Times International**, Mar. 1995.

DELMEÉ, G. **Curso Introdutório às técnicas de controle avançado.** 1997. Disponível em: <www.digimat.com.br>. Acesso em: 10 dez. 2010.

DELMÉE, G. J. Como comprar instrumento para a medição de vazão. **Revista Instec**, jul. 1993.

DELMÉE, G. J. **Manual de medição de vazão.** São Paulo: Blucher, 1983.

DORF, R. C.; BISHOP, R. H. Performance indices for closed-loop control. In: _____. **Modern control systems.** Pearson/Prentice-Hall, 2005.

DUMONT, G. A.; KAMMER, L.; ALLISON, B. J.; ETTALEB, L.; ROCHE, A. A. Control system performance monitoring: new developments and practical issues. In: 15th TRIENNIAL WORLD CONGRESS, IFAC, Barcelona, 2002.

DYNAMIC AIR. **Catálogo: 16 conceitos de transporte pneumático.** Nazaré Paulista: Dynamic Air Conveying Systems®, 2003.

ENOMOTO, H.; MATSUDA, T. Dust explosibility in pneumatic systems. In: Cheremisinoff, N. P. (Ed.). **Encyclopedia of fluid mechanics**. Houston: Gulf Publishing Co., v. 4, 1986, p. 563-609.

FISHER CONTROLS. **Control valve handbook**. 2nd ed. Marshalltown: Fisher Controls, 1977, p. 60-78.

GUIMARÃES, C. C.; ASSIS, P. S.; SOBREIRA, L. C.; SILVA, W. L. V. Estudo sobre os fatores que influenciam nas condições térmicas do alto-forno provenientes das variações no processo de injeção de carvão pulverizado em altos--fornos. In: 40º SEMINÁRIO DE REDUÇÃO DE MINÉRIO DE FERRO E MATÉRIAS-PRIMAS, ABM – Associação Brasileira de Metalurgia, Materiais e Mineração, 19-22 set. 2010, Belo Horizonte. **Anais do 40º Seminário de redução de minério de ferro e matérias-primas**, 2010.

GUIMARÃES, J. F. Redução de variabilidade, otimização e controle avançado de processos. In: 6º CONGRESSO INTERNACIONAL DE AUTOMAÇÃO, SISTEMAS E INSTRUMENTAÇÃO – ISA, São Paulo, 2006.

GUIXUE, C.; WEIGUO, P.; WEI, Z.; HAIZHOU, D.; CHAO, Z. A soft-sensor method based on fuzzy rules for pulverized coal mass flow rate measurement in power plant. In: INTERNATIONAL CONFERENCE ON ARTIFICIAL INTELLIGENCE AND COMPUTATIONAL INTELLIGENCE, 7-8 Nov. 2009. AICI'09. **Artificial Intelligence and Computational Intelligence**, v. 2, 2009, p. 472-476.

ISHII, K. **Advanced pulverized coal injection technology and blast furnace operation.** Oxford: Elsevier Science Ltd., 2000.

JOHANSSON A.; MEDVEDEV, A. Detection of incipient clogging in pulverized coal injection lines. **IEEE Transactions on Industry Applications**, Luleå, v. 36, n. 3, May/June 2000.

JOHANSSON, A. **Model-based leakage detection in a pressurized system**. Licentiate thesis, Lulea University of Technology, Suécia, Oct. 1999.

KRAMBROCK, W. Apparate für die pneumatische Förderung. **Aufbereitungstechnik**, v. 23, n. 8, 1982, p. 436-452.

KÜTTNER DO BRASIL **Injeção de carvão em altos-fornos**. Contagem, dez. 1992.

LIPTAK, B. G. **Instrument engineers' handbook**. 3. ed. Radnor: Chilton, 1995, Chap. 2.4 and Chap. 7.22.

LUYBEN, W. L. **Process modeling, simulation, and control for chemical engineers.** Tokyo: McGraw-Hill Kogakusha, 1973.

MILLS, D. **Pneumatic conveying design guide.** 2. ed. Oxford: Elsevier Butterworth-Heinemann Linacre House, 2005, Chapter 4. 100 p.

MORAES, C. C.; CASTRUCCI, P. L. **Engenharia de automação industrial**. Rio de Janeiro: LTC, 2001.

MOTTA, R. S. N. **Automação e controle de sistemas de injeção de carvão pulverizado em altos-fornos**, nov. 2011. Tese de doutorado, Unifei, Itajubá, 2011.

MOTTA, R. S. N. et al. Modeling of the measurement of flow measurement of the flow of hot air in straight tube of blast furnace. In: 39th SEMINAR OF REDUCTION OF ORE OF IRON AND RAW MATERIALS, Ouro Preto, 22-26 Nov. 2009, p. 1-10.

MOTTA, R. S. N.; ARAÚJO, C. M. S.; NEVES, C. P.; COSTA, C. A.; GOMES, M. W. C. **Evolução do transporte pneumático das estações de dessulfuração em carro torpedo da CSN**. In: 61º Congresso da ABM, Rio de Janeiro, jun. 2006.

MOTTA, R. S. N.; BORTONI, E. C.; SOUZA, L. E. Pulverized coal flow detectors for blast furnace. **Metallurgical Plant and Technology International**, v. 32, p. 36-42, abr. 2009.

MOTTA, R. S. N.; SOUZA, L. E. A new sequence for coal injection vessels. **Stahl und Eisen**, v. 130, 2010a.

MOTTA, R. S. N.; SOUZA, L. E. Controle de oxigênio das moagens de carvão da CSN. In: 39º SEMINÁRIO DE REDUÇÃO DE MINÉRIO DE FERRO E MATÉRIAS-PRIMAS, ABM – Associação Brasileira de Metalurgia, Materiais e Mineração, 22-26 nov. 2009, Ouro Preto.

MOTTA, R. S. N.; SOUZA, L. E. Evolução tecnológica das estações de injeção de carvão pulverizado da CSN. In: 40º SEMINÁRIO DE REDUÇÃO DE MINÉRIO DE FERRO E MATÉRIAS-PRIMAS, ABM – Associação Brasileira de Metalurgia, Materiais e Mineração, 19-22 set. 2010b, Belo Horizonte.

MOTTA, R. S. N.; SOUZA, L. E. Medição da vazão mássica real de sólidos em sistemas de injeção de carvão pulverizado. In: 40° SEMINÁRIO DE REDUÇÃO DE MINÉRIO DE FERRO E MATÉRIAS-PRIMAS, ABM – Associação Brasileira de Metalurgia, Materiais e Mineração, 19-22 set. 2010c, Belo Horizonte.

MOTTA, R. S. N.; SOUZA, L. E.; BIRK, W. Advanced dynamic models for a pulverized coal injection plant. In: 4th INTERNATIONAL CONFERENCE ON MODELLING AND SIMULATION OF METALLURGICAL PROCESSES IN STEELMAKING (STEEL SIM), Düsseldorf, 27th June to 1st July 2011.

MOTTA, R. S. N.; SOUZA, L. E.; SCHMEDT, R. Enhanced pulverized coal mass flow measurement. In: 6th EUROPEAN COKE AND IRONMAKING CONGRESS, Düsseldorf, 27th June to 1st July 2011. **Proceedings of ECIC**, 2011.

MOTTA, R. S. N.; ZANETTI, C. H.; BALDINI, R. F.; MENDES, R. Expansão da capacidade nominal de injeção da planta PCI da CSN de 40 para 50 t/h. In: **XXII Seminário de Balanços Energéticos Globais e Utilidades**, Associação Brasileira de Metalurgia, Materiais e Mineração – ABM, João Monlevade, jun. 2000.

MOTTA, R. S. N.; ZANETTI, C. H.; FIGUEIRA, R. B.; GONÇALVES, G. O. Desenvolvimento do sistema de injeção de carvão pulverizado da CSN. In: **VII Seminário de Automação de Processos Industriais da ABM**, Santos, out. 2003.

MOTTA, R. S. N.; ZANETTI, C. H.; FRANKLIN, F.; SILVA, A. J. L.; REINALDO, J. M. Reduction of pulverized coal injection system stops. In: 5th EUROPEAN COKE AND IRONMAKING CONGRESS, Stockholm, June 12-15, 2005. **Proceedings of ECIC**, v. 1.

NIPPON STEEL CORPORATION. 200 kg/t PCI at less than 500 kg/t fuel rate. **Steel Times International**, v. 19, n. 2, Mar. 1995, p. 25.

NOLDE, H. D.; EIDINGER, F. T.; RAFI, M. **Optimizing blast furnace coal injection systems: BMH Claudius Peters A. G.** Asia Steel, 1999.

NOLDE, H. D.; HILGRAF, P. New distribution and feed system for blast furnace coal injection. In: 3rd INTERNATIONAL CONFERENCE ON PROCESS DEVELOPMENT IN IRON AND STEELMAKING, SCANMET III, Luleå, 8-11 June 2008.

NORA, B. S. **Automação do sistema de lança dupla para injeção de carvão pulverizado nos Altos-Fornos da CSN.** Trabalho de Conclusão de Curso (Engenharia Elétrica), Universidade Severino Sombra, Vassouras, 2009.

OGATA, K. **Engenharia de controle moderno**. 4. ed. São Paulo: Prentice-Hall, 2003.

OKOCHI, I.; MAKI, A.; SAKAI, A.; SHIMOMURA, A.; SATO, M.; MURAI, R. Achievement of high rate pulverized coal injection of 266 kg/t at Fukuyama n. 3 blast furnace. In: 4th EUROPEAN COKE AND IRONMAKING CONGRESS, Paris, 2000. **Proceedings of ECIC**, v. 1, p. 196-202.

OLIVEIRA, R. P. et al. Operação dos altos-fornos da V&M do Brasil com altas taxa de injeção de carvão pulverizado. **Revista Tecnologia em Metalurgia e Materiais**, São Paulo, v. 5, n. 2, out./dez. 2008, p. 105-110.

PAUL WURTH. Pulverized coal injection systems. In: **Catalogue 2010**. Luxembourg, 2010.

PERRY, R. H.; GREEN, D. W. (eds.). **Perry's chemical engineer's handbook**. 6th ed. New York: McGraw-Hill, 1984.

PHILLIPS, C. L.; NAGLE, H. T. **Digital control system: analysis and design**. New Jersey: Prentice Hall, 1995.

RAHIM, R. A.; LEONG, L. C.; CHAN, K. S.; HAHIMAN, M. H.; PANG, J. F. Real time mass flow rate measurement using multiple fan beam optical tomography. In: **ISA Transactions**, v. 47, n. 2, 2008, p. 3-14.

RIBEIRO, R. B. **Medição da vazão de sólidos no sistema de injeção de carvão pulverizado da CSN**. Monografia de Graduação, Universidade Severino Sombra, Vassouras, jul. 2009.

SANTOS, J. M.; FARIA, M. R.; MACHADO, M. T. P. Cálculo da vazão de carvão pulverizado. In: 1º SEMINÁRIO DE INSTRUMENTAÇÃO, ELÉTRICA E REFRIGERAÇÃO DA CST – Companhia Siderúrgica Tubarão, Vitória, 1999.

SHAMLOU, P. A. **Handling of bulk solids**: theory and practice. London: Butterworths, 1988.

SHAO, F.; LU, Z.; WU, E.; WANG, S. Study and industrial evaluation of mass flow measurement of pulverized coal for iron-making production. **Flow Measurement and Instrumentation**, Elsevier, v. 11, 2000, p. 159-163.

SIGHIERI, L.; NISHINARI, A. **Controle automático de processos industriais:** instrumentação. 2. ed. São Paulo: Blucher, 1998.

SILVA, D. R. **Transporte pneumático: tecnologia, projetos e aplicações na indústria e nos serviços.** São Paulo: Artliber, ago. 2005, cap. 4, p. 100.

SILVA, L. A.; TORRES, B. S.; PASSOS, L. F.; REIS, W.; BARROSO, E. Avaliação de desempenho, diagnóstico e ajuste de malhas de controle de temperatura, pressão, vazão e nível. In: 5º CONGRESSO INTERNACIONAL DE AUTOMAÇÃO, SISTEMAS E INSTRUMENTAÇÃO – ISA Show 2005, São Paulo. **Anais ISA Show 2005**.

SOUZA, A. C. Z.; PINHEIRO, C. A. M. **Introdução à modelagem, análise e simulação de sistemas dinâmicos.** Rio de Janeiro: Interciência, 2008.

SPIEGEL, M. R.; SCHILLER, J. J.; SRINIVASAN, R. A. **Probabilidade e estatística**. 3. ed. Porto Alegre: Bookman, 2013. (Coleção Schaum).

STEIN Industrie-Anlagen. **GmbH pneumatic conveying, dosing and injection systems**. Gevelsberg, Aug. 2009.

SWR ENGINEERING MESSTECHNIK GMBH. **Manuais do Flowjam S e Densflow.** Disponível em: <www.swr-engineering.com>. Acesso em: 10 dez. 2010.

TAKANO, C. Termodinâmica e cinética no processo de dessulfuração de ferro e aço. In: **Conferência Internacional sobre Dessulfuração e Controle de Inclusões da ABM**, Volta Redonda, out. 1997.

THERMO ELECTRON CORP. Ramsey. **Manuais do Granuflow e Granucor.** Disponível em: <www.thermoramsey.com>. Acesso em: 10 dez. 2010.

THOMAS, P. J. **Simulation of industrial processes for control engineers**. Amsterdam: Elsevier, 1999.

TORRES, B. S.; HORI. E. S. Análise de desempenho de malhas de controle em indústrias petroquímicas. In: 4º SEMINÁRIO NACIONAL DE CONTROLE E AUTOMAÇÃO (SNCA), Salvador, jul. 2005.

TORRES, B. S.; PASSOS, L. F.; RODRIGUES, V. J. P. Metodologia para redução de oscilações de malhas de controle em uma usina de beneficiamento de minério de ferro. In: 5º CONGRESSO INTERNACIONAL DE AUTOMAÇÃO,

SISTEMAS E INSTRUMENTAÇÃO – ISA Show 2005, São Paulo. **Anais ISA Show 2005.**

VALDMAN, B. **Dinâmica e controle de processos.** Rio de Janeiro: Escola de Química; Universidade Federal do Rio de Janeiro, 1992.

VALTEK. **Control valve sizing and selection.** Chapter 3, Revision 6, 1994. Disponível em: <www.valtek.com.br>. Acesso em: 10 dez. 2010.

VELCO GmbH. **Pneumatic injection equipment for iron and steel industry.** Velbert, Dec. 2010.

WADECO. **Manuais do Solid flow.** Disponível em: <www.wadeco.co.jp>. Acesso em: 10 dez. 2010.

WEBER, A.; SHUMPE H. **Pulverized coal injection systems functional description: Loop control software for CSN/PCI/Brazil injection systems/BMH Claudius Peters INDUSTRIE Anlagem GMBH.** Hamburgo, 1995.

WEISER, R.; BRAUNE, I.; MATTHES, P. Control blast furnace pulverized coal injection to increase PCI rates. In: **AISTEC Conference,** Cleveland, 2006.

WIRTH, K. E. Die Grundlagen der Pneumatischen Förderung. **Chemie Ingenieur Technik,** v. 55, n. 2, 1983, p. 110-122.

XIAO-PING, C.; YUN, Z.; CAI, L.; QING-MIN, M.; PENG, L.; WEN-HAO, P.; PAN, X. Effect of properties of pulverized coal on dense phase pneumatic conveying at high pressure. In: THE 6th INTERNATIONAL SYMPOSIUM ON MEASUREMENT TECHNIQUES FOR MULTIPHASE FLOWS. **Journal of Physics: Conference Series,** n. 147, 2009.

YAN, Y. **Mass flow measurement of bulk solids in pneumatic pipelines.** Middleborough: School of Science and Technology – University of Teesside, 1996.

YOKOGAWA ELECTRIC CORPORATION. **Field control station function manual of DCS Centum CS Im 33G3C10-01E.** 2nd ed. May 1995.

Pré-impressão, impressão e acabamento

GRÁFICA
SANTUÁRIO

grafica@editorasantuario.com.br
www.editorasantuario.com.br
Aparecida-SP